Java EE工程师零起点培训系列

丛书主编　郭克华

网页制作教程——HTML、CSS、JavaScript

李　军　编著

清华大学出版社
北　京

内容简介

本书分为 4 部分，共 38 章，涵盖了 HTML、CSS、JavaScript、XML、jQuery 最基本的语法。本书使用 Dreamweaver CS4 网页制作软件和文本编辑器 EditPlus 编写源代码，通过一个个典型的小实例，逐步引领读者从基础到各个知识点的学习。全书内容由浅入深，并辅以大量的实例说明，达到学以致用的目的。

本书提供了所有实例的源代码，供读者学习参考使用。

本书为学校教学量身定做，供高校网页制作课程使用，也可作为网页制作初学者的入门用书，更可以为社会网页制作培训班作为教材使用。

图书在版编目(CIP)数据

网页制作教程——HTML、CSS、JavaScript/李军编著. —北京：清华大学出版社，2012. 3(2018.12重印)
(Java EE 工程师零起点培训系列)
ISBN 978-7-302-26167-4

Ⅰ. ①网… Ⅱ. ①李… Ⅲ. ①网页制作工具－教材 Ⅳ. ①TP393. 092

中国版本图书馆 CIP 数据核字(2011)第 136861 号

责任编辑：魏江江 李玮琪
封面设计：杨 兮
责任校对：时翠兰
责任印制：宋 林

出版发行：清华大学出版社
网 址：http://www. tup. com. cn，http://www. wqbook. com
地 址：北京清华大学学研大厦 A 座 **邮 编**：100084
社 总 机：010-62770175 **邮 购**：010-62786544
投稿与读者服务：010-62776969，c-service@tup. tsinghua. edu. cn
质量反馈：010-62772015，zhiliang@tup. tsinghua. edu. cn
课件下载：http://www. tup. com. cn，010-62795954
印 装 者：清华大学印刷厂
经 销：全国新华书店
开 本：185mm×260mm **印 张**：29. 5 **字 数**：757 千字
版 次：2012 年 3 月第 1 版 **印 次**：2018 年12月第6次印刷
印 数：8801～9800
定 价：44. 50 元

产品编号：036996-01

前言

FOREWORD

本书是讲解 HTML、CSS、JavaScript、XML、jQuery 最基本语法的书，本书针对任何对学习网页制作感兴趣的读者，包括网页制作初学者和为网站建设的专业人员。

本书针对当前流行的网页制作标准进行了详细的讲解，以简单通俗易懂的案例，逐步引领读者从基础到各个知识点进行学习。

本书使用了 IE、Firefox 两种浏览器，文本编辑器软件 EditPlus 和专业的网页制作软件 Dreamweaver CS4 来完成本书的所有实例代码。

一、本书的知识体系

本书的知识体系结构如下所示，遵循了循序渐进的原则，逐步引领读者从基础到各个知识点的学习。

第 1 部分　HTML 部分

第 1 章　网页设计基础
第 2 章　HTML 基础
第 3 章　图像
第 4 章　超级链接
第 5 章　列表
第 6 章　表格
第 7 章　表单
第 8 章　框架

第 2 部分　CSS 部分

第 9 章　网站 Web 标准
第 10 章　CSS 样式表基础
第 11 章　CSS 选择器
第 12 章　格式化文本
第 13 章　网页背景
第 14 章　文本的精细排版
第 15 章　方框和边框
第 16 章　CSS 布局
第 17 章　列表和导航菜单
第 18 章　定位和 CSS 滤镜
第 19 章　CSS 美化网站

第 3 部分　JavaScript 部分

第 20 章　JavaScript 基础
第 21 章　数据类型
第 22 章　常量和变量
第 23 章　表达式与操作符
第 24 章　语句和函数
第 25 章　数组
第 26 章　对象
第 27 章　window 对象
第 28 章　文档对象
第 29 章　表单对象
第 30 章　屏幕、历史、地址和浏览器对象

第 4 部分　拓展部分

第 31 章　XML 入门
第 32 章　DTD 规范
第 33 章　XML 数据岛
第 34 章　DOM 解析 XML 文档
第 35 章　jQuery 基础
第 36 章　jQuery 选择器
第 37 章　jQuery 中的 DOM
第 38 章　jQuery 的事件和动画

二、章节内容介绍

全书分为 4 部分。

第 1 部分为 HTML 部分，包括第 1 章至第 8 章。

第 1 章为网页设计基础，首先介绍网页设计的基本概念和相关术语，然后介绍网页设计所使用的语言和常用工具。

第 2 章为 HTML 基础，介绍了 HTML 语言基本结构，然后介绍了网页的头部和主体部分以及文本和段落的基本语法。

第 3 章为图像，介绍如何在网页中插入图像并设置其属性，以及通过视频教程演示了图像的热点区域用法。

第 4 章为超级链接，详细介绍了网页中常用的文本链接、图像链接、E-mail 链接、锚点链接。

第 5 章是列表，介绍了在当前流行的 DIV+CSS 网页布局中占有重要地位的有序列表和无序列表，以及一般性的定义列表。

第 6 章是表格，介绍了表格和单元格的基本用法和常用属性。

第 7 章是表单，介绍了在动态网页编程中如会员注册系统、在线购物、论坛、博客、微博等必须使用的表单的有关知识，包含各种表单对象，如文本域、按钮、复选框、列表、文件域等。

第 8 章是框架，介绍了框架和框架集以及内联框架。

第 2 部分为 CSS 部分，包括第 9 章至第 19 章。

第 9 章是网站 Web 标准，介绍了网站 Web 标准，为后面的 DIV+CSS 网站布局打下理论基础。

第 10 章是 CSS 样式表基础，介绍了 CSS 样式表的基础入门知识。

第 11 章是 CSS 选择器，介绍 CSS 中最重要的选择器方面的知识，包括标签选择器、类选择器、ID 选择器、群选择器、派生选择器以及选择器的继承、层叠和优先级。

第 12 章是格式化文本，介绍通过 CSS 修改网页文字的字体、颜色、行距等。

第 13 章是网页背景，介绍通过 CSS 修改网页的背景颜色和背景图片等。

第 14 章是文本的精细排版，介绍通过 CSS 实现更精细的文本排版，设置字符间距、单词间距、文字修饰、文本排列等。

第 15 章是方框和边框，介绍如何在 CSS 中设置网页各种元素的边框及元素之间的空白距离，本章内容是网页布局的核心知识。

第 16 章是 CSS 布局，CSS 布局是 Web 标准中的一个核心技术内容，通过学习 CSS 布局的入门知识与高级技巧等，逐步掌握符合 Web 标准的 CSS 布局设计。

第 17 章是列表和导航菜单，介绍通过 CSS 操作 HTML 中的列表，列表也是网页布局的核心知识。

第 18 章是定位和 CSS 滤镜，介绍控制浏览器如何显示及在何处显示元素，以及通过使用 CSS 滤镜，可以使网页文本达到图像处理软件的效果。

第 19 章是 CSS 美化网站，介绍使用 CSS 美化链接、导航、表格、表单这些网站常见元素。

第 3 部分为 JavaScript 部分，包括第 20 章至第 30 章。

第 20 章是 JavaScript 基础，介绍了 JavaScript 的基础入门知识。

第 21 章是数据类型，介绍了 JavaScript 中的字符串型、数字型、布尔型等数据类型。

第 22 章是常量和变量，介绍了 JavaScript 中的常量和变量以及检测和区别。

第 23 章是表达式与操作符，介绍 JavaScript 中的表达式与操作符，如加、减、赋值、相等测试等，以及利用这些操作符来操作数据。

第 24 章是语句和函数，通过多种形式的语句，可以控制程序代码的执行顺序，从而可以完成比较复杂的程序操作。函数可用来把程序组织成最小的独立的单元，把语句封装成一组算法，实现相关的功能。

第 25 章是数组，介绍了 JavaScript 中的创建数组以及操作数据和数组的内置方法等。

第 26 章是对象，介绍 JavaScript 中最重要的一种数据类型——对象的基本知识和正则表达式以及事件和事件驱动的相关知识。

第 27 章是 window 对象，window 对象是所有对象的顶级对象，就是人们通常所说的浏览器窗口。

第 28 章是文档对象，文档对象是客户端 JavaScript 中最常用的对象，代表浏览器窗口（window 对象）中的文档。

第 29 章是表单对象，介绍如何在 JavaScript 中使用表单进行程序设计。

第 30 章是屏幕、历史、地址和浏览器对象，分别介绍了屏幕对象、历史对象、地址对象和浏览器对象的有关知识。

第 4 部分为拓展部分，介绍了 XML 和 jQuery 的知识，包括第 31 章至第 38 章。

第 31 章是 XML 入门，介绍 XML 的基础知识。

第 32 章是 DTD 规范，介绍 XML 中的 DTD 规范，用来规范 XML 文档，指定可以在文档中出现的元素、元素可以具有的属性、元素内部的层次结构以及元素在整个文档中出现的顺序等。

第 33 章是 XML 数据岛，数据岛允许用户在 HTML 网页中集成 XML，通过数据岛可以在 HTML 网页中以任意一种形式显示 XML 数据岛中的数据，如表格、表单等。

第 34 章是 DOM 解析 XML 文档，通过 DOM 操作，可以帮助应用程序从 XML 文件中解析出需要的数据。

第 35 章是 jQuery 基础，介绍 jQuery 基础入门知识。

第 36 章是 jQuery 选择器，jQuery 选择器类似 CSS 的选择器，是 jQuery 的核心知识。利用 jQuery 的选择器几乎可以获取 HTML 或 XML 页面上任意的一个或一组对象，可以在 DOM 中快捷而轻松地获取元素或元素集合。

第 37 章是 jQuery 中的 DOM，jQuery 提供了丰富的 DOM 操作方法，使复杂的 DOM 操作变得很简单。

第 38 章是 jQuery 的事件和动画，jQuery 增强并扩展了 JavaScript 中基本的事件处理机制，提供了更加优雅的事件处理语法。

本书可供高校网页制作课程使用，也可作为网页制作的入门用书，更可以为社会网页制作培训班作为教材使用。

本书提供了全书所有实例的源代码，供读者学习参考使用，所有程序均经过了作者精心设计和调试。

由于时间仓促和作者的水平有限，书中的错误和不妥之处在所难免，敬请读者批评指正。

有关本书的意见反馈和咨询，读者可在清华大学出版社相关版块中与作者进行交流。

本书配套的素材，读者可以在清华大学出版社相关版面中下载，也可在丛书官方网站 http://www.chinasei.com 中下载。

三、关于作者

作者长期从事网页制作教学工作，积累了丰富的经验，也是 PHP 动态编程语言的爱好者，个人网站 http://www.phpjc.cn 有一些 PHP 相关的文章。

李军

2011 年 9 月

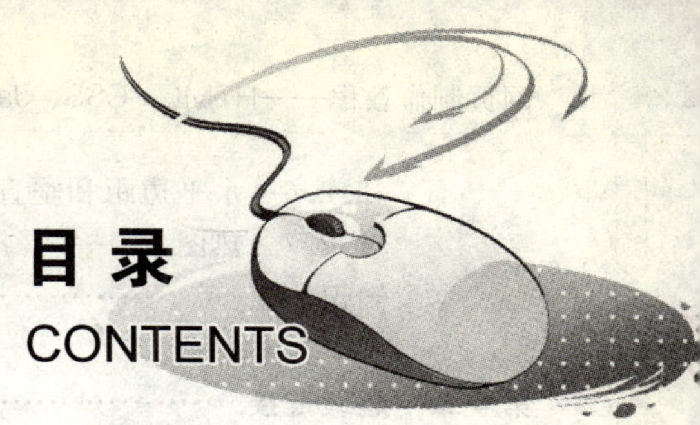

目录
CONTENTS

第1部分 HTML部分

第2部分　CSS部分

第 3 部分 JavaScript 部分

第4部分 拓展部分

第1部分

HTML部分

第1章

网页设计基础

互联网的诞生和快速发展，给网页设计师提供了广阔的设计空间。网页设计是传统设计与信息、科技和互联网结合而产生的，是交互设计的延伸和发展，是在新媒介和新技术支持下的一个全新的设计创作领域。

本章首先介绍网页设计的基本概念和相关术语，然后介绍网页设计所使用的语言和常用工具。

本 章 术 语

HTML ______________________________

CSS ______________________________

JavaScript ______________________________

Dreamweaver ______________________________

EditPlus ______________________________

1.1 网页设计基本概念

1. 什么是网页设计

在讲解网页设计之前，我们先了解一下网站的概念。

网站（Website），是指在因特网上，根据一定的规则，使用 Dreamweaver、FireWorks、Flash 等工具制作的用于展示特定内容的相关网页的集合。

简单地说，网站是一种通信工具，就像布告栏一样，人们可以通过网站来发布自己想要公开的资讯（信息），或者利用网站来提供相关的网络服务。人们可以通过网页浏览器来访问网站，获取自己需要的资讯或者享受网络服务。

现在的各级政府和商业公司都拥有自己的网站，他们利用网站进行宣传、信息发布、政务公开、产品资讯发布和招聘等，如新华网（www. xinhua. org）。

网站是由域名（俗称网址）、网站源程序和网站空间三部分构成。其中域名是类似于互联网上的门牌号码，是用于识别和定位互联网上计算机的层次结构的字符标识，与该计算机的互联网协议（IP）地址相对应。

网页(Web Page)是构成网站的基本元素,是承载各种网站应用的平台。

网页设计是设计师通过像 Dreamweaver 等工具来对网页进行编辑处理。

2. 网页的分类

网页一般可以分为是动态页面和静态页面。

静态页面内容是固定的,不能与用户实现交互,比如不能注册会员,不能在线发布文章,等等,其后缀名通常为 htm、html、shtml 等。

动态页面是通过执行 ASP、PHP、JSP 等程序生成客户端网页代码的网页,通常可通过网站后台管理系统对网页的内容进行更新和管理,如发布新闻,发布公司产品,交流互动,博客,在线调查,等等,其后缀名通常为 asp、aspx、php、jsp 等。

3. 什么是主页

主页(Home Page)也可以理解为网站的封面,就像书本的封面一样,因此也被称为首页,它是整个网站的主索引页。网站首页名称是特定的,一般为 index. htm、index. html、default. htm、default. html 等。

4. 网页的两个要素

第一个要素是文字与图片。

网页上的文字按照设定的格式进行编排,网页上的图片起着点缀和装饰文字的效果,也可以简单地理解为:文字,就是网页的内容;图片,就是网页的美观。网页设计中使用的图片格式有 gif、jpeg、png。

第二个要素是超级链接。

超级链接是网站的骨架,连接着网页中的文字和图片,可以实现同一网页内部跳转和不同网页的跳转以及文件下载等功能。

5. 网站设计的要点

网站设计要注意的两个要点:整体风格和色彩搭配。

1) 确定网站的整体风格

风格(style)是抽象的,是指站点的整体形象给浏览者的综合感受。这个“整体形象”包括站点的 CI(标志、色彩、字体、标语)、版面布局、浏览方式、交互性、文字、语气、内容价值、存在意义、站点荣誉等诸多因素。

粗略地说,网站风格可以从以下几个方向来探讨,而每一项都是有关联性的。

(1) 色系:网页的底色、文字字型、图片的色系、颜色等。

(2) 排版:表格、框架的应用、文字缩排、段落等。

(3) 窗口:窗口效果,例如全屏幕窗口、特效窗口等。

(4) 程序:网页互动程序,例如 ASP、PHP、XML、CGI 等。

(5) 特效:让网页看起来生动活泼的各种应用,如 Flash 动画、JS 特效等。

(6) 架构:目录规划、层次浅显易懂、菜单应用等。

(7) 内容:网站主题、整体实用性、文件关联性、内容切合度、是否有不必要的网页等。

(8) 走向:对于网站的未来规划、网站整体内容走向等。

以上这些项目都与网页风格有密切的关系,网页的风格不是某一项相同,网站就有整体感,而要各项目之间的相互配合应用,才能达到完美的网站风格设计。

2) 网页色彩的搭配

在网页设计中,色彩永远是最重要的一环。当我们距离显示屏较远的时候,我们看到的不是优美的版式或美丽的图片,而是网页的色彩。

关于色彩的原理有许多，读者可以看看相关设计书籍，有利于系统地理解。

网站的色系包含了网页的底色、文字字型、图片的色系、颜色等，这不单只是将颜色搭配得当就算完美，还要配合每个内容，及网站主题。对于网站的色系，应该要在网站开始制作前，做好规划及设计，才不至于等到着手制作网站时，难以搭配，甚至造成混乱的设计。

在此想告诉读者一些网页配色时的小技巧。

(1) 用一种色彩。这里是指先选定一种色彩，然后调整透明度或者饱和度，这样的页面看起来色彩统一，有层次感。

(2) 用两种色彩。先选定一种色彩，然后选择它的对比色。

(3) 用一个色系。简单地说就是用一个感觉的色彩，例如淡蓝、淡黄、淡绿，或者土黄、土灰、蓝。

在网页配色中，还要切记避开以下误区。

(1) 不要将所有颜色都用到，尽量控制在3～5种色彩以内。

(2) 背景和前文的对比尽量要大(绝对不要用花纹繁复的图案作背景)，以便突出主要文字内容。

6. 网站设计的流程

(1) 申请域名(即网址)，架设服务器空间或者申请虚拟主机空间。

(2) 收集符合整个网站主题的网页内容材料。

(3) 绘制网页平面草图，用作图软件画或者在白纸上画也行，规划网页的版面配置，至少要把首页和所有栏目页的共同规格决定好。比如字体、网页宽度(宽度可以设定为980像素，可以符合17寸以上显示器)、网页色彩搭配等，尽量详细和完整，达到事半功倍的效果。

(4) 按照草图，使用网页制作软件DreamWeaver实际制作网页。

(5) 用不同的浏览器和不同的显示器分辨率测试网页，看看在不同的上网环境下兼容性如何。

1.2 网页设计的语言和工具

1. HTML语言

HTML是Hypertext Markup Language(超文本标记语言)的缩写，它是构成网页的主要工具。HTML文件可对多种平台兼容，通过网页浏览器能够在任何平台上阅读。

HTML作为定义万维网的基本规则之一，最初由蒂姆·本尼斯李(Tim Berners-Lee)于1989年在CERN(Conseil Europeen pour la Recherche Nucleaire)研制出来。本尼斯李选择使用标准通用标记语言(Standard Generalized Markup Language，SGML)作为HTML的开发模板。作为一种当时正在出现的国际标准，标准通用标记语言具有结构化和独立于平台的优点。

当时他定义了22种标签元素，发展至1999年12月，由万维网联盟(W3C)出版的HTML 4.01规范中还保留着其中的13种标签元素。2000年5月，HTML已成为一项国际标准(ISO/IEC 15445：2000)。

HTML能够将Internet中的文字、声音、图像、动画和视频等媒体文件有机地组织起来，最终向用户展现出五彩缤纷的页面。此外，它还可以接收用户信息，与数据库相连，实现用户的查询请求等交互功能。

角色扮演：HTML是网页的基础架构。

2. 网页设计页面外观控制CSS

CSS是Cascading Style Sheets(层叠样式表单)的简称。它主要的功能是可以在将网页的样式(如字体大小、字体颜色、行高度、背景色……)更灵活地控制、定位(如建立专门的 CSS 文件,只要改变一个数值,就可以使整个网站的字体风格产生变化)。

角色扮演:CSS 是目前唯一的网页页面排版样式标准,弥补了 HTML 对网页格式化方面的不足,起到排版定位的作用。

3. 网页特效脚本语言 JavaScript

JavaScript 是一种紧缩的、基于对象的脚本描述语言,用于客户端和服务器端 Internet 应用程序的开发,由 Netscape 公司开发。现在的 IE、火狐浏览器,可解释直接嵌入在 HTML 页面中的 JavaScript 语句,不需要通过编译。

角色扮演:用于开发网页客户端的应用程序,结合 HTML 和 CSS,实现在一个网页中与客户的交互功能。

特别提醒

从 HTML 4.01 开始,为了简化程序的开发,HTML 已经尽量将"网页的内容结构"与"网页的排版布局"分开,主要原则是:

(1) 用 HTML 标签描述网页的内容结构;

(2) 用 CSS 描述网页的排版布局;

(3) 用 JavaScript 描述网页的事件处理。

4. 优秀的 HTML 代码编辑工具 EditPlus

EditPlus 是一套功能非常强大的文字编辑器,拥有无限制的 Undo/Redo(撤销)、英文拼字检查、自动换行、列数标记、搜寻取代、同时编辑多文件、全屏幕浏览功能。而它还有一个好用的功能,就是它有监视剪贴簿的功能,能够同步于剪贴簿自动将文字贴进 EditPlus 的编辑窗口中,让用户省去做粘贴的步骤。另外,它也是一个好用的程序代码编辑器,除了支持 HTML、CSS、PHP、ASP、Perl、C/C++、Java、JavaScript、VBScript 的代码高亮外,还内建完整的 HTML 和 CSS 指令功能,内置浏览器功能,这一点对于网页开发者来说很是方便。EditPlus 软件界面如图 1-1 所示。

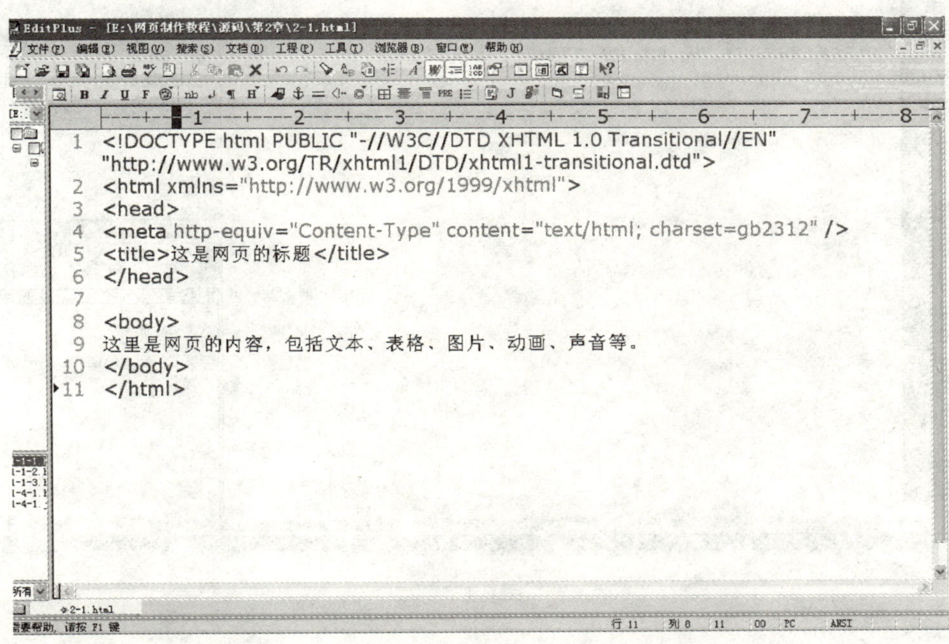

图　1-1

特别提醒

为了节约篇幅，关于 EditPlus 软件的使用方法和调试技巧，将在视频教程中详细讲解。

5. 优秀的网页设计工具 Dreamweaver CS4

Dreamweaver CS4 包含可视化的网页设计和网站管理功能，支持最新的 Web 技术，包含 HTML 检查、HTML 格式控制、HTML 格式化选项、HomeSite/BBEdit 捆绑、可视化网页设计、图像编辑、全局查找替换、全 FTP 功能、处理 Flash 和 Shockwave 等富媒体格式和动态 HTML、基于团队的 Web 创作。在编辑上用户可以选择可视化方式或者自己喜欢的源码编辑方式……

借助 Dreamweaver CS4 中新增的实时视图在真实的浏览器环境中设计网页，同时仍可以直接访问代码。呈现的屏幕内容会立即反映出对代码所做的更改。

借助改进的 JavaScript 核心对象和基本数据类型支持，更快速、准确地编写 JavaScript。通过集成包括 jQuery、Prototype 和 Spry 在内的流行 JavaScript 框架，充分利用 Dreamweaver CS4 的扩展编码功能。

领略内建代码提示的强大功能，令 HTML、JavaScript、Spry 和 jQuery 等 Ajax 框架、原型和几种服务器语言中的编码更快、更清晰。

使用 Dreamweaver CS4 中增强的 CSS 实施工具可让您的网站脱颖而出。借助“设计”和“实时视图”中的即时可视反馈，在“属性”面板中快速定义和修改 CSS 规则。使用新增的“相关文件”和“代码导航器”功能找到定义特定 CSS 规则的位置。

借助 Dreamweaver CS4 软件，用户可以快速、轻松地完成设计、开发、维护网站和 Web 应用程序设计的全过程。软件界面如图 1-2 所示。

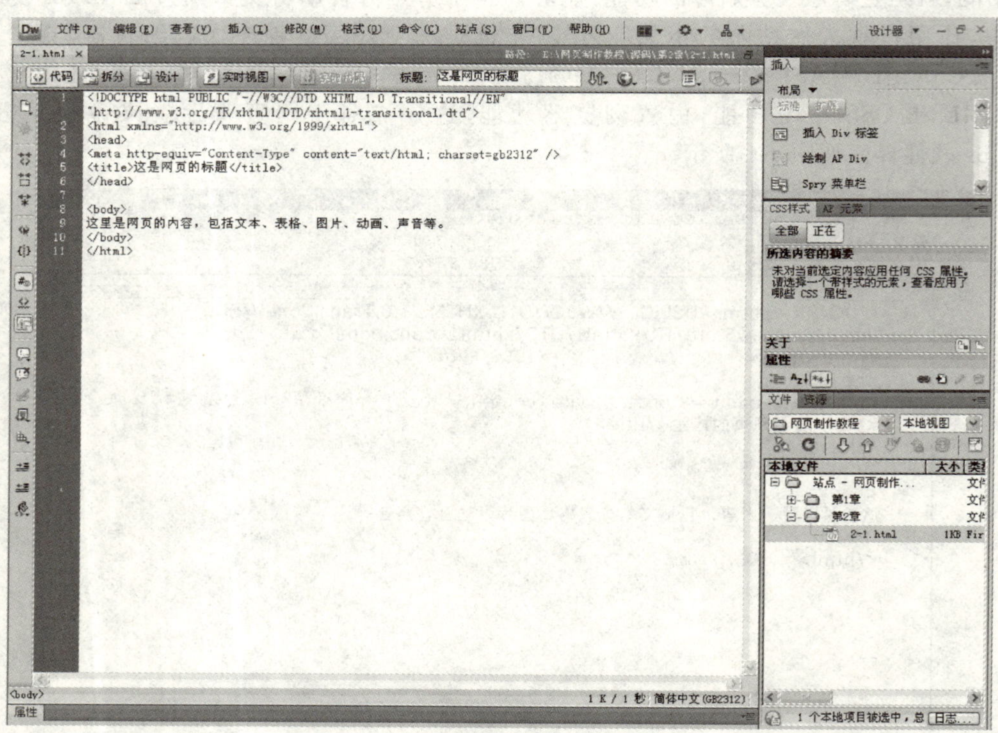

图 1-2

Dreamweaver CS4 有 3 种视图方式，其中有一种是拆分视图，可以既显示 HTML 代码，又显示网页设计内容，为我们学习 HTML 带来很大方便。

特别提醒

为了节约篇幅，使用 Dreamweaver CS4 创建和管理站点，创建和管理文件及文件夹等基本操作将在视频录像中详细讲解。

6. 优秀的浏览器 Firefox

2011 年 6 月 21 日，Firefox 5 正式版全球同步推出！

Mozilla Firefox(缩写为 Fx)，中文名为火狐，是由 Mozilla 基金会(谋智网络)与开源团体共同开发的网页浏览器。Firefox 是从 Mozilla Application Suite 派生出来的网页浏览器，从 2005 年开始，每年都被媒体 PC Magazine 选为年度最佳浏览器。根据 Net Applications 的统计，Firefox 全世界的浏览器市场份额突破了 24.6%，仅次于 Internet Explorer。

选择哪个浏览器进行开发取决于个人偏好，建议使用 Firefox 进行网页开发时安装下列扩展插件。

Firebug：http://getfirebug.com/

Web Developer toobar：http://chrispederick.com/work/web-developer/

关于这两个插件的用法请参考本书附录。

本章知识体系

知识点	重要等级	难度等级
网站、网页、主页	★★	★
网站设计要点和流程	★★	★★
HTML 基本知识	★★	★★
CSS 概念	★	★
JavaScript 概念	★	★
EditPlus	★★	★★
Dreamweaver CS4	★★	★★
Firefox	★	★

第2章

HTML基础

网页设计是一门综合性技术，包含许多方面的内容。它包含程序设计、美术设计及其他媒体技术。在学习网页设计之前，先学习与之相关的一些基础知识。

使用功能强大的网页编辑软件，如Dreamweaver CS4，使网页制作变得简单。但是学习HTML语言还是很有必要的。当网页做得很复杂时往往会出现一些错误，通过常规方法已无法纠正，这时候就只能通过修改源代码来改正这些错误了。对于想写脚本语言程序或者服务器端脚本的人来说，就更需要了解HTML语言。

本章术语

title 标签________________

meta 标签________________

body 标签________________

文本________________

段落________________

你一定听说过HTML，可能还听说过XHTML，你可知道它们只是众多标记语言中的两种吗？

HTML基于SGML，也就是标准通用标记语言(Standard Generalized Markup Language)。当初创建SGML时，创建者的目的是想让它成为一个也是唯一的一种标记元语言，这样其他所有文档中的标记都可以用它来实现。SGML的问题在于它太广泛、太全面了，以至于人们似乎没有办法使用它，所以，HTML采用了部分SGML标准，而不是全部，这样就消除了很多深奥难懂的东西，HTML才得以容易地使用。

为了应对不同网络文档急速增长的需求，W3C定义了可扩展标记语言，也就是XML(Extensible Markup Language)。和SGML一样，XML也是独立而正式的标记语言，它使用了SGML中的部分特性来定义标记评议，摒弃了很多不适合HTML这类评议的SGML的特性，并简化了SGML的其他元素，以使它们更容易得到使用和理解。

但是，由于HTML并不与XML兼容，因此W3C又提供了XHTML，这是一个HTML的重写版本，以使其能够与 XML 兼容。

HTML 版本的发展历史如下。

HTML 2.0 是 1996 年由 Internet 工程工作小组的 HTML 工作组开发的。

HTML 2.0 是过时的 HTML 版本。目前在市场上可以找到的浏览器都依赖于更新版本的 HTML。对于一位 Web 开发者而言，没有任何必要需要 HTML 2.0 标准。

HTML 3.2 作为 W3C 标准发布于 1997 年 1 月 14 日。HTML 3.2 向 HTML 2.0 标准添加了被广泛运用的特性，诸如字体、表格、applets、围绕图像的文本流、上标和下标等，这些被添加到＜font＞ 标签，为 HTML 内容和呈现的分离这个重要的任务带来了不必要的麻烦。

作为一项 W3C 推荐，HTML 4.0 发布于 1997 年 12 月 18 日。而仅仅进行了一些编辑修正的第二个版本发布于 1998 年 4 月 24 日。HTML 4.0 最重要的特性是引入了样式表(CSS)。

作为一项 W3C 推荐，HTML 4.01 发布于 1999 年 12 月 24 日。

HTML 4.01 是对 HTML 4.0 的一次较小的更新，对后者进行了修正和漏洞修复。

W3C 不会继续发展 HTML，未来 W3C 的工作集中在 XHTML 上。

作为一项 W3C 推荐，XHTML 1.0 发布于 2000 年 1 月 20 日。

XHTML 是一系列当前和将来的文档类型和程序块，它由 HTML 4 再生和扩展而来，HTML 4 是其子集。XHTML 1.0 使用 XML 对 HTML 4.01 进行了重新表示。

本书使用的是 XHTML 1.0 标准。

特别提醒

在 Dreamweaver CS4 软件中，新建网页默认就是使用 XHTML 1.0。

2.1 HTML 文档的结构

HTML 文档由 html、head 和 body 三大元素构成。

＜html＞是最外层的元素，表示文档的开始，即浏览器从＜html＞开始解释，到＜/html＞结束，所有网页内容都放在它们之间，被包围起来。

＜head＞是 HTML 文档头标记符，即文档头，包含对文档基本信息(包含文档标题、文档搜索关键字、文档生成器等属性)描述的标记。

＜head＞可以理解为人体的头部，在人体头部有一个重要的器官就是眼睛了，所以在＜head＞中也有眼睛，就是＜title＞，这个是网页的标题。

＜body＞用于定义一个 HTML 文档的主体部分，就相当于人体的躯体了，包含对网页元素(文本、表格、图片、动画和链接等)描述的标记。

网页范例 first.html

```
<!DOCTYPE html PUBLIC "-//W3C//DTD XHTML 1.0 Transitional//EN"
"http://www.w3.org/TR/xhtml1/DTD/xhtml1-transitional.dtd">
<html>
<head><title>这是网页的标题</title></head>
<body>这里是网页的内容，包括文本、表格、图片、动画、声音等。</body>
</html>
```

代码分析：网页的标题放在＜title＞和＜/title＞之间，网页的内容(也就是从浏览器窗口中可以看见的内容)放在＜body＞和＜/body＞之间。

特别提醒

第一行的代码是文档类型声明，定义了正在使用的 HTML 版本（这里是 XHTML 1.0），而且指向网页中适当的 DTD 文件。这一行代码由 Dreamweaver CS4 创建网页时自动生成。

记住，在网页的第一行必须要有文档类型声明。

特别提醒

在本书配套素材的第 1 章视频教程中，有如何使用 EditPlus 文本编辑软件和 Dreamweaver CS4 网页制作软件创建 HTML 文档的演示。

本书所有网页全部使用 Dreamweaver CS4 制作，读者朋友可以一举两得，既学习了网页知识，又掌握了网页制作软件 Dreamweaver CS4 的使用方法。

为了描述方便，以后本书中把 Dreamweaver CS4 简称为 DW。

问答

问：目前使用的 HTML 是什么版本？

答：我们现在所使用的 HTML 版本是 4.01，它于 1999 年 12 月发布，这个版本吸取了 Netscape 和 Internet Explorer 革新中的许多方面，比以前的任何一个版本都要更清晰和整洁，它支持并鼓励使用基于 HTML 显示的 CSS 标准。

目前最新的版本是 HTML 5，HTML 5 于 2004 年被 WHATWG 提出，并且在 2007 年被 W3C 接纳，并成立了新的 HTML 工作团队。在 2008 年 1 月 22 日，第一份正式草案已公布。WHATWG 表示该规范是目前正在进行的工作，仍需多年的努力。

问答

问：HTML 和 XHTML 有什么区别？

答：HTML 与 XHTML 是一种语言的不同阶段，有点类似于文言文和白话文之间的关系。XHTML 是网页标准化过程中由 HTML 走向 XML 的一座桥梁。在崇尚网页标准（Web Standards）的今天，XHTML 的要求比 HTML 更严格。如：XHTML 要求正确嵌套，XHTML 所有元素必须关闭，XHTML 区分大小写，XHTML 属性值要用双引号，XHTML 用 id 属性代替 name 属性，等等。通过 DW 软件创建的网页默认就是使用 XHTML 1.0。

问答

问：用 DW 软件新建的网页中，第一行的代码表示什么意思？

如：<! DOCTYPE html PUBLIC "-//W3C//DTD XHTML 1.0 Transitional//EN"
"http://www.w3.org/TR/xhtml1/DTD/xhtml1-transitional.dtd">

答：因为各种浏览器的内核不同，对于默认样式的渲染也不尽相同，所以就需要一份各浏览器都遵循的规则来保证同一个网页文档在不同浏览器上呈现出来的样式是一致的，这个规则就是 DOCTYPE 声明。

Html PUBLIC "-//W3C//DTD XHTML 1.0 Transitional//EN" 表示那网页是服从 W3C//标准.语言是 EN，格式是 DTD XHTML，XHTML 版本是 1.0。

这里默认使用过渡型的（Transitional）声明，是一种要求非常宽松的 DTD，它允许你继续使用 HTML 4.01 的标识，但是要符合 XHTML 的写法，这也是目前最常用的用法。

问答

问：用 DW 软件新建的网页中，第二行的代码表示什么意思？

如：<html xmlns="http://www.w3.org/1999/xhtml">

答：xmlns 是 xml namespace 的缩写，代表文档的命名空间。

互联网是相通的，任意的两个或者以上的网页文档都可能会涉及数据交换，因为XML语言是允许用户自定义标签的，所以任意两个交换的文档就可能会出现相同的标签，从而导致相同标签的冲突，所以就需要一个命名空间以区分交换文档中可能存在的相同标签。

XHTML作为HTML向XML过渡的一种语言，并不能实现XML语言中的用户自定义标签，所以XHTML文档中的命名空间都是相同的，都使用：

<html xmlns="http://www.w3.org/1999/xhtml">

2.2　HTML基本语法

HTML语法由标签(Tags)和属性(Attributes)组成。标签是一个用尖括号＜＞包围起来的命令词，标签往往成对出现；不同标签之间可以嵌套，但不能交叉，浏览器主要根据标签来决定网页的实际显示效果。

标签可以分为单标签和双标签两种类型。

(1) 单标签。单标签的形式为＜标签 属性＝参数＞，最常见的如强制换行标签
、分隔线标签<hr>、插入文本框标签<input>。

(2) 双标签。双标签的形式为＜标签 属性＝参数＞对象＜/标签＞，可以分为起始标签和结束标签，二者的标签名称相同，只是结束标签多一个斜杠。

网页范例 hr.html

```
<body>
<hr size="3" width="300" align="center" />
</body>
```

代码分析：hr是水平线标签，指定了水平线标签的属性，即粗细、宽度、对齐方式。

特别提醒

在HTML语言中大多数是双标签的形式，标签对大小写不敏感。一般在制作网页时，统一采用小写的标签，因为XHTML规定，标签必须是小写字母。

任何空格或回车在代码中都无效，插入空格或回车有专用的标记，分别是 、
。

所有标签(包括空标签)都必须关闭，像这样：<p></p>、
。

标签的属性值要用双引号括起来，像这样：width="300"。

2.3　网页头部Head

虽然头部内容(<head>…</head>)不会显示在网页的主体(<body>…</body>)里面，但对于网页来说，有着至关重要的影响，因为网页加载的顺序是从头部开始的。例如，网页的标题是浏览者得到的第一条信息，浏览者可以根据标题来判断是否继续查看该网页。

网页头部一般包含<title>标签、<meta>标签、样式表及脚本等。样式表和脚本分别在本书的第2部分和第3部分中讲解。我们先介绍<title>标签和<meta>标签，规范填写这两个标签，非常有助于网站的推广。

2.3.1　title标签

<title>标签用来放置网页标题，当浏览者打开网页时，从网页中得到的第一条信息便是

网页标题。网页标题可以简明地概括网页的内容，点明网页的主题，让浏览者决定是否继续浏览。另外，网页标题也是搜索引擎 robots 搜索时的主要依据。在大量的网络信息中，浏览者如果想搜索到自己的网页，最好的办法是定义一个合适的标题，这就是人们常说的 SEO 技术。

2.3.2 meta 标签

<meta>标签主要用于为搜索引擎 robots 定义页面主题信息，它还可以用于定义用户浏览器上的 cookie、作者、版权信息或关键字；同时，它还可以设置页面，使其根据定义的时间间隔刷新自己，以及设置 PICS 内容等级（PICS 是 Internet 内容选择平台，它提供了向网页分配等级（如电影等级）的方法）。

<meta>标签的一个很重要的功能就是设置关键字，来帮助你的主页被各大搜索引擎收录，提高网站的访问量。在这个功能中，最重要的就是对 keywords 和 description 的设置。

<meta>标签共有两个属性，它们分别是 HTTP 标题信息（http-equiv）属性和关于页面的描述性信息（name）属性，这两个属性又有不同的参数值，这些不同的参数值就实现了不同的网页功能。

如何在 Dreamweaver CS4 中添加 meta 标签？

在 DW 软件中执行“插入”→HTML→“文件头标签”→Meta 命令，在出现的对话框中指定属性。

下面结合软件介绍几个重要的属性。

1. 指定网页字符集（http-equiv 属性）

启动 Dreamweaver CS4，新建一个网页，在代码<head>下面有一行代码：

```
<meta http-equiv="Content-Type" content="text/html; charset=utf-8" />
```

“Charset=utf-8”表示当前网页使用的字符集是 utf-8，当然可以在 Dreamweaver CS4 中把每次新创建的网页字符集修改为简体中文，执行“编辑”→“首选参数”命令，弹出“首选参数”对话框，找到“新建文档”这一项，把“默认编码”的内容修改为“简体中文 GB2312”，以后新创建的网页字符集就是简体中文了，如图 2-1 所示。

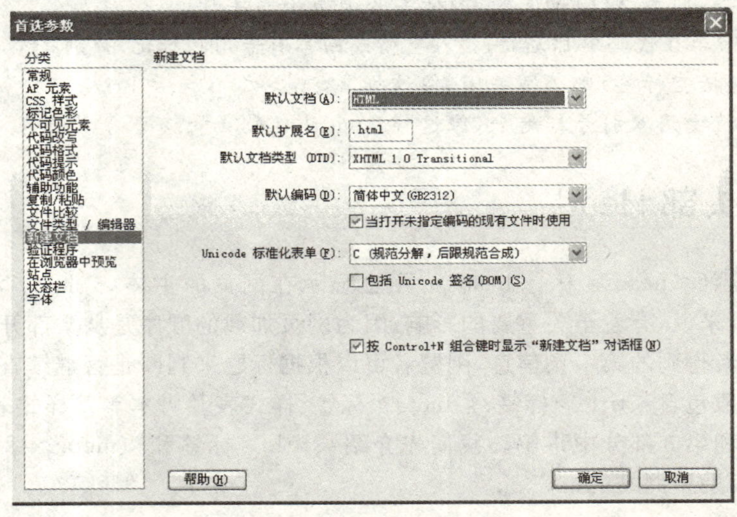

图 2-1

2. **指定页面的关键字(name 属性)**

许多搜索引擎会自动读取关键字 meta 标签的内容,并使用该信息在它们的数据库中将页面编入索引。因为有些搜索引擎对索引的关键字或字符个数进行了限制,或者在超过限制的数目时它将忽略所有关键字,所以最好只使用几个精心选择的关键字。

在 DW 软件中执行"插入"→HTML→"文件头标签"→"关键字"命令,在显示的对话框中指定关键字,以逗号隔开(注意:是英文输入法中的逗号),如图 2-2 所示。

图 2-2

html 代码如下:

```
<meta name = "keywords" content = "网页设计,网页设计教程" />
```

3. **指定页面说明(name 属性)**

许多搜索引擎会自动读取关键字 meta 标签的内容,有些使用该信息在它们的数据库中将页面编入索引,有些还在搜索结果中显示该信息(而不只是显示文档的前几行)。有些搜索引擎限制索引的字符数,因此最好将说明限制几个字。

选择"插入"→HTML→"文件头标签"→"说明"命令,在显示的对话框中输入说明性文本,如图 2-3 所示。

html 代码如下:

```
<meta name = "description" content = "这是一个提供网页制作教程的网站" />
```

4. **设置页面的刷新时间(http-equiv 属性)**

使用刷新属性可以指定浏览器在一定的时间后应该自动刷新页面,方法是重新加载当前页面或转到不同的页面。

选择"插入"→HTML→"文件头标签"→"刷新"命令,在如图 2-4 所示对话框中设置。

图 2-3

图 2-4

html 代码如下:

```
<meta http - equiv = "refresh" content = "2" /> //2 秒内刷新当前页
<meta http - equiv = "refresh" content = "5;
URL = http://www.jquery.com" /> //5 秒内跳转到指定的网址
```

在软件中比较实用就是上面几个,接下来继续介绍其他常用属性。

5. **robots(机器人向导)(name 属性)**

说明:robots 用来告诉搜索机器人哪些页面需要索引,哪些页面不需要索引。

content 的参数有 all、none、index、noindex、follow、nofollow，默认值是 all。html 代码如下：

```
<meta name="robots" content="all" />
```

6. author（作者）（name 属性）

说明：标注网页的作者。

html 代码如下：

```
<meta name="author" content="jhong" />
```


7. copyright（版权）（name 属性）

说明：说明网站版权信息。

html 代码如下：

```
<meta name="copyright" content="© 2010-2020 网页制作" />
```

8. 网页转换时的动画效果（http-equiv 属性）

说明：可以在进入网页或者离开网页的一刹那实现动画效果。

html 代码如下：

```
<meta http-equiv="Page-Enter" content="revealTrans(duration=3, transition=23)">
<meta http-equiv="Page-Exit" content="revealTrans(duration=3, transition=23)">
```

duration 表示特效的持续时间（单位：秒），transition 表示使用哪种特效，取值为 0～23。transition 的参数值及用法参考本书第 18 章关于滤镜部分的教程，特效取值列表在本书第 18 章的表 18-7。

2.4 网页主体 Body

<body>标签设置关系到网页的全局效果。例如，网页背景为网页增添了一分色彩，链接文字颜色的正确设置为浏览者在浏览过程中提供了许多的方便。

系统默认创建的新网页背景色为白色、无背景图像、无标题等，可以通过修改页面属性的方法修改当前文档的属性，如背景、文字颜色、页面边距、标题编码属性等。

1. 网页背景色

单击“属性”面板中的“页面属性”按钮，弹出如图 2-5 所示的“页面属性”对话框，选择“外观（HTML）”这一项。

特别提醒

外观（CSS）、链接（CSS）和标题（CSS）类别中指定的规则嵌入在页面的 head 部分中，是 CSS 样式表，在后面章节才会用到，所以这里应该选择使用 HTML 设置页面属性。

单击“背景”下三角按钮，弹出调色板，选择一种颜色，单击“确定”按钮，完成背景颜色的设置。HTML 代码如下：

```
<body bgcolor="#0066FF">
```

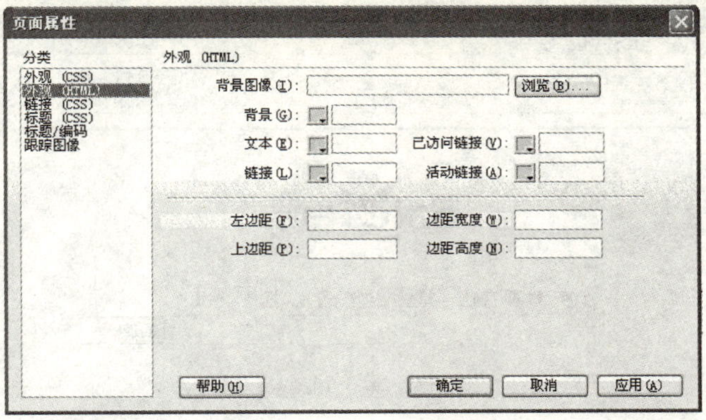

图　2-5

说明：此处 bgcolor 表示背景颜色。

2．网页背景图片

在图 2-5 所示对话框中单击“背景图像”后面的“浏览”按钮，在弹出的窗口中选择背景图片，如图 2-6 所示，与浏览器一样，如果图像不能填满整个窗口，Dreamweaver CS4 会平铺（重复）背景图像（若要禁止背景图像以平铺方式显示，可使用 CSS 样式表禁用图像平铺）。背景图片的 HTML 代码如下：

```
<body bgcolor = "#0066FF" background = "50.png">
```

说明：background 表示背景图片。

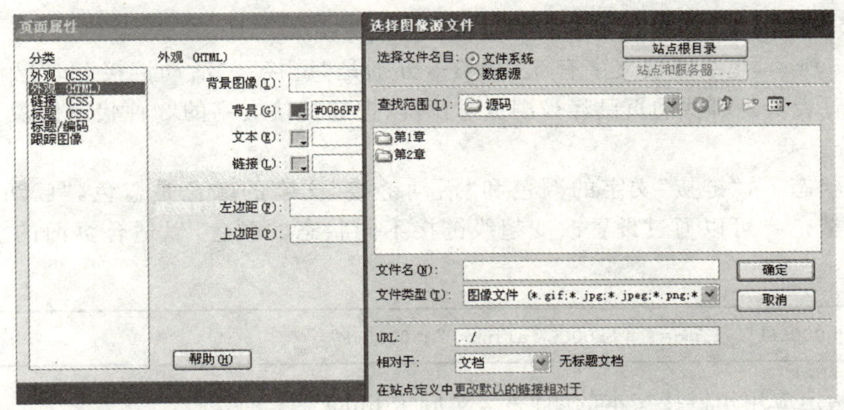

图　2-6

3．网页文字颜色

在图 2-5 所示对话框中，还可以设置网页文本颜色，文本颜色默认是黑色。

网页中用不同的文字颜色来标示不同的内容，可以帮助浏览者更方便、快捷地浏览网站，如图 2-7 所示。普通文本为黑色加粗显示，链接文本为蓝色下划线显示，活动链接为橘黄色下划线显示。

单击“文本”下三角按钮，弹出调色板，选择一种颜色，单击“确定”按钮，完成文本颜色的设置。表示文本颜色的代码是：text＝"＃FF0000"。

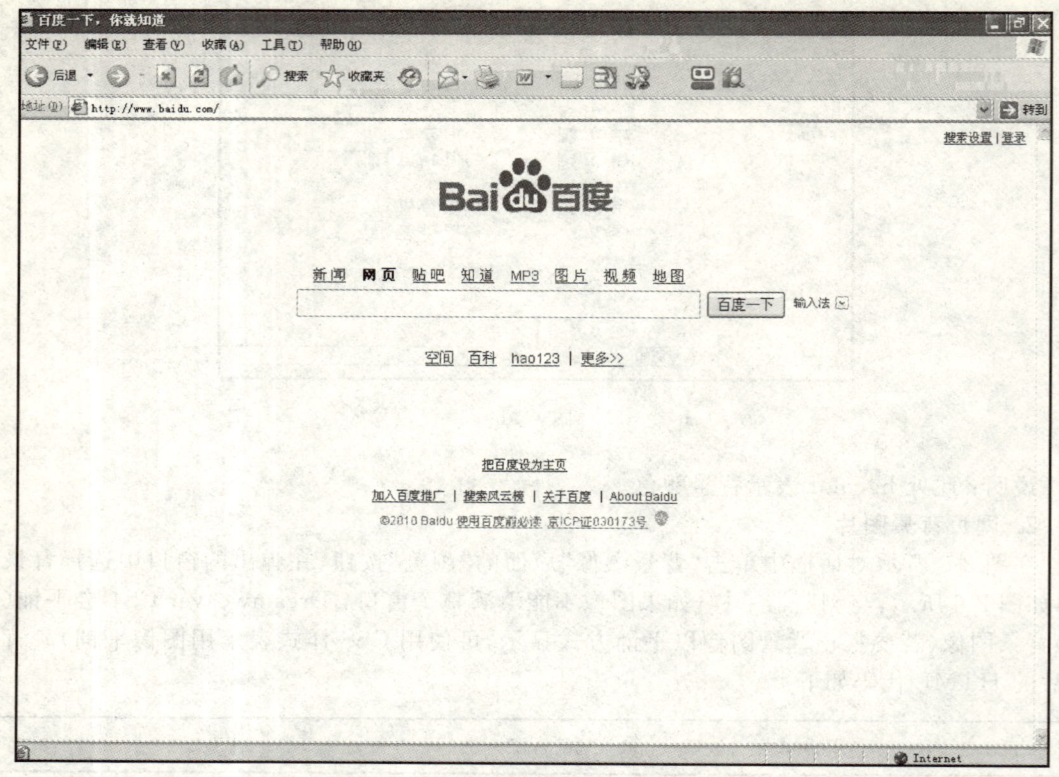

图 2-7

4. 超级链接颜色

如图 2-5 所示，超级链接文字有 3 种状态，分别是“链接”、“活动链接”和“已访问链接”。为了方便浏览者清楚哪些网页已经被浏览过，可以把超链接文字的 3 种状态设置为不同的颜色，以示区分。

在默认状态下，“链接”文字的颜色和“活动链接”文字的颜色是蓝色，“已访问链接”文字的颜色是紫色。可以通过设置改变超级链接不同状态的颜色，以适合页面的统一。代码如下：

```
link = "#0000FF" vlink = "#FF00CC" alink = "#0000FF"
```

链接：指定应用于链接文本的颜色。(对应于 link)

已访问链接：指定应用于已访问链接的颜色。(对应于 vlink)

活动链接：指定当鼠标(或指针)在链接上单击时应用的颜色。(对应于 alink)

5. 页面边距

页面边距指网页中的内容与页面四边之间的距离。如果内容布满了整个页面且没有一点空隙，那么网页会非常不美观。适当地设置页面边距，会使页面看起来大方得体。

我们只要在图 2-5 所示对话框中，左边距和上边距分别设置为 0 就行了，其他两个不必设置。

leftmargin="0" 表示左边距，topmargin="0" 表示上边距。

<body>标签完整的网页代码：

网页范例 body.html

```
<body bgcolor="#0066FF" background="50.png"
text="#FF0000" link="#0000FF" vlink="#FF00CC"
 alink="#0000FF" leftmargin="0" topmargin="0">
</body>
```

通过本小节的学习，我们掌握了背景颜色、背景图像、文字颜色和页面边距的设置方法，这些是网页设计的基础知识。

特别提醒

本小节讲解了 body 标签的几个属性，我们可以用后面的 CSS 知识来解决。CSS 的解决方案更优秀，可以完成得更好。

学习了 CSS 知识后，body 标签的几个属性基本上可以忘却了。

2.5　网页文字

网页文字的大小、颜色以及字体等因素是决定网页是否成功的关键因素。文字在网络上传输速度较快，用户可以很方便地浏览和下载文字信息，故其成为网页主要的信息载体。整齐划一、大小适中的文字能够体现网页的视觉效果。因而文字处理是设计精美网页的第一步。

在网页中添加文字，只要在<body></body>之间，需要插入文字的地方输入文字就可以实现。

如何格式化文本？

设置文本格式有两种方法：使用 HTML 标签格式化文本和使用层叠样式表 CSS 格式化文本。

使用 HTML 标签和 CSS 都可以控制文本属性，包括特定字体和字大小、粗体、斜体、下划线、文本颜色等。

两者区别在于，使用 HTML 标签仅仅对当前应用的文本有效，当改变设置时，无法实现文本自动更新。而 CSS 则不同，通过 CSS 事先定义好文本样式，当改变 CSS 样式表时，所有应用该样式的文本将自动更新。

默认情况下，Dreamweaver CS4 使用 CSS 而不是 HTML 标签指定页面属性。这里主要介绍使用 HTML 标签设置文本属性的基本操作。

文字的语法为：

```
<font>网页设计教程</font>
```

网页文字的样式，主要是设置文字的字体、字号、颜色等属性：

```
<font face="宋体" size="3" color="#ff0">网页设计教程</font>
```

1. 文字大小

在 font 中可以添加一些属性，字体大小的属性就是 size，参数范围为 1～7，数字越大，字体越大。

网页范例 font-size.html

```
<body>
  <font size="1">网页设计教程</font>
```

```
  <br />
  <font size="2">网页设计教程</font>
  <br />
  <font size="7">网页设计教程</font>
</body>
```

说明：
是回车换行，网页效果如图 2-8 所示。

图　2-8

2. 文字颜色

网页范例 font-color.html

```
<body>
    <font color="red">网页设计教程</font><br />
    <font color="blue" size="5">网页设计教程</font><br />
    <font color="#f00" size="7">网页设计教程</font>
</body>
```

说明：文字颜色使用 color 属性，值用颜色的英文单词，也可以使用十六进制的颜色代码 #ff0000。十六进制的颜色代码如果每两位相同，也可以简写为 #f00，Dreamweaver CS4 就是使用这种写法，效果如图 2-9 所示。

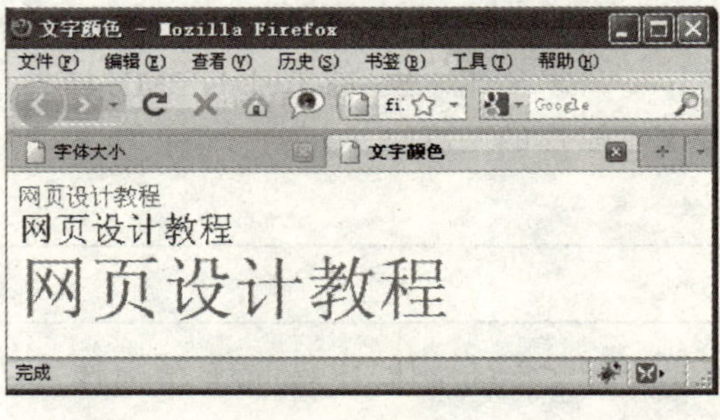

图　2-9

问答

问：如何用十六进制表示颜色值？

答：网页设计中最常用的颜色系统是十六进制。十六进制范围由 0～9 和 a～f 共 16 个数字和字母组成。一个颜色值比如 #33ffaa，实际上包含了 3 组十六进制的数字，分别指定了红、绿和蓝的浓度，如果每一组数中的两个数字都相同，可以缩短成为只有 3 个字符，即 #3fa。

问：如何用 RGB 表示颜色值？

答：RGB 是指 Red(红)、Green(绿)、Blue(蓝)三个颜色英文单词的首个字母，它们用百分比(0%～100%)，或者 0～255 之间的数字表示。如果要将文字的颜色设置成白色，可以这样写：

RGB(100%,100%,100%)或者 RGB(255,255,255)(推荐用这种方式)

问：颜色关键字有哪些？

答：HTML 中一共有 17 种颜色关键字，分别是：aqua(浅绿色)、black(黑色)、blue(蓝色)、fuchsia(紫红色)、gray(灰色)、green(绿色)、lime(青柠色)、maroon(栗色)、navy(藏青色)、olive(橄榄色)、orange(橙色)、purple(紫色)、red(红色)、silver(银色)、teal(浅灰色)、white(白色)、yellow(黄色)。

特别提醒

根据 W3C 标准，设置字体颜色时，尽量使用 CSS 的 color 属性。

3. 文本的字体

网页中文本的字体默认为宋体，一般情况下不需要设置，用默认值就行。

```
<font face="Arial, 宋体">网页制作教程</font>
```

特别提醒

根据 W3C 标准，已经不建议使用 font 标签来控制文本的显示，CSS 在文本处理方面做得更好。

4. 标题字体

网页范例 tag_h.html

```
<body>
  <h1>一号标题</h1>
  <h2>二号标题</h2>
  <h3>三号标题</h3>
  <h4>四号标题</h4>
  <h5>五号标题</h5>
  <h6>六号标题</h6>
</body>
```

说明：数字越小字体越大，另外设置标题字格式后，文字变为黑体，并且和下面的文字自动隔一行，如图 2-10 所示。

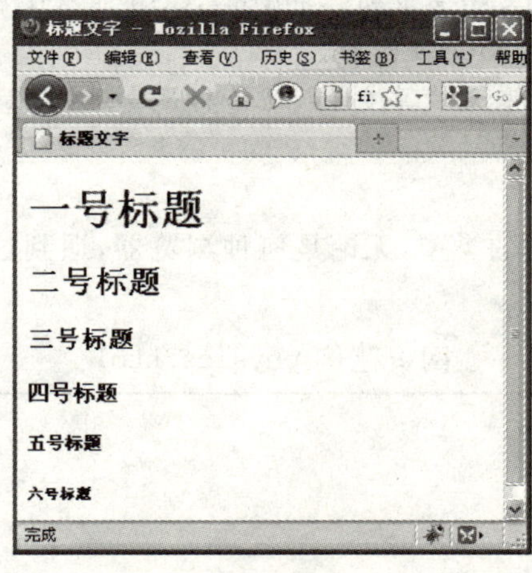

图 2-10

5. 逻辑字体

逻辑字体不指明字体如何显示，而是让 Web 浏览器自行决定显示方式，不同的浏览器解释的效果可能就不一样。下面列举常用的几个逻辑字体。

网页范例 logic.html

```
<address>将网页需要显示的地址文字突出显示，一般用斜体显示。</address>
<em>一般强调，通常以斜体显示。</em>
<strong>特别强调，通常用粗体显示。</strong>
<code>以等宽字体显示命令或计算机程序代码。</code>
<samp>用于字母序列，用等宽字体显示。</samp>
<kbd>用粗体等宽字体显示文字。</kbd>
<var>用较小的固定宽度字体显示字体，也可以表示一个程序变量。</var>
<dfn>用于名词解释，通常用斜体来显示被解释的术语或名词缩写。</dfn>
<cite>用于标题文字，通常用斜体显示。</cite>
<strike>删除线，用该标签的文字显示时均带有删除线。</strike>
<small>缩小字体，比网页中的字体减少一号。</small>
<big>放大字体，比网页中的缺省字体放大一号。</big>
```

代码运行效果如图 2-11 所示。

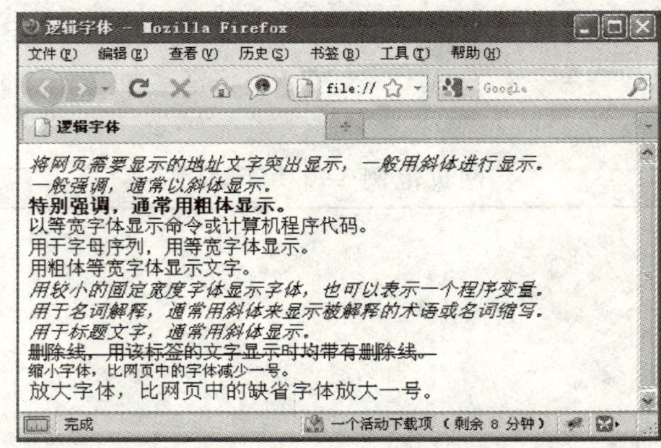

图 2-11

特别提醒

不要用<b>和<i>来使文字变成粗体和斜体，CSS 可以使任何标签变成粗体或斜体，如果一定要用的话，可以考虑<strong>标签。

另外，<cite>标签不仅把标题变成斜体，还给标题加上标记，便于被搜索引擎搜索，这个标签很超值。

6. 物理字体

物理字体明确指明了字体的类型，无论是何种浏览器，遇到这些表示文字的标签时，都用相同的方式进行显示。

网页范例 physics.html

```
<b>粗体</b>
<i>斜体</i>
<u>下划线</u>
<sup>上标，将文字显示为上标。</sup>
<sub>下标，将文字显示为下标。</sub>
```

```
<tt>用等宽字体来显示文本,相当于打字机的效果。</tt>
<s>删除线,该标签在指定的文本上画一条删除线。</s>
```

代码运行效果如图 2-12 所示。

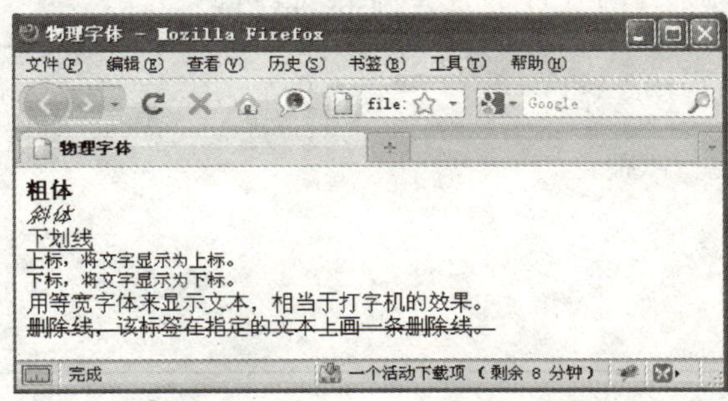

图 2-12

2.6 段落

1. 段落标签

网页内容由多个段落构成,段落的语法简单:

```
<p>这是一个段落</p>
```

<p></p>中的内容就表示一个段落,网页中有多少个<p>标签,就有多少个段落,从网页中的效果看,段落与段落之间有一空行。

网页范例 tag_p.html

```
<body>
  <p>网页制作教程</p>
  <p>第一篇: HTML 篇</p>
  <p>第二篇: CSS 篇</p>
  <p>第三篇: JavaScript 篇</p>
</body>
```

代码运行效果如图 2-13 所示。

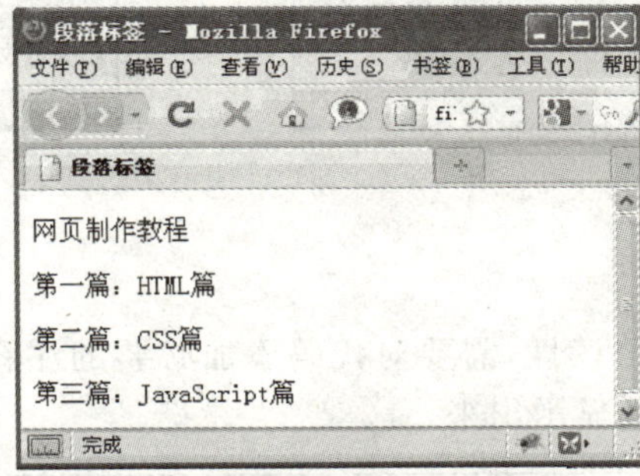

图 2-13

**2. 回车换行
**

标签就是强制换行。一个
标签换一行，如果有多个
标签，就会换行多次。

网页范例 br.html

```
<p>
静夜思
李白
床前明月光，
疑是地上霜。
举头望明月，
低头思故乡。
</p>
```

诗的内容放在<p>标签中，网页的显示要求应该是一行一句话的，但却没有换行，效果如图 2-14 所示。

如果每一行诗句分别用<p>标签，浏览时诗句会一行行显示，但行与行之间的距离比较大，不美观，这种情况下
就派上大用场了：

网页范例 br_1.htm

```
<p>
静夜思<br />
李白<br />
床前明月光，<br />
疑是地上霜。<br />
举头望明月，<br />
低头思故乡。
</p>
```

代码运行效果如图 2-15 所示。

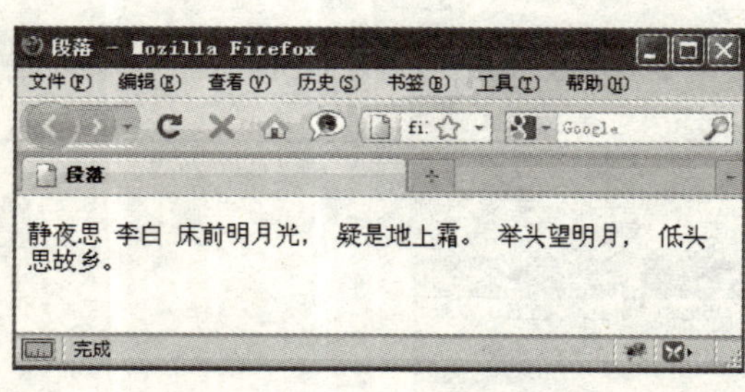

图 2-14

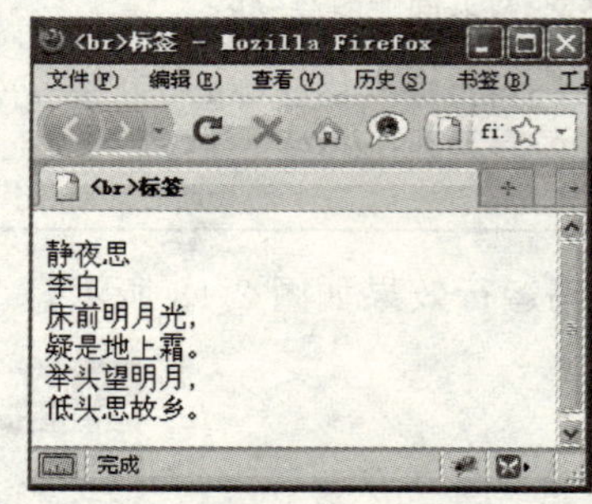

图 2-15

3. 注释

为了增强 HTML 代码的可读性，需要对代码添加必要的注释，这些注释可以出现在代码中的任何位置，不会在网页中被显示出来。

```
<! -- 下面一段代码的功能是…，代码开始 -->
<p>HTML 代码教程<p>
<! -- 本段代码结束 -->
```

用惊叹号“!”和两个“-”开始，结束时也用两个“-”。

4. 空格

```
<p>  网页制作   教程<p>
```

空格用“ ”表示，两个空格代表一个汉字的位置。

5. 特殊符号

在网页中插入特殊符号时，只要把特殊符号对应的代码插入就行了，部分特殊符号的对应代码如表 2-1 所示。

表 2-1　部分特殊符号与对应代码

特殊符号	符号代码	特殊符号	符号代码
"	"	§	§
&	&	©(版权)	©
<	<	®(商标)	®
>	>	™	™
×	×		

6. 水平线

请看网页范例 hr.html，水平线的标签是<hr>，添加一条默认样式的水平线。

1）水平线的宽度属性

```
<hr width="宽度">
```

宽度可以是确定的像素值，也可以是窗口的百分比，如：

```
<hr width="500" />
<hr width="80%" />
```

2）水平线高度 size

```
<hr size="高度">
```

高度只能是像素值，如：<hr size="3" />。

3）水平线颜色 color

```
<hr color="颜色">
```

注意：*颜色代码只能是十六进制的数。*

4）水平线去掉阴影 noshade

```
<hr noshade>
```

noshade 是布尔类型的属性，没有属性值，如果在<hr>元素中写上了这个属性就表示不会显示立体形状的水平线。

5）水平线排列 align

```
<hr align="对齐方式">
```

对齐方式有 left(左对齐)、center(居中对齐)、right(右对齐)三种。

7. 文字对齐

如果要将网页中的文字对齐,可以使用 align 属性,对齐方式有 left、center、right 三种。

网页范例 align.html

```
<p align="left">HTML 代码教程<p>
<p align="center">CSS 教程<p>
<p align="right">JavaScript 教程<p>
```

效果如图 2-16 所示。

图 2-16

特别提醒

用<center></center>标签,也可以实现居中对齐,这个标签除了可以控制文字外,还可以控制图片或其他对象。

8. pre 标签

pre 标签是 preformatted 的简写。pre 标签与 p 标签基本相同,唯一的区别是该标签中的文字内容将保留空格和换行符,并且标签中的英文字符都将统一用等宽字体,以便对齐。把网页范例 br.html 中的 p 标签用 pre 代替后,作个比较,效果如图 2-17 所示。

网页范例 pre.htm

```
<pre>
静夜思
李白
床前明月光,
疑是地上霜。
举头望明月,
低头思故乡。
</pre>
```

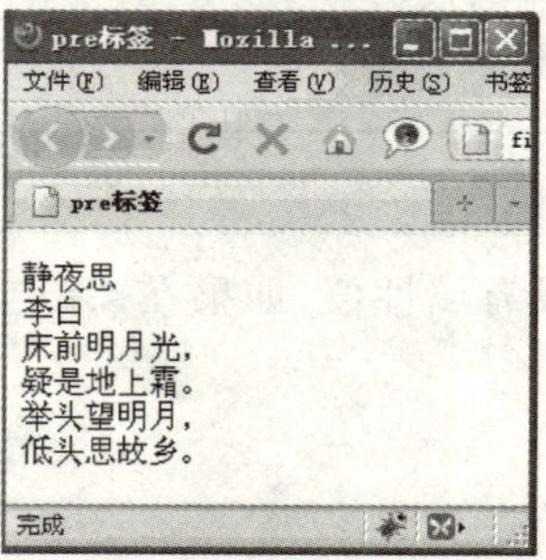

图 2-17

本章知识体系

知识点	重要等级	难度等级
Title	★★★	★★★
Body	★★★	★★★
Meta	★★★★	★★★
文本	★★★	★★★
段落	★★★	★★★

第3章

图　像

网页中的图像具有直观和美化的作用，是网页设计中必不可少的元素。它既是文字表达的有力补充，又是网页美化装饰中最具渲染力的元素。图像在网页中应用很广泛：导航栏、网站的logo、网站的插图、相册型网站等。

本章主要介绍如何在网页中插入图像并设置其属性。

本 章 术 语

img 标签＿＿＿＿＿＿＿＿＿＿＿＿＿＿＿＿＿

img 标签的各种属性＿＿＿＿＿＿＿＿＿＿＿＿

3.1　图像的基本语法

在网页中插入图像很简单，只要插入图像标签＜img＞就行，同时还要掌握图像标签的几个常用属性。

3.1.1　常用的图像文件格式

计算机对图像的处理也是以文件的形式进行的，由于图像编码的方法很多，因而形成了许多图像文件格式。但网页中通常使用的只有三种格式，即 GIF、JPEG 和 PNG。本节将重点介绍三种图像格式的特点及其适用的范围。

GIF：Graphics Interchange Format，图形交换格式。

JPG 或 JPEG：Joint Photographic Experts Group，联合图像专家组。

PNG：Portable Network Graphics，可移植网络图像。

GIF 是世界最大的联机服务机构 CompuServe 在 1987 年开发的图像文件格式，扩展名为 gif。GIF 文件是经过压缩的，最多只支持 256 种色彩的图像，容量较小，解码与下载速度快。可以创建简单的动画，并支持透明背景。最适合显示色调不连续或具有大面积单一颜色的图像，例如网页中的导航条、按钮、图标、徽标或其他具有统一色彩和色调的图像。

JPEG 格式是由联合图像专家组制定的文件格式，扩展名为 jpg 或 jpeg。JPEG 是一种有损压缩，可支持 1670 万种颜色。随着 JPEG 文件品质的提高，文件的大小和下载时间也会随之增加。普遍用于显示摄影图片和其他具有连续色调图像的高级格式。

PNG 是 20 世纪 90 年代中期开发的一种新兴的网络图像格式，文件扩展名是 png。PNG 是 Macromedia 公司的 Fireworks（已被 Adobe 公司收购）的默认格式，可保留所有原始层、矢量、颜色和效果信息（例如阴影），并且在任何时候所有元素都是完全可编辑的。目前，不同浏览器对 PNG 的支持是不一致的，因而不建议在网页中使用 PNG 文件，还应该将它们导出为 GIF 或 JPEG 格式。

总之，GIF 是图形和图画的最佳格式，而 JPEG 格式则更适合存放照片。

3.1.2 如何添加图片

添加图片的 HTML 代码是使用 img 标签：

```
<img src="图片名称">
```

说明：src 属性指定图像的具体位置。

特别提醒

为了管理的方便，在网站目录中，应建立专门存放图像的文件夹。网页文件和图像应该分开存放管理，不要放在同一文件夹中。

网页范例 img.html

```
<body>
<img src="img/31.jpg" />
</body>
```

图片存放在 img 文件夹中，文件名是 31.jpg，默认情况下，网页显示的是图像文件的原始尺寸大小，效果如图 3-1 所示。

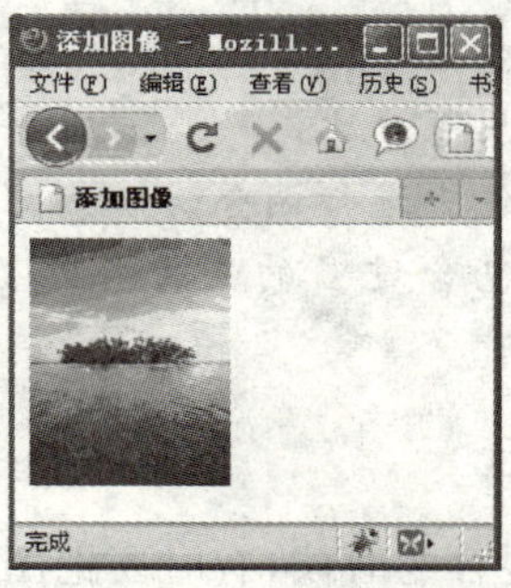

图 3-1

3.2 图像的常用属性

图像标签有几个常用的属性，如图像的宽度、高度、对齐方式等，下面结合 DW 软件详细讲解。DW 软件中图像“属性”面板如图 3-2 所示。

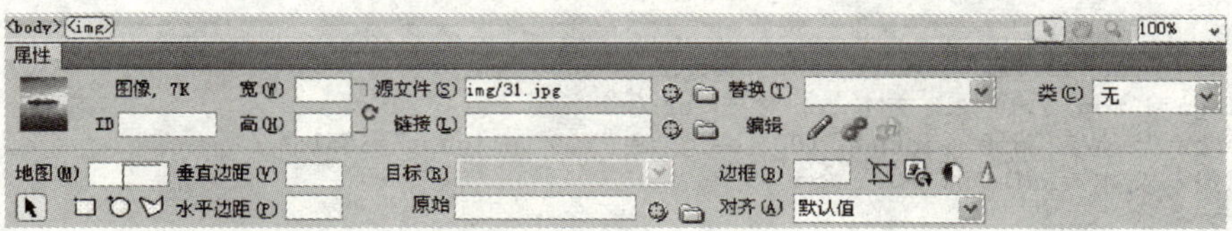

图 3-2

3.2.1 宽度属性

图像的宽度和高度一般由浏览器自动识别，不需要设置具体的数值。设计网页时为了有意地增大或减小图像的宽度和高度，才指定具体的值，但可能会使图像发生变形（如果指定的值和图像原始值相差太大）。宽度用 width 表示，宽度的值可以使用数字（像素），也可以使用百分比，如：

网页范例 img_width.html

```
<body>
<img src="img/31.jpg" width="100" /><br>
<img src="img/31.jpg" width="80%" />
</body>
```

第二行代码表示图像的宽度是 100 像素，大小是固定的；第三行代码表示图像的宽度是浏览器宽度的 80%，大小不是固定的，跟随浏览器窗口的宽度变化而变化，效果如图 3-3 所示。

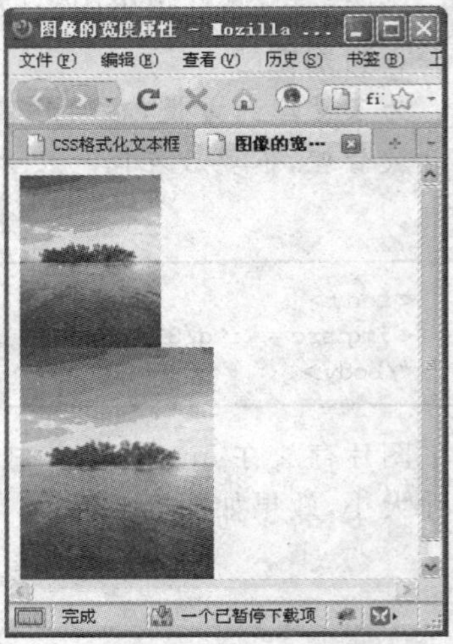

图 3-3

3.2.2 高度属性

高度（height）和宽度的设置方法相同，在 DW 软件中，宽度和高度直接在“属性”面板（如图 3-2 所示）中输入数字或百分比。

特别提醒

图像的宽度和高度的设置，只是改变了图像的显示尺寸，图像文件的实际大小并不会因此发生变化。

图像宽度和高度的值不建议使用百分比。

图像的大小应该在图像处理软件中进行调整。

建议一个 HTML 文件里不要包含过多的图像，否则会影响网页的显示速度。

3.2.3 图像的对齐方式

制作网页时，遇到图像和文字混合的时候，有时要把图像放在左边，文字放在右边，有时要求文字在图像的中间，等等，可以用 img 标签里的对齐方式（align）来解决图文混排的问题。

align 的值共分 5 种，分别是 top（顶）、right（右）、bottom（底）、left（左）、middle（中间）。

特别提醒

默认值是 bottom（底部）对齐。

网页范例 img_align.html

```
<body>
<img src="img/32.gif" width="100" height="100"
    align="top" />图像与文本 top 对齐<br />
<img src="img/32.gif" width="100" height="100" align="middle" />
    图像与文本 middle 对齐<br />
</body>
```

图 3-4

类似地，读者可以根据上面的代码，练习设置其他的属性值，如图 3-4 所示。

特别提醒

图像对齐方式的设置，在图 3-2 所示的 DW 软件的“属性”面板中，有一个“对齐”下拉列表框，可以选择属性值。

阶段性作业

打开 img_align.html，尝试修改 align 的值，对比各个值在网页中的效果。

在 DW 软件中，按图 3-2 中所示的“属性”面板，练习 DW 中设置对齐的方法。

3.2.4 边框

给图片添加一个边框(border)能起到装饰或突出图片的作用，有时还能调和色彩冲突。善用边框能为网页的整体效果带来微妙的趣味；但有时候，又不想让图像的边框显示。

特别提醒

border 属性除了在 HTML 中有，在 CSS 中也有，而且应用更广泛。

网页范例 img_border.html

```
<body>
<img src="img/32.gif" border="10px" />
</body>
```

图 3-5

代码分析：设置图像的边框宽度为 10 像素，效果如图 3-5 所示。

特别提醒

边框属性的设置，在图 3-2 所示的 DW 软件的“属性”面板中，有一个“边框”选项，可以在右边输入边框的值。

如果图像不需要边框，可以把边框宽度设定为 0。

```
<img src="img/32.gif" border="0px" />
```

特别提醒

如果图像是超级链接的话，默认是有边框的，应该要去除边框，也就是把边框宽度设定为 0px。

3.2.5 提示文字

在浏览网页时，可能会出现不能正常显示图像的情况，如图像体积比较大，显示图像会比较慢；或者图像路径有误，不能显示图像；等等。当图像不能显示时，要让用户在第一时间知道这幅图像表达的信息，可以使用图像标签的提示文字(alt)属性，当鼠标指针在图像上面时，显示文本提示信息，可以给用户提供该图像的主题。

制作网页时，为了避免图像不能正常显示的情况，都要设置 alt 参数。

网页范例 img_alt.html

```
<body>
<img src="img/32.gif" alt="HTML 教程" />
</body>
```

特别提醒

alt 属性的设置，在图 3-2 所示的 DW 软件的"属性"面板中，有一个"替换"选项，可以在右边输入提示的文字。

3.2.6 水平边距和垂直边距

在设置图像的对齐方式和边框时，图片与文字之间的距离很近。可以通过设置图像的边距属性来进行调节，从而使网页看起来更有条理。

边距属性分为水平边距和垂直边距两种，边距属性的值是像素。

网页范例 img_space.html

```
⋮
<img src="img/32.gif" width="50px" height="50px" hspace="10px" vspace="10px" align=
"left" />
⋮
```

图 3-6 是没有设置边距的效果和已设置边距的效果对比。

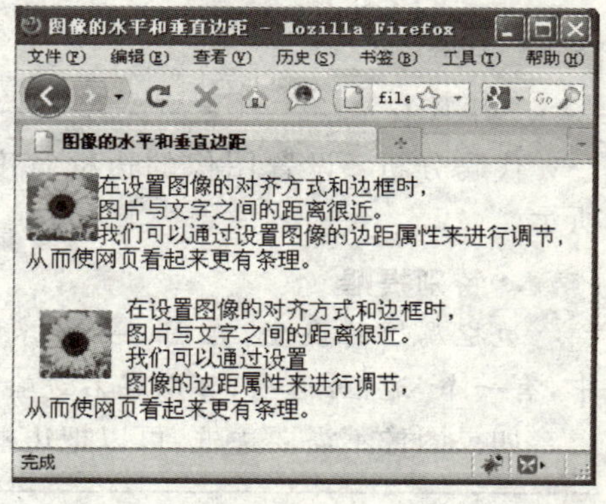

图 3-6

特别提醒

alt 属性的设置，在图 3-2 所示的 DW 软件的"属性"面板中，有一个"水平边距"和"垂直边距"选项，可以在右边输入边距值。

3.2.7 热图

客户端图像映射图是在插入的图像上面定义一个或几个区域，用来链接到其他的页面上，也称为热图。只有单击定义了热图的区域，才能链接到其他页面上。现在的热图一般应用在电子地图上。

因为热图的操作和源代码比较复杂，请读者参看配套素材中的视频教程。

本章知识体系

知 识 点	重 要 等 级	难 度 等 级
img	★★★	★
src	★★★	★★
width	★★★	★★
height	★★★	★★
border	★★★	★★
alt	★★★	★
align	★★★	★★
vspace	★★★	★★
hspace	★★★	★★

第4章

超级链接

超级链接是构成网站最为重要的部分之一，一个完整的网站中往往包含了许多的链接。互联网正是因为有了超级链接，才能使网络不限于特定的地理位置，只要鼠标一点，就可以到达全球的任意一个站点。

本章将详细介绍网页超链接的设置。

本章术语

绝对路径

相对路径

文字链接

图片链接

锚点链接

E-mail 链接

4.1 建立超级链接

超级链接是包含在网页中，用于链接到其他网页的 HTML 标签。它把两个或两个以上的网页关联起来。一个网站是由多个页面组成的，页面之间依靠链接确定相互的导航关系。互联网就是通过大量网页的超级链接而形成的。此外，超级链接除了可以把页面链接起来，还可以把页面中的内容也链接起来，使网页可以实现下载歌曲、下载电影、下载软件等功能。

超级链接在 HTML 语言中用<a>表示。

1. 文字链接

文字链接是超级链接中最常见的一种链接，给文字加上超级链接，达到跳转网页的效果。文字链接的 HTML 语法如下：

```
<a href = "">文字链接</a>
```

<a>标签是双标签，文字内容放在<a>和</a>之间，有一个 href 属性，它的值表示链接的地址，可以是网页地址、图像地址、影视文件等。

网页范例 a.html

```
<a href="http://www.xinhua.org">新华网</a>
<a href="4-1.html">HTML教程</a>
<a href="3.rar">下载文件</a>
```

文字链接的代码运行效果如图 4-1 所示。

在 DW 软件中,链接的属性面板如图 4-2 所示。

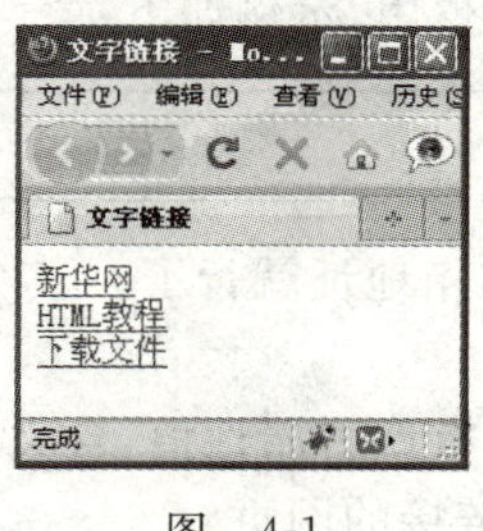

图 4-1

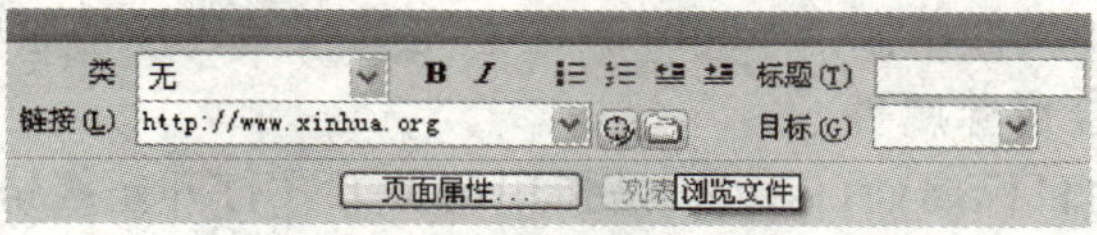

图 4-2

特别提醒

在 DW 软件中添加文字链接的方法:先选中文字,然后在图 4-2 中所示的"链接"栏,输入链接的地址就行了。也可以单击"浏览文件"按钮,指定要链接的网页。

2. 图像链接

图像链接也是超级链接中常见的一种链接,创建的方法和文字链接基本相同。只是把文字部分替换成图像而已。

网页范例 a_img.html

```
<a href="http://www.xinhua.org"><img src="img/32.gif" /></a>
```

在 DW 中,先选中图像,然后再添加链接,如图 4-3 所示。

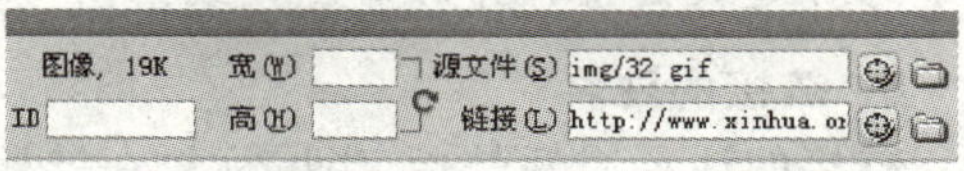

图 4-3

特别提醒

图像链接,浏览器默认会在图像加上边框,可以把图像的边框值设为 0px。

3. 锚点链接

超级链接除了可以链接到一个网页文件外,也可以链接到当前网页中的任意位置,这种链接就是锚点链接。当页面中的内容较多时,用户在页面的某个小标题上设置锚点链接,就可以实现在同一网页内快速跳转。

锚点由 name 属性来创建一个命名锚记,单击带有命名锚记的链接时,会直接跳转到网页中相对应的锚点位置。语法格式如下:

```
<a name="one">第一段</a>
```

然后在链接中指向这个锚,但要在其名前加上"#",代码如下:

```
<a href="#one">第一段</a>
<a name="one">第一段内容</a>
```

阶段性作业

请打开配套素材中的源码 a_name. html 文件，把浏览器窗口缩小，慢慢体会锚点链接的效果。

4. E-mail 链接

在网页底部，一般提供了站长或网站维护人员的电子邮件地址等信息，供用户向该地址发送邮件。把这个邮件地址做成超级链接的形式，就是 E-mail 链接。只要单击链接会自动弹出 Outlook Express 的邮箱发送形式，但现在这种方式在国内比较少用，示例如下：


```
<a href = "mailto:abc @163.com">联系站长</a>
```

在 href 属性中添加 mailto:（注意是英文的冒号），紧跟着邮箱地址就行了。

5. 链接目标属性

链接的目标属性（target）是指用何种方式打开超级链接，共有四种属性值，含义如下：

（1）_blank：表示单击该链接时会弹出一个新窗口载入被链接的网页。

（2）_parent：表示在上一级浏览器窗口中显示被链接的网页。

（3）_self：表示在当前浏览器窗口中显示被链接的网页，这是默认选项。

（4）_top：表示在最顶端的浏览器窗口中显示被链接的网页。

```
<a href = "" target = "_blank">文字链接</a>
```

特别提醒

这四种打开方式，只有_blank 比较常用。

在图 4-2 所示的 DW 软件的“目标”下拉列表中，可以选择四种打开方式。

阶段性作业

练习超级链接打开的四种方式。

6. 链接的注释

链接的注释属性是指，当鼠标放在链接上时，稍后会出现一行提示文字，用 title 表示链接的注释属性。

```
<a href = "" title = "这是新华社的网站">新华网</a>
```

4.2 超级链接的路径

在讲解超级链接的路径之前，先了解一下内部链接和外部链接的含义。所谓的内部和外部都是相对于站点文件夹而言，如果链接指向的是站点文件夹之内的文件，就是内部链接，比如指向本节的 a_img. html 网页。如果链接指向站点文件夹之外的，就被称作外部链接。比如指向新华社的网站（http://www. xinhua. org）在添加外部链接的时候，将用到下面所讲的绝对路径；而添加内部链接的时候，将用到下面所讲的相对路径。

1. 绝对路径

绝对路径是指带域名的文件的完整路径，通常使用 http://表示。使用绝对路径时，只要目标文档的物理位置不发生变化，不论存放在哪个位置都可以找到。但采用绝对路径不利于网站的测试和移植。这种就是绝对路径：

```
<a href = "http://www.xinhua.org">新华网</a>
```

2. 相对路径

相对路径省略了当前网页和被链接网页中路径相同的部分，只留下不同的部分。相对路径是以当前网页所在的位置为起点到被链接网页经过的路径，它是用于本地链接最合适的路径。这种就是相对路径：

```
<a href = "a_img.html">返回上一页</a>
```


本章知识体系

知 识 点	重 要 等 级	难 度 等 级
超级链接	★★★	★
文字链接	★★★	★★
图片链接	★★★★	★★★
锚点链接	★★★	★★★★
E-mail 链接	★★★★	★★

第5章

列 表

在网页制作过程中，列表可以起到提纲挈领的作用。用列表把同类的内容进行简单的归纳，这是列表的一个基本作用。

本章所讲述的列表知识，在本书第 2 部分的 DIV+CSS 网页布局中，有相当重要的地位。

本 章 术 语

无序列表

有序列表

定义列表

我们日常生活工作都是琐碎而没有条理的，而要想得到一个高效的友好的信息互通那么就要梳理信息，做好归类，这样才能有效传达信息。用列表把同类的内容进行简单的归纳，这是列表的一个基本作用。常见的用途有：图书目录、饭店菜单、人员名单、待办事宜等。而这些信息大多不是大篇的信息内容，而是简要的标题。当然列表的用途不是说只能是归纳标题信息，列表并没有去限制内容的多少，只是我们常用列表去归纳的多是些标题信息罢了。

常用的列表主要分为三种类型，一是有序列表(Ordered List)，用 ol 表示；二是无序列表(Unordered List)，用 ul 表示；三是定义列表(Definition List)，用 dl 表示。

另外，还有目录列表(Dir List)和菜单列表(Menu List)，在 XHTML 1.0 版本中，建议不用目录列表和菜单列表，可以用 CSS 代替。

5.1 无序列表

5.1.1 什么是无序列表

无序列表(Unordered List)，用●、○、□等这些没有序号的符号来标志每个列表项。

无序列表由<ul>开始，</ul>结束；内部的每个列表项由<li>开始，</li>结束。

语法格式如下：

```
<ul>
  <li>项目名称</li>
  <li>项目名称</li>
```

```
  <li>项目名称</li>
<ul>
```

特别提醒

建议在制作网页的过程中，不要用 DW 软件生成列表，最好手动生成。

网页范例 ul.htm

```
<h1>我的爱好</h1>
<hr />
<ul>
  <li>最爱看的电影</li>
  <li>最喜欢读的书</li>
  <li>最想做的事</li>
</ul>
```

<h1>是一号标题，<hr />是水平线，这些 HTML 标签在第 2 章中已有介绍，应该没有忘记吧？

列表项包含在<ul>和</ul>之间，每一行列表项的内容包含在<li>和</li>之间，效果如图 5-1 所示。

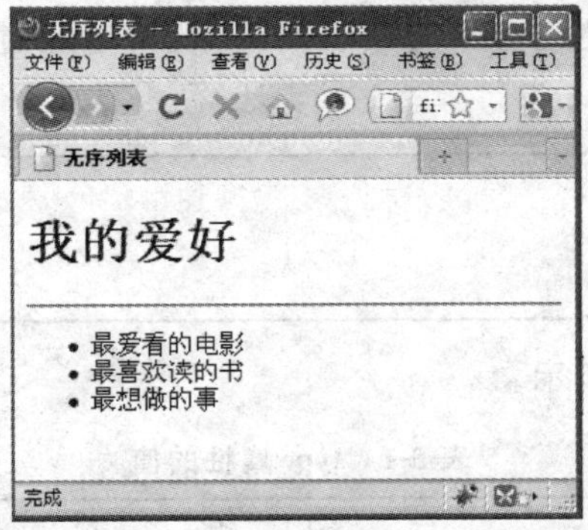

图 5-1

特别提醒

列表项内部可以使用段落、换行符、图片、链接以及其他列表等。

5.1.2 无序列表嵌套

无序列表可以嵌套无序列表，如下所示：

网页范例 ul_ul.html

```
<h1>我的爱好</h1>
<hr />
<ul>
 <li>最爱看的电影
    <ul>
      <li>三大战役</li>
      <li>开国大典</li>
    </ul>
 </li>
<li>最喜欢读的书</li>
```

```
  <li>最想做的事</li>
</ul>
```

代码运行效果如图 5-2 所示。

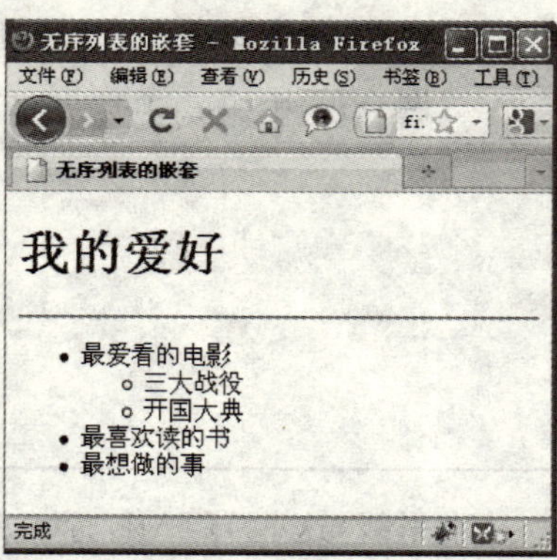

图 5-2

5.1.3 无序列表 type 属性

无序列表的默认情况下，使用●作为列表的开始，可以通过 type 属性将无序列表的类型设置为○或□，如下：

```
<ul type = value >
  <li>我是无序列表</li>
<ul>
```

其中 value 的值如表 5-1 所示。

表 5-1 type 属性的值

值	描述
disc	●
circle	○
square	□

网页范例 ul_type.html

```
<ul type = "circle">
  <li>最爱看的电影</li>
  <li>最喜欢读的书</li>
  <li>最想做的事</li>
</ul>
<hr>
<ul type = "disc">
  <li>最爱看的电影</li>
  <li>最喜欢读的书</li>
  <li>最想做的事</li>
</ul>
```

代码运行效果如图 5-3 所示。

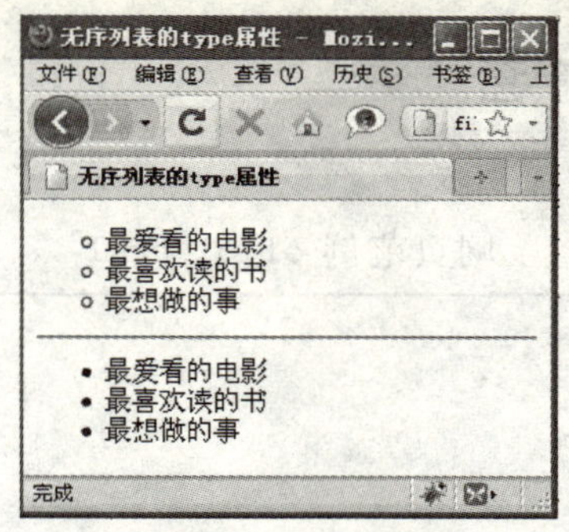

图 5-3

5.2 有序列表

5.2.1 什么是有序列表

有序列表(Ordered List),就是按照数字或字母等顺序来排列列表项目。

有序列表由<ol>开始,</ol>结束,每个列表项由<li>开始,</li>结束。语法格式如下:

```
<ol>
  <li>项目名称</li>
  <li>项目名称</li>
  <li>项目名称</li>
<ol>
```

我们可以看到有序列表的形式与无序列表的一样,只是在外围标签上名称不同。无序是UL,有序就变成OL了。所不同的是有序列表将会有比无序列表有更多的标签属性,因为是有序的话就会涉及顺序的方方面面。

网页范例 ol.html

```
<h1>我的爱好</h1>
<hr />
<ol>
  <li>最爱看的电影</li>
  <li>最喜欢读的书</li>
  <li>最想做的事</li>
</ol>
```

网页效果如图5-4所示。

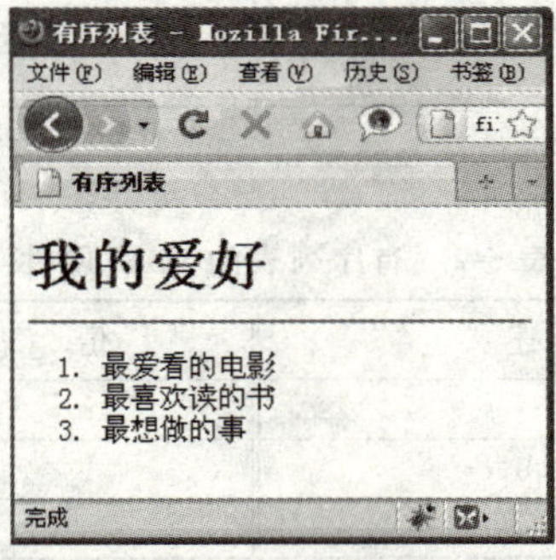

图 5-4

5.2.2 有序列表的嵌套

有序列表内部也可以嵌套有序列表。

网页范例 ol_ol.html

```
<h1>我的爱好</h1>
<hr />
<ol>
  <li>最爱看的电影
    <ol>
      <li>三大战役</li>
      <li>开国大典</li>
    </ol>
  </li>
  <li>最喜欢读的书</li>
  <li>最想做的事</li>
</ol>
```

代码运行效果如图 5-5 所示。

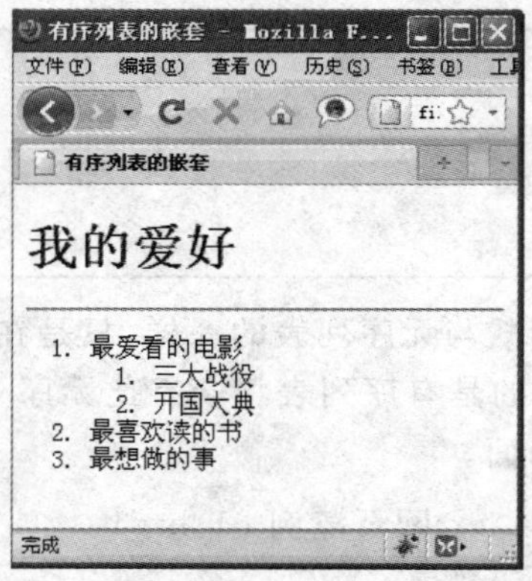

图 5-5

5.2.3 有序列表的 type 属性

在有序列表的默认情况下，使用数字序号作为列表的开始。可以通过 type 属性将有序列表的类型设置为英文或罗马字母，语法格式如下：

```
<ol type = value>
  <li>我是有序列表</li>
<ol>
```

其中 value 的值如表 5-2 所示。

表 5-2 有序列表的 value 属性

值	描 述	值	描 述
1	数字 1,2,3…	i	小写罗马数字 i,ii,iii…
a	小写字母 a,b,c…	I	大写罗马数字 Ⅰ,Ⅲ,Ⅲ…
A	大写字母 A,B,C…		

网页范例 ol_type.html

```
<h1>我的爱好</h1>
<hr />
<ol type="a">
  <li>最爱看的电影
    <ol type="1">
      <li>三大战役</li>
      <li>开国大典</li>
    </ol>
  </li>
  <li>最喜欢读的书</li>
  <li>最想做的事</li>
</ol>
```

网页效果如图 5-6 所示。

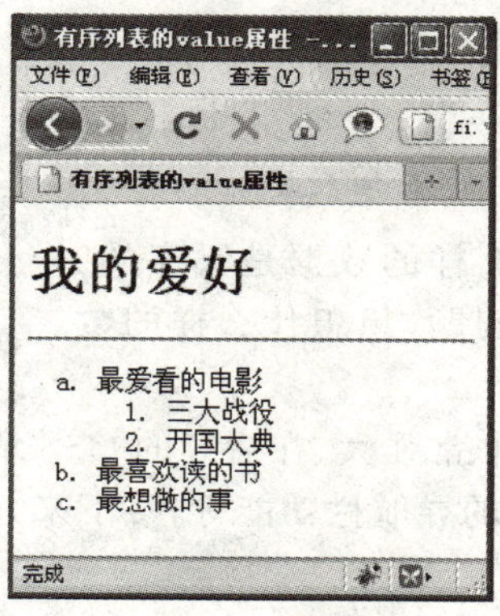

图 5-6

阶段性作业

请读者尝试修改 ol_type.html 中的 type 的值，对比各个值在网页中的效果。

5.2.4 有序列表的 start 属性

在默认的情况下，有序列表是从数字 1 开始记数，这个起始值通过 start 属性加以调整，并且英文字母和罗马字母的起始值也可以调整。其中不论列表编号的类型是数字、英文字母还是罗马字母，value 的值都是其开始的数字，语法格式如下：

```
<ol start=value>
  <li>我是有序列表</li>
<ol>
```

在网页范例 ol_start.html 中，我们同时使用了 start 和 value 属性：

网页范例 ol_start.html

```
<h1>我的爱好</h1>
<hr />
<ol type="a" start="3">
  <li>最爱看的电影
    <ol type="1" start="3">
```

```
      <li>三大战役</li>
      <li>开国大典</li>
    </ol>
  </li>
  <li>最喜欢读的书</li>
  <li>最想做的事</li>
</ol>
```

代码运行效果如图 5-7 所示，从图中可以看到，序号不是从 a 开始，是从第 3 个开始，也就是从 c 开始的。

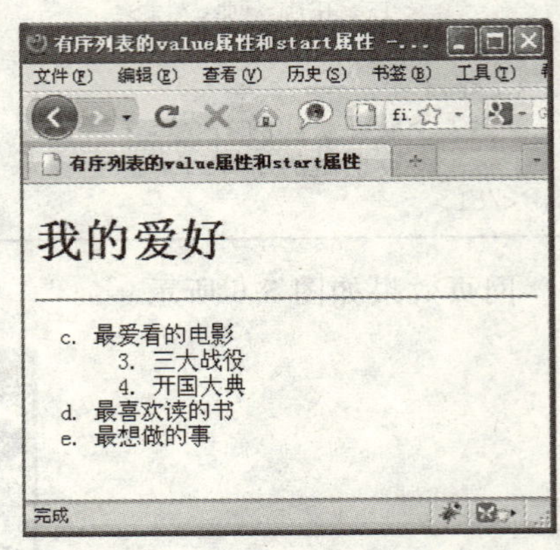

图 5-7

阶段性作业

读者修改 ol_start.html 网页中的 type 和 start 的值，对比各个值在网页中的效果。

特别提醒

无序列表和有序列表可以互相混合嵌套。

阶段性作业

读者练习无序列表和有序列表的混合嵌套。

什么样的数据是有序的？什么样的数据是无序的？这是我们在制作网页时要考虑的问题，想想什么样的数据适合使用什么样的列表。

在 CSS 中对列表的操作功能非常强大，在后续的 CSS 章节中，我们要结合 DIV 加这两种列表来排版布局，比如实现网页中的导航栏功能等，接下来介绍定义列表。

5.3 定义列表

定义列表(Definition List)是一种两个层次的列表，用于解释名词的定义，名词为第一层次，解释为第二层次，并且不包含项目符号。

在定义列表中，使用<dl>作为定义列表的声明，使用<dt>作为名词的标题，<dd>用来解释名词。也就是说 dl、dt、dd 三个标签是整体出现的。语法如下：

```
<dl>
  <dt>名词一<dd>解释一
  <dt>名词二<dd>解释二
  <dt>名词三<dd>解释三
</dl>
```

在网页范例 dl.html 中，演示了定义列表的作用，效果如图 5-8 所示。

网页范例 dl.html

```
<dl>
<dt>野生动物</dt>
<dd>所有非经人工饲养而生活于自然环境下的各种动物。</dd>
<dt>宠物</dt>
<dd>指猫、狗以及其他供玩赏、陪伴、领养、饲养的动物，又称作同伴动物。
      </dd>
</dl>
```

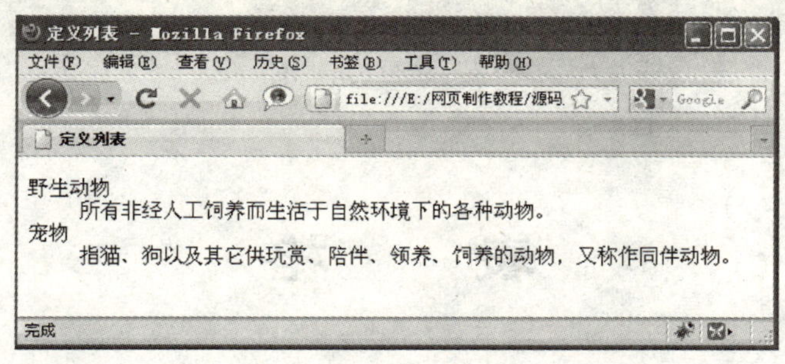

图 5-8

dl是这个列表的一个容器，就像个箱子，不同的是这个箱子里出现两个不同的内容。我们怎么理解这个dt与dd呢？从语义上来讲，dt是名称，是标题，而dd是解释，是内容。dt与dd都是盒子，dd只对应解释他上面的一个dt，不能越级或是向下解释。

本章知识体系

知识点	重要等级	难度等级
无序列表	★★★	★★
有序列表	★★★	★★
定义列表	★★	★★

第6章

表 格

表格的用途很广泛，可以用来在网页中显示表格型的数据、图片、文字等。现在虽然不用表格来布局网页，但表格的用法是不能用 DIV＋CSS 取代的。

本章讲述表格的使用。

本 章 术 语

table 标签______________________________

tr 标签______________________________

td 标签______________________________

表格______________________________

单元格______________________________

如果需要在网页中显示出来 Word 中的表格效果，就需要用到 HTML 中的表格标签。在短短的 Web 历史中，HTML 表格发挥了极大的用处。最初创建的表格是以类似数据表的形式来显示数据，后来表格又渐渐变成了一个备受欢迎的网页布局工具。面对 HTML 自身存在的局限性，网页设计师们充分发挥创造性，他们利用表格的行和列来定位网页元素，如横幅、标题和侧边栏等。

由于现在的网页布局向着 W3C 标准方向发展，CSS 在布局网页方面可以做得比 HTML 更出色，所以现在我们只使用表格的原始用途——显示数据。

6.1 表格概述

6.1.1 表格的语法

表格是 HTML 中常用的标签，表示在网页中插入一张表格。用＜table＞标签表示表格，这个表格标签是双标签。语法格式如下：

```
<table></table>
```

表格中还有行和列，该如何表示呢？用＜tr＞表示行，每一对＜tr＞＜/tr＞表示一行；用＜td＞表示列，每一对＜td＞＜/td＞表示一列，只要掌握这三个标签就行了。

另外,还有<th>标签定义表格的表头,<caption>定义表格的标题,这两个标签使用的频率比较低。下面我们看一个使用表格(二行二列)的网页。

网页范例 table.html

```
<table width="300" border="1">
  <tr>
    <td>第一行第 1 列</td>
    <td>第一行第 2 列</td>
  </tr>
  <tr>
    <td>第二行第 1 列</td>
    <td>第二行第 2 列</td>
  </tr>
</table>
```

我们指定了表格的宽度,设定为 300 像素宽,并且把表格的边框粗细设置为 1 像素大小,效果如图 6-1 所示。

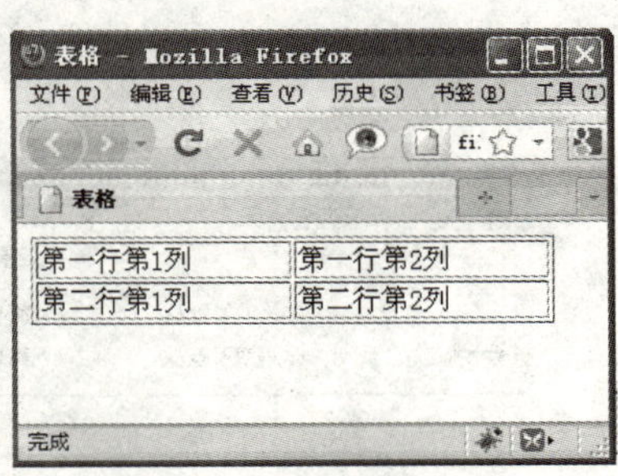

图 6-1

特别提醒

我们也可以使用 DW 软件来生成表格。

在 DW 软件中插入图 6-1 所示表格的方法:执行"插入"→"表格"命令,弹出如图 6-2 所示的对话框,输入如图所示的数据。

单击"确定"按钮,会生成如图 6-3 所示的网页。

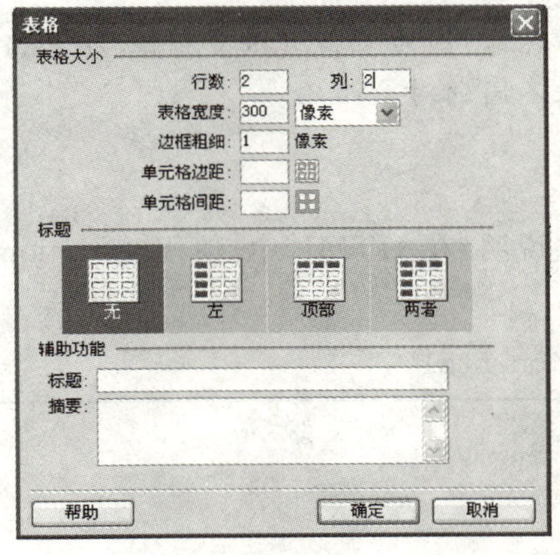

图 6-2

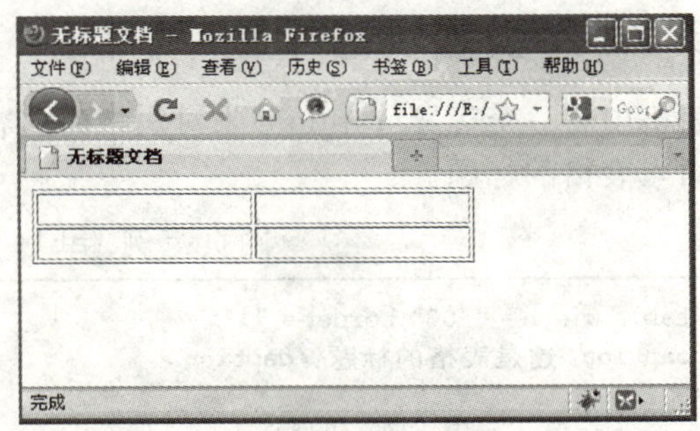

图 6-3

从网页效果图上可以看到,两行两列共四个格子,我们把表格中的这种"格子"起个名字叫做单元格。

问答

问:什么是表格?什么是单元格?

答:所谓的表格是指图 6-1 中所示的整个表格,单元格是指表格中的具体格子,比如第 1 行第 1 列这个格子就是单元格。

可以将任何东西放进表格的单元格中,包括图像、表单、分隔线甚至另外一个表格。浏览器将每个单元格作为一个窗口处理,让单元格的内容填满空间。按照从上到下、从左到右的顺序，一行接一行，如此下去。

接着在每个单元格中输入图 6-1 所示的内容，完成在 DW 软件中创建表格的工作。

问答

问：在 DW 软件中，表格和单元格的“属性”面板是怎样的？

答：在 DW 软件中，鼠标单击表格的边框线，这时就是表格的“属性”面板，如图 6-4 所示。鼠标单击单元格区域，就是单元格的“属性”面板，如图 6-5 所示。可以看到，这两种属性面板还是有些不同的。

图 6-4

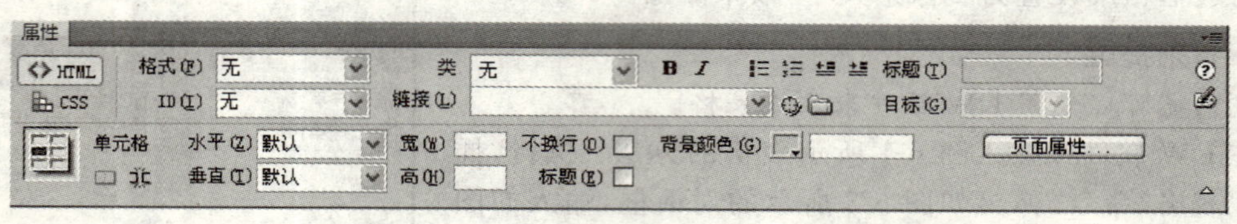

图 6-5

特别提醒

读者要理解本书中约定的表格和单元格分别是指什么，因为表格有很多属性，单元格也有很多属性，而且这些属性大部分是相同的，只是应用在不同的对象而已。

6.1.2 设置表格标题

表格中有一个标题(caption)来对表格的内容作些说明，在 HTML 中，使用<caption>双标签插入表格的标题。

网页范例 table_caption.html

```
<table width = "300" border = "1">
<caption>这是表格的标题</caption>
  <tr>
    <td>第一行第 1 列</td>
    <td>第一行第 2 列</td>
  </tr>
  <tr>
    <td>第二行第 1 列</td>
    <td>第二行第 2 列</td>
  </tr>
</table>
```

网页代码运行效果如图 6-6 所示。

特别提醒

表格标题 caption 应该放在<table>和<tr>之间。

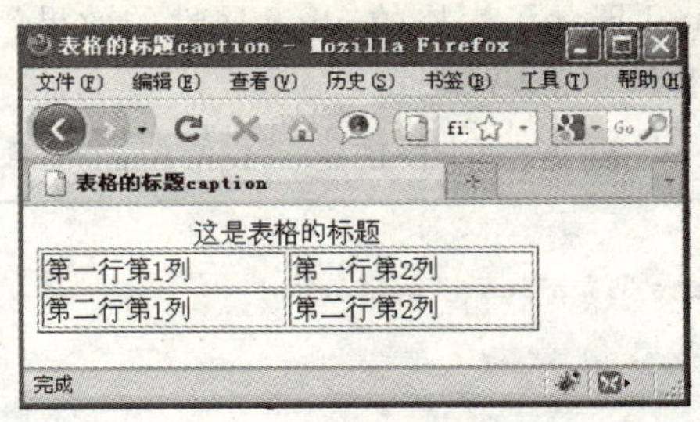

图 6-6

6.1.3 设置表格表头

表格的第一行称为表头(th),可以使用双标签<th>来实现这个效果。

网页范例 table_th.html

```
<table width="300" border="1">
  <tr>
    <th>语文</th>
    <th>数学</th>
  </tr>
  <tr>
    <td>85</td>
    <td>89</td>
  </tr>
</table>
```

网页代码运行效果如图 6-7 所示。

表格常用的标签如表 6-1 所示。

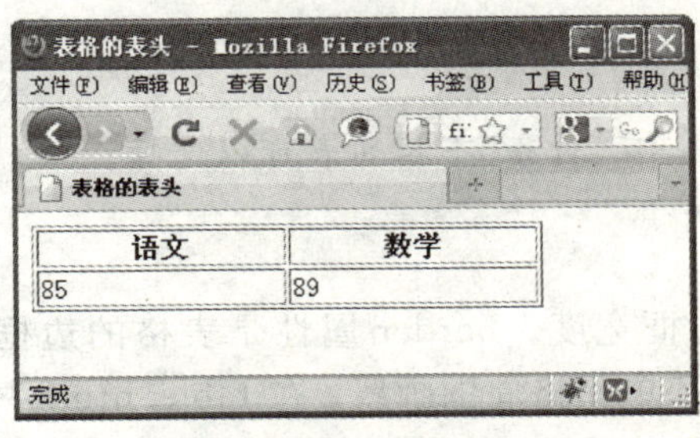

图 6-7

表 6-1 表格常用标签及说明

标　签	说　明
table	表格
tr	表格的行
td	表格的列
th	表格的表头
caption	表格的标题

6.1.4 表格的 align 属性

HTML 4.01 和 XHTML 标准一般不太赞成使用表格中的 align 属性,虽然它还是很常见的,并且大多数浏览器也都支持这一功能。

align 属性有三个值 left、center 和 right,用来指定表格是放在网页文本的左边还是右边,还是让文本在表格的周围环绕。

特别提醒

<table>标签的 align 属性和那些用在表格中的标签<tr>、<td>和<th>中的属性不一样,对于后者,align 属性是用来控制单元格内的文本对齐方式。

网页范例 table_align.html 展示了表格的 align 属性的效果(为节约篇幅,省略部分代码,请读者查看配套素材中的完整网页源码)。

网页范例 table_align.html

```
⋮
<table width="200" border="1" align="center">
  <tr>
    <th>语文</th>
    <th>数学</th>
  </tr>
  <tr>
    <td>85</td>
    <td>89</td>
  </tr>
</table>
⋮
```

网页代码运行效果如图 6-8 所示。

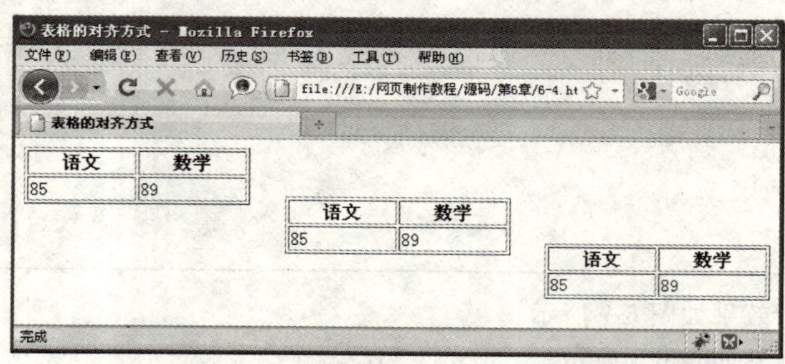

图 6-8

特别提醒

在 DW 软件中,选中表格后,在图 6-4 所示面板中,有"对齐"下拉列表可以选择。

6.1.5 表格的 border 属性

表格默认是没有边框的,我们可以设置表格的边框宽度。border 属性是表格的边框,可以为 border 设定一个整数值,它会在表格、表格的行和单元格周围画线。在 table.html 中,边框的值设置为 1,参照图 6-4,可以看到"边框"这一项的值设置为 1,读者可以修改它的大小来对比效果。

表格的边框属性如表 6-2 所示。

表 6-2 表格 border(边框)属性

属性名称	说明	属性名称	说明
border	边框粗细	bordercolorlight	亮边框颜色
bordercolor	边框颜色	bordercolordark	暗边框颜色

阶段性作业

在 DW 软件中,练习表格的对齐方式和边框粗细效果。

表 6-2 中的后三个属性,只能在源代码中练习,DW 属性面板中没有这些选项。

6.1.6 表格的宽度和高度

除了对表格边框设置大小外，对整个表格也可以设置其大小，与其他属性一样，宽度用 width 表示，高度用 height 表示。值可以使用数字，也可以使用百分比。

百分比只有在表格嵌套情况中使用，外围的表格用固定宽度，内部被嵌套的表格宽度用百分比。

网页范例 table_width.html

```
<table width="300" border="1" height="100">
  <tr>
    <th>语文</th>
    <th>数学</th>
  </tr>
  <tr>
    <td>85</td>
    <td>89</td>
  </tr>
</table>
```

代码分析：设置了表格的宽度为 300 像素，高度为 100 像素。效果如图 6-9 所示。

特别提醒

设计网页中的表格时，一般只指定宽度，高度不要设置，这样表格的高度会自动随着表格内容的高度大小变化而变化。

特别提醒

在 DW 软件中，选中表格后，在图 6-4 所示的面板中，在“宽度”文本框中直接输入数字或者百分比值就可以了。

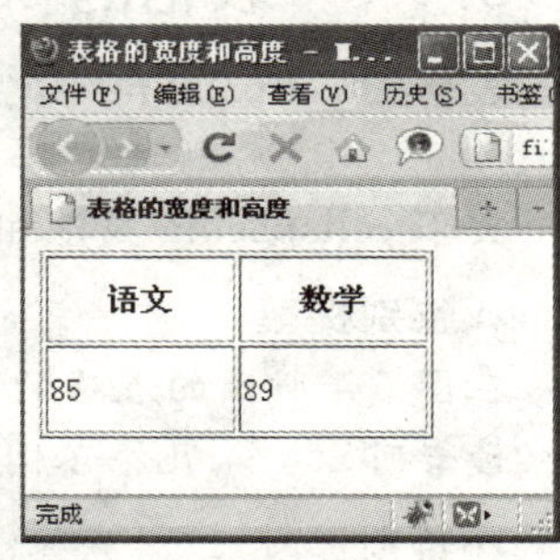

图 6-9

6.1.7 表格的 bgcolor 和 background 属性

表格的默认背景颜色是白色，可以使用表格的 bgcolor 属性为表格背景设置一个与网页文本背景不同的颜色。

另外，也可以用 bgcolor 属性对表格中的行或者每一个单元格赋予背景色。

表格的 background 属性是一个所有流行浏览器都支持的非标准扩展，它提供了一幅图像的 URL，这幅图像会填充为表格的背景，如果表格比图像小的话，那么图像会被修剪。

网页范例 table_bgcolor.html

```
<table width="200" border="1"
    bgcolor="#0099CC" background="img/32.gif">
  <tr>
    <th>语文</th>
    <th>数学</th>
  </tr>
  <tr>
    <td>85</td>
    <td>89</td>
  </tr>
</table>
```

网页代码运行结果如图 6-10 所示。

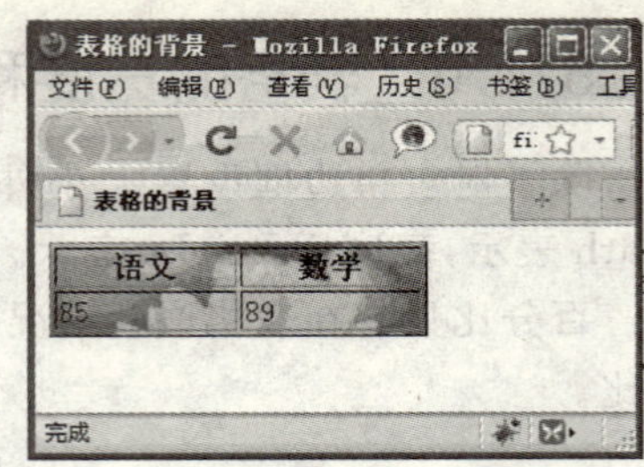

图 6-10

特别提醒

在图 6-4 所示的表格的属性面板中没有这两个属性，只好直接写源代码。

特别提醒

对于背景图像 background 属性，在 CSS 中功能更强大，我们在 CSS 章节中会有详细实例讲解。

6.1.8 表格的 cellspacing 属性

表格的 cellspacing 属性控制表格中的相邻单元格之间的距离，此属性的参数值是数字，表示相邻的单元格间隙所占的像素点数。

特别提醒

在图 6-4 所示的表格的属性面板中，"间距"对应于表格的 cellspacing 属性。

读者可以输入几个不同的数字，对比效果。

6.1.9 表格的 cellpadding 属性

表格的 cellpadding 属性控制单元格的边框和它的内容之间的距离，它的默认值是一个像素值。

关于 cellspacing 属性和 cellpadding 属性，请参见图 6-11。

特别提醒

在图 6-4 所示的表格的属性面板中，"填充"对应于表格的 cellspacing 属性。

读者可以输入几个不同的数字，对比效果。

特别提醒

虽然在 HTML4.01/XHTML 中仍允许使用 cellpadding 和 cellspacing 属性，但 CSS 中存在与这两个属性等价的样式属性 padding 和 border-spacing。然而，当前的网页浏览器对这些样式属性的支持不一致，因此建议现在仍使用属性 cellpadding 和 cellspacing 来调整表格的间距。

<table>标签的常用属性如表 6-3 所示。

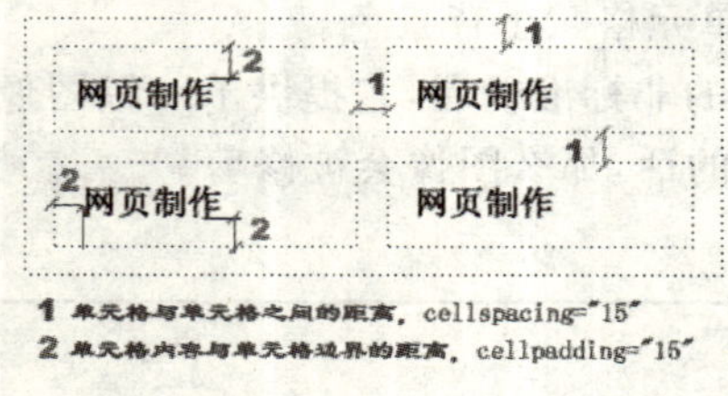

图 6-11

表 6-3 <table>标签常用属性

属性名	意 义
width	表格宽度(百分比或数字)
height	表格高度(百分比或数字)，建议不要设置
cellspacing	表格单元格边距(百分比或数字)
cellpadding	表格单元格间距(百分比或数字)
border	表格边框宽度(百分比或数字)

6.2 表格中的单元格

6.2.1 单元格的属性

在本章的 6.1.1 小节中，已经讲述了表格和单元格的基本概念，在上一节中介绍了表格的很多属性，在这一节中，我们继续介绍单元格的属性。因为表格和单元格的属性有很多是重复的，所以可以参照上一节中表格的属性用法，只是使用在不同的标签上而已。

表格的相关属性是包含在<table>之间，单元格的属性可以放在行标签<tr>中，这时属性的作用范围就是一行；也可以放在列标签<td>中，这时属性的作用范围就是一列。我们以 table_bgcolor.html 为例，把"背景颜色"分别放在<tr>和<td>中，生成新的网页范例 table_bgcolor_1.html，在代码的第一行和第二行的第二列分别定义了单元格的背景颜色，注意和 table_table.html 的"背景颜色"属性代码的放置位置做个对比。

网页范例 table_bgcolor_1.html

```
<table width="200" border="1">
  <tr bgcolor="#0099CC">
      <th>语文</th>
      <th>数学</th>
  </tr>
  <tr>
      <td>85</td>
      <td bgcolor="#996633">89</td>
  </tr>
</table>
```


网页代码运行结果如图 6-12 所示。

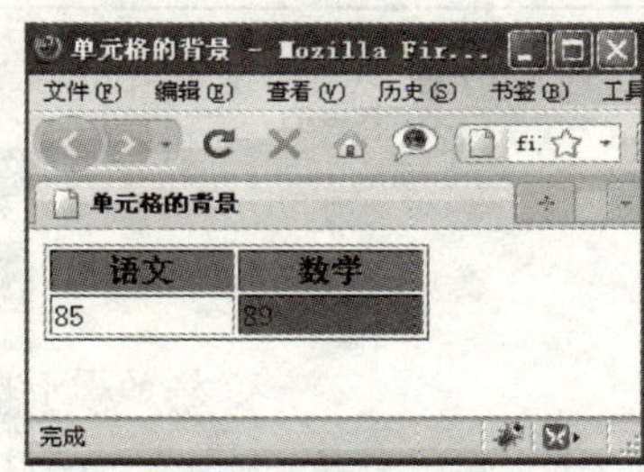

图 6-12

特别提醒

注意代码中"行的背景颜色"和"列的背景颜色"的表示方法。

特别提醒

在 DW 软件中，选中表格中的行或者列后，在图 6-5 所示的面板中，可以在"背景颜色"文本框中输入十六进制的颜色代码。

所以表格中的大多数属性也可以使用在单元格上，比如对齐方式(align)、宽度(width)、高度(height)、背景颜色(bgcolor)和背景图像(background)等。

阶段性作业

在 DW 软件中，练习单元格的上述属性。如果属性面板中没有，那就要写代码了。

6.2.2 单元格的垂直对齐

前面讲述了对齐方式(align)，这种方式主要是指水平方向的对齐。单元格中的文字内容也可以设置垂直对齐方式(valign)，需要设置<td>标签的 valign 属性值，共有四种属性值：top(顶端)、middle(居中)、bottom(底部)、baseline(基线)。

特别提醒

在 DW 软件中，选中表格中的行或者列后，在图 6-5 所示的面板中，可以在"垂直"选项中选择垂直对齐方式。

阶段性作业

读者练习单元格的垂直对齐方式，对比各个属性值的效果。

6.2.3 单元格的跨行和跨列

在网页制作过程中，有时需要对表格进行纵向合并(跨行，rowspan)和横向合并(跨列，

colspan)，设置<td>标签中的 rowspan 属性可以实现跨行效果，设置<td>标签中的 colspan 属性可以实现跨列效果。

网页范例 table_row.html 展示了两种效果，如图 6-13 所示。

网页范例 table_row.html

```
<table width="300" border="1">
  <tr>
    <td rowspan="2">跨行</td>
    <td> </td>
    <td> </td>
  </tr>
  <tr>
    <td> </td>
    <td> </td>
  </tr>
  <tr>
    <td> </td>
    <td colspan="2">跨列</td>
  </tr>
</table>
```

代码分析：<td rowspan="2">表示跨两行，<td colspan="2">表示跨两列。

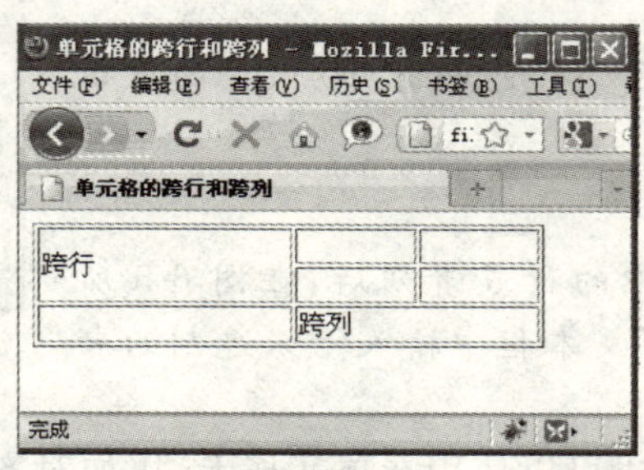

图 6-13

上述代码中用到的 tr 标签和 td 标签的常用属性如表 6-4 和表 6-5 所示。

表 6-4 tr 标签常用属性

属性名	意 义
align	表格行标签所包含文字内容的水平对齐方式，常用的值为 left(左对齐)、center(居中对齐)、right(右对齐)
valign	表格行标签所包含文字内容的垂直对齐方式，常用的值为 top(顶端)、middle(居中)、bottom(底部)、baseline(基线)

表 6-5 th 标签和 td 标签常用属性

属性名	意 义
colspan	列方向合并
rowspan	行方向合并
align	表格行标签所包含文字内容的水平对齐方式，常用的值为 left(左对齐)、center(居中对齐)、right(右对齐)
valign	表格行标签所包含文字内容的垂直对齐方式，常用的值为 top(顶端)、middle(居中)、bottom(底部)、baseline(基线)

6.3 表格的嵌套

所谓表格的嵌套,就是在一个大的表格中,再嵌进去一个或几个小的表格,即插入到单元格中的表格。

一般在用表格进行网页布局的时候,要使用表格的嵌套。但现在都是用<div>标签和CSS来实现网页的布局,所以表格的嵌套使用范围比较小了。

在实现表格的嵌套时,要注意最外围的表格宽度要固定,比如用 width="500"这样的写法,内部的表格宽度要用百分比,如 width="100%",这样可以把单元格的内部撑满,不会留下空隙。

网页范例 table_width_1.html

```
<table width="500" border="1">
  <tr>
     <td>外围的表格</td>
     <td>外围的表格</td>
  </tr>
  <tr>
     <td>外围的表格</td>
     <td>
         <table width="100%" border="0"
          cellspacing="0" cellpadding="0">
        <tr>
          <td>嵌套的表格</td>
          <td>嵌套的表格</td>
        </tr>
        <tr>
          <td>嵌套的表格</td>
          <td>嵌套的表格</td>
        </tr>
     </table></td>
  </tr>
</table>
```

网页代码运行结果如图 6-14 所示。

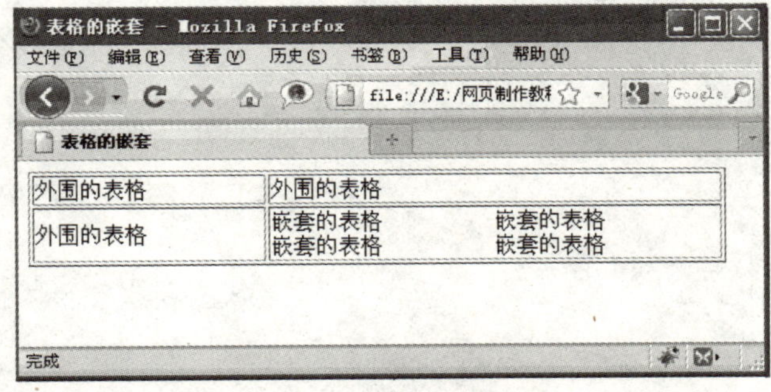

图 6-14

本章知识体系

知 识 点	重要等级	难度等级
table	★★★	★★
tr	★★★	★★
td	★★★	★★
caption	★★	★★
th	★★	★★
width	★★★	★★★
height	★★	★★
border	★★★	★★
align	★★	★★
bgcolor	★★★	★★
background	★★	★★
cellspacing	★★	★★
cellpadding	★★	★★
valign	★★	★★
rowspan	★★	★★
colspan	★★	★★

第7章

表　单

表单在网页中用来收集用户输入的数据，然后将用户输入的信息送到服务器端由程序文件处理。表单在网页中的应用很广泛，如会员注册系统、在线购物、论坛、博客、微博等，凡是要求用户输入信息的网页，就要用到表单。

表单可以包含各种对象，如文本域、按钮、复选框、列表、文件域等，本章将对其进行详细讲解。

本章术语

form 标签

文本域和密码域

单选按钮和复选框

提交按钮和重置按钮

列表和菜单

文件域

7.1　表单概述

表单(form)是由一个或多个文本输入框、可单击的按钮、下拉列表或菜单、多选框组成，所有这些都放在<form>标签中。

在网页中可以包含多个表单，表单内可以放置文字和图像，文字为用户提供各种提示和指示，告诉他们如何填写表单，图像起着美化的效果。还可以用 JavaScript 事件处理来实现多种效果，如检验用户输入表单的内容是否符合要求等。

当用户在表单中完成各种信息的输入，并且将表单提交后，通过服务器端的应用程序或者脚本程序，信息就会反馈到服务器，并被转换成可以识别的数据，存储在数据库中，从而实现与客户的交互。

7.2 表单标签(form)

7.2.1 表单的语法

表单由双标签<form>组成,语法格式如下:

```
<form></form>
```

在 DW 软件中插入表单的方法:选择“插入”→“表单”→“表单”命令,生成如 form.html 所示的网页。

网页范例 form.html

```
<form id="form1" name="form1" method="post" action="">
</form>
```

在 DW 软件中,表单的“属性”面板如图 7-1 所示。

图 7-1

表单中的两个属性很重要,就是 action 和 method。

action 是表示表单提交后发送的 URL 地址,如 action="2.jsp",当提交表单时,就会把用户输入的所有数据提交给 2.jsp 网页来处理表单信息。

特别提醒

action 对应图 7-1 中的“动作”选项。

至于 method,表示了发送表单信息的方式。

特别提醒

method 对应图 7-1 中的“方法”选项。

method 有两个值:get 和 post。

get 的方式是将表单控件的 name/value 信息经过编码之后,通过 URL 发送(可以在地址栏里看到)。

post 则将表单的内容通过 http 发送,用户在地址栏看不到表单的提交信息。

那什么时候用 get,什么时候用 post 呢?

一般是这样来判断的,如果只是为取得和显示数据,用 get;一旦涉及数据的保存和更新,那么建议用 post。

一般情况下都用 post。

问答

问:这个表单中 id 和 name 的值是相同的,那么 id 和 name 有什么含义呢?

答:id 就像是一个人的身份证号码,name 就是他的名字。显然,id 是不可以重复的,而 name 是可以重复的,两者都是为了标识对象名称。

它们所不同的是：name 是 Netscape 的，id 是 Microsoft 的。

在表单的接收页面只接收有 name 的元素，在 JavaScript 中的事件处理一般都是用 id 值。

表单元素(form、input、textarea、select)与框架元素(iframe、frame)一般用 name 属性。

id 属性，在 HTML 文件中每一个都可以有一个标识，但是每一个标识名(即 id 的属性值)在整个 HTML 文档中必须是唯一的。标识名的第一个字母只能是 A～Z 或 a～z，标识名可以由 A～Z、a～z、—(减号)、_(下划线)等组成。

HTML 的 id 属性在 CSS 和 JavaScript 的应用中起到了重要的作用。

7.2.2 表单的属性

表单的部分属性及说明如表 7-1 所示。

表 7-1 表单属性及说明

属　性	描　述
id	表单的名称
name	表单的名称
method	定义表单结果从浏览器传送到服务器的方法，一般有两种方法：get 和 post
action	用来定义表单处理程序(ASP、JSP、PHP 等程序)
enctype	在发送到服务器之前应该如何对表单数据进行编码。 表单数据默认编码为 "application/x-www-form-urlencoded"
target	设置表单显示目标(和超级链接的 target 属性相同)，较少使用。

特别提醒

enctype 对应图 7-1 所示面板中的“编码类型”选项，target 对应图 7-1 所示面板中的“目标”选项。id 和 name 对应图 7-1 所示面板中的“表单 ID”。

7.3 文本域和密码域

在网页的交互过程中，文字是一个重要内容。如何把文字内容从客户端传送到服务器端，表单的文本对象就是传送文字的入口。文本对象有单行文本域、多行文本域和密码文本域。

单行文本域适用于输入少量文字内容；

多行文本域适用于输入大量文字内容；

密码文本域用于页面密码验证。

7.3.1 文本域(单行文本域)

文本域是一种让访问者自己输入内容的表单对象，通常被用来填写单个字或者简短的回答，如姓名、地址等。语法格式如下：

```
< input type = "text" name = ""></input >
```

上面代表一行输入文本的输入框，供用户输入相关信息。关键的地方是 type 后面选择 text，表示这是文本域。name 属性是必需的。

特别提醒

input 标签是表单世界中的“老大”，大概有 10 种形式，由 type 的值决定不同的形式。

在 DW 软件中插入文本域的方法如下：

打开 form.html 网页，切换到“设计”界面，让鼠标的光标出现在表单那个红色虚线框中，选择“插入”→“表单”→“文本域”命令，弹出如图 7-2 所示的对话框，请按图设置，生成 input_text.html。

网页范例 input_text.html

```
<form id="form1" name="form1" method="post" action="">
    用户名
    <input type="text" name="user" id="user"/>
</form>
```

网页代码运行效果如图 7-3 所示。

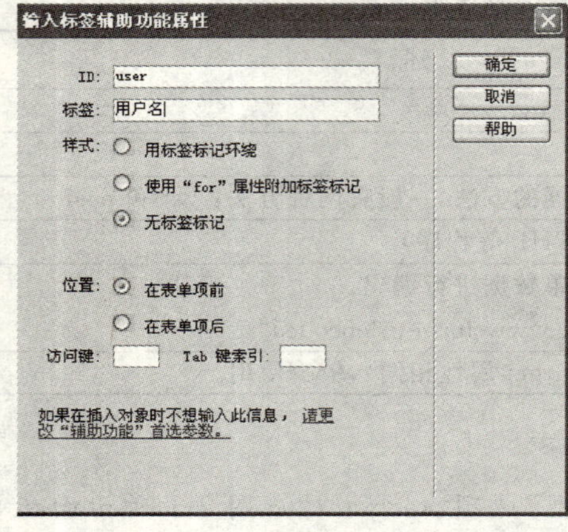

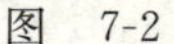
图 7-2

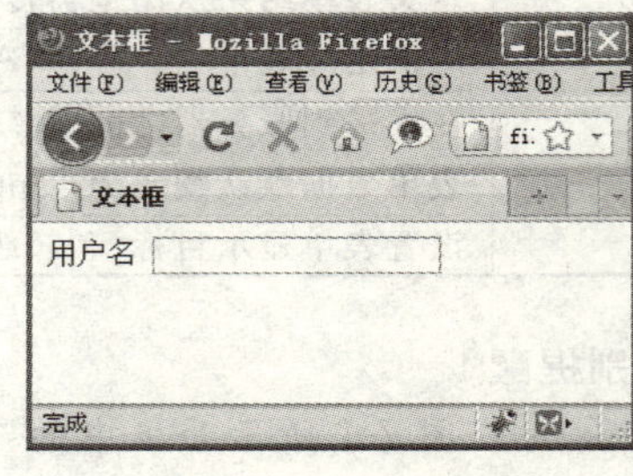

图 7-3

在 DW 软件中，文本域的“属性”面板如图 7-4 所示。

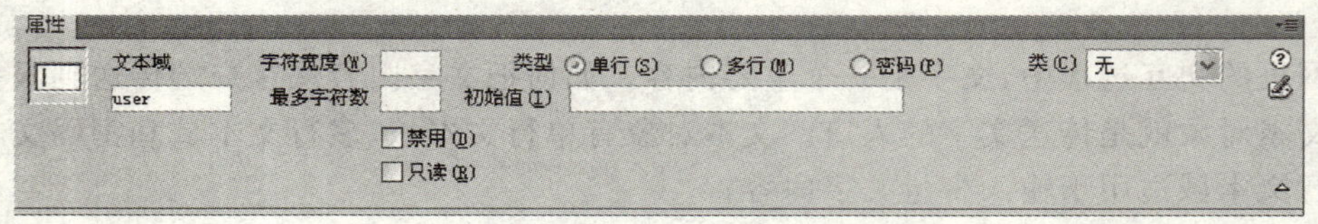

图 7-4

在不同的浏览器中，一行文本的组成成分也有所不同。HTML/XHTML 采用 size 和 maxlength 属性来分别规定文本输入框的长度(size)以及能从用户那里接受的总字符数(maxlength)，这两个属性都是整数值。如：

```
<input type="text" name=""
    size="20" maxlength="256"></input>
```

上面的代码规定了文本框的宽度是 20 个字符(10 个汉字)，最多只能输入 256 个字符(128 个汉字)。

特别提醒

size 属性对应图 7-4 所示面板中的“字符宽度”选项，maxlength 对应图 7-4 所示面板中的

“最多字符数”选项。

除非用户在文本域中输入一些文字内容，否则文本框通常都是空的，但也可以利用 value 属性来设置一个初始的默认值。如：

```
<input type="text" name="" value="100"></input>
```

上面的代码规定了文本框的初始值是 100。

特别提醒

value 属性对应图 7-4 所示面板中的“初始值”选项。

完整的文本域代码如下：

```
<input type="text" name="" size="" maxlength='" value=""></input>
```

文本域的常用属性如表 7-2 所示。

表 7-2 文本域的属性

属　性	说　明	属　性	说　明
type	值为 text，表示单行文本域	size	文本域的宽度
name	文本域的名称	maxlength	文本域能接受的最多输入字符数
id	文本域的 id	value	文本域的初始值

7.3.2 密码文本域

密码文本域是为了隐藏用户输入密码信息，语法形式和单行文本域相同，只要把 type 类型由 text 修改为 password 就行了。当在密码文本域中输入密码时，所输入的字符全部用“*”代替，语法格式如下：

```
<input type="password" name=""></input>
```

接下来我们演示在 DW 中如何操作密码文本域，这次我们演示在代码中如何添加密码文本域，上例是在“设计”界面添加文本域的。

打开 input_text.html 文件，切换到“拆分”界面，鼠标的光标在代码<input type="text" name="user" id="user" />的后面，先添加“
密码”，然后执行“插入”→“表单”→“文本域”命令，弹出如图 7-5 所示的对话框，按图设置。

最终生成的网页范例 input_password.html，如图 7-6 所示。

网页范例 input_password.html

```
<form id="form1" name="form1" method="post" action="">
   用户名
   <input type="text" name="user" id="user" /><br />
   密码
   <input name="mima" type="password" />
</form>
```

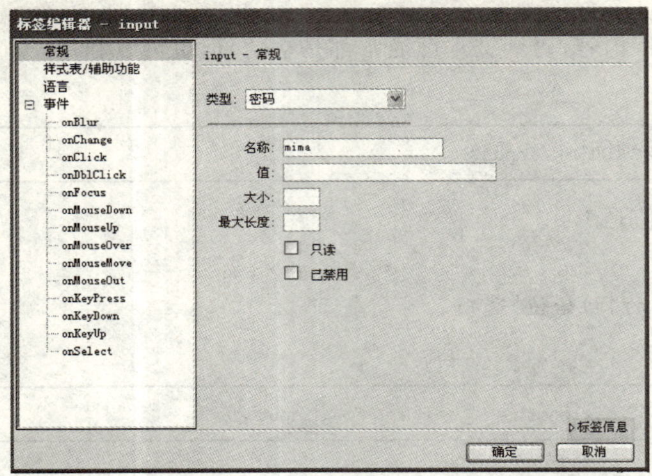

图 7-5

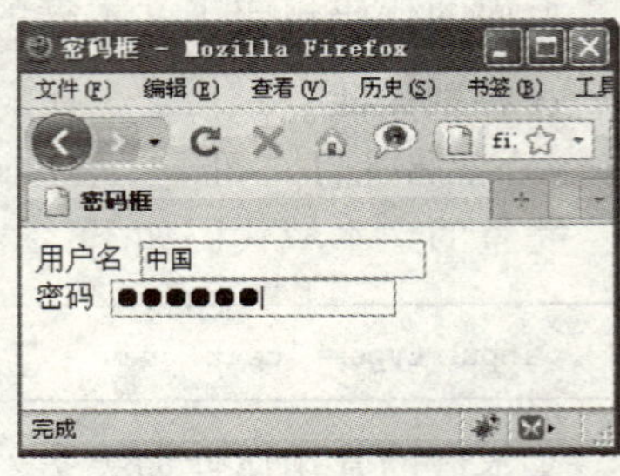

图 7-6

特别提醒

如果把图 7-4 所示面板中的"类型"选择为"密码",就是密码文本域了。

7.3.3 文本区域(多行文本域)

看到这里,聪明的你应该明白,如果把图 7-4 所示面板中的"类型"选择为"多行"时,应该就是多行文本域,也是就是常说的文本区域。

因为单行文本域提交的内容毕竟是有限的。如果需要提交更多的内容,则要用到多行文本域。多行文本域的语法和单行文本域不同,不是用<input>标签,而是用<textarea>双标签来包括着。语法格式如下:

```
<textarea></textarea>
```

在 DW 软件中使用文本域的方法如下。打开 input_password.html 网页,切换到"拆分"界面,在上面的代码界面中<input name="mima" type="password" />后面加上"
留言",然后执行"插入"→"表单"→"文本区域"命令,弹出如图 7-7 所示的对话框,请按图中提示设置,保存为 textarea.html 文件。

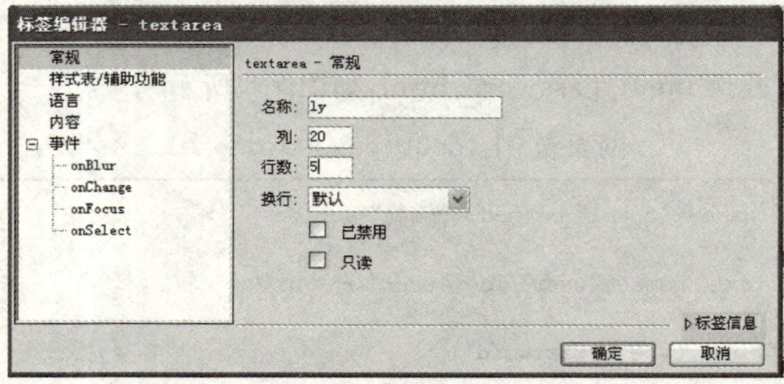

图 7-7

文本区域的“属性”面板如图 7-8 所示，生成的网页范例 textarea. html。

图 7-8

网页范例 textarea.html

```
<form id="form1" name="form1" method="post" action="">
  用户名
  <input type="text" name="user" id="user" /><br />
  密码
  <input name="mima" type="password" /><br />
  留言<textarea name="ly" cols="20" rows="5"></textarea>
</form>
```


效果如图 7-9 所示。

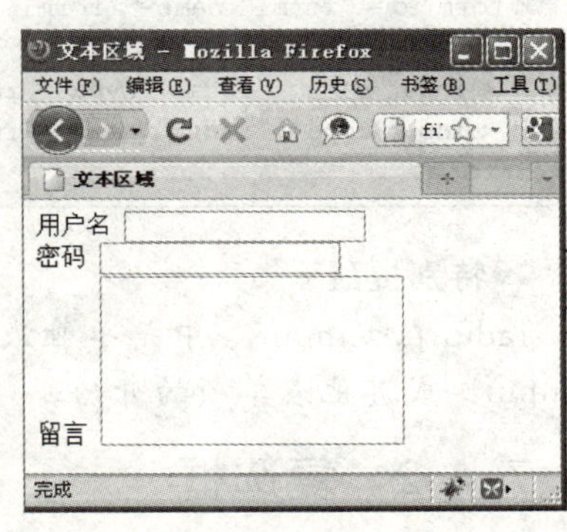

图 7-9

在文本区域的代码中，cols 对应于图 7-8 所示面板中的“字符宽度”选项，宽度为 20 个字符，也就是说一行只能排列 10 个汉字。rows 对应于图 7-8 所示面板中的“行数”选项。这里设置了文本区域只有 5 行，如果超过 5 行，将会在文本区域的边框上出现滚动条。

特别提醒

我们现在主要侧重于 HTML 源代码和软件的使用教学，网页美化的问题暂时忽略。

7.4 单选按钮和复选框

表单的功能就是收集用户填写的信息。当出现多个选项而且只能选择一个选项时，当可以选择两个或两个以上时，就会分别用单选按钮和复选框。通过本节的学习，使读者掌握单选按钮和复选框的用法。

7.4.1 单选按钮

单选按钮是表单中有多个选项，在只能选一个的情况下使用。与单选文本域和密码域相同，也是设置<input>标签中的 type 属性，表示单选的是 radio，语法如下：

```
<input type="radio" name="" value=""></input>
```

每个单选按钮都需要一个 name 和 value 属性，name 的值要相同，每个单选按钮的 value 都设置一个不同的值。如果 checked 属性中设置了某个元素，意味着该按钮在开始的时候处于选中状态。

请继续在 DW 软件中操作，新建一个网页文件，命名 input_radio. html 文件，切换到“设计”界面，执行“插入”→“表单”→“表单”命令，输入文字“请选择性别：”，再执行“插入”→

“表单”→“单选按钮”命令，在弹出的窗口中，标签这一栏填“男”，再执行一次“插入”→“表单”→“单选按钮”命令，在弹出的窗口中，标签这一栏填“女”。单选按钮的属性面板如图 7-10 所示。

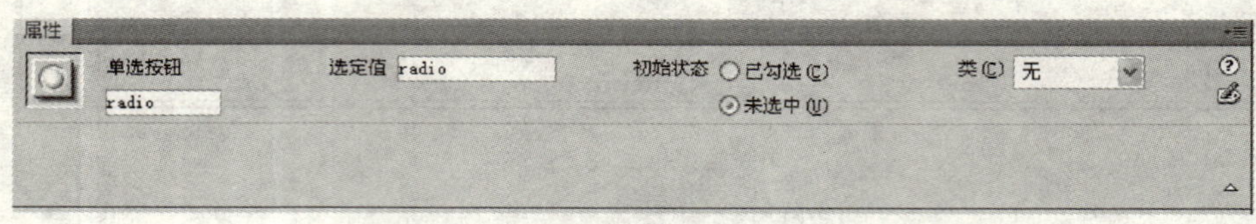

图 7-10

在 DW 软件中，选中第一个单选按钮，把“选定值”修改为“男”，“初始状态”设置为“已勾选”；同理，选中第二个单选按钮，把“单选按钮”中的值由 radio2 修改为 radio，因为这两个单选按钮是同一组的，要保持 name 的值相同，把“选定值”修改为“女”。id 属性可以省略。

网页范例 input_radio.html

```
<form id="form1" name="form1" method="post" action="">
    性别:
  <input name="radio" type="radio" value="男" checked="checked" />男
  <input type="radio" name="radio" value="女" /> 女
</form>
```

特别提醒

radio 在<input>中是单独表示的，后面不用</input>结束符，选项的结束是下一个<input>或其他表单项的开始。

7.4.2 复选框

通过把<input>标签中的 type 属性设置成 checkbox，就可以生成单独的复选框。其中要包括必需的 name 和 value 属性。语法如下：

```
<input type="checkbox" name="" value="">
```

name 属性定义复选框的名称，一组复选框的 name 属性值应该相同；value 属性定义复选框的值，只有用户选中的那一项的值才会提交给表单。

网页范例 input_checkbox.html

```
<form id="form1" name="form1" method="post" action="">
   你喜欢什么水果?
   <input name="fruit" type="checkbox" value="苹果" /> 苹果
   <input name="fruit" type="checkbox" value="橘子" /> 橘子
</form>
```

代码分析：name 的值相同，只是 value 值不同，如果复选框被选中，并且被用户提交给服务器，这些值会包括在表单参数列表中。网页代码运行效果如图 7-11 所示。

阶段性作业

读者练习在 DW 软件中建立复选框。

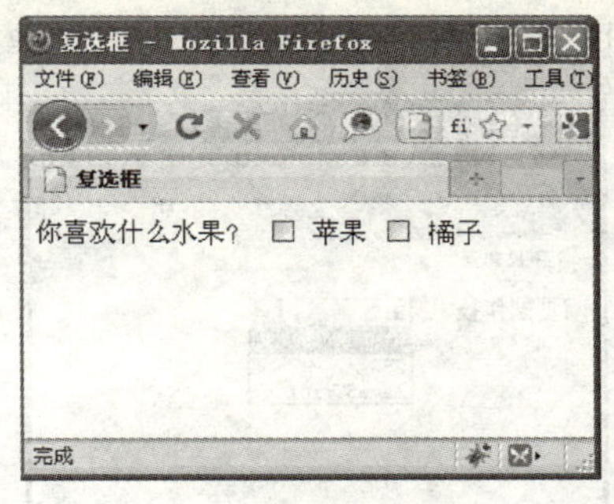

图 7-11

7.5 下拉列表

单选按钮和复选框为我们提供了强大的方法,便于我们创建多项选择的问题和答案。但如果是很长的表单,在屏幕上会显得杂乱无章,这时可以采用功能和单选按钮及复选框差不多的列表和菜单。列表和菜单可以在有限的空间内为用户提供更多的选择,可以节省很多版面。如选择出生年月时,就会用到下拉列表;选择省份时,也会用到下拉列表。

列表是选择数据以列表的形式列出,只能选中其中一项,当然也可以选中多项(要设置一个属性),语法格式如下:

```
<select name = "" size = "" multiple>
    <option value = "" selected>选项一</option>
<option value = "" >选项二</option>
<option value = "" >选项三</option>
</select>
```

下拉列表的常用属性如表 7-3 所示。

表 7-3 下拉列表的常用属性

属 性	描 述
size	定义下拉选择框的行数,决定了用户一次可以看到多少个选项,默认值是 1
name	定义下拉选择框的名称
multiple	默认一次只能选择一个选项,如果允许一次选择多个选项的话,请加上 multiple 属性
option	定义下拉列表中的选项,在下拉列表中显示标签所包含的内容
value	定义选择项的值
selected	表示默认已经选择本选项

网页范例 select.html

```
<form id = "form1" name = "form1" method = "post" action = "">
  网页制作技术
  <select name = "select" size = "1" multiple = "multiple" >
      <option value = "HTML"
          selected = "selected"> HTML </option>
      <option value = "CSS"> CSS </option>
      <option value = "JavaScript"> JavaSCript </option>
</select>
</form>
```

网页代码运行效果如图 7-12 所示。

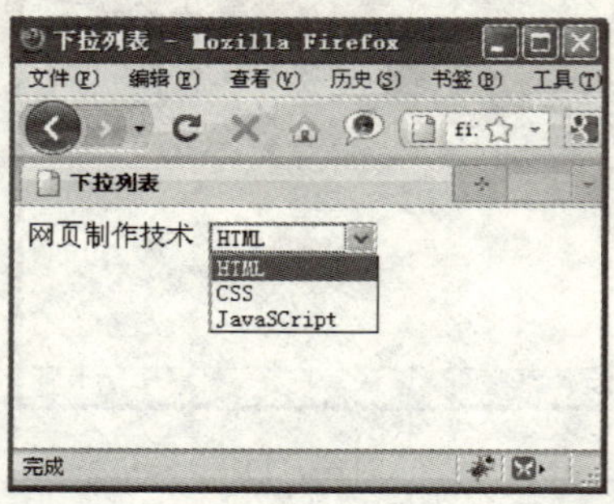

图 7-12

为节约篇幅，关于下拉列表在 DW 软件中的制作方法，请参看配套素材中的实例演示。DW 软件中关于下拉列表的“属性”面板如图 7-13 所示。

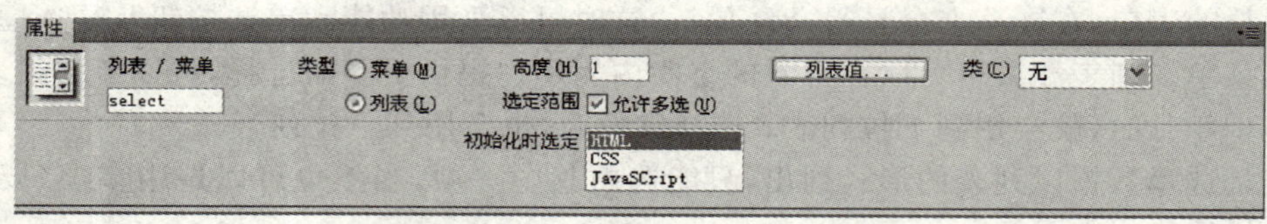

图 7-13

7.6 按钮

按钮用于控制网页中的表单。提交按钮用于提交已经填写好的表单内容，重置按钮用于重新填写表单的内容，它们是按钮的两个最基本的功能。

除此之外还可以用作完成其他的任务。例如，通过单击按钮产生一个事件，调用脚本程序，等等。

1. 提交按钮

顾名思义，提交按钮会启动将表单数据从浏览器发送给服务器的提交过程，只要把<input>标签中的 type 属性值设定为 submit，就是提交按钮了，语法如下：

```
< input type = "submit" name = "" value = "">
```

当用户单击该按钮后，浏览器将表单信息发送给服务器时，也会将提交按钮的 value 属性的值添加到参数列表中，这一点非常有帮助，因为它提供了一种方法来标识表单中被单击的是哪一个按钮，这样表单处理程序就可以处理同一网页中的多个不同表单。

2. 重置按钮

当输入错误信息时，可以使用重置按钮来清除数据，让表单回到初始状态。重置按钮不会激活表单处理程序，相反，浏览器将完成所有重置表单的工作。语法如下：

```
< input type = "reset" value = "">
```

把<input>标签中的 type 的属性值设置为 reset，就是重置按钮。

DW 软件中提交按钮的“属性”面板如图 7-14 所示。

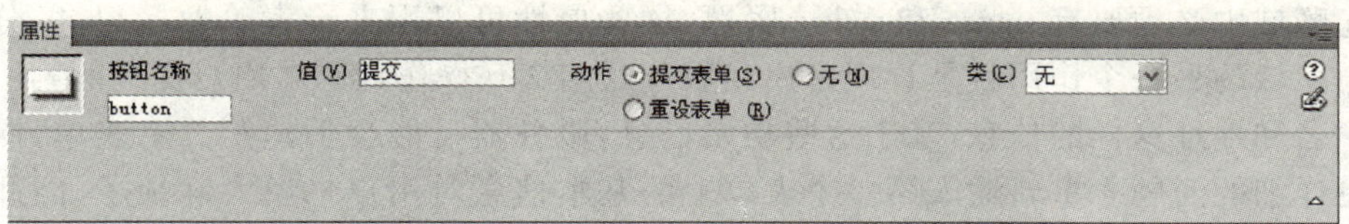

图 7-14

3. 一般按钮

一般按钮不能提交或重置表单,可以用 value 属性来设置按钮上的标记,如果指定了 name 属性,则会把提供的值传递给表单处理程序。

必须加上指定的动作并用相应的事件来触发,才会在事件发生时激发动作,否则按下普通按钮,什么也不发生,大多数情况下都使用 JavaScript 来处理事件。如:

网页范例 input_button.html

```
<form id="form1" name="form1" method="post" action="">
   <input type="submit" name="button" value="提交" />
   <input type="reset" value="重写" />
   <input type="button" name="点击我" value="点击我"
      onClick="javascript:alert('你好')" />
</form>
```

7.7 图像域、隐藏域和文件域

1. 图像域

上一小节介绍了如何插入表单按钮,但这些按钮的外观都是由系统预设的。如果需要插入自定义的个性按钮,可以使用图像域。语法如下:

```
<input type="image" src="" name="">
```

图像域需要一个 src 属性,该属性的值就是图像文件的地址,还可以包含 name 属性和一个描述性的 alt 属性。一般来说,除了标签修改为 type="image"以外,其他的属性和<img>标签的属性是一样的。在 DW 软件中执行"插入"→"表单"→"图像域"命令,就可以插入图像域了。

网页范例 input_image.html

```
<form id="form1" name="form1" method="post" action="">
   <input type="image" name="imageField" src="img/32.gif" />
</form>
```

2. 隐藏域

隐藏域是用来收集或发送信息的不可见元素,对于网页的访问者来说,隐藏域是看不见的。当表单被提交时,隐藏域就会将信息用你设置时定义的名称和值发送到服务器上。语法如下:

```
<input type="hidden" name="" value="">
```

在隐藏域中必须要有 name 和 value 属性，这些属性可以用来给表单做标记，区分表单的数据。隐藏域的另一个作用就是管理用户和服务器的交互操作，例如，用户提交的第一个表单有像用户名和地址这样的信息，基于这些初始信息，服务器可能会创建第二个表单，向用户询问一些更详细的问题。重新输入第一个表单上的基本信息对用户来说太麻烦了，因此可以在服务器端写程序代码，将这些值直接保存在第二个表单的隐藏域中，当返回第二个表单时，从这两个表单中得来的所有重要信息都保存下来了。

在 DW 软件中执行“插入”→“表单”→“隐藏域”命令，就可以插入隐藏域。

3. 文件域

网站中需要把文件传送到服务端，从而供用户使用，如相册和演示文件等。此时就需要使用文件域，把客户端的文件上传。访问者可以通过输入需要上传的文件路径或者单击“浏览”按钮选择需要上传的文件。语法如下：

```
<input type="file" name="" size="" maxlength="">
```

在 DW 软件中执行“插入”→“表单”→“文件域”命令，就可以插入文件域。

size 属性指定文件域的宽度，maxlength 属性指定文件域中最多容纳的字符数。

网页范例 input_file.html

```
<form action="" method="post" enctype="multipart/form-data"name="form1" id="form1">
<input name="fileField" type="file" size="20" maxlength="200" />
</form>
```

文件域的 DW“属性”面板如图 7-15 所示。

图 7-15

特别提醒

在使用文件域以前，请先确定你的服务器是否允许匿名上传文件。表单标签中必须设置 ENCTYPE="multipart/form-data"来确保文件被正确编码。另外，表单的传送方式必须设置成 POST。

表单的内容先介绍到这里，本章内容比较重要，读者朋友要多上机练习才能熟练掌握。最后，我们归纳一下<input>标签。请参见表 7-4。

表 7-4 input 标签常用属性

属 性 名	意 义
type	表单标签类型，其值为 text、password、checkbox、radio、submit、reset、button、file、hidden、image 共 10 大类
name	标签的变量名
value	标签的变量值
disabled	禁止使用，其值为 true 或 false

续表

属 性 名	意　　义
readonly	只读，其值为 true 或 false
accesskey	快捷键
tabindex	使用 tab 键的顺序
checked	用于单选按钮和复选框，表示选项是否被选择了，其值为 true 或 false
size	用于单行文本输入框，表示单行文本输入框的长度，单位为字符
maxlength	用于单行文本输入框，表示最大输入长度，单位为字符

阶段性作业

在 DW 软件中熟练掌握表单的<input>标签 10 种类型。

本章知识体系

知　识　点	重 要 等 级	难 度 等 级
表单	★★	★★
Input 标签 10 种类型	★★★★	★★★

第8章

框　架

框架将浏览器分成多个不同的区域，每个区域都可以显示独立、可滚动的页面。用户只需单击鼠标就可以在网站中导航，而无须经常移回目录页。

本章讲述框架的使用。

本 章 术 语

框架____________________

框架集____________________

内联框架____________________

8.1 框架概述

在网页中，框架主要用于分隔多个 HTML 网页。将浏览器的主显示窗口分成几个独立的窗口框架(frame)，每个框架会同时显示一个不同的 HTML 网页，这样就可以同时浏览不同的网页文件。如果一个网页的左边导航菜单是固定的，而页面中间的信息是可以移动的，这就是一个框架网页。比如天涯论坛就是这种布局。

8.2 框架的基本结构

框架实际上由两部分组成，即框架集(frameset)和框架(frame)。

框架集(frameset)是 HTML 文件，它定义一组框架的布局和属性，包括框架的数目、大小和位置以及最初在每个框架中显示的页面的 URL。框架集文件本身不包含要在浏览器中显示的 HTML 内容。

框架(frame)指的是 HTML 文件上定义的一个显示区域。

框架结构的语法如下：

```
<html>
  <head><title>框架的基本结构</title></head>
  <frameset>
```

```
    <frame>
    <frame>
  </frameset>
</html>
```

在上面的网页文件中，HTML 中的<body>标签被<frameset>代替，用<frame>去定义页面的框架结构。

8.3 框架布局

使用<frameset>标签可以将框架按照行和列进行布置，还可以定义它们的相对大小和绝对大小。

1. 框架集的 rows 和 cols 属性

这两个属性定义了文档窗口中框架的行或列的大小及数目，指定了框架的绝对（像素）或相对（百分比）宽度，或者绝对或相对高度（对行而言），这些属性值决定了浏览器将会在文档窗口中显示多少行或列的框架。例如：

```
<frameset rows="300, *">
```

上面的代码将创建 2 行框架，第一行框架是 300 像素高，剩下的空间全部给第二行。再如：

```
<frameset cols="100,20%, *">
```

上面的代码将创建 3 列框架，第一列框架是 100 像素宽，第二列的宽度占剩下的空间 20%，其余的空间全部给第三列。

2. 框架集的 border 和 bordercolor 属性

默认情况下，框架集中的所有框架都有一条细细的边框，框架集的 border 属性可以修改这条边框的粗细，当 border 的值为 0 时可以清除边框，让边框消失；当 border 的值为 1 时，效果与默认情况是相同的，如果值大于 1，框架的边框就会加厚了。

特别提醒

框架集的 framespacing 属性效果和 border 属性相同。

另外，还可以用 bordercolor 属性控制框架边框的颜色。例如：

```
<frameset cols="100, *" border="5" bordercolor="red">
  <frame>
  <frame>
</frameset>
```

上面的代码设置了两列，边框粗线为 2 个像素，边框颜色为红色。

8.4 框架<frame>的属性

1. 框架源文件属性（src）

用 src 属性来指定显示在框架<frame>中的网页文件路径，例如：

网页范例 frame.html

```
<frameset cols = "100, * " border = "5" bordercolor = "red">
  <frame src = "http://www.163.com">
  <frame src = "http://www.sina.com.cn">
</frameset>
```

上面的代码中，框架分成两列，左边框架源文件显示网易，右边列框架源文件显示新浪网，效果如图 8-1 所示。

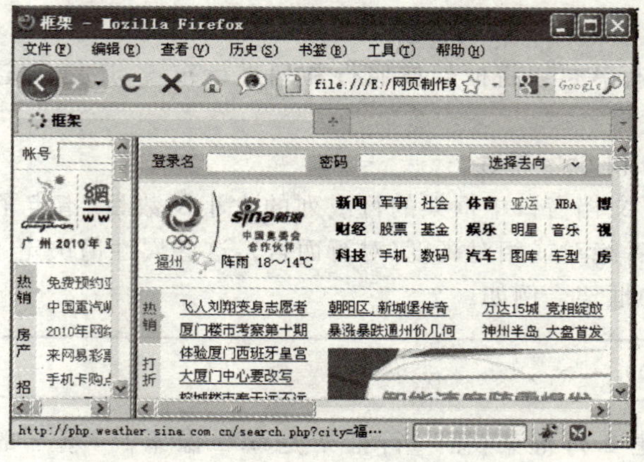

图 8-1

2. 框架的 name 属性

用 name 属性给框架<frame>标签一个自定义的名称，以便以后被用于超级链接<a>标签的 target 属性所引用，可以用另一个框架<frame>中的链接来改变某个框架<frame>的内容。框架的 name 属性在"8.7 框架的链接"中详细讲解。

3. 框架的 noresize 属性

在上例中，用户可以手动改变框架中两列的大小，虽然我们指定了左边第一列的宽度值是 100 像素。为了禁止这种操作，可以使用框架的 noresize 属性。

网页范例 frame_noresize.html

```
<frameset cols = "100, * " border = "5" bordercolor = "red">
  <frame src = "http://www.163.com" noresize = "noresize">
  <frame src = "http://www.sina.com.cn" >
</frameset>
```

读者注意比较 frame_noresize.html 和 frame_scro.html 的效果，对比两列大小能否调整大小。

4. 框架的 scrolling 属性

对于内容超出窗口空间的框架来说，浏览器会显示垂直和水平滚动条，如果框架中有足够的空间显示内容，滚动条将不会出现。可以利用框架<frame>标签的 scrolling 属性，显式地控制滚动条的出现和消失。

有三种方式设置滚动条，如下。

(1) yes：添加滚动条，所有的浏览器会给这个指定的框架添加滚动条。

(2) no：不添加滚动条，即使框架中的内容大于框架本身。

(3) auto：自动添加滚动条。

网页范例 frame_scro.html

```
<frameset cols="100,*" border="5" bordercolor="red">
  <frame src="http://www.163.com" scrolling="yes">
  <frame src="http://www.sina.com.cn" scrolling="yes">
</frameset>
```

5. 框架的边缘宽度 marginwidth 和边缘高度 marginheight

框架和网页一样，浏览器通常在框架的边缘和内容之间留下一小部分间隔，用 marginwidth 属性设置框架左右边缘的宽度，用 marginheight 属性设置框架上下边缘的宽度。

网页范例 frame_margin.html

```
<frameset cols="100,*" border="5" bordercolor="red">
  <frame src="http://www.163.com" marginwidth="20">
  <frame src="http://www.sina.com.cn" marginheight="20">
</frameset>
```

6. 框架的 frameborder 属性

可以使用框架的 frameborder 属性对一个单一的框架来添加或者删除边框，值"yes"或者"1"和"no"或者"0"分别用来激活或者禁用框架的边框。

网页范例 frame_border.html

```
<frameset cols="100,*" border="5" bordercolor="red">
  <frame src="http://www.163.com" frameborder="yes">
  <frame src="http://www.sina.com.cn" frameborder="0">
</frameset>
```

8.5 <noframes>标签

当碰到使用不支持框架的浏览器用户，因为框架网页中的<body>标签被<frameset>标签代替了，这类用户将无法看到框架内容的显示。可以在网页中使用<noframe>标签，当浏览器不支持框架网页时，会自动寻找并显示<noframe>标签中的内容。

```
<frameset cols="100,*">
  <frame>
  <frame>
<noframes>
很抱歉!您的浏览器不支持框架显示内容。
</noframes>
</frameset>
```

8.6 内联框架<iframe>

所有的流行浏览器都支持内联框架，即在一个网页中嵌入一个框架窗口来显示另一个网页的内容，这是框架页面中的一种特例，这种框架称为浮动框架，也称为内联框架。可以用<iframe>标签定义一个内联框架，它不是包含在<frameset>标签内，相反，它可以出现在网页文档中的任何地方，相当于在网页中定义了一个矩形区域，在这个区域中，显示一个单独的网页文档，包括滚动条和边框。

1. 内联框架文件属性(src)

使用 src 属性可以指定加载文件的路径，这就是内联框架的链接，如：

```
<iframe src="http://www.sina.com.cn"></iframe>
```

2. 内联框架名称属性 (name)

给内联框架自定义一个名称，如：

```
<iframe name="left"></iframe>
```

3. 内联框架宽度(width)和高度(height)

利用内联框架<iframe>标签中的 width 属性可以设置宽度，用 height 属性可以设置高度。如：

```
<iframe src="http://www.163.com" name="left" width="300" height="300"></iframe>
```

4. 内联框架 align 属性

内联框架的 align 属性和表格<table>标签的 align 属性一样，能够控制内联框架与网页上相邻的文字位置关系，可以用 top(顶部)、middle(中间)或者 bottom(底部)作为这个属性的值，使框架分别对齐网页上相邻文字的顶端、中间或者底部，还可以设置 left(左边)和 right(右边)值。如：

网页范例 iframe_align.html

```
<iframe src="http://www.163.com" name="left" width="300" height="300" align="middle"></
iframe>
```

效果如图 8-2 所示。

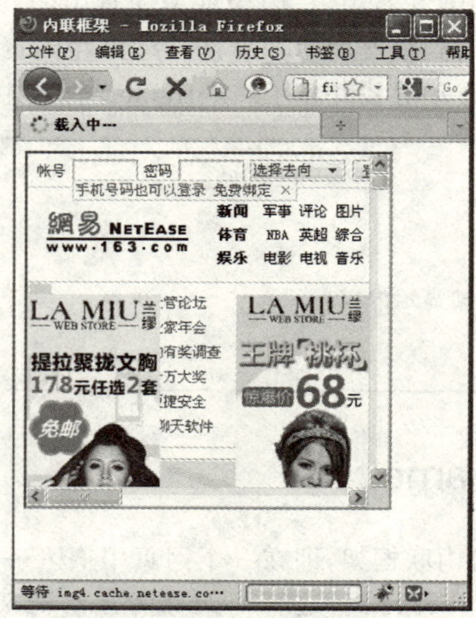

图 8-2

内联框架的常用属性如表 8-1 所示。

表 8-1 内联框架的属性

属性	说明
src	当前框架所链接的页面地址
name	给框架命名,这样就可以使用你的命名为链接中的 target 属性提供参数
width	框架宽度,单位像素
height	框架高度,单位像素
align	可选值为 left、right、top、middle、bottom,作用不大
frameborder	框架的边框大小,默认值为 1,一般最好设为 0 不显示边框
marginwidth	框架边框与插入页面之间左右边距,单位像素
marginheight	框架边框与插入页面之间上下边距,单位像素
scrolling	滚动条,有 3 个值: auto 自动,yes 显示,no 不显示
noresize	框架大小不可变
bordercolor	框架的边框颜色

8.7 框架的链接

框架链接有内联框架和普通框架,普通框架的链接和框架的 name 属性有关,内联框架的链接指通过在网页内部的框架链接其他的网页,在 8.6.1 小节中已有讲述。

普通框架是在网页框架的<frame>中添加 name 属性,标记该框架<frame>的名称,然后通过超级链接<a>标签,用超级链接的 target 属性指向<frame>的名称,那么链接地址的网页就会出现在这个<frame>中。

网页范例 frame_target.html

```
<frameset cols = "200, * ">
  <frame src = "left.html" name = "left" />
  <frame src = "right.html" name = "right" />
</frameset>
```

上面的代码中,我们定义两列,左边列的宽度是 200 像素,其余空间给右边列。左边列引用了 left.html 网页,右边列引用了 right.html 网页,关键的地方是左边框架取了个名字叫“left”,右边框架取名“right”,效果如图 8-3 所示。

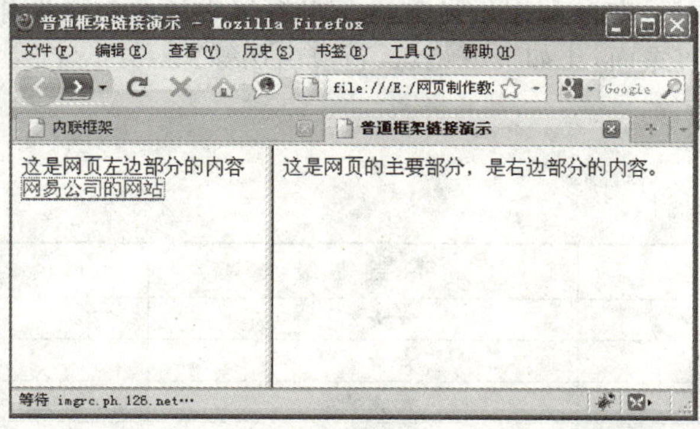

图 8-3

网页范例 left.html

```
<body>
这是网页左边部分的内容<br />
<a href="http://www.163.com" target="right">网易公司的网站</a>
</body>
```

在上面的代码中,关键是 target="right",right 是什么呢？就是 frame_target.html 网页中的第二个框架的名称,通过 target 属性指向 right,那么链接地址的网页就在名称为 right 的框架中出现。请对比图 8-3 和图 8-4 的效果。

网页范例 right.html

```
<body>这是网页的主要部分,是右边部分的内容。</body>
```

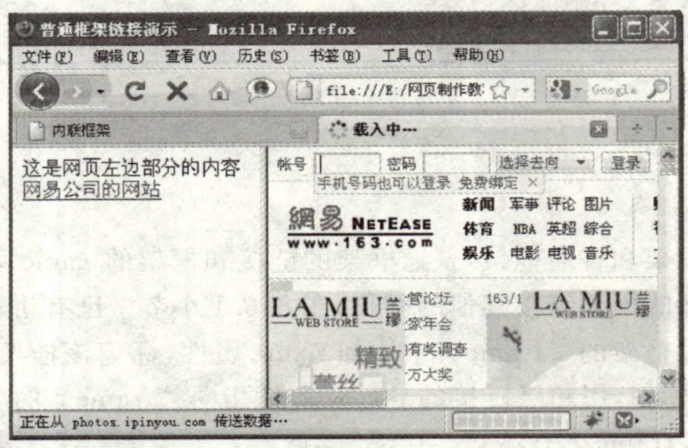

图 8-4

特别提醒

使用 DW 软件操作框架的教程,请看配套素材中的教程。

不鼓励在网页布局中使用框架布局,因为使用框架有一些不足之处。

(1) 可能难以实现不同框架中各元素的精确图形对齐。

(2) 对导航进行测试可能很耗时间。

(3) 框架中加载的每个页面的 URL 不显示在浏览器中,因此访问者可能难以将特定页面设为书签。

如果确定要使用框架,它最常用于导航。一组框架中通常包含两个框架,一个含有导航条,另一个显示主要内容页面,比如天涯论坛、新浪论坛等。

本章知识体系

知 识 点	重 要 等 级	难 度 等 级
框架集	★★	★★★★
框架	★★	★★★★
内联框架	★★★	★★★★
框架的链接	★★★	★★★★

第2部分

CSS部分

第9章

网站Web标准

作为网站设计师，有责任和义务去推广和采用 Web 标准。
本章讲述网站的 Web 标准。

本 章 术 语

W3C 组织________________________________
Web 标准________________________________
网站重构________________________________

9.1 W3C 组织

1. 什么是 W3C

W3C 是英文 World Wide Web Consortium 的缩写（http://www. w3. org），中文意思是 W3C 理事会或万维网联盟。W3C 于 1994 年 10 月在麻省理工学院计算机科学实验室成立，创建者是万维网的发明者 Tim Berners-Lee。

W3C 组织是制定网络标准的一个非赢利组织，W3C 会员（大约 500 名会员）包括生产技术产品及服务的厂商、内容供应商、团体用户、研究实验室、标准制定机构和政府部门，主要研究 Web 规范和指导方针，致力于推动 Web 发展，保证各种 Web 技术能很好地协同工作，像 HTML、XHTML、CSS、XML 的标准就是由 W3C 来定制。

自 1998 年开始，"Web 标准组织"（www. webstandards. org）将 W3C 的"推荐"重新定义为"Web 标准"，目的是让制造商重视并重新定位规范，在新的浏览器和网络设备中完全地支持那些规范。

2. W3C 推出的主要规范

到目前为止，W3C 已开发了超过 50 个规范（草案）。这些规范（草案）包括人们早已耳熟能详的 HTML、HTTP、URIs、XML 等，下面我们介绍与网页制作有关的几个规范。

(1) HTML/XHTML：HTML 是 Web 的基础之一，基于 HTML，Web 上开始出现丰富多彩的页面，蕴涵了各种信息，成为全社会的公共资源和财富。W3C 先后推出了多个 HTML 版本，分别是 1997 年 12 月的首个版本、1998 年 4 月的更新、1999 年 12 月推出 HTML 4.01 版。

XHTML 是对 HTML 4.01 的扩展，在其中可以使用 XML 的语义功能。XHTML 1.0 已于 2000 年 1 月作为推荐标准发布；XHTML Basic 是对 XHTML1.0 的独立于设备（如手机、PDA 等）的扩展，于 2000 年 12 月发布；随后，2001 年 5 月推出了 XHTML 的模块化版本——XHTML 1.1。

目前我们主要使用 HTML 4.01/XHTML 1.0。

(2) CSS：CSS 所提供的网页结构内容与表现形式的分离机制，大大简化了网站的管理，提高了开发网站的工作效率。CSS 可用于控制任何 HTML 和 XML 内容的表现形式。CSS 负责为网页设计人员提供丰富的页面效果设计网页。CSS 1.0 于 1996 年 12 月推出，1998 年 5 月 CSS 2.0 发布。最新版本 CSS 3.0 还在开发之中，我们目前使用 CSS 2.0 版本。

(3) XML：1998 年 2 月发布的 XML 1.0 是 W3C 最具前瞻性和最有影响的标准之一。XML 作为下一代 Web 的第一块重要基石，为分布式的、异构的数据交换提供了强大的功能，并且将数据本身和数据的表现分离，同时，就数据本身而言，数据的值和语义也是适当分离的。

此外，XML 的出现为程序能够自动地处理 Web 数据和信息，以及 Web 服务（WSDL、SOAP、UDDI 规范）提供了一种公共基础。

9.2　Web 标准

1. 过时的网站设计思路

在 20 世纪 90 年代后期，当互联网和 Web 逐渐成为主流时，Web 浏览器（包括当时的 Netscape 4 及以下版本，IE 4 及以下版本。）的开发商还没有完全地支持 CSS。考虑到 CSS1 是在 1996 年制定的，而 CSS2 是在 1998 年才制定的，所以这种对 CSS 支持的不足也是可以理解的。

由于浏览器对 CSS 的支持不够，再加上一些平面设计师的要求（这些要求与他们经常与印刷品打交道有关）导致他们为了控制网页的视觉表现而滥用 HTML。一个典型的例子就是，当设计师可以用 border="0" 来隐藏表格的边框时，用隐藏表格来控制布局的方法同样被使用。另一个例子是对“transparent”（透明）的使用，同样是不可见，他们却使用空白的 GIF 图片来控制布局。

由于 HTML 从来就没被用来控制一个文档的表现，导致大量混乱代码、非法代码、浏览器的专用代码和属性就被随意地使用了。

大概 1997 年的时候，David Siegel 出版了一本里程碑式的书《Creating Killer Web Sites》，它在当时有限的浏览器功能和 W3C 标准之下，设计出非常华丽的网页效果。这些效果是如此漂亮，以至于到今天，它们还是流行的一种网页排版方式。

用一句话概括这本书：用表格和分隔 GIF 可以设计出魔鬼般迷人的站点。

2. Web 标准

我们现在知道表格（table）布局网页最大的坏处就是不利于结构和表现分离，后期维护比较麻烦，而使用 CSS 和 DIV 能很好地解决这个问题。

现在国内外的多数技术性站点都开始向 Web 标准转型，例如 2004 年 5 月 blogger.com 采用 CSS 和 XHTML Strict 1.0 标准重新设计完成；2004 年 5 月 mp3.com 网站采用 Web 标准重新设计完成；2004 年 10 月 15 日，国内网站闪客帝国根据网页 Web 标准对自己的网站进行了网站重构，从而成为了首个采用 Web 标准的大型国内网站，三天后，国内权威的程序员网站 CSDN 也正式推出了采用 Web 标准技术从构的新版网站。

所谓网站 Web 标准不是某一个标准，而是一系列标准的集合。网页主要由三部分组成：结构(Structure)、表现(Presentation)和行为(Behavior)。对应的标准也分三方面：结构化标准语言主要包括 XHTML 和 XML，表现标准语言主要包括 CSS，行为标准主要包括对象模型(如 W3C DOM)、JavaScript 等。这些标准大部分由 W3C 起草和发布，也有一些是其他标准组织制订的标准。

问答

问：什么是 XHTML?

答：XHTML 是一种为适应 XML 而重新改造的 HTML。当 XML 越来越成为一种趋势，就出现了这样一个问题：如果我们有了 XML，我们是否依然需要 HTML? 结论是我们依然需要使用 HTML。因为大量的人们已经习惯使用 HTML 来作为他们的设计语言，而且，已经有数以百万计的页面是用 HTML 编写的。

问：为什么 XHTML 1.0 相对 HTML 4.0 独立发展?

答：并不是这样。XHTML 恰恰就是 HTML 4.0 的重新组织，(确切地说它是 HTML 4.01，是一个修正版本的 HTML 4.0，只不过以 XHTML 1.0 命名发行) 它们在 XML 里的解释会有一些必要的差别，但另一方面，它们依然非常相似，我们可以把 XHTML 的工作看做是 HTML 4.0 基础上的延续。XHTML 就是一种 XML 应用。

问：XML 与 HTML 的比较?

答：XML 并不是标记语言。它只是用来创造标记语言(比如 HTML)的元语言。XML 和 HTML 是不一样的，它的用处远比 HTML 广泛得多。

XML 并不是 HTML 的替代产品，不是 HTML 的升级，它只是 HTML 的补充，为 HTML 扩展更多功能。我们仍将在较长的一段时间里继续使用 HTML。(但值得注意的是 HTML 的升级版本 XHTML 的确正在向适应 XML 靠拢)

3. 符合 Web 标准的浏览器

虽然浏览器的开发商对 CSS 支持的步伐很缓慢，但是现在已经有许多浏览器选择了支持 CSS，此时，不应该再有任何理由再像以前那样使用 HTML 了，应该让它恢复本来的面貌：去描述文档的结构，而不是它的表现。

主流的"新版本浏览器"包括下面列出的这些以及它们的更新版本：

Mozilla(Firefox) 1.0 和更高版本，目前最新的是 3.6.8 版本，本书中的例子主要用这个版本进行测试。当本书完成时，已更新到 4.0 版本了。

Netscape Navigator 6 及其更高版本，国人比较少使用。

Windows 系统下的 IE 6 及其更高版本，最新版本是 IE8，但 IE6 使用人数还是比较多，IE6 对 CSS 的支持不是很好，有很多问题，我们在后续 CSS 课程中详细讲解。

Macintosh 系统下的 IE 5 及其更高版本，国人比较少使用。

Opera 7，国人比较少使用。

综上所述，我们在调试网页时，主要使用的浏览器就是火狐系列和 IE 系列。

4. 符合 Web 标准的网站优势

重新设计网站需要几天或者几星期，现在只需要几小时，从而减少成本和避免工作烦恼，让你在修改设计时更有效率、代价更低。

支持多种浏览器，从而不需要争论和考虑多版本的成本，很少或根本就不需要代码分支。

支持非传统的设备，从无线设备到孩子们想象到的、可以上网的智能手机，以及盲人阅读器、屏幕阅读器等残疾人士使用的设备，都不需要再争论开发特殊版本的费用。

适合打印的版本，不需要建立通常的“专门打印页”或者依赖昂贵的私人出版系统来建立类似的版本。

有助你的整个站点保持视觉的一致性，更利于搜索引擎的检索（符合 SEO 的规范）。

保证这样设计的站点将能继续工作在将来的浏览器和设备上，包括那些还没有发明和仍在想象中的设备，这是向后兼容的许诺。

9.3　网站重构

9.3.1　什么是网站重构

网站重构是把未采用 CSS，大量使用 HTML 进行定位、布局，或者虽然已经采用 CSS，但是未遵循 HTML 结构化标准的站点“变成”让标记回归标记的原本意义。通过在 HTML 文档中使用结构化的标记以及用 CSS 控制页面表现，使页面的实际内容与它们呈现的格式相分离的站点的过程就是网站重构。

就是让网站符合 Web 标准。

怎样才是符合 web 标准？简单说就是不用 HTML＋table 来设计页面，改用 XHTML＋CSS 来实现。

网站重构是一种思想，是一种理念，真正的网站重构理应包含结构、行为、表现三层次的分离以及优化，行内分工优化，以及以技术与数据、人文为主导的交互优化等。

关键是要在不断的实践中找到一种如何与网站本身的内容结构体系进行结合的方式。内容与设计及程序分离后，更多的应该考虑的是，内容该如何组织，怎样设计内容结构最合理，XHTML 和 CSS 只是这个内容组织中的一个链条而已。有了 Web 标准重构的技术，更多的精力应该是去考虑如何整合内容并使用合理的标签去组织这些内容，并易于扩展和使用，而不是一味地追求 CSS 和 XHTML 的特别效果。

9.3.2　改善现有网站

如果你是初学网页制作，恭喜你，可以有一个良好的开端，接着往下看；如果曾制作过网站，那么也请按照下面的建议改善现有网站。

(1) 如果你希望你的 HTML 页面用 CSS 布局，先不考虑“外观”，要先思考你的页面内容的语义和结构。外观并不是最重要的，一个结构良好的 HTML 页面可以以任何外观表现出来。

(2) 使用恰当的文档类型声明(DOCTYPE)和命名空间(Namespace)。

DOCTYPE 是 Document Type 的简写。主要用来说明你用的 XHTML 或者 HTML 是什么版本。浏览器根据你 DOCTYPE 定义的 DTD(文档类型定义)来解释页面代码。所以，如果你不注意设置了错误的 DOCTYPE，结果会让你大吃一惊。XHTML1.0 提供了三种 DOCTYPE 可选择。

① 过渡型(Transitional)：

```
<!DOCTYPE html PUBLIC "-//W3C//DTD XHTML 1.0 Transitional//EN" "http://www.w3.org/TR/xhtml1/DTD/xhtml1-transitional.dtd">
```

② 严格型(Strict)：

```
<!DOCTYPE html PUBLIC "-//W3C//DTD XHTML 1.0 Strict//EN" "http://www.w3.org/TR/xhtml1/DTD/xhtml1-strict.dtd">
```

③ 框架型(Frameset)：

```
<!DOCTYPE html PUBLIC " - //W3C//DTD XHTML 1.0 Frameset//EN" "http://www.w3.org/TR/xhtml1/DTD/
xhtml1 - frameset.dtd">
```

对于我们来说，只要选用过渡型的声明就可以了。它依然可以兼容表格布局、表现标识等。

直接在 DOCTYPE 声明后面添加如下代码：

```
< html XMLns = "http://www.w3.org/1999/xhtml" >
```

命名空间(Namespace)是收集元素类型和属性名字的一个详细的 DTD，只要照样输入代码就可以。

在本书的第 2 章中，介绍了文档类型声明(DOCTYPE)和命名空间(Namespace)。

(3) 声明你的编码语言。为了被浏览器正确解释和通过标识校验，所有的 XHTML 文档都必须声明它们所使用的编码语言。代码如下：

```
< meta http - equiv = "Content - Type"
   content = "text/html; charset = GB2312" />
```

这里声明的编码语言是简体中文 GB2312。

(4) 用小写字母书写所有的元素和属性，为所有的属性分配值。

(5) 为图片添加 alt 属性。

(6) 关闭所有的标签。

(7) 避免使用已被废弃的 HTML 元素比如<font>，或者无语义的元素比如
，请使用列表元素来标记列表。相似地，使用<strong>来代替<b>，使用<em>代替<i>，等等。

(8) 每页只用一个<h1>标签来标识该页面的主题，有助于网页被搜索引擎恰当地索引。

(9) 给每个表格和表单加上 id。

(10) 对文本段落使用<p>标签。

(11) 如果没有适当的 HTML 标签，可以使用 <div>和<span>标签，这两个标签在本书第 11 章有详细讲解。

记住：请最大限度地使用 CSS 来进行布局。在 Web 标准的世界里，XHTML 标记与表现无关，它只与文档结构有关。

本章知识体系

知 识 点	重 要 等 级	难 度 等 级
W3C	★★	★★
Web 标准	★★	★★
网站重构	★★	★★

CSS样式表基础

CSS 是 Cascading Style Sheets 的英文缩写，即层叠样式表，用于布局和美化网页。

本章讲述 CSS 的基础知识。

本 章 术 语

CSS 样式和样式表

选择器和声明块

内部样式表

外部样式表

10.1 CSS 概述

CSS 最早被提议是在 1994 年，1996 年 W3C 审核通过正式推出了 CSS1。在 1998 年 W3C 正式推出 CSS2。最新版本的 CSS3 目前还处于开发阶段，我们现在使用 CSS2.1 版本。

CSS(Cascading Style Sheet)，中文译为层叠样式表，是用于控制网页样式并能够将样式信息与网页内容分离的一种标记性语言。

CSS 是一种标记语言，它不需要编译，可以直接由浏览器执行。使用 CSS 可以非常灵活并更好地控制页面的确切外观。比如可以控制文本属性，包括特定字体和字大小，粗体、斜体、下划线和文本阴影，文本颜色和背景颜色，链接颜色和链接下划线，等等。

除设置文本格式外，还可以使用 CSS 控制网页面中块级别元素的格式和定位。块级元素是一段独立的内容，在 HTML 中通常由一个新行分隔，并在视觉上设置为块的格式。如<h1>标签、<p> 标签和 <div> 标签都在网页面上产生块级元素。可以对块级元素执行以下操作：为它们设置边距和边框，将它们放置在特定位置，向它们添加背景颜色，在它们周围设置浮动文本，等等。对块级元素进行操作的方法实际上就是使用 CSS 进行页面布局设置的方法。

另外，利用 CSS 滤镜可以使页面产生多媒体效果。

CSS 对网页内容的控制比 HTML 精确。一个 CSS 文件可以同时控制多个网页内容的样式，需要修改时，只要修改单个 CSS 文件即可。

10.2 CSS 样式和样式表

什么是 CSS 样式？就是告诉浏览器要如何格式化网页中某个内容的一个规则，比如将网页中一段文字变成红色，给网页上的一张图片加一个红线框。CSS 样式如图 10-1 所示。

图 10-1

CSS 样式由两个元素组成：选择器(Selector)和声明块(Declaration Block)。

选择器会告诉浏览器，网页上的哪个元素或哪些元素要设置样式，在图 10-1 中，选择器就是<p>标签，它让浏览器利用这个样式中的指令对所有<p>标签进行格式化。

声明块(Declaration Block)是指选择器后面的代码块，以一个左大括号({)开始，以一个右大括号(})结束。

在声明块中，包含一个或多个声明(Declaration)，声明由一个属性和一个值组成，并以分号表示一个声明的结束。

CSS 提供了大量的格式化选项，称为属性(Property)。属性表示一种特定的效果，通常是一个单词或多个单词。

属性和属性的值(Value)之间用冒号分隔，建议在冒号和属性的值之间保留一个空格，增强代码的可读性(因为浏览器会忽略空格和跳格)，例如这样：color：red(注意冒号和属性值 red 之间有一个空格，当然你想用多少空格都行)。

为了提高代码可读性，选择器和后面的左大括号({)之间也用空格分隔。样式的写法如下：

```
p {
  color: red;
  font - family: "Courier New";
}
```

特别提醒

选择器和后面的左大括号({)放在第一行，它们之间留一个空格，右大括号(})放在最后一行。

每个声明各占一行，用分号结束，声明中的冒号和值之间留一个空格。

属性值如果由多个单词构成，且单词之间有空格，要给值加上引号。

样式与样式之间用一个空行分隔。

空格和空行不是必需的，但加空格和空行可以提高代码的可读性。如：

```
p {
  text - align: center;
}

a {
  color: red;
}
```

一个个 CSS 样式就组成了样式表。样式表分为内部和外部两种，如果样式表是在网页上，就是内部样式表，如果是链接到网页上的另一个文件，则是外部样式表。

10.3 内部样式表

内部样式表是网页代码的一部分，放在<head>和</head>之间，用双标签<style>包围起来。如：

```
<head>
<title></title>
<style type="text/css">
p {
  text-align: center;        /* 文字居中 */
}

a {
  color: red;
}
</style>
</head>
```

特别提醒

把<style>标签及样式放在<title>标签的后面，如果你在网页中还使用了 JavaScript 代码，就要把 JavaScript 代码放在样式表之后。

CSS 中的注释使用/ * * /，把注释的文字放在两个星号之间。

内部样式表可以在整个 HTML 文件中调用，对网页中所有的同名标签都有效，比如上例中<p>标签中的所有文字全部都是居中效果。如果只是想控制某个标签或指定网页中某一小段文字的显示风格，可以采用嵌入式样式表，嵌入式样式表这样写：

```
<head>
</head>
<body>
<p style="text-align: center">嵌入式样式表的写法</p>
```

上面的代码指定了"嵌入式样式表的写法"这一段文字在网页中居中显示，但是对其他的<p>标签内的文字无效。

10.4 外部样式表

一般情况下，选择外部样式表比较好。外部样式表有助于使网页打开速度更快，因为这时的网页只包含基本的 HTML 代码。此外，浏览器的高速缓存里会保存这个外部样式表文件，当访问者跳到使用同一个样式表的其他网页时，浏览器就不必再次下载样式表了，只要从高速缓存中把这个外部样式表调出来就可以了，可以节省网页打开的时间。

外部样式表本质是包含所有 CSS 规则的文本文件，它不包含任何 HTML 代码，以. css 作为文件扩展名，文件名建议选用能描述这个样式表的词，如 main. css。

问答

问：内部样式表和外部样式表能互相转换吗？

答：可以，把内部样式表中<style>和/style>之间的代码剪切，新建一个文本文件，将代码粘贴到该文件中，以.css为扩展名保存文件，就完成内部样式表向外部样式表的转换工作。同理反向操作，实现外部样式表向内部样式表转换。

共有两种方式来链接外部样式表：

1. 用 HTML 链接样式表

利用 HTML 中的<link>标签，把外部样式表链接到网页上，如：

```
<link rel="stylesheet" type="text/css" href="main.css" />
```


这里需要 3 个属性，rel="stylesheet"表示链接的类型是样式表，type="text/css"表示包含 CSS 的文本，href 指向外部样式表的位置。这一段代码必须放在<head>和</head>之间。

2. 用 CSS 链接样式表

使用 CSS 语言自身的@import 指令来链接样式表，如：

```
<style type="text/css">
@import url(main.css);
</style>
```

这里要注意路径使用的是 url，不是 href。

另外 url 中的引号可要可不要，如 url(main.css)或 url("main.css")都可以。

特别提醒

要把@import 行放在所有 CSS 规则之前。

问答

问：两种链接样式表的方式哪一种更好？

答：第一种方式更常用，因为在有些情况下，使用@import 会减缓样式表的下载速度。

10.5 创建 CSS 样式表

1. 使用 EditPlus 创建样式表

请观看配套素材中的视频教程。

2. 使用 Dreamweaver CS4 创建样式表

请观看配套素材中的视频教程。

本章知识体系

知识点	重要等级	难度等级
CSS 样式和样式表	★★	★★
选择器和声明块	★★★	★★
内部样式表	★★	★★
外部样式表	★★	★★

第11章

CSS选择器

准确而简洁地运用 CSS 选择器会达到非常好的效果。我们不必通篇给每一个元素定义类(class)或 ID,通过合适的组织,可以用最简单的方法实现同样的效果。

本章讲述 CSS 选择器的使用。

本 章 术 语

标签选择器______________________

类选择器______________________

ID 选择器______________________

群选择器______________________

选择器优先级______________________

每个 CSS 样式都包含两个基础部分：选择器和声明块(本书第 10 章讲述这部分内容)。当你学习 CSS 时,要学的第一个东西就是选择器(selector)。显然,选择器是 CSS 中最基础的部分,但是却很少有开发者能将他们物尽其用。当你使用 type、ID、class 等选择器来完成你的作品时,你可能还不知道除此之外还有很多很多关于它的东西要学。

熟练掌握 CSS2.1 中所有可用的选择器可以使我们的 HTML 文档更加简洁明了,可以使你最少量地使用 class 属性,尽量避免多余的<div>和<span>标签出现,等等。

那么为什么并不是所有的选择器都被得到广泛的应用呢？其中一个很重要的原因就是包括 Internet Explorer 6.0 在内的所有 IE 版本对 CSS 2.1 支持的缺陷造成的。令人欣慰的是,在 IE7.0 以后对选择器的支持得到了很大程度的提高。现在几乎所有的现代浏览器都在最大程度上支持 CSS 2.1 中规定的选择器。

11.1 标签选择器

顾名思义,标签选择器就是直接把 HTML 标签作为选择器。一个 HTML 页面由很多不同的标签组成,而标签选择器就是声明哪些 HTML 标签要采用哪种 CSS 样式。例如 P 选择器,就是用于声明网页中所有<p>标签的样式风格。如：

网页范例 p_select.html

```
<style type="text/css">
    p {
       color: red;
       font-size: 12px;
       text-align: center;
    }
</style>
</head>
<body>
<p>这是 p 标签选择器</p>
</body>
```


代码分析：CSS 代码声明了 HTML 页面中所有的<p>标记，文字的颜色都采用红色，大小都为 12px，文本内容居中。网页代码运行效果如图 11-1 所示。

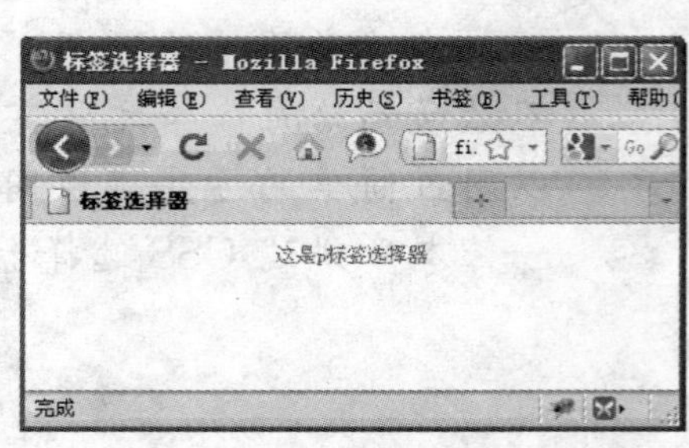

图 11-1

在 CSS 出现之前，为了格式化文本，不得不将文本包在<font>标签里面。如果要给网页上的每一个段落设置相同的外观，就不得不多次使用<font>标签，这个过程很费力，要写很多的 HTML 代码，而且使网页的打开速度很慢，更新起来那就更加费时了。建议现在不要使用<font>标签。

在网站的后期维护中，如果希望所有<p>标记不再采用红色，而是蓝色，这时仅仅需要将属性 color 的值修改为 blue，即可全部生效。

在 CSS 样式中很容易辨认出标签选择器，因为它们与要设置的 HTML 标签同名，如 p、img、table、h1 等。

当然标签选择器也有不足的地方，比如网页上有两段文字，都使用<p>标签，如果我们想让第一段文字为红色，第二段文字为蓝色，显然用上面的代码是无法实现的，因为这两段文字都使用了同一个<p>标签，这种情况我们可以使用类选择器。

11.2 类选择器

如果希望同一个标签在不同的位置显示不同的样式，可以使用类(class)选择器，将一段样式定义成一个类，在需要的位置调用，并且可以多次重复调用，从而增大样式的可利用性。

如果你对 Word 中的样式很熟悉，对于类选择器也一定不会感到陌生。

创建类选择器时，只要给它取个名字，然后在 HTML 标签上调用就行了，如将它命名为 .center，然后用语句 class="center"调用：

网页范例 class.html

```
<style type="text/css">
   .center {
      text-align: center;
   }
</style>
</head>
```

```
<body>
<h1 class="center">h1 标签中的文字居中显示</h1>
<p class="center">p 标签中的文字居中显示</p>
</body>
```

网页代码运行效果如图 11-2 所示。

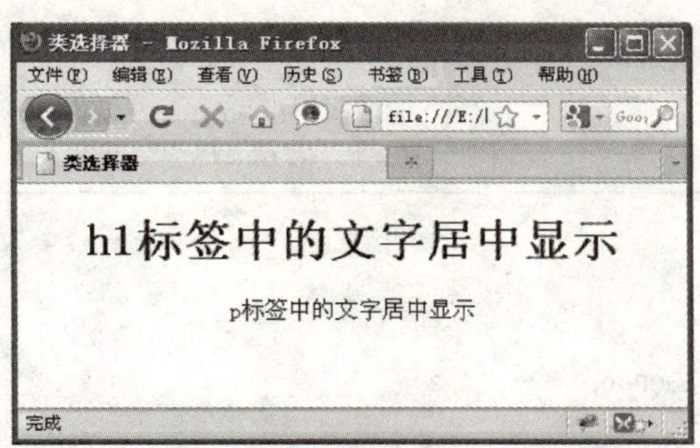

图 11-2

从上面的例子可以看到,不同的 HTML 标签可以重复调用类选择器,调用的方式是 class="类名"。

类选择器有几个规则,如下。

(1) 每个类选择器名称必须以一个英文的圆点开头。

(2) 类选择器的名称中只能使用字母、数字、连字符(-)和下划线(_)。

(3) 在圆点之后,名称始终必须以字母开头,如.8center 就不是一个有效的类名。

(4) 类名称区分大小写。

在标签选择器小节中提到的"如果我们想让第一段文字为红色,第二段文字为蓝色"这个问题,使用类选择器就能轻松解决了:

网页范例 class_color.html

```
<style type="text/css">
  .red {
     color: red;
  }
  .blue {
     color: blue;
  }
</style>
</head>
<body>
<p class="red">这一段文字是红色的</p>
<p class="blue">这一段文字是蓝色的</p>
</body>
```

特别提醒

如果想对一个标签中的某些单词使用类选择器,就要使用<span>标签了,关于<span>标签的用法,我们在下一章中讲解。

创建好类选择器后,可以只将它应用于网页中的任何标签。虽然类选择器提供了几乎无限的格式化可能,但是在用 CSS 设计网页布局时,它并不总是最恰当的工具,这时候就应该 ID

选择器登场了。

11.3 ID 选择器

ID 选择器用来识别网页的特殊部分，如横幅、导航栏、版权等。和类选择器一样，创建 ID 选择器时，也是在 CSS 中给它命名，然后在 HTML 标签中调用，调用的方式是 id＝"名称"，如：

网页范例 id.html

```
<style type="text/css">
    #banner {
        width: 468px;
        height: 60px;
        background: #cc0000;
    }
</style>
</head>
<body>
<p id="banner">这是网页的 banner</p>
</body>
```

类选择器名称前用小圆点表示，ID 选择器名称前用＃表示，另外，它也遵循与类选择器完全相同的命名规则。

代码分析：本例指定了网页横幅的宽度和高度及背景色，效果如图 11-3 所示。

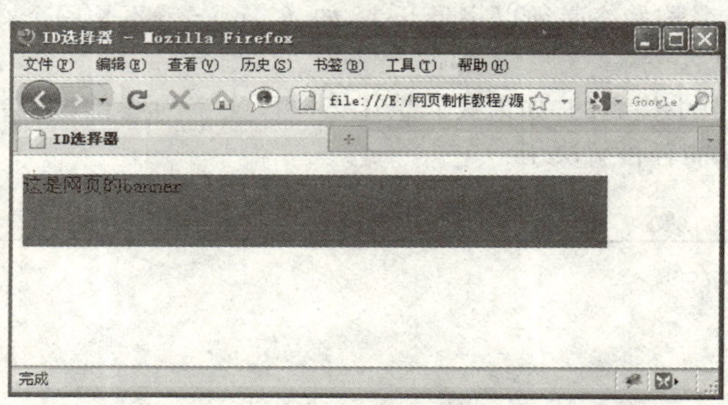

图 11-3

ID 选择器对基于 JavaScript 或者非常冗长的网页有特殊的用途，如何决定使用类选择器还是 ID 选择器？有以下几个小规则。

(1) 如果某一个样式在网页上多次使用，应该使用类选择器。

(2) ID 选择器用来识别网页上出现一次的部分，如横幅、版权、LOGO、网页布局、侧边栏、页脚等。

11.4 群选择器

在声明各种 CSS 选择器时，如果某些选择器的风格是完全相同的，或者部分相同，这时便可以利用集体声明的方法，将风格相同的 CSS 选择器同时声明，这就是群选择器。为了让多个选择器成为一个群，只要创建一个用逗号分隔的选择器列表就可以了。

网页范例 group.html

```
<style type="text/css">
    h1,p, .red, #banner {
        font-size: 16px;
    }
</style>
</head>
<body>
<h1>这是 h1 标签中的文字</h1>
<p>这是 p 选择器中的文字</p>
<p class="banner">这是类选择器中的文字</p>
<p id="banner">这是 id 选择器中的文字</p>
</body>
```

注意标签选择器、类选择器、ID 选择器的使用方式。群选择器效果如图 11-4 所示。

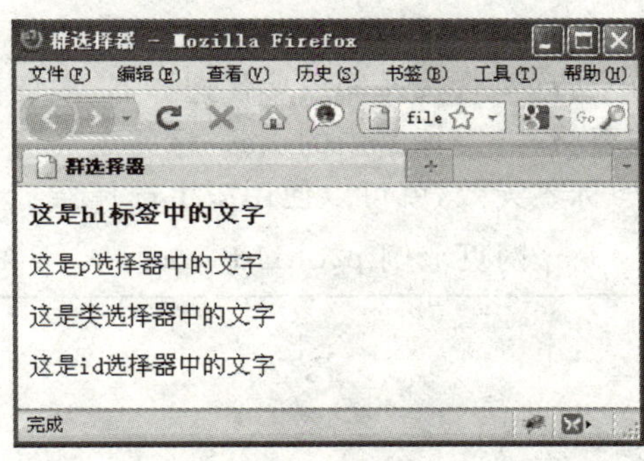

图 11-4

11.5 通配符选择器

通配符选择器，就是一个星号。别小看这个星号，功能很强大，一般用于对网页中所有标签初始化，不管有用的还是不用的，过时的还是先进的，如：

```
* {
    margin: 0;
    padding: 0;
    /* 将网页中所有标签的内外边距设置为 0 */
}
```

问答

问：为什么要使用通配符？

答：因为不同浏览器对于同样的 HTML 标签有不同的默认样式，有时候在不同的浏览器下总是出现很多莫名其妙的问题，使用通配符是为了让 HTML 标签初始化，将所有可能影响布局的默认样式统一起来。

通配符还可以大大减少代码量，例如，假设要让网页上的所有标签字体大小都为 12px，群选择器可能要像下面这样写：

```
a,p,img,h1,h2,h3,h4,h5,…{ font - size: 12px; }
```

这种情况可以使用通配符来减少代码量，如：

```
* { font - size: 12px; }
```

这段代码的效果和上面群选择器的效果完全相同。

标签选择器速度快，也很容易使用，它们会让同一个标签在网页的任何地方看起来都是一样效果。

类选择器和 ID 选择器具有单独给网页中的个别元素定义样式风格的灵活性，但使用 ID 选择器时，为了一个小小的 CSS 样式，也要花精力修改大量的 HTML 代码，我们需要一种能够把标签选择器的简便性和类及 ID 选择器的精确性结合起来，这就是派生选择器。

11.6 派生选择器

派生选择器在其他书籍中又称包含选择器或后代选择器，主要作用于网页中某个 HTML 标签的子标签。例如，我们需要将<p>标签中的<a>标签定义一个样式，而且使用这个样式时，对网页中其他位置的<a>标签无效，就可以使用派生选择器。

网页范例 p_child.html

```
<style type = "text/css">
  p a {
     font - size: 20px;
  }
  a {
     font - size: 12px;
  }
</style>
</head>
<body>
<p>这是 p 选择器中<a href = "#">a 标签</a></p>
<a href = "#">a 标签</a>
</body>
```

网页代码运行效果如图 11-5 所示。

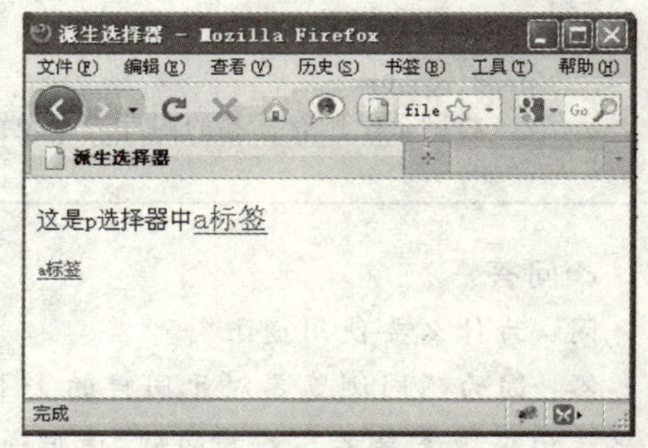

图 11-5

代码分析：<p>标签中的<a>标签字体大小是 20 像素，但处在网页其他位置的<a>标签字体大小是 12 像素不受影响。当然如果创建如. size 也可以实现同样的效果，但是那样做的话，就要编辑 HTML 代码了，即在<a>标签中添加" class = . size"。但是使用派生选择器则不需要添加任何 HTML 代码，只要创建样式表就行了。

派生选择器当然不是仅限于标签选择器，你也可以创建包含不同类型选择器的复杂选择器。

11.7 选择器的继承

就像自然界的遗传一样，孩子总会继承他们父母的某些特征，CSS 中的继承是指被包在内部的标签将拥有外部标签的样式性质。例如，<p>标签总是包含在<body>标签里面，那么应用在<body>标签上的属性会被<p>标签继承，假设<body>标签中设置字体颜色为红色，则<body>标签里面的标签(<p>、<h1>、<a>)中的文字也会变成红色。

另外，继承还会在多代之间传递，就像孙子也具有爷爷的某些特征一样，如果<strong>标签的位置处在<p>标签中，那么也会从<body>标签中继承属性。

继承并不只是针对 HTML 标签，对其他类型的选择器也有效。

网页范例 child.html

```
<style type="text/css">
  body {
   color: red;
}
</style>
</head>
<body>
<p>这是 p 选择器中的<strorg>strong 标签</strong></p>
</body>
```

网页代码运行效果如图 11-6 所示。

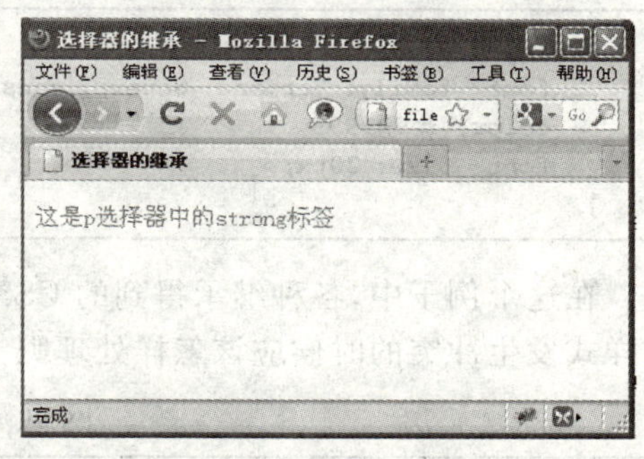

图 11-6

代码分析：可以看到整句话是红色的，在<body>标签中定义了文字颜色是红色，在<p>标签和<strong>标签中没有定义文字的颜色，但它们继承了<body>标签中的颜色属性。<p>标签是<body>标签的子标签，<strong>标签就是<body>标签的孙标签了。

继承也不是万能的，继承也有很多规则，应用的时候容易让人迷惑，有时候很多属性并不会传递给派生标签(我们这里套用一下派生选择器中的概念称为派生标签)，如 border(边框)属性就不会被继承。一般来说，影响网页元素位置的属性，或者页边距、背景颜色和元素的边框等，都不会被继承。

11.8 选择器的层叠

由上一小节的继承知识我们知道，<body>标签中设置了文字颜色，可以继承给<body>标签中的<p>标签。但是如果<p>标签也设置了文字颜色，假设<p>标签中又包含了<a>标签，那么<body>标签和<p>标签中的文字颜色都可以继承到<a>标签中，就发生了样式冲突，这就是 CSS 的层叠。

层叠就是决定浏览器如何处理同一个标签中应用的多个样式，以及当 CSS 属性发生冲突时如何处理。一般下列两种情况会发生样式冲突：一是从多个祖先处继承了同一种属性，二是当一个或多个样式作用于同一个元素的时候。请看范例代码：

网页范例 layer.html

```
<style type="text/css">
  body {
     font-family: Verdana, Geneva, sans-serif;
  }

  p {
     color: #999999;
  }

  strong {
     font-size: 20px;
}
</style>
</head>
<body>
<p>这是 p 选择器中的<strorg> strong 标签</strong></p>
</body>
```

代码分析：<body>标签应用了一种字体，<p>标签应用了一种颜色，<strong>标签应用了一种字号。<strong>标签嵌套在<p>标签中，<p>标签又处在<body>标签里面，于是<strong>标签就从它的两个祖先处得到继承，这个标签的最后显示效果就是这 3 种样式的组合，<strong>标签看起来应该是这样：

```
strong {
   font-family: Verdana, Geneva, sans-serif;
   color: #999999;
   font-size: 20px;
}
```

在这个例子中，各种继承得到的 CSS 属性顺利组合，产生一个综合样式，但是，当继承来的样式发生冲突的时候应该怎样处理呢？我们把上例修改一下：

网页范例 layer_1.html

```
<style type="text/css">
  body {
     color: #blue;
  }

  p {
     color: #red;
  }

  strong {
     font-size: 20px;
  }
</style>
</head>
<body>
<p>这是 p 选择器中的<strorg> strong 标签</strong></p>
</body>
```

代码分析：假设<body>标签和<p>标签都设置了颜色，那么<strong>标签中的文本会应用哪一种颜色呢？答案是：从<p>标签继承属性，颜色为红色。因为浏览器会采用"最近的样式优先"原则。

根据"最近的样式优先"原则，我们可以推断这样的结论，就是"直接应用的样式优先"原则。上例中如果<strong>标签也设定了颜色如"yellow"，则<strong>标签中的文本会使用"yellow"属性，从其他标签处继承得到的冲突属性统统失效。

11.9 选择器的优先级

如果多个样式应用到同一个标签上，浏览器应该采用哪个样式呢？

```
a { color: red;}
p a { color: blue;}
.info a { color: green;}
```

上面的代码中三个样式都设置了文本颜色，同时应用到<a>标签，假设 HTML 看起来像下面这样，<a>标签中的文本应该取哪个样式呢？

```
<p class = "info">我们的邮箱：<a href = "#">联系我们</a></p>
```

这就是选择器的优先级问题。CSS 提供了一个公式，根据赋给各种选择器的值来确定样式的权重，最后根据样式的权重值大小来决定采用哪种样式。计算如下：

一个标签选择器值 1 分；

一个类选择器值 10 分；

一个 ID 选择器值 100 分；

一个内部样式表值 1000 分；

一个伪类值 10 分。

特别提醒

派生选择器的权重值是上述所有选择器值的总和。

继承来的属性没有任何权重值。

我们重新计算一下权重值：

```
a { color: red;}          权重值：1
p a { color: blue;}       权重值：1 + 1 = 2
.info a { color: green;}  权重值：10 + 1 = 11
```

按照从大到小比较，哪个样式分值权重大就显示分值大的那个样式。如果权重值相同，那么浏览器会显示最后出现的样式。当然我们不必去计算每种选择器的权重值，就让浏览器去完成吧，最终以浏览器显示的效果为准。

特别提醒

如果想要确保某一个特定的属性不会被权重值更大的样式覆盖，只要在任何需要保护的属性后面插入!important，就可以避免它被权重值更大的属性覆盖。如：

```
a { color: red; !important}     权重值：1,但保持优先
.info a { color: green;}        权重值：10 + 1 = 11
```

11.10 伪类

CSS 提供了一些伪类和伪元素选择器，但大部分的伪类在 IE6 中得不到支持，我们这里只介绍与鼠标有关的几个伪类。与鼠标有关的伪类共有 4 个，分别对应鼠标的 4 种状态。

(1) a:link 是指网页中正常的、还没访问到的，鼠标也没有移到过或点击过的所有链接。

(2) a:visited 是指已经点击过的链接，可以设置成与第一种链接不同的颜色，提示用户已访问过这个链接了。

(3) a:hover 当用户的鼠标滑过这个链接时改变链接的展示效果。

(4) a:active 当用户点击链接时的效果，作用范围是按下鼠标却还没有的那短暂的十亿分之一秒。

特别提醒

伪类的顺序一般为：a:link、a:visited、a:hover、a:active，不能混乱。

我们在后面的章节将介绍如何利用伪类来设计链接。

另外，还有子选择器、同胞选择器、属性选择器等功能更加强大的选择器，因为在 IE6 及以下版本中不起作用，我们就不介绍了。

本章知识体系

知 识 点	重 要 等 级	难 度 等 级
标签选择器	★★★	★★★
类选择器	★★★	★★★
ID 选择器	★★★	★★★
群选择器	★★★	★★★
通配符选择器	★★★	★★★
派生选择器	★★★	★★★
选择器的继承	★★★	★★★
选择器的层叠	★★★	★★★
选择器的优先级	★★★	★★★
伪类	★★★	★★★

第12章

格式化文本

网站信息主要依赖文字来传递。CSS提供了很多格式化文本工具,可以用来设置字体、颜色、字号、行距等。

本章讲述使用CSS格式化文本的使用。

本 章 术 语

字体

文字颜色和大小

斜体和粗体

格式化字母

文本的修饰

行高

12.1 设置字体(font-family)

字体的处理在网页设计中无论怎么强调也不为过,毕竟网页是用来传递信息的,而最经典最直接的信息传递方式就是文字。

在HTML中是使用<font>标签的face属性,建议在网页设计时不要使用<font>标签,其实可以使用CSS中的font-family属性来设置字体。

在DW软件中,把CSS属性分为Type(类型)、Background(背景)、Block(区块)、Box(方框)、Border(边框)、List(列表)、Positioning(定位)、Extensions(扩展)8个部分。

字体部分对应的Type(类型)如图12-1所示。

特别提醒

本章讲解的关于文本的各种属性,请从上图中找到相应的关键字。

在网页设计时,你不能随心所欲地使用自己想要的字体,除非每个浏览你网站的人计算机中也安装了你使用的字体,否则网页显示效果对你来说是正常的,但是对访问者来说是一堆不能显示的乱码。

使用font-family属性可以一次定义多个字体,在浏览器读取字体时,会按照先后顺序来决定使用哪种字体。像这样:

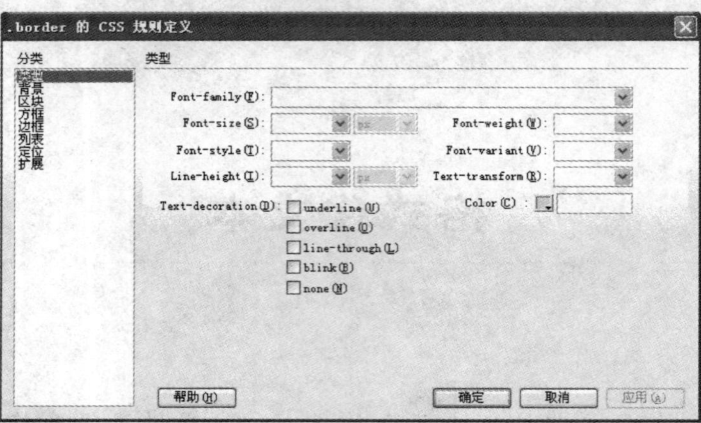

图 12-1

```
font-family: Arial,黑体,隶书,宋体;
```

代码分析：浏览器会先看看是否安装了 Arial 字体，如果安装了，就使用这种字体；如果没有安装，浏览器就会寻找“黑体”字体；如果还是没有找到，则自动读取第三种字体，依次类推，如果定义的所有字体都找不到，则选用计算机系统的默认字体。如果字体的名称中包含多个单词，则必须用双引号将它们括起来，如：

```
font-family: Arial,"Times New Roman",Times,serif;
```

中文和英文的最大区别就是中文是方块字，英文是拼音文字，这对字体的处理的影响是巨大的。如何选用字体呢？

字体的选用要考虑该文字的用途，是做标题呢，还是段落文字？

Sans-serif 字体看起来干净而简洁，所以经常用在英文标题上。Sans-serif 字体包括 Arial、Helvetica、Verdana 和 Formata。

serif 字体适合作为段落文字使用，例如 Time New Roman、Times、serif。

中文的宋体就相当于 serif 字体，黑体就相当于 Sans-serif 字体。

网页范例 css_font_family.html

```
<style type = "text/css">
  h2 {
   font - family: Verdana,Geneva,sans - serif,宋体;
  }

  p {
   font - family: 隶书,黑体;
  }
</style></head>
<body>
<h2>font - family 属性设置字体</h2>
<p>font - family 属性设置字体</p>
</body>
```

网页代码运行效果如图 12-2 所示。

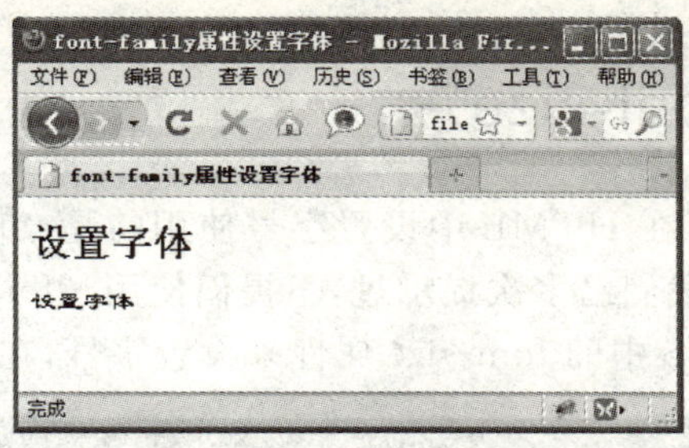

图　12-2

12.2　文字颜色(color)

给文字定义颜色是使用 color 属性，请从图 12-1 所示窗口中找到 color 关键字。语法：

```
color: #336699;
```

共有三种方法表示颜色值，本例是使用十六进制，如果每一组数中的两个数字相同，可以把这个十六进制的数字缩短为只有 3 个字符，如将 #336699 缩短为 #369。在 DW 软件中，默认是使用十六进制。

第二种表示颜色的方法是 RGB 表示法，R 代表 Red(红色)、G 代表 Green(绿色)、B 代表 Blue(蓝色)，这种颜色值由 3 个数组成，每个数各代表一种色调，用百分比或 0～255 之间的数字表示，如：

```
color: rgb(255,200,200);
```

第三种表示颜色的方法，是使用 HTML 颜色关键字，如：

```
color: red;
```

特别提醒

关于 HTML 颜色关键字一共有 17 种，在本书第 2 章有介绍。

建议使用 DW 软件中的颜色面板来调节，比较方便，如图 12-3 所示。

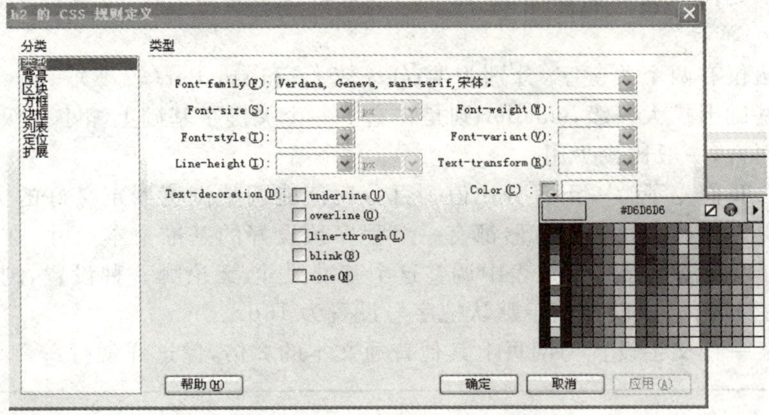

图　12-3

12.3 修改字号(font-size)

网页上的文字有大有小，在 HTML 中设置字号使用的是<font>标签中的 size 属性，字号大小只有 7 个级别。当然我们已多次提示过，不提倡使用<font>标签，但在 CSS 中字号的大小可以任意设置。使用 CSS 中的 font-size 属性来设置字号，在 DW 软件中如图 12-4 所示。

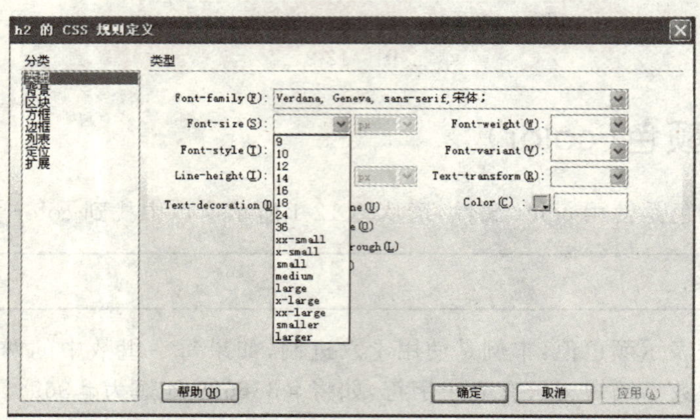

图 12-4

在 CSS 中设置字号有 3 种方法。

(1) 固定单位：pt(点)，px(像素)，in(英寸)，cm(厘米)，mm(毫米)。

(2) 关键字：xx-small(极小)，x-small(较小)，medium(标准大小)，large(大)，x-large(较大)，xx-large(极大)。

(3) 比例参数：百分比值，em。

第一种方法中是指文字大小不会随着显示器分辨率的变化而变化，也不会随着显示设备的不同而变化，建议使用这种方式中的 px(像素)单位，如：

```
font - size: 12px;
```

特别提醒

数字和单位之间不能有空格，在图 12-4 所示对话框中直接选择 12 就行了，DW 软件会自动添加 px(像素)单位。

第二种方法仅有两个关键字，分别为 larger(较大)和 smaller(较小)。larger 是指在它的上一个关键字基础上扩大一级，smaller 则是在它上一个关键字基础上缩小一级。这种方法只要针对浏览器而言，一般比较少用。

第三种方法我们先了解一下百分比值。百分比值能调整浏览器定义好的文本字号，而且比第二种方法更好控制。每个浏览器都有一个程序预设好的基准文本尺寸，在大部分浏览器上是 16px，你可以在浏览器的参数表中调整这个基准尺寸，无论哪一种设置，浏览器的基准文本尺寸默认就是 100%，也就相当于默认把字号设置为 16px。

如果要把某一行文字设置为网页上其他普通文本的 2 倍，像这样就行：

```
font - size: 200 %;
```

字号是一种可以继承的属性，如果发现网页上的有些文本看起来明显大了或小了，就要检查标签是不是从另一个标签处继承了字号。

至于第三种方法中的 em，和百分比的作用几乎完全相同，1em 的值就等于前面讲过的 100%，0.5em 就是 50%。范例代码：

网页范例 css_font_size.html

```
<style type = "text/css">
  #zh1 {
  font - size: 20px
  }

  #zh2 {
  font - size: 2em
  }

  #zh3 {
  font - size: x - large
  }
</style>
</head>
<body>
<p id = "zh1">设置字号使用像素</p>
<p id = "zh2">设置字号使用 em 比例参数</p>
<p id = "zh3">设置字号使用 x - large 关键字</p>
</body>
```

网页代码运行效果如图 12-5 所示。

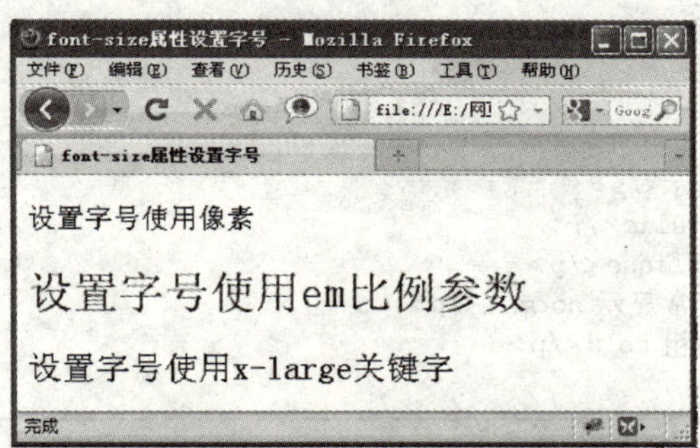

图　12-5

12.4　斜体和粗体(font-style)

HTML 中的<em>和<i>标签设置字体为斜体，在 CSS 中可以用 font-style 属性来控制；<strong>、<b>、<th>和<h1>标签里面的文本显示为粗体，在 CSS 中用 font-weight 属性来控制。font-style 属性的取值见表 12-1。

表 12-1　font-style 属性取值

属性的取值	说　明	属性的取值	说　明
normal	正常显示	oblique	比斜体倾斜角度更大
italic	斜体显示文字		

font-weight 属性可以设置字体为粗体，属性取值见表 12-2。

表 12-2 font-weight 属性取值

属性的取值	说　明
normal	正常粗细
bold	粗体
bolder	加粗体
lighter	细体，比正常字体细
number	9 个整百(100～900)，数字越大，字体越粗，但浏览器几乎不支持，基本上没有用

网页范例 css_font_style.html

```
<style type="text/css">
  #y1 {
    font-style: normal
  }
  #y2 {
    font-style: italic
  }
  #y3 {
    font-style: oblique
  }
  #y4 {
    font-weight: normal
  }
  #y5 {
    font-weight: bold
  }
</style>
</head>
<body>
<p id="y1">设置正常显示</p>
<p id="y2">设置斜体 italic</p>
<p id="y3">设置斜体 oblique</p>
<p id="y4">设置字体正常显示 normal</p>
<p id="y5">设置字体加粗 bold</p>
</body>
```

网页代码运行效果如图 12-6 所示。

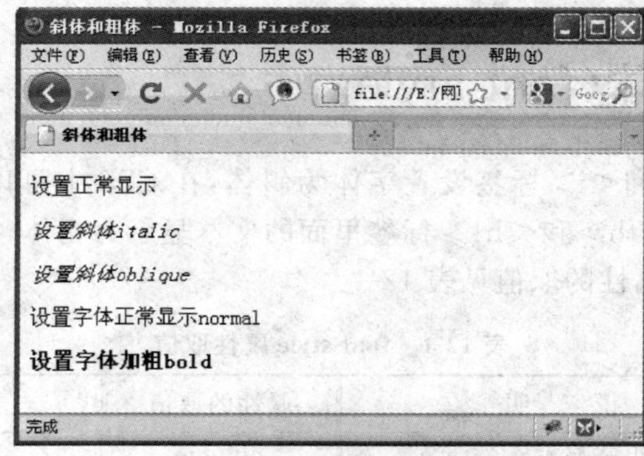

图　12-6

12.5 格式化字母(text-transform)

如果要使网页上的每一个标题都变成大写或小写,可以使用 CSS 中的 text-transform 属性,这个属性可以让文本全部大写或小写,甚至使每个单词的首字母大写。text-transform 属性的取值见表 12-3。

表 12-3 text-transform 属性取值

属性的取值	说　明	属性的取值	说　明
none	默认值,无转换发生	uppercase	字母全部大写
capitalize	首字母大写	lowercase	字母全部小写

如果要定义小型的大写字母,可以求助于 font-variant 属性,取值见表 12-4。

表 12-4 font-variant 属性取值

属性的取值	说　明	属性的取值	说　明
normal	正常	small-caps	定义小型的大写字母

上面这两个属性都可以继承,font-variant 属性对中文没什么作用。

网页范例 css_text_transform.html

```
<style type="text/css">
  #y1 {
   text-transform: capitalize          /*首字母大写*/
  }

  #y2 {
       text-transform:uppercase        /*字母全部大写*/
  }

  #y3 {
   text-transform: lowercase           /*字母全部小写*/
  }

#y4 {
font-variant:small-caps                /*小型大写字母*/
}
</style>
</head>
<body>
<p id="y1">this is css teach</p>
<p id="y2">this is css teach</p>
<p id="y3">this is css teach</p>
<p id="y4">this is css teach</p>
</body>
```

网页代码运行效果如图 12-7 所示。

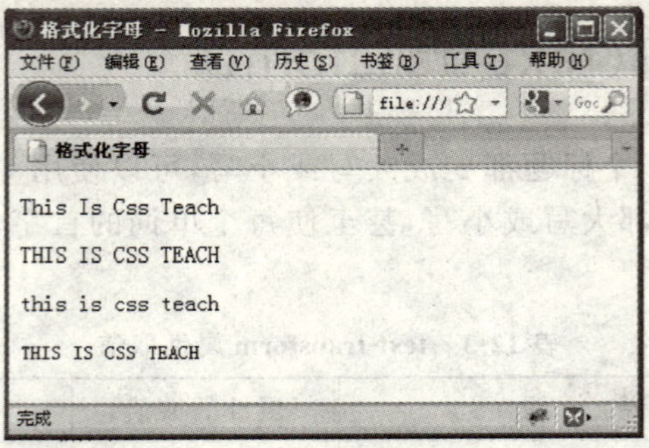

图 12-7

12.6 文本的修饰(text-decoration)

CSS 提供了文本修饰 text-decoration 属性,主要针对文字添加一些常用的属性,如设置下划线和删除线等。text-decoration 属性的取值见表 12-5。

表 12-5 text-decoration 属性取值

属性的取值	说明	属性的取值	说明
none	正常显示,不显示划线	line-through	定义直线穿过文本,也叫删除线
underline	定义有下划线的文本	blink	定义闪烁的文本,大多数浏览器做不到
overline	定义有上划线的文本		

网页范例 css_text_decoration.html

```
<style type="text/css">
  #y1 {
    text-decoration: none             /*无下划线*/
  }

  #y2 {
    text-decoration: underline        /*有下划线*/
  }

  #y3 {
    text-decoration: overline         /*有上划线*/
  }

  #y4 {
    text-decoration: line-through /*删除线*/
  }
</style>
</head>
<body>
<p><a href="#" id="y1">超级链接没有下划线</a></p>
<p id="y2">有下划线的效果</p>
<p id="y3">有上划线的效果</p>
<p id="y4">删除线效果</p>
</body>
```

代码分析：任何浏览网页的人，都会本能地把所有带下划线的文本与链接对应起来，并试图去点击它，所以不要给不是链接的文本加下划线。

line-through 属性是给文本中间添加一条线，在购物类的网站用得比较多，原价是多少，加上这种效果，现价多少，让网购的网友明白可以节约多少钱。

none 这个属性最常用的地方就是删除链接的下划线。

网页代码运行效果如图 12-8 所示。

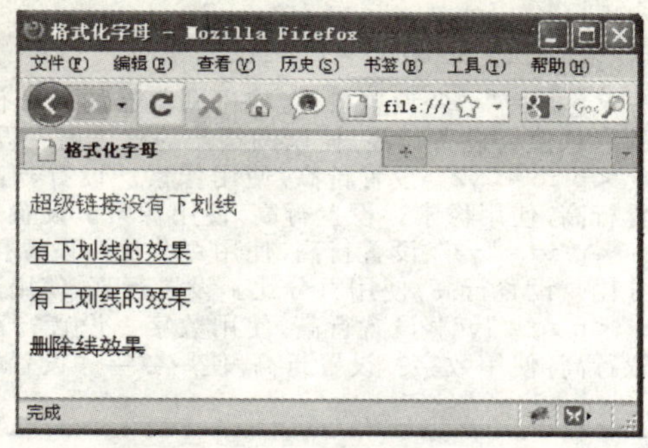

图 12-8

12.7 调整行高(line-height)

CSS 中利用 line-height 属性调整文本行之间的距离，行高越大，每个文本行之间的距离就会显得越大，默认值是 120%。可以使用像素(px)、em 或百分比来设定行高。

一般用百分比和 em 比用像素要更好一些，因为如果设定行高为 10px，当 font-size 属性调整使字号变大一些，则行与行之间会发生重叠，但使用百分比值时，line-height 也会随之调整。

假设字号是 12px，行高(设置为 150%)是 18px，两者之差是 6px，浏览器会在每一行之间显示 6px 的间距。

行高还有一种表示方法，即只使用一个数字，像这样：

```
line-height: 1.5;
```

这个值后面没有单位，浏览器会将这个值与字号相乘来确定行高。所以，如果文本是 2em，则行高值是 3em。

网页范例 css_line_height.html

```
<style type="text/css">
  #y1 {
    font-size: 12px; line-height:normal;
    /*行高使用浏览器默认值*/
  }

  #y2 {
    font-size: 12px; line-height:20px;
     /*定义行高为 20 像素*/
  }

  #y3 {
    font-size: 12px; line-height:150%;
    /*字号为 12 像素,定义行高为 150%,即 18 像素*/
  }

  #y4 {
    font-size: 12px; line-height:2;
    /*字号为 12 像素,定义行高为 2,即 24 像素*/
  }
</style>
```

```
</head>
<body>
<p id="y1">设置行高,使用浏览器的默认值。设置行高,使用浏览器的默认值。设置行高,使用浏览器的默认值。设置行高,使用浏览器的默认值。设置行高,使用浏览器的默认值。</p>
<p id="y2">设置行高,使用像素。设置行高,使用像素。设置行高,使用像素。设置行高,使用像素。设置行高,使用像素。设置行高,使用像素。设置行高,使用像素。</p>
<p id="y3">设置行高,使用百分比。设置行高,使用百分比。设置行高,使用百分比。设置行高,使用百分比。设置行高,使用百分比。设置行高,使用百分比。设置行高,使用百分比。</p>
<p id="y4">设置行高,使用数字。设置行高,使用数字。设置行高,使用数字。设置行高,使用数字。设置行高,使用数字。设置行高,使用数字。设置行高,使用数字。</p>
</body>
```


网页代码运行效果如图 12-9 所示。

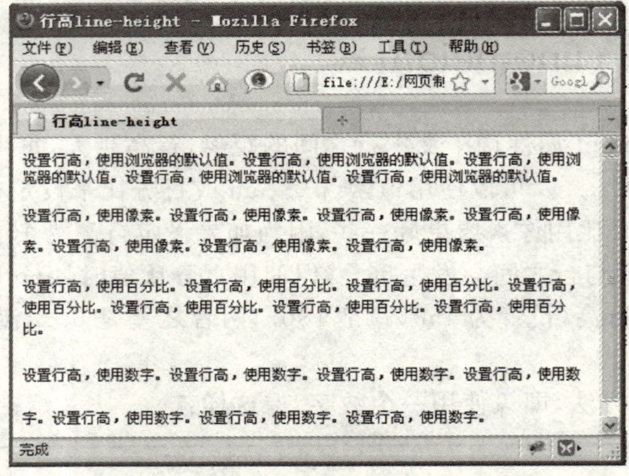

图 12-9

12.8 综合设置字体属性(font)

font 简写属性用于在一个声明中设置针对一个字体的所有属性。包括字体大小、风格、加粗、字体名称及字体变体等,取值见表 12-6。

表 12-6 font 属性取值

属性的取值	说 明	属性的取值	说 明
font-style	字体样式	font-size	字体大小
font-variant	小型大写字母	line-height	行高
font-weight	字体加粗	font-family	字体名称

如不需要其他属性,font 一定要写字体大小和字体名称才能起作用,其他属性可不写。

网页范例 css_font.html

```
<style type="text/css">
  #y1 {
    font:italic small-caps bold 20px/10px 黑体;
}
</style>
</head>
<body>
```

```
<p id="y1">设置字体的属性</p>
</body>
```

网页代码运行效果如图 12-10 所示。

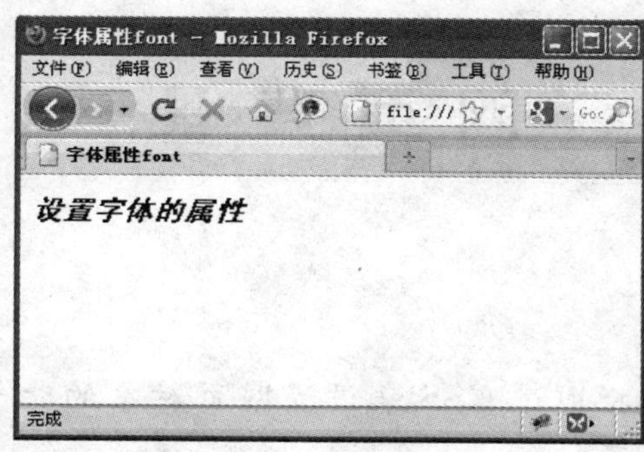

图　12-10

至此，图 12-1 中所示的所有属性已介绍完毕。

本章知识体系

知　识　点	重 要 等 级	难 度 等 级
字体	★★★	★★
文字颜色	★★★	★★
字号	★★★	★★
斜体和粗体	★★★	★★
格式化字母	★★★	★★
文本的修饰	★★★	★★
行高	★★★	★★

第13章

网页背景

网页背景是指通过 CSS 来设置网页对象的背景属性，如背景颜色和背景图片等。

本章讲述使用 CSS 设置网页背景的方法。

本章术语

背景颜色________________

背景图片________________

背景图片重复方式________________

背景图片位置________________

背景附件________________

网页背景在 CSS 中是用 CSS 背景(background)来设置。background 共有 5 种属性，下面结合 DW 软件分别讲述这五种属性。

13.1 背景颜色(background-color)

在 HTML 中设置网页的背景颜色使用 bgcolor 属性，在 CSS 中是使用 background-color 属性来设置网页背景颜色，当然这个属性也可以设置文字背景颜色。在 DW 软件中背景颜色的属性面板如图 13-1 所示。

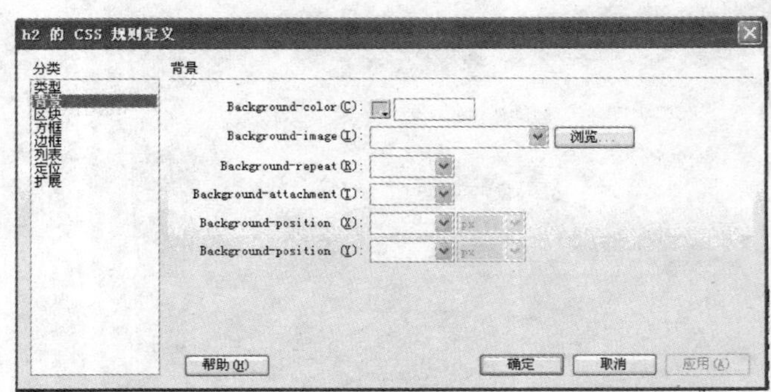

图 13-1

background-color 属性共有两个值，一个是 color，就是上一章中的文字颜色属性，如果忘记了请复习前一章中关于 color 的内容；第二个是 transparent，表示透明，是 background-color 属性的初始值。

请看网页范例，注意比较 HTML 和 CSS 中设置背景颜色的方法：

网页范例 css_background_color.html

```
<style type="text/css">
  .bg {
    background-color: #99cc00
  }
</style>
</head>
<body>
<table width="330px">
  <tr bgcolor="#FF0000">
      <td>HTML 中用 bgcolor 设置背景颜色</td>
</tr>
  <tr class="bg">
      <td>CSS 中使用 background-color 设置背景颜色</td>
</tr>
</table>
</body>
```

网页代码运行效果如图 13-2 所示。

图 13-2

13.2 背景图片（background-image）

在 HTML 中设置网页的背景图片和设置表格的背景图片都是使用 background 属性，在 CSS 中是使用 background-image 属性来设置背景图片，而且 CSS 在这方面能够做得更好。把图片放到网页的背景中，可以这样写：

```
body {
  background-image: url(images/c.gif);
}
```

上面代码用了关键字 url，图片的路径放在括号中，图片路径既可以使用绝对路径（如 http://www.csszengarden.com/001/cr2.gif）也可以使用相对路径，像这样：

```
url(../images/c.gif)        /*相对于网页文档的路径*/
url(/images/c.gif)          /*相对于网目录根目录的路径*/
```

特别提醒

如果对相对路径不是很熟练的读者，建议在DW软件中(图13-1)设置比较方便。

路径中的引号可有可无，下面3行代码都是正确的：

background-image: url(001.jpg);

background-image: url("001.jpg")

background-image: url('001.jpg')

网页范例 css_background_image.html

```
<style type = "text/css">
  .bg {
    background - image: url(001.jpg);
    font - size: 20px;
  }
</style>
</head>
<body>
<table width = "330px" height = "80px">
 <tr class = "bg">
<td>使用 background - image 设置背景图片</td>
</tr>
</table>
</body>
```

效果如图13-3所示。

图　13-3

在HTML中使用background属性会有一个问题：图片总是平铺，填满网页的整个背景。(这个属性被最新的HTML标准淘汰了)在CSS中可以提供强大的背景图片控制功能，就是background-repeat属性。

13.3　背景图片重复方式(background-repeat)

利用background-repeat属性可以指定图片的平铺方式，取值见表13-1。

表13-1　background-repeat 属性取值说明

属性的取值	说　明
no-repeat	只显示图片一次，不平铺或重复
repeat-x	水平方向平铺图片
repeat-y	垂直方向平铺图片
repeat	是默认值，将背景图片从左到右、从上到下平铺，直到整个空间都被图片填满为止

将 background-image 属性和 background-repeat 属性结合使用，可以方便地控制背景图片的平铺方式。

网页范例 css_background_repeat.html

```
<style type="text/css">
  .bg1 {
    background-image: url(002.jpg);
    background-repeat:no-repeat;
    font-size: 20px;
  }
  .bg2 {
    background-image: url(002.jpg);
    background-repeat:repeat-x;
    font-size: 20px;
  }
  .bg3 {
    background-image: url(002.jpg);
    background-repeat: repeat-y;
    font-size: 20px;
  }
</style>
</head>
<body>
<table width="330px" height="360px" border="1">
  <tr class="bg1"><td>设置背景图片不重复</td></tr>
  <tr class="bg2"><td>设置背景图片水平方向平铺</td></tr>
  <tr class="bg3"><td>设置背景图片垂直方向平铺</td></tr>
</table>
</body>
```

网页代码运行效果如图 13-4 所示。

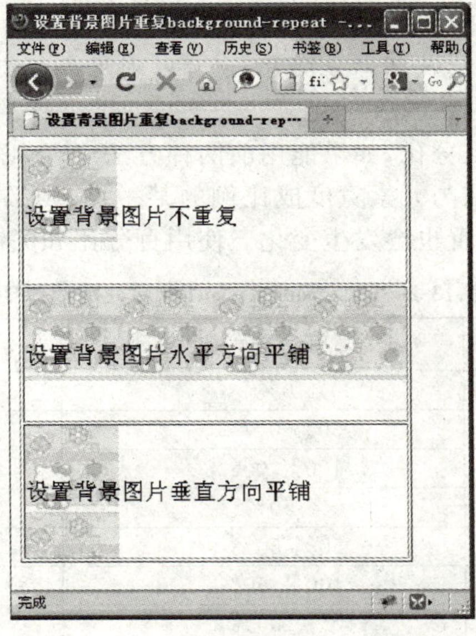

图 13-4

13.4 背景图片位置(background-position)

平铺背景图片还不能精确地控制图片的位置，在CSS中可以使用定位背景图片的属性background-position达到精确控制背景图片位置的目的。可以通过3种不同的方法来设定图片在水平方向和垂直方向的起点，分别是关键字、精确值和百分比。

关键字有两组选项，一组是用来控制水平方向的3种定位：left(左)、right(右)、center(居中)；另一组控制垂直方向的3种定位：top(顶端)、center(居中)、bottom(底端)。水平方向和垂直方向的关键字可以任意搭配。如要把图片放在网页的正中央，可以创建这样一个样式：

```
body {
  background - image: url(002.jpg);
  background - repeat: no - repeat;
  background - position: center center;
}
```

如果要移到左上角，可以这样写：

```
background - position: left top;
```

第二种设置方法是精确值，可以使用像素值来定位背景图片。这里要使用两个值，第一个值是控制水平方向的位置，第二个值是控制垂直方向的位置，如：

```
background - position: 20px 50px;
```

说明图片的左侧与网页左侧距离20px，图片顶边与网页顶边相距50px。

特别提醒

不能使用像素值来设定距网页底边或右边的距离，但可以利用负数值把图片移出右边或移出顶边，从而在网页视图中隐藏那部分图片，也可以利用负数值来露出图片的某一部分或去除图片中的多余空白区。

第三种设置方法是使用百分比，如果能用前两种方法实现你想要的效果，建议就不要使用百分比。如果要把图片定位在与元素宽度成比例的某一点，则必须要使用百分比。当网友改变了浏览器宽度时，图片的位置也会发生变化。使用百分比和关键字的相对应关系见表13-2。

表13-2 background-position属性取值说明

关 键 字	百 分 比	说 明
top left	0% 0%	顶部左边位置
top center	50% 0%	顶部居中位置
top right	100% 0%	顶部右边位置
left center	0% 50%	左边居中位置
center center	50% 50%	正中位置
right center	100% 50%	右边居中位置
bottom left	0% 100%	底部左边位置
bottom center	50% 100%	底部居中位置
bottom right	100% 100%	底部右边位置

特别提醒

百分比或像素值都不能与关键字混合使用，像 right 30px 就不行，因为有些浏览器不能解析这种组合。

网页范例 css_ background_position.html

```
<style type = "text/css">
  .bg1 {
    background - image: url(002.jpg);
    background - repeat:no - repeat;
    background - position: 30px 10px;
    /*图片距左边 30 像素,距顶部 10 像素*/
    font - size: 20px;
  }
  .bg2 {
    background - image: url(002.jpg);
    background - repeat: no - repeat;
    background - position: 50% 50%;        /*图片居中*/
    font - size: 20px;
  }
  .bg3 {
    background - image: url(002.jpg);
    background - repeat: no - repeat;
    background - position: bottom right;    /*图片在右边底部*/
    font - size: 20px;
  }
</style>
</head>
<body>
<table width = "330px" height = "360px" border = "1">
  <tr class = "bg1"><td>使用精确值定准背景图片</td></tr>
  <tr class = "bg2"><td>使用百分比设置背景图片</td></tr>
  <tr class = "bg3"><td>使用关键字设置背景图片</td></tr>
</table>
</body>
```

网页代码运行效果如图 13-5 所示。

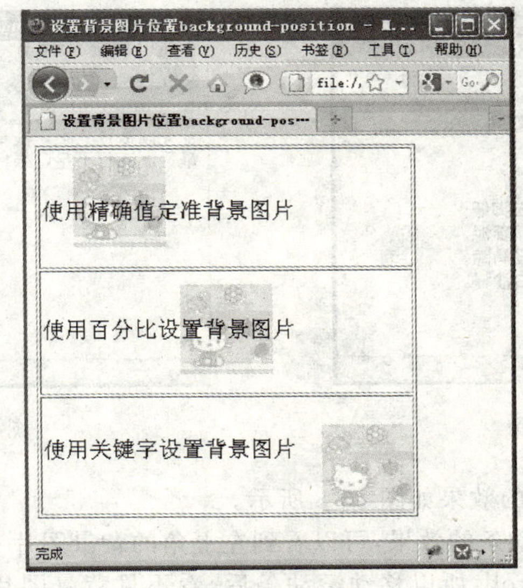

图 13-5

13.5 背景附件(background-attachment)

当网页有背景图片时,如果网页显示的内容比较多,在浏览器的右边会有滚动条出现,拖动滚动条向下移动查看更多网页内容时,背景图片也会随之移动。

如果在网页的顶部放置了网站的标志 logo 图片,当然希望 logo 图片固定在网页的左上角,并确保当网页内容滚动时它也能保持在那个位置不变。可以使用背景附件属性 background-attachment 实现这个效果。这个属性有两个选项:scroll 和 fixed。

scroll 是浏览器的默认值,表示背景图片会随着滚动条移动而移动,fixed 表示把图片固定在网页背景中的某个位置,不随着滚动条的移动而移动。

网页范例 css_ background_attachment.html

```
<style type = "text/css" media = "all">
body {
    background - image:url(002.jpg);
background - attachment:scroll;          /* 背景图片随着滚动条移动而移动 */
    background - repeat: no - repeat;
    height:1000px;                      /* 人为增加网页高度,出现滚动条 */
}
p {
    font - size: 18px;                  /* 设置 p 标签中的文字大小 */
}
</style>
</head>
<body>
<p>钱塘湖春行<br />[唐]白居易<br /> 孤山寺北贾亭西,水面初平云脚低。<br />几处早莺争暖树,谁家新燕啄春泥。<br />乱花渐欲迷人眼,浅草才能没马蹄。<br />最爱湖东行不足,绿杨阴里白沙堤。</p>
</body>
```

网页代码运行效果如图 13-6 所示。

移动滚动条后的效果如图 13-7 所示。

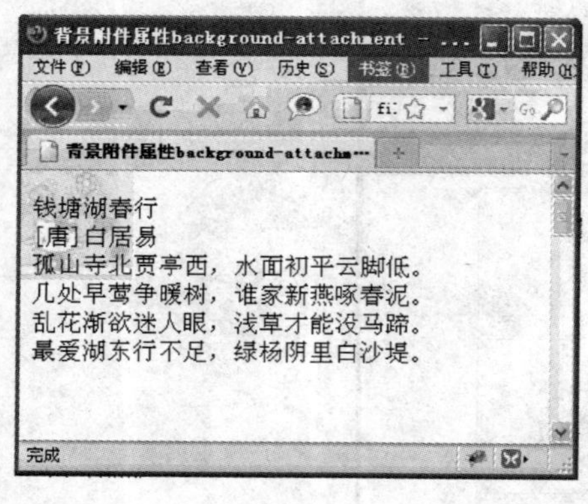

图 13-6

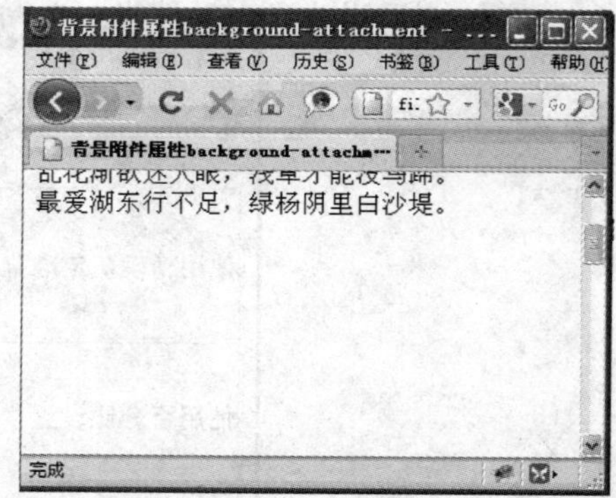

图 13-7

设置属性值为 fixed 后的效果如图 13-8 所示。

图 13-6 是没有移动滚动条的效果,可以看到左上角的背景图片;图 13-7 是移动滚动条的效果,因为属性值设定为 scroll,所以移动滚动条后,看不见背景图片了;图 13-8 是把属性值

设定为 fixed 后的效果，背景图片不随着滚动条的移动而移动。

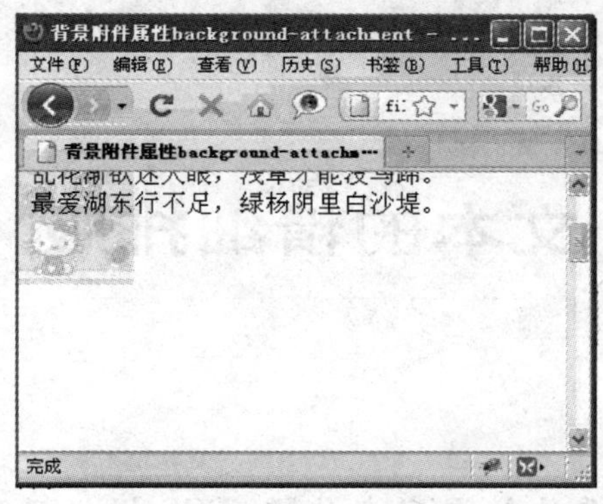

图　13-8

13.6　组合设置背景属性（background）

从前面几节的例子知道，背景属性分为 5 个部分，如果要控制背景图片，要一遍又一遍地输入相关代码，其实更简便的方法是把所有 background 属性合并成一行 CSS 代码。像这样：

```
body {
  background: #fff url(002.jpg) scroll center center no-repeat;
}
```

代码分析：分别输入了 background-color、background-image、background-attachmnet、background-position 和 background-repeat 共 5 个属性，当然你也可以不用全部设置这些属性，只利用其中的一部分，被省略的属性将采用默认值。像这样：

```
body {
  background: url(002.jpg) left right repeat;
}
```

本章知识体系

知　识　点	重 要 等 级	难 度 等 级
背景颜色	★★★	★★
背景图片	★★★	★★
背景图片重复方式	★★★	★★
背景图片位置	★★★	★★
背景附件	★★★	★★

第14章

文本的精细排版

网站信息主要依赖文字来传递,CSS提供了很多更高级的格式化文本工具,可以用来设置字符间距、单词间距、文字修饰、文本排列等。

本章讲述文本的精细排版。

本 章 术 语

单词间距

字符间距

垂直对齐

文本对齐

段落缩进

空白与显示

在DW软件中,文本精细排版的属性面板如图14-1所示。

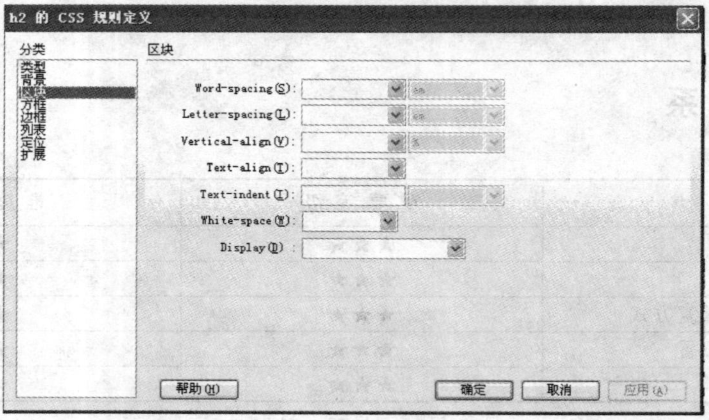

图 14-1

下面分别介绍上图中所示的各种属性。

14.1 调整单词间距(word-spacing)

在 CSS 中用 word-spacing 属性扩大或消除单词与单词之间的距离,此属性可以使间距变得更宽或更窄,而且对单词本身没有影响。使用的长度单位包括所有的度量单位:像素(px)、em、百分比等,正值或负值都行,当然如果负值太大,单词就会发生重叠。

14.2 调整字符间距(letter-spacing)

字符间距 letter-spacing 用来控制字母之间的距离,负值是减少字母之间的距离,正数的值就是增加字母间的距离。

上面这两个属性都有默认值为 normal,也相当于是零值。

网页范例 css_letter.html

```
<style type="text/css">
  #y1 {
   letter-spacing: 10px;          /* 字母之间的距离 10 像素 */
  }
  #y2 {
   word-spacing: 10px;            /* 单词之间的距离 10 像素 */
  }
</style>
</head>
<body>
<p id="y1"> this is css teach.</p>
<p id="y1">字母之间距离 10 像素</p>
<p id="y2"> this is css teach.</p>
<p id="y2">单词之间的距离 10 像素</p>
</body>
```

网页代码运行效果如图 14-2 所示。

从图 14-2 中第一和第二行效果可以了解,应用 letter-spacing 属性后,每一个中文文字以及英文字母之间,都被隔开了所设置的距离 10 像素。

第三行是应用 word-spacing 属性后,英文单词的间距变成 10 像素,但第四行好像没有变化,word-spacing 属性对中文无效,或许是因为中文没有单词这一概念的文字形式。假如是对中文字距进行调整,我们只能用 letter-spacing 属性进行设置。

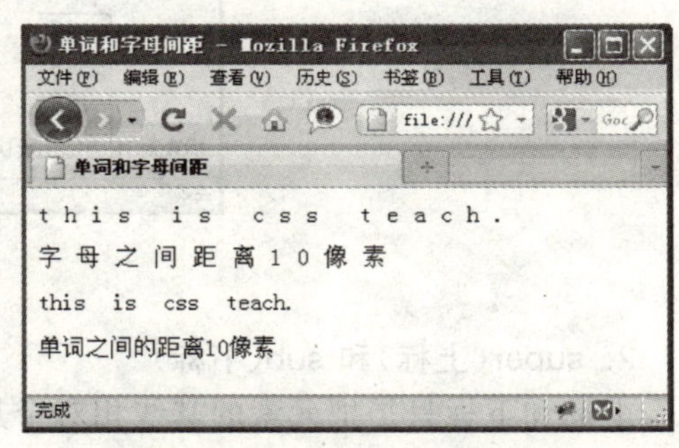

图 14-2

14.3 垂直对齐(vertical-align)

设置元素的垂直对齐使用 vertical-align 属性,这个属性只对内联标签有效,对块级标签没有效果。属性取值可以参考表 14-1。

问答

问:什么是内联标签和块级标签?

答:我们将在第十六章详细介绍内联标签和块级标签,常见的内联标签如<img>、表单中的输入框、单选按钮、文本区域等。

表 14-1　垂直对齐 vertical-align 属性取值

属性的取值	说　明	属性的取值	说　明
baseline	将对象的内容与基线对齐，是默认值	middle	将对象的内容与对象中部对齐
sub	垂直对齐文本的下标	bottom	将对象的内容与对象底端对齐
super	垂直对齐文本的上标	text-bottom	将对象的文本与对象底端对齐
top	将对象的内容与对象顶端对齐	数值	像素或百分比
text-top	将对象的文本与对象顶端对齐		

1. baseline（基线）

使元素的基线同父元素的基线对齐，最常见的情况是图文混排，图片会和文字以文字基线为准对齐。

网页范例 css_baseline.html

```
<style type="text/css">
  img {
    vertical-align:baseline;          /*垂直对齐默认方式,基线对齐*/
  }
</style>
</head>
<body>
<p>垂直对齐<img src="001.gif" />默认方式--基线对齐</p>
</body>
```

网页代码运行效果如图 14-3 所示。

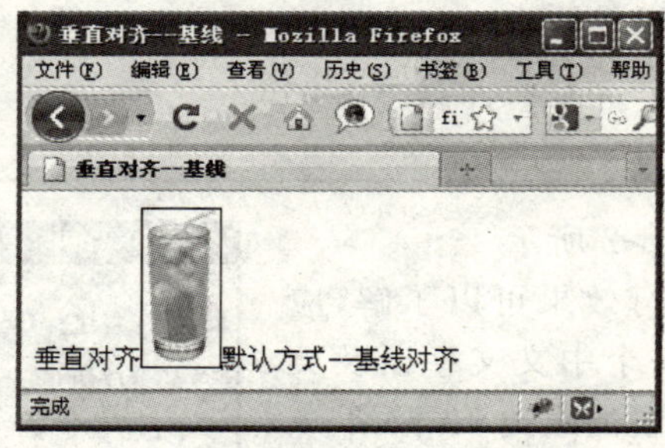

图　14-3

2. super（上标）和 sub（下标）

上标和下标只是把元素的基线相对于其父基线升高或降低，文字大小本身不会改变，和段落中的文字大小保持一致。

网页范例 css_super_sub.html

```
<style type="text/css">
  .v1 {
    vertical-align: super;            /*上标*/
  }

  .v2 {
    vertical-align:sub;               /*下标*/
  }
</style>
</head>
```

```
<body>
<p>CSS 中的<span class="v1">垂直对齐</span>属性上标</p>
<p>CSS 中的<span class="v2">垂直对齐</span>属性下标</p>
</body>
```

网页代码运行效果如图 14-4 所示。

3. text-top(文本行顶端)和 text-bottom(文本行底端)

这两个属性分别对应文本行的顶端和底端。

网页范例 css_text.html

```
  <style type="text/css">
    .img1 {
      vertical-align: text-top;          /*垂直对齐文本行的顶端*/
    }
    .img2 {
      vertical-align: text-bottom;       /*垂直对齐文本行的底端*/
    }
  </style>
  </head>
  <body>
<p>垂直对齐属性<img src="001.gif" class="img1" />文本行的顶端</p>
<p>垂直对齐属性<img src="001.gif" class="img2" />文本行的底端</p>
</body>
```

网页代码运行效果如图 14-5 所示。

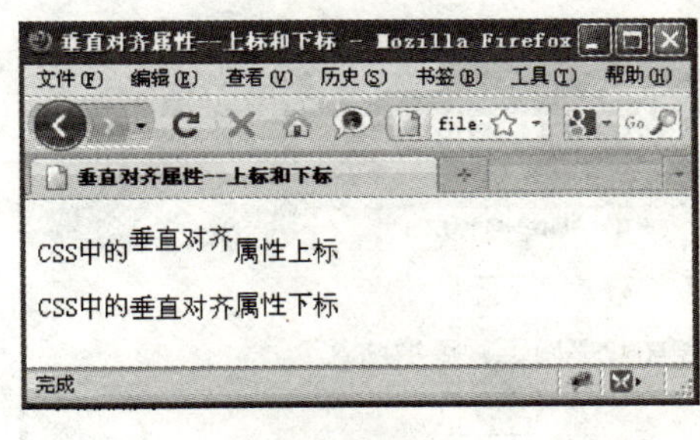

图 14-4

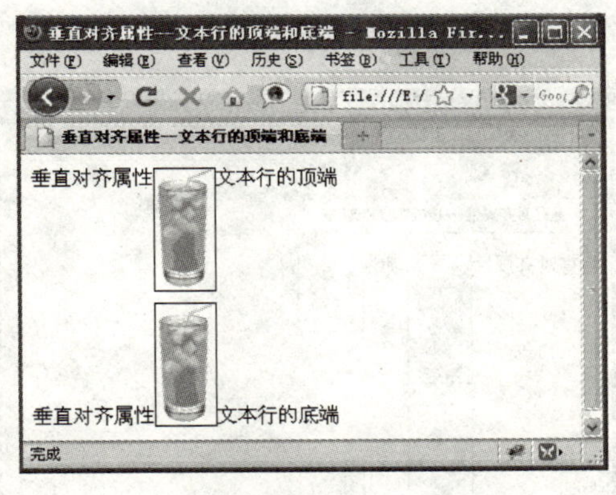

图 14-5

4. top(顶端)和 bottom(底端)

top 和 bottom 类似于 text-top 和 text-bottom，但是他们不受文字的限制，依赖于所在行的所有东西(比如另外一张图片)。因此如果一行有两张图片，不同的高度，而且都要比所在行的文字大，它们的顶端(或者底端)就会对齐，而不理会文字的大小。

网页范例 css_vertical_align.html

```
<style type="text/css">
  .img1 {
    vertical-align: top;        /*垂直对齐属性顶端对齐*/
  }

  .img2 {
```

```
        vertical - align: bottom;    /* 垂直对齐属性底端对齐 */
    }
  </style>
  </head>
  <body>
  <p>垂直对齐属性<img src="001.gif" class="img1" />顶端<img src="002.gif" class="img1"
/>对齐</p>
  <p>垂直对齐属性<img src="001.gif" class="img2" />底端<img src="002.gif" class="img2"
/>对齐</p>
  </body>
```

网页代码运行效果如图 14-6 所示。

5. middle(居中对齐)

middle 比较适合于图像,刚好是图像的一半高度。

网页范例 css_middle.html

```
<style type="text/css">
  .img1 {
    vertical - align: middle; /* 垂直对齐属性居中对齐 */
  }
</style>
</head>
<body>
<p>垂直对齐属性<img src="001.gif" class="img1" />居中对齐</p>
</body>
```

网页代码运行效果如图 14-7 所示。

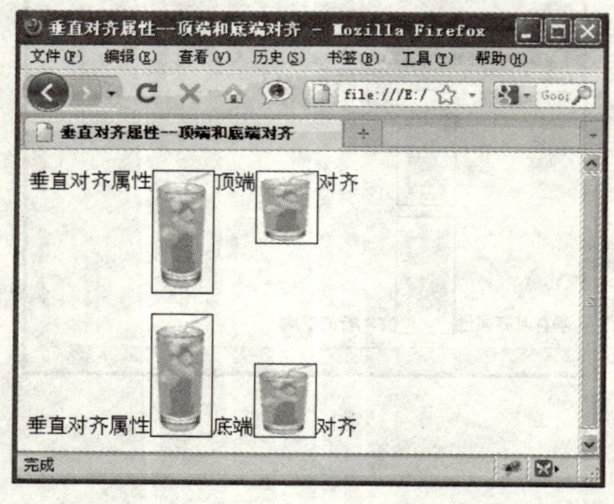

图 14-6

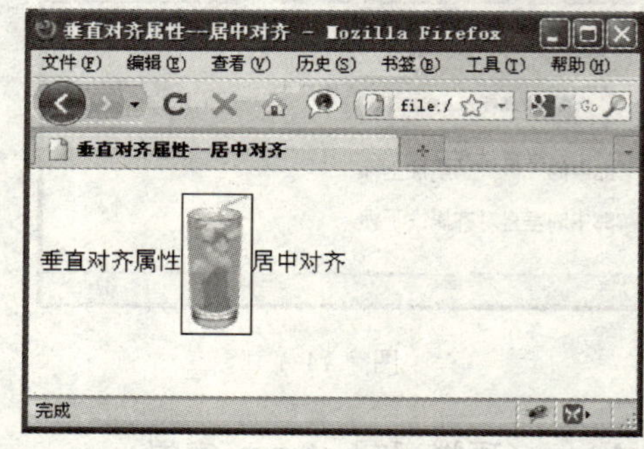

图 14-7

特别提醒

当给表格应用 vertical-align 时,是靠顶部、底部还是居中对齐要看运气。没有一个值是能够解释得通的,不同的浏览器有不可预料的结果。

14.4 文本对齐方式(text-align)

text-align 属性可以让文本靠左或靠右显示,或者两端对齐。其功能类似于 Word 工具中的段落对齐方式。属性取值见表 14-2。

表 14-2　text-align 属性取值

属性的取值	说　明	属性的取值	说　明
left	左对齐	right	右对齐
center	居中对齐	justify	两端对齐

网页范例 css_text_align.html

```
<style type="text/css">
  .p1 {
    text-align: left;          /* 左对齐 */
    font-size: 18px;
  }
  .p2 {
    text-align: center;        /* 居中对齐 */
    font-size: 18px;
  }
  .p3 {
    text-align: right;         /* 右对齐 */
    font-size: 18px;
  }
  .p4 {
    text-align: justify;       /* 两端对齐 */
    font-size: 18px;
  }
</style>
</head>
<body>
<p class="p1">这段文字是左对齐方式</p>
<p class="p2">这段文字是居中对齐方式</p>
<p class="p3">这段文字是右对齐方式</p>
<p class="p4">这段文字是两端对齐方式</p>
```

效果如图 14-8 所示。

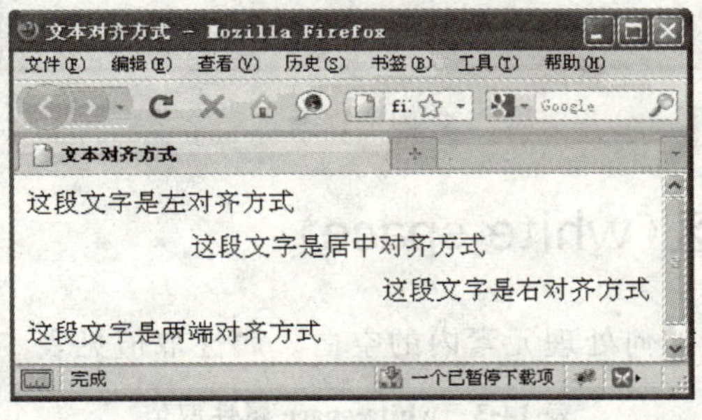

图　14-8

14.5　段落缩进（text-indent）

text-indent 段落缩进属性用来控制网页中的段落首行缩进，用 px（像素）和 em 值来设定首行的缩进量。

像素值是一种绝对的度量值，em 值则只是设定要缩进的字符数。也可以用百分比，但浏览器窗口大小发生变化时，段落的宽度及缩进位置也会发生变化，很容易出错，所以最好用像素或 em 值。如果没有设置属性的值，则默认为不缩进。

网页范例 css_text_indent.html

```
<style type="text/css">
  .p1 {
    text-indent: 20%;          /* 缩进 20% */
    font-size: 18px;
  }
  .p2 {
    text-indent: 20px;         /* 缩进 20 像素 */
    font-size: 18px;
  }
  .p3 {
    text-indent: 3em;          /* 缩进 3em */
    font-size: 18px;
  }
</style>
</head>
<body>
<p class="p1">这段文字首行缩进 20%</p>
<p class="p2">这段文字首行缩进 20 像素</p>
<p class="p3">这段文字首行缩进 3em</p>
```

网页代码运行效果如图 14-9 所示。

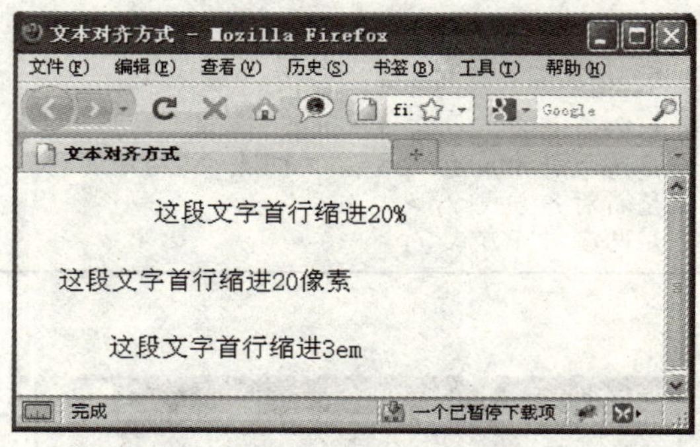

图 14-9

14.6 处理空白区(white-space)

white-space 属性设置如何处理元素内的空白。属性取值见表 14-3。

表 14-3 white-space 属性取值

属性的取值	说 明
normal	默认,文本自然换行。如果超过元素宽度,内容自然换到下一行
pre	保留换行和空白。这个值只有当你声明了!DOCTYPE,且 IE 6 以上版本才支持
nowrap	文本不允许换行,文本会在同一行上继续,直到遇到标签为止
pre-wrap	同 pre 属性,但是遇到超出容器范围的时候会自动换行
pre-line	同 pre 属性,但是遇到连续空格会被看做一个空格

14.7 显示(display)

display 属性规定元素应该生成的框的类型。属性取值参考表 14-4。

表 14-4 display 属性取值

值	描 述
none	此元素不会被显示
block	此元素将显示为块级元素,此元素前后会带有换行符
inline	默认。此元素会被显示为内联元素,元素前后没有换行符
inline-block	行内块元素
list-item	此元素会作为列表显示
run-in	此元素会根据上下文作为块级元素或内联元素显示
table	此元素会作为块级表格来显示(类似＜table＞),表格前后带有换行符
inline-table	此元素会作为内联表格来显示(类似＜table＞),表格前后没有换行符
table-row-group	此元素会作为一个或多个行的分组来显示(类似＜tbody＞)
table-header-group	此元素会作为一个或多个行的分组来显示(类似＜thead＞)
table-footer-group	此元素会作为一个或多个行的分组来显示(类似＜tfoot＞)
table-row	此元素会作为一个表格行显示(类似＜tr＞)
table-column-group	此元素会作为一个或多个列的分组来显示(类似＜colgroup＞)
table-column	此元素会作为一个单元格列显示(类似＜col＞)
table-cell	此元素会作为一个表格单元格显示(类似＜td＞和＜th＞)
table-caption	此元素会作为一个表格标题显示(类似＜caption＞)

本章知识体系

知 识 点	重 要 等 级	难 度 等 级
单词间距	★★★	★★
字符间距	★★★	★★
垂直对齐	★★★	★★
文本对齐	★★★★	★★
段落缩进	★★★★	★★
空白	★★	★★
显示	★★	★★

第15章

方框和边框

边框和方框主要用来设置网页中各种元素的边框及元素之间的空白距离。本章内容是网页布局的核心知识，在CSS知识体系中也有重要的地位，掌握好本章的内容，将为下一章网页布局打下良好的基础。

本 章 术 语

盒子模型＿＿＿＿＿＿＿＿＿＿

div 和 span 标签＿＿＿＿＿＿＿＿＿＿

边框 border＿＿＿＿＿＿＿＿＿＿

边距 margin＿＿＿＿＿＿＿＿＿＿

填充 padding＿＿＿＿＿＿＿＿＿＿

width 和 height＿＿＿＿＿＿＿＿＿＿

浮动 float 和清除 clear＿＿＿＿＿＿＿＿＿＿

边框和方框在 DW 软件中的面板如图 15-1 和图 15-2 所示。

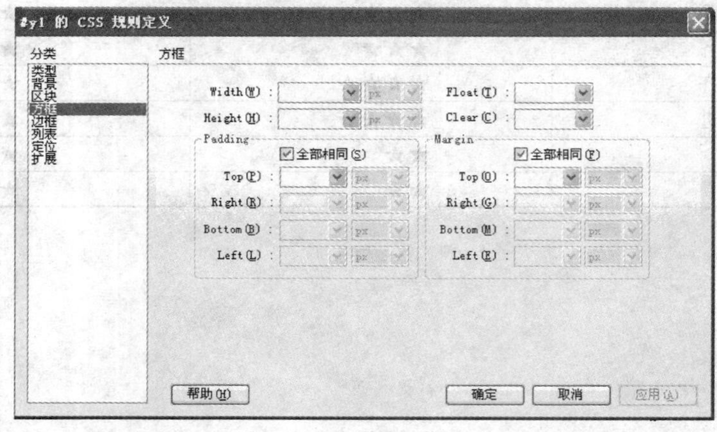

图 15-1

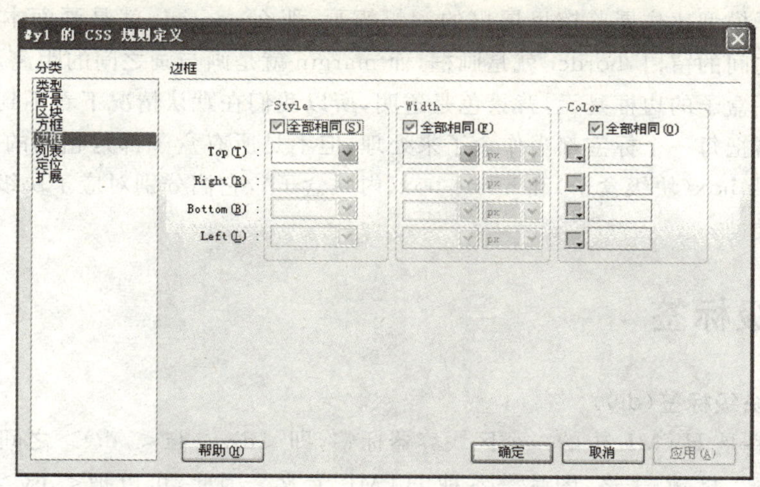

图 15-2

15.1 盒模型

盒模型是 CSS 控制页面时一个很重要的概念。页面上的每个元素都被浏览器看成是一个矩形的盒子,网页就是由许多个盒子通过不同的排列方式(上下排列,并列排列,嵌套排列)堆积而成。

网页面中的所有元素都可以看成是一个盒子,占据着一定的页面空间,可以通过调整盒子的边框和距离等参数,来调节盒子的位置。盒模型如图 15-3 所示。

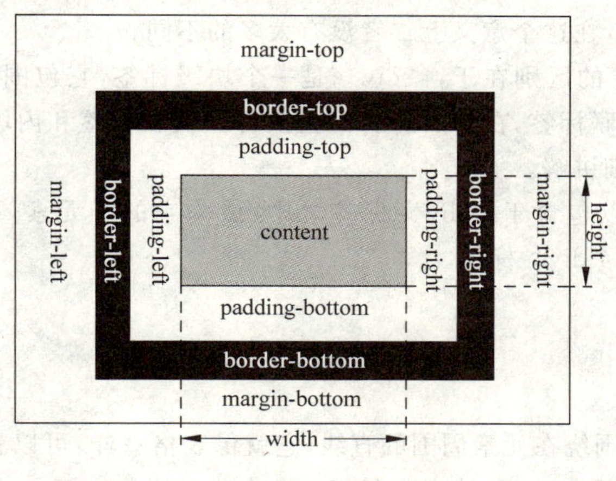

图 15-3

一个盒子模型由 content(内容)、border(边框)、padding(填充)和 margin(边距)这 4 个部分组成。

padding(填充)是指内容与边框线之间的空间;

border(边框)是指盒子周边的直线,四条边都可以设置边框线;

margin(边距)是指一个标签与另一个标签之间的间隔;

padding 和 margin 对应图 15-1,border 对应图 15-2。

如果将盒子模型比作展览馆里展出的一幅幅画，那么 content 就是画面本身，padding 就是画面与画框之间的留白，border 就是画框，而 margin 就是画与画之间的距离。

默认情况下盒子的边框是无，背景色是透明，所以我们在默认情况下看不到盒子。

虽然浏览器把每一个标签都当作盒子来处理，但不是所有盒子都是相同的。在 CSS 中有两种盒子：block box（块级盒子）和 inline box（内联盒子），它们分别对应于块级标签和内联标签这两种标签类型。

15.2 块级标签

1. 什么是块级标签(div)

<div>标签是 HTML 中的一个区块容器标签，即<div>与</div>之间相当于一个容器，可以容纳段落、标题、表格、图片等各种 HTML 元素。因此，可以把<div></div>中的内容视为一个独立的对象，给每个<div>标签添加一个类选择器或者 ID 选择器，用于 CSS 的控制。每个网页只能使用一个 ID 选择器，如果一个元素多次出现，就要使用类选择器。只需要对<div>标签进行相应的控制，<div>标签中的各标记元素就都会因此而改变，然后利用浮动或绝对定位将这些<div>标签固定在网页上。像这样：

```
<div class = "border">这是容器的内容</div>
<div id = "border">这是容器的内容</div>
```

2. div 与 span

<span>标签与<div>标签一样，也是容器标签，用法和<div>标签完全相同，起到的作用都是独立出各个区块，在这个意义上二者没有太多的不同。

<div>与<span>的区别在于，<div>是一个块级标签，它包围的元素会自动换行，而<span>仅仅是一个内联标签，在它的前后不会换行。块级标签和内联标签在网页布局时的影响，我们在下一章详细讲解。

此外，<span>可以包含于<div>标签之中，成为它的子元素，而反过来则不成立，即<span>标签不能包含<div>标签。

15.3 边框

边框(border)是指围绕在元素周围的直线，它就像表格一样，可以将文字、图片包装起来。当然可以在 4 个边上都添加边框，或者在任意的几个边上添加边框。

每个 border 都可以通过 3 个不同的属性进行控制：border- style（边框样式属性）、border-width（边框宽度属性）、border-color（边框颜色属性）。

这三个属性分别对应于图 15-2。

15.3.1 边框样式属性

边框样式属性(border-style)，主要用来设定 HTML 标签的上下左右边框的风格，具体参数值参见表 15-1。

表 15-1　边框样式属性取值说明

样式的取值	说　明	样式的取值	说　明
none	没有边框	groove	槽线式边框
dotted	点线式边框	ridge	脊线式边框
dashed	破折线式边框	inset	内嵌效果的边框
solid	直线式边框	outset	突起效果的边框
double	双线式边框		

边框样式属性(border-style)是一个复合属性,可以同时取 1～4 个值,下面分别说明。

取一个值时,四条边框都使用这个值,像这样:

```
border - style: solid;
```

说明边框的四条边都是实线。

取二个值时,上下边框使用第一个值,左右边框使用第二个值,用空格分隔,像这样:

```
border - style: solid dotted;
```

说明上下边框为实线,左右边框为点线。

取三个值时,上边框使用第一个值,左右边框使用第二个值,下边框使用第三个值,用空格分隔,像这样:

```
border - style: solid dotted double;
```

说明这个边框的上边框为实线,左右边框为点线,下边框为双直线。

取四个值时,四条边框按照上、右、下、左的顺时针方向调用取值。

特别提醒

CSS 中的其他样式取值也参照上述方式。

如果取 4 个值,按顺时针方向取值。

当然也可以分开写,像这样:

```
border - top - style: solid          /* 顶部边框样式 */
border - bottom - style: solid       /* 底部边框样式 */
border - left - style: solid         /* 左边框样式 */
border - right - style: solid        /* 右边框样式 */
```

以直线边框作为范例。

网页范例 css_border.html

```
< style type = "text/css">
  .border {
      border - style: solid;          /* 边框为直线 */
  }
  .left {
    border - top - style:solid;      /* 顶部边框为直线 */
    border - left - style:solid;     /* 左边框为直线 */
  }
```

```
</style>
</head>
<body>
<div class="border">边框样式属性</div>
<p class="border">边框样式属性</p>
<p class="left">只有上和左边框,右边和底部没有边框</p>
</body>
```

网页代码运行效果如图 15-4 所示。

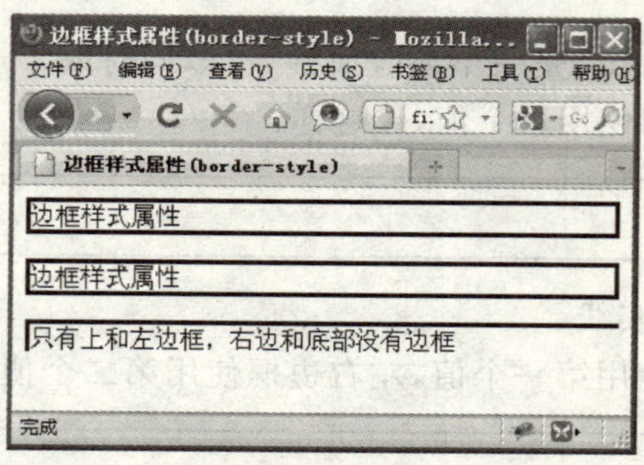

图 15-4

特别提醒

由于 border-style 的初始值为 none,所以除非设置了边框样式,否则边框将无法看见。

15.3.2 边框宽度属性

边框宽度是指边框线的粗细程度,可以使用 CSS 的所有度量单位(百分比除外),也可以使用关键字,关键字说明参见表 15-2。

表 15-2 边框宽度属性关键字取值说明

样式的取值	说　明	样式的取值	说　明
thin	细边框	thick	粗边框
medium	中等边框,默认值		

边框宽度属性(border-width)是一个复合属性,取值方式也和上一小节的边框样式相同,可以同时取 1～4 个值。当然也可以单独设置 4 个边框的宽度,像这样:

```
border-top-width: 2px;          /* 顶部边框宽度 */
border-bottom-width: 2px;       /* 底部边框宽度 */
border-left-width: 2px;         /* 左边框宽度 */
border-right-width: 2px;        /* 右边框宽度 */
```

网页范例 css_border_width.html

```
<style type="text/css">
  .border {
        border-style: solid;          /* 边框为直线 */
border-width: 3px 8px; /* 设定边框上下宽度 3 像素,左右宽度 8 像素 */
  }
  .left {
     border-top-style:solid;          /* 顶部边框为直线 */
```

```
        border - left - style:solid;        /* 左边框为直线 */
        border - top - width: 10px;         /* 设定边框顶部宽度 10 像素 */
        border - left - width: 3px;         /* 设定边框左边宽度 3 像素 */
    }
</style>
</head>
<body>
<div class = "border">边框样式和宽度属性</div>
<p class = "border">边框样式和宽度属性</p>
<p class = "left">只有上和左边框,右边和底部没有边框</p>
</body>
```


网页代码运行效果如图 15-5 所示。

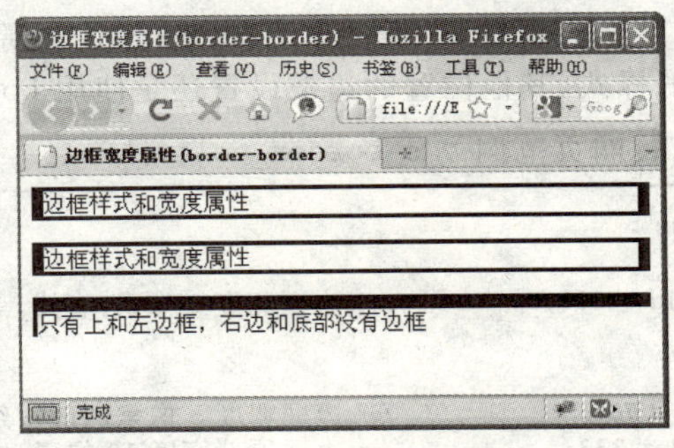

图 15-5

15.3.3 边框颜色属性

边框颜色(border-color)属性设置边框的颜色,同样可以设置单条边框的颜色,也可以设置 4 条边框的颜色,颜色的值用十六进制或 RGB 值或关键字,可以参见第 2 章。

边框颜色属性(border-color)是一个复合属性,取值方式也和前面两小节相同,可以同时取 1~4 个值。当然也可以单独设置 4 个边框的颜色,像这样:

```
border - top - color: red;          /* 顶部边框颜色 */
border - bottom - color: red;       /* 底部边框颜色 */
border - left - color: red;         /* 左边框颜色 */
border - right - color: red;        /* 右边框颜色 */
```

三个属性介绍完了,你也许觉得边框属性很复杂,其实可以把边框的三个属性综合起来,用一条语句代替,这就是边框(border)。

阶段性作业

请读者练习边框颜色属性。

15.3.4 边框的代码

border 的代码像这样:

```
border: 2px solid #f00
```

一行代码表述了三种属性,这个样式设置了一条 2 像素的红色实心边框,而且这三种属性的编写顺序没有先后,如下面的代码都是一样的效果。

```
border: #f0C 2px solid;
border: solid #f00 2px;
```

当然我们最好固定一种自己熟悉的写法，和前几小节类似，也可以设置单条边框的属性，分别使用 border-top、border-bottom、border-left、border-right 来设置上、下、左、右 4 条边框的 3 种属性。

写样式表的时候，最常见的边框先设置，然后设置指定边框，像这样：


```
border: 2px solid #f00;
border-top: 4px dashed #666;
```

border-top 属性在第二行，根据前面我们介绍的“最近优先原则”，它将覆盖第一行的 border 中设置的顶部边框的样式，其他位置的边框设置还是使用 border 中的设置。

网页范例 css_border_solid.html

```
<style type="text/css">
    .b1 {
        border: 3px solid #333;              /* 边框宽度 3 像素,直线,黑色 */
    }
    .b2 {
      border: solid 3px #F00;                /* 边框宽度 3 像素,直线,红色 */
border-top: 10px dashed #333;                /* 边框顶部宽度 10 像素,虚线,黑色 */
    }
</style>
</head>
<body>
<div class="b1">边框属性</div>
<p class="b1">边框属性</p>
<p class="b2">根据最近优先原则,边框顶部属性被覆盖</p>
</body>
```

网页代码运行效果如图 15-6 所示。

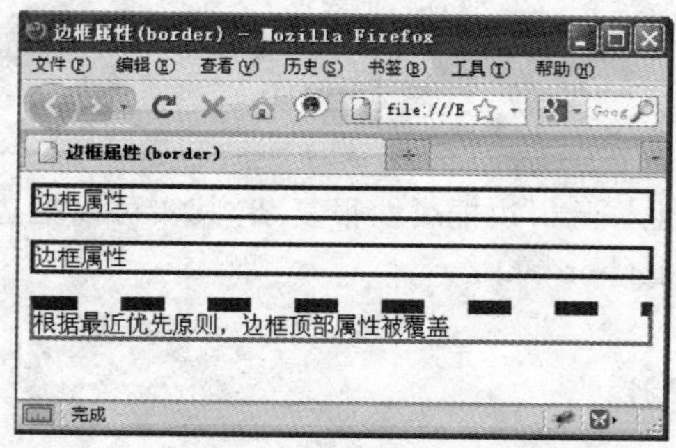

图 15-6

15.4 边距

边距(margin)在元素与元素之间增加空间，也和边框(border)属性类似，包括上边距属性(margin-top)、下边距属性(margin-bottom)、左边距属性(margin-left)、右边距属性(margin-right)和复合边距属性(margin)，边距的位置关系请参见图 15-3，取值方式也和边框(border)

属性类似。

边距的值有三种形式：长度、百分比和 auto。

长度中的像素和 em 都比较常用，与使用在文本上的效果是一样的，如：

```
margin: 10px;          /* 增加 10 像素的空间 */
margin-top: 3em;       /* 3em 就是增加相当于当前元素字号 3 倍的空间 */
```

使用百分比时，比较灵活，假设浏览器容器设定为 960px，当 margin-left 为 10%时，相当于在相关元素的左边增加 96px 的空间，如果调整了浏览器的尺寸，这个值也会发生相应变化。

auto 就是自动设置边距，这是默认值。

特别提醒

margin 也可以设置负值，可以达到移除多余空间的效果。

padding 不能取负值。

如果设置复合边距属性(margin)，必须按照 top(上)、right(右)、bottom(底)、left(左)顺时针顺序，不能乱序。网页范例 CSS_margin.html，效果如图 15-7 所示。

网页范例 css_margin.html

```
<style type="text/css">
    .m1 {
     background: #CCC;              /* 背景色 */
     width: 200px;                  /* 宽度 */
     height: 100px;                 /* 高度 */
     margin: 0 auto;                /* 居中 */
    }
    .m2 {
        border: 2px solid #333;     /* 边框宽度 2 像素,直线,黑色 */
        background: #FFF;           /* 背景色 */
        margin: 10px;               /* 上下左右边距都是 10 像素 */
        height: 50px;               /* 高度 */
        width: 100px;               /* 宽度 */
        float: left;                /* 左浮动 */
    }
</style>
</head>
<body>
<div class="m1">
<div class="m2">边距是 10 像素</div>
</div>
```

网页代码运行效果如图 15-7 所示。

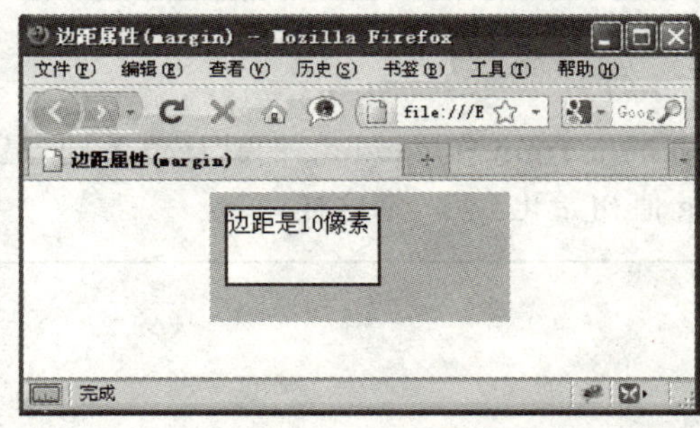

图 15-7

15.5 填充

填充(padding)是在内容(content)和边框(border)之间增加空间,请参见图 15-3。padding 的所有属性和用法与 margin 完全相同,在此不再复述。

网页范例 css_padding.html

```
<style type="text/css">
    .m1 {
      background: #CCC;             /* 背景色 */
      width: 200px;                 /* 宽度 */
      height: 100px;                /* 高度 */
      margin: 0 auto;               /* 居中 */
    }
    .m2 {
        border: 2px solid #333;     /* 边框宽度 2 像素,直线,黑色 */
        background: #FFF;           /* 背景色 */
        margin: 10px;               /* 上下左右边距都是 10 像素 */
        height: 50px;               /* 高度 */
        width: 100px;               /* 宽度 */
        float: left;                /* 左浮动 */
        padding: 10px;              /* 填充是 10 像素 */
    }
</style>
</head>
<body>
<div class="m1">
<div class="m2">边距和填充都是 10 像素</div>
</div>
```

网页代码运行效果如图 15-8 所示。

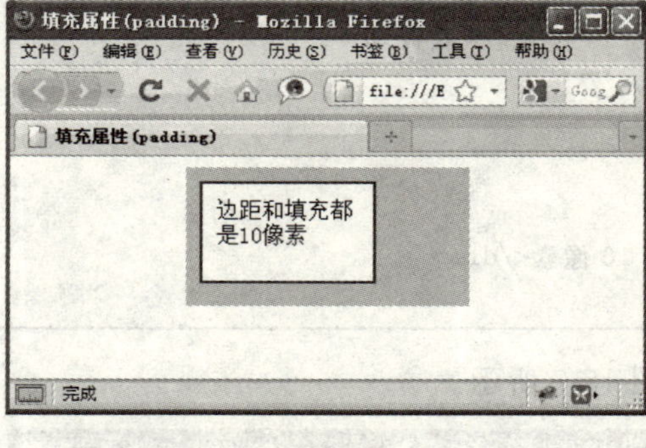

图　15-8

一般情况下,不同浏览器的 margin 和 padding 的默认值不同,最好将所有标签的 margin 和 padding 值初始化为零,像这样:

```
body {
  margin: 0;
  padding: 0;
}
```

特别提醒

如果 CSS 属性值为零，就不要添加度量单位，不要这样写：

```
margin: 0px;
```

15.6 边距折叠

有这样一种情况，当元素的底部边距（bottom margin）碰到另一个元素的顶部边距（top margin）时，浏览器不是简单地把这两个边距相加，而是取它们中间较大的那个值。假设一个元素的 bottom margin 设为 20px，与这个元素相连的另一个元素的 top margin 为 15px，浏览器不是把这两个值相加，而是取较大的那个值，所以这两个元素的距离是 20px，而不是 35px。这就是 CSS 中的边距折叠（collapsing margin）问题，两个边距实际上变成了一个边距。

解决这个问题有两种办法：给元素添加边框（border）或者给元素添加填充（padding），使两个 margin 分隔开，就能避免这种情况的发生。

特别提醒

水平的边距不会发生这种折叠。

15.7 宽度和高度

1. width 和 height

width 和 height 指的是内容区域的宽度和高度，使用 CSS 的长度单位，如：

```
width:300px;          /* 宽度 300 像素 */
width:80%;            /* 宽度为父元素宽度的 80% */
width:10em;           /* 宽度为文本字号的 10 倍 */
width:auto;           /* 宽度为父元素的宽度 */
```

使用比较方便的单位是像素，可以直接指定元素的宽度。

如果使用百分比，则是以当前样式的父元素宽度为基准的。假设将<div>标签的宽度设定为 80%，如果<div>标签没有处在任何固定宽度的其他元素里面，那么它的宽度就是浏览器宽度的 80%，将随着浏览器窗口的宽度变化而变化；如果这个<div>标签处在一个宽度为 300px 的<div>中，那么它的宽度就是 240px。

假设文本的字号为 12px，那么 10em 的宽度就是 120px。

auto 值比较好理解，父元素的宽度是多少，当前元素的宽度就是多少，比如当前<p>标签是处在<div>标签中，<div>标签的宽度是 100px，则<p>标签的宽度也就是 100px 了。

width 和 height 属性都适用上面的规则。

2. width 和 height 的最小化和最大化

还可以设置 width 和 height 的最大值如 max-width 和 max-height 以及最小值如 min-width 和 min-height。

这些属性对于网页布局非常有帮助，但是注意在 IE6 中不支持这些属性，IE7 以上浏览器、火狐、谷歌都支持。

3. 盒子模型的实际 width 和 height

width 和 height 属性设定了内容区域的宽度和高度，它的实际宽度和高度则是 margin、border、padding、width/height 的总和。像这样：

```
width: 300px;          /* 宽度 300 像素 */
padding: 10px;         /* 填充 10px,左右两边相加就是 20px */
margin: 15px;          /* 边距 15px,左右两边相加就是 30px */
border-width 5px ;     /* 边框宽度 5px,两边相加就是 10px */
```

那么浏览器分配给这个盒子的实际宽度就是：300＋20＋30＋10＝360px。

但是在 IE6 中，对象的实际宽度却等于 margin-left ＋ width ＋ margin-right 即实际宽度是 300＋30＝330px。

高度的算法也和宽度类似。

使用高度时要注意，如果盒子的内容超出了盒子的固定高度，IE6 会扩大盒子来容纳全部内容，IE7 以上浏览器、火狐、谷歌等则会保持盒子高度不变，让内容向下溢出盒子的边缘。溢出如何处理？我们在后续章节会继续介绍。

15.8 浮动和清除

15.8.1 浮动

HTML 页面的布局流向是从左到右，从上到下。CSS 的浮动(float)是打破这种布局方式的最有力的工具。CSS 允许任何元素浮动，如图像、段落、表格、列表等，这个功能和 HTML 中的图像及表格的对齐属性很相似，只是 CSS 中的浮动可以用在任何元素上。浮动的取值有三种：left(左浮动)、right(右浮动)和 none(不浮动，默认值)。

网页范例 css_float.html

```
<style type = "text/css">
  .m1 {
    background: #CCC;          /* 背景色 */
    width: 300px;              /* 宽度 */
    height: 100px;             /* 高度 */
    margin: 0 auto;            /* 居中 */
  }
  .m2 {
      border: 2px solid #333;  /* 边框宽度 2 像素,直线,黑色 */
      background: #FFF;        /* 背景色 */
      margin: 10px;            /* 上下左右边距都是 10 像素 */
      height: 50px;            /* 高度 */
      width: 100px;            /* 宽度 */
      float: left;             /* 左浮动 */
  }
  .m3 {
      border: 2px solid #333;  /* 边框宽度 2 像素,直线,黑色 */
      background: #FFF;        /* 背景色 */
      margin: 10px;            /* 上下左右边距都是 10 像素 */
      height: 50px;            /* 高度 */
      width: 100px;            /* 宽度 */
      float: right;            /* 右浮动 */
  }
```

```
</style>
</head>
<body>
<div class="m1">
<div class="m2">左浮动</div>
<div class="m3">右浮动</div>
</div>
```

网页代码运行结果如图 15-9 所示。

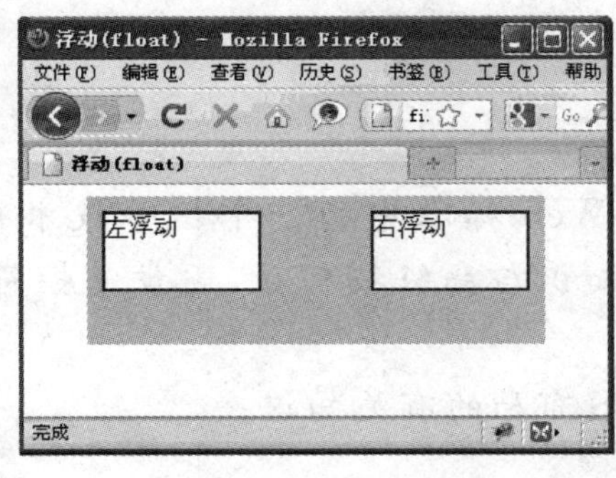

图 15-9

15.8.2 清除

清除(clear)属性和浮动属性是相对立的,浮动属性是设置某个元素的浮动位置,清除属性是去掉某个位置的浮动元素。清除元素时,本质上是迫使它落到浮动元素的下方。清除属性取值参见表 15-3。

表 15-3 清除属性取值

属性的取值	说　明
left	左边不允许有浮动元素
right	右边不允许有浮动元素
both	左右两边都不允许有浮动元素
none	默认值,关闭清除属性,左右两边允许有浮动元素

本章知识体系

知 识 点	重 要 等 级	难 度 等 级
盒子模型	★★★★	★★★
div 和 span 标签	★★★★	★★★★
边框 border	★★★	★★
边距 margin	★★★	★★
填充 padding	★★★	★★
width 和 height	★★	★★
浮动 float 和清除 clear	★★★	★★★★

第16章

CSS布局

CSS 布局是 Web 标准中的一个核心技术内容。通过学习 CSS 布局的入门知识与高级技巧等，逐步掌握符合 Web 标准的 CSS 布局设计。

本章讲述 CSS 布局的有关知识。

本章术语

块级标签

内联标签

CSS 布局

浏览器兼容性

16.1 CSS 布局

常见的网页布局有两种类型：固定宽度和流式。

固定宽度可以让你最大限度地控制设计的展现效果，不管浏览器窗口有多大，网页内容的宽度始终保持不变。最常见的宽度是 960px，但可能对使用小显示器的网民造成不方便，因为他们不得不将网页滚动到右边才能看到所有的内容，而那些使用大显示器的网民则又浪费了显示器空间。

流式设计会根据浏览器窗口大小自动伸展或收缩，最有效地利用浏览器窗口的空间，但对网页设计师来说，要保持网页效果在各种浏览器窗口尺寸下一致，这是一种极具挑战性的工作。

网页布局就是把一块块内容放进网页的不同区域里面。符合 Web 标准的最常用的布局工具是<div>标签。其他常用的 HTML 标签还有<span>、<p>、<ul>、<li>、<ol>、<dl>、<dt>、<a>、<h>、<form>、<table>等。HTML 中的每一个标签都有其作用，各司其职，所以这种 Web 2.0 时代的布局方法也可以称为 XHTML＋CSS 方式，也就是大家常说的 DIV＋CSS 方式。

16.1.1 div与table布局比较

实际上,表格的功能不是用来进行布局。最初的网页没有今天这么复杂,仅显示文本或几个简单的图像,网页文档从上而下自然流动分布,不需要考虑版式设计问题。后来随着网页内容的丰富,图像、声音、动画等多媒体不断充斥网页,网页内容不断膨胀,同时用户对于网页视觉提出了更高要求,而使用无边框表格为表格布局奠定了基础,可以在显示时使得单元格的边框和间距为0,即不显示边框,因此可以将网页中的各个元素按版式划分放入表格的各个单元格中,结合表格与表格的嵌套,从而实现复杂的排版组合,渐渐用表格实现页面布局慢慢就成为了一种设计习惯。

表格布局的代码最常见的是在HTML标签之间嵌入一些设计代码,大量样式设计代码混杂在表格和单元格中,使得可读性大大降低,维护起来成本也相当高。表格布局是不标准的,用W3C制定的规范来说,表格的目的是用来显示数据的,而不是用来完成布局。

按W3C规范,网页布局应该使用XHTML+CSS。用XHTML+CSS布局你会发现网页设计很轻松,具体就是使用DIV来布局。DIV布局最大的好处就是样式是由CSS来控制,实现网站的结构、布局和行为三者的分离。

DIV布局有以下几个方面的优势:浏览器支持完善;表现与结构分离,如专门为字体设计一套样式,专门为版式、各个频道设计一个版式;样式设计控制功能强大;继承性优越,具有良好的继承与重载关系。

两者作比较,总体上而言:

(1) DIV+CSS布局比table布局节省页面代码,代码结构也更清晰明了。

(2) DIV+CSS的页面对搜索引擎支持好,而且速度更快了,能够比table更加快速地显示网站内容。

(3) DIV+CSS布局使网站版面布局修改变得更简单,因为版面代码都写在独立的CSS文件里修改起来方便多了,不像table要在页面中修改很多信息。

总之:DIV用于布局,table用于显示数据,这是现在最基本的设计原则。

特别提醒

DIV与table本身并不存在什么优缺点,所谓Web标准只是推荐正确的使用标签,DIV标签用于布局,而table标签是用来保存二维数据的,比如公司员工联系表,产品与型号对应表等,这种信息使用表格显示可以让我们能清晰易读。

在CSS布局页面时,根据HTML标签的表现分成两类:一类是块级标签,另一类是内联标签,下面我们分别介绍。

16.1.2 块级标签

块级标签可以理解为容器,可以容纳内联标签和其他的块级标签。块级标签的主要特点就是排他性,在页面布局时独占一行,排斥其他标签与其位于同一行。标签的宽度(width)和高度(height)起作用,填充(padding)和边距(margin)都有效。

特别提醒

在本书第15章中有宽度(width)、高度(height)、填充(padding)和边距(margin)的相关知识。

常见的块级标签参考表 16-1。

表 16-1 常见的块级标签

模块名称	说 明	模块名称	说 明
address	地址	hr	水平分隔线
blockquote	块引用	menu	菜单列表
center	居中	ol	有序列表
dir	目录列表	p	段落
div	盒子	pre	格式化文本
form	表单	table	表格
dl	定义列表	ul	无序列表
h1-6	1～6 号标题	li	列表选项

网页范例 css_div.html

```
<style type="text/css">
  #div1 {
    width: 300px;
    height: 230px;
    background: #666;
    padding: 10px;
  }
  #div2 {
    width: 200px;
    height: 100px;
    background: #FFF;
  }
  #div3 {
    width: 200px;
    height: 100px;
    background: #CCC;
  }
</style>
</head>
<body>
<div id="div1">
<div id="div2">我是内部第一个盒子,我是块级标签,所以独占一行。</div>
<div id="div3">我是内部第二个盒子,我是块级标签,所以独占一行。</div>
</div>
```

网页代码运行效果如图 16-1 所示。

上面的代码中,共有 3 个盒子,盒子 2 和盒子 3 放在第一个盒子中,我们可以了解到下面几点信息:

(1) 因为<div>标签是块级标签,所以宽度和高度属性有效。

(2) 块级标签内部可以放内联标签或其他块级标签,所以第一个<div>标签中放了两个盒子,分别是 div2 和 div3。

(3) 块级标签是独占一行的,所以从上图中可以看到,div2 和 div3 分别占一行,具有排他性。

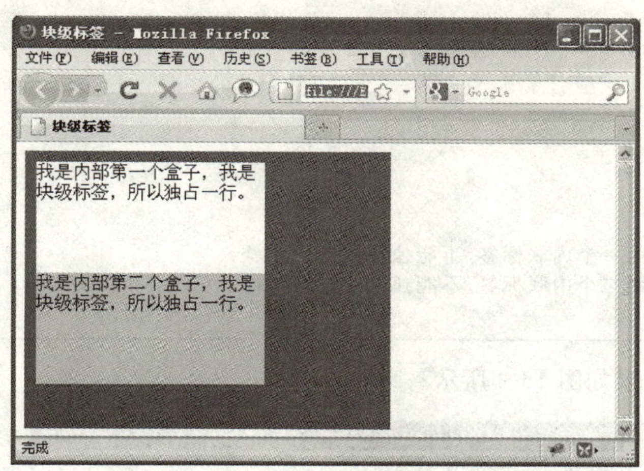

图　16-1

16.1.3　内联标签

内联标签只能容纳文本或其他的内联标签。内联标签的主要特点就是允许其他标签与其位于一行，标签的宽度(width)和高度(height)不起作用，其宽度就是自身文字或者图片的宽度。填充(padding)和边距(margin)只有左右方向有效，上下方向无效。

常见的内联标签参考表16-2。

表 16-2　常见的内联标签

模块名称	说　明	模块名称	说　明
a	链接	span	常用内联容器
br	换行	strong	粗体
em	强调	sub	下标
font	字体(不推荐)	sup	上标
i	斜体	textarea	文本区域
img	图片	u	下划线
input	输入框	button	按钮
label	表格标签	iframe	内联框架
select	项目选择		

网页范例 css_inline.html

```
<style type="text/css">
  #div {
    width: 500px;
    height: 200px;
  }
  #a1 {
    width: 200px;
    height: 100px;
    background: #999;
  }
  #a2 {
```

```
        width: 200px;
        height: 100px;
        background: #CCC;
    }
    </style>
    </head>
    <body>
    <div id="div">
    <a id="a1">我是第一个内联标签,不能独占一行。</a>
    <a id="a2">我是第二个内联标签,不能独占一行。</a>
    </div>
```


网页代码运行效果如图 16-2 所示。

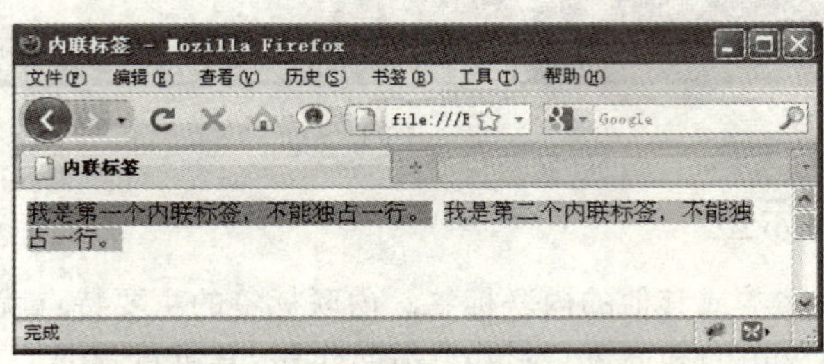

图 16-2

在上面的代码中，<div>块级标签中有两个内联标签 a1 和 a2，宽度和高度属性无效，a1 标签不能独占一行。

块级标签和内联标签的比较参见表 16-3。

表 16-3 块级标签和内联标签的比较

块级标签	内联标签
独占一行	允许其他标签同处一行
高度、行高及外边距和内边距都可控制	高、行高及外边距(上下)和内边距(上下)不可改变。但是外边距(左右)和内边距(左右)有效。高度可以通过 line-height 设置
宽度默认为 100%，除非设定一个宽度	宽度是它的文字或图片的宽度，不可改变
它可以容纳内联标签和其他块标签	内联标签只能容纳文本或者其他内联标签

16.1.4 块级标签和内联标签的相互转换

根据 CSS 规范的规定，每一个 HTML 标签都有一个默认的 display 属性，用于确定该标签的类型。比如<div>标签，它的默认 display 属性值为“block”，成为块级标签，而<span>标签的默认 display 属性值为“inline”，称为内联标签。

根据这个原理，如果要实现内联标签向块级标签的转换，只要将 display 属性设置为 block 就行了，反之也有效。

把例 css_inline.html 中的两个<a>标签加上“display: block”，转换成块级标签，宽度和高度值生效，而且独占一行，作为网页范例 css_inline_1.html，网页程序运行效果如图 16-3 所示。

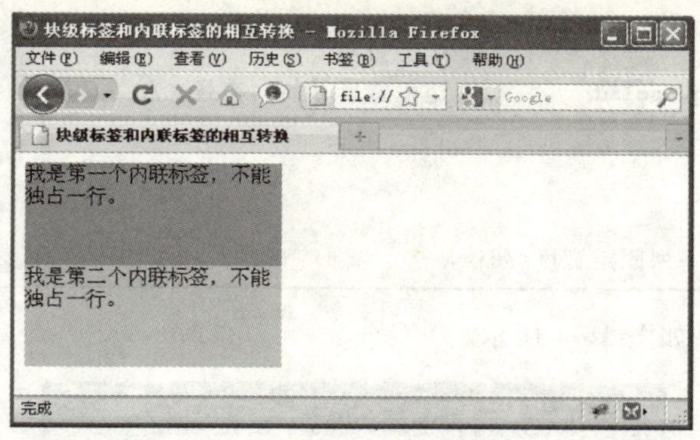

图　16-3

16.1.5　页面模块的命名规范

遵守常用的CSS页面模块命名规范有利于代码的升级和扩展，也有利于让别人读懂你的CSS代码，让你的页面显得清晰有条理。

CSS页面模块命名规范参见表16-4。

表16-4　CSS页面模块命名规范

模块名称	说　明	模块名称	说　明
header	头	hot	热点
content	内容	news	新闻
nav	导航	download	下载
sidebar	侧栏	subnav	子导航
column	栏目	menu	菜单
wrapper	页面外围控制整体布局宽度	submenu	子菜单
left right center	左右中	search	搜索
loginbar	登录条	friendlink	友情链接
logo	标志	footer	页脚
banner	广告	copyright	版权
main	页面主体	scroll	滚动

16.2　CSS布局实例

接下来开始要真正设计布局了。你可能看到有关Web标准的站点大都很朴素，因为Web标准更关注结构和内容，实际上它与网页的美观没有根本冲突，我们从最基本的布局开始。以火狐作为测试浏览器。另外，请读者使用DW软件打开网页范例，查看源代码在CSS属性面板中的位置，建议尽量手写代码。

16.2.1　一行一列固定宽度

先从一行一列固定宽度开始。

网页范例 css_div_1.html

```
<style type="text/css">
  #d1 {
```

```
    width: 300px;                    /* 指定宽度 */
    height: 100px;                   /* 指定高度 */
    border: #999 2px solid;          /* 边框宽度、颜色、实线 */
  }
</style>
</head>
<body>
<div id="d1">一行一列固定宽度</div>
```

网页代码运行效果如图 16-4 所示。

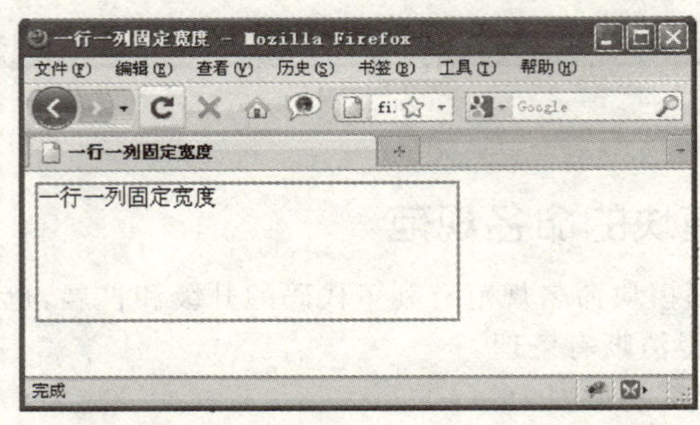

图 16-4

图 16-4 中盒子模型距离浏览器左边和顶部有一点距离，这是浏览器的默认值造成的，前面我们提过这个问题，只要初始化浏览器的默认值为 0，像这样：

```
body {
  margin: 0;
  padding: 0;
}
```

我们加上这行代码，把左边距和上边距设置为 0 像素，再看看效果，如图 16-5 所示，左边距和上边距是不是消失了？

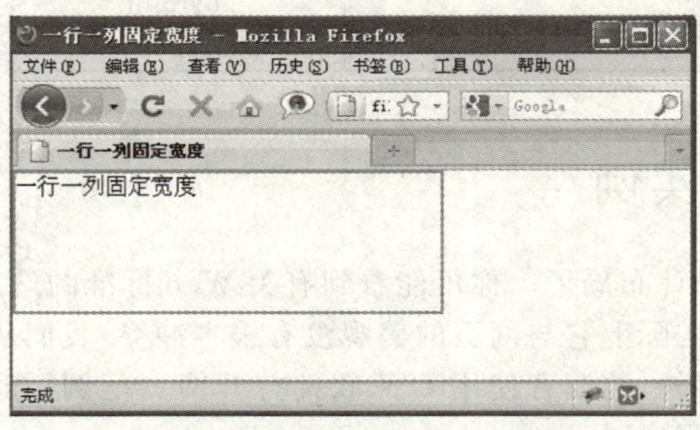

图 16-5

上例中<div>标签默认是左对齐，如何设置居中显示？

16.2.2 一行一列固定宽度居中

如果要实现居中的布局，只要设置盒子模型的 margin: 0 auto 就行了，这行代码的意思就是上下边距为零，左右边距自动对齐，既然是左右自动对齐，当然也就居中了。

网页范例 css_div_center.html

```
<style type="text/css">
  #d1 {
    width: 300px;              /* 指定宽度 */
    height: 100px;             /* 指定高度 */
    border: #999 2px solid;/* 边框宽度、颜色、实线 */
    margin: 0 auto;            /* 上下边距为 0,左右边距自动,实现居中效果 */
  }
</style>
</head>
<body>
<div id="d1">一行一列固定宽度居中</div>
```

网页代码运行效果如图 16-6 所示。

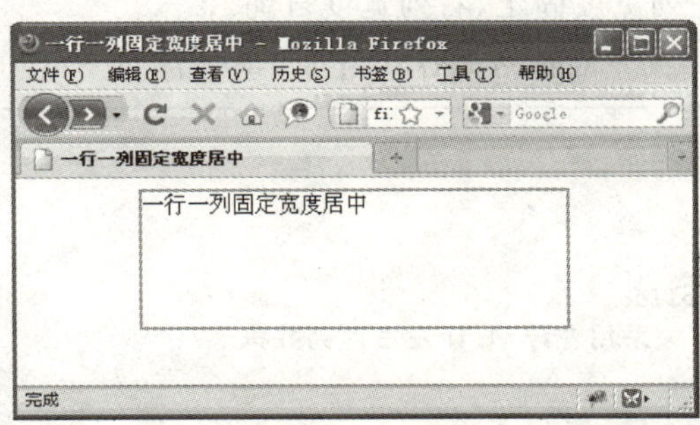

图 16-6

如果要消除上边距，应该在 body 中设置，上例中已有说明。

16.2.3 一行一列自动宽度居中

自动宽度是盒子模型随着浏览器宽度的改变而改变，这时要使用宽度的百分比值。当一个盒模型不设置宽度时，它默认是相对于浏览器显示的。我们把上例中的宽度属性去掉。

网页范例 css_div_auto_center.html

```
<style type="text/css">
  #d1 {
    height: 100px;             /* 指定高度 */
    border: #999 2px solid;    /* 边框宽度、颜色、实线 */
    margin: auto;              /* 左右对齐,自动就居中了 */
  }
</style>
</head>
<body>
<div id="d1">一行一列自动宽度居中</div>
```

网页代码运行效果如图 16-7 所示。

阶段性作业

请读者把 css_div_auto_center.html 中的宽度属性使用百分比如 100%、60%等值表示，对比各个值在网页中的效果。同理，高度自动也就是把 height 属性设置为 100%，请读者动手练习。

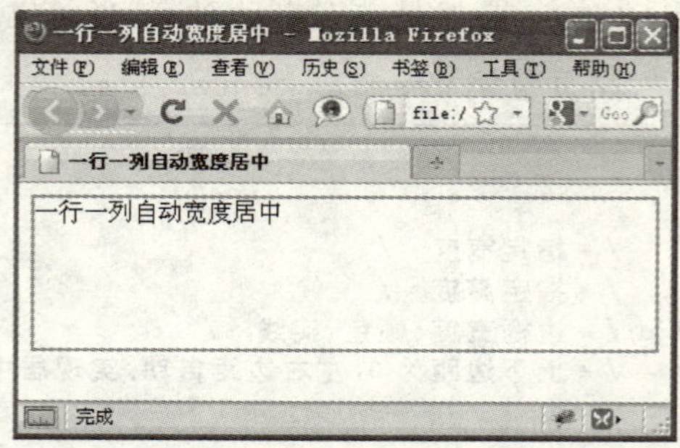

图 16-7

16.2.4 一行两列左列固定,右列自动宽度

我们设置左右两列,左列宽度固定,右列宽度自动。

网页范例 css_div_left.html

```
<style type="text/css">
  #left {
    width: 100px;
    height: 100px;
    border: #999 2px solid;
    float: left;        /* 采用左浮动,让左右两列并排 */
  }
  #right {
    width: 80%;
    height: 100px;
    border: #999 2px solid;
    margin-left: 104px;
    /* left 本身宽度 100px,加上左右边框各 2px,所以设置为 104px */
  }
</style>
</head>
<body>
<div id="left">左列,固定宽度</div>
<div id="right">右列,自动宽度,使用百比分值</div>
```

网页代码运行效果如图 16-8 所示。

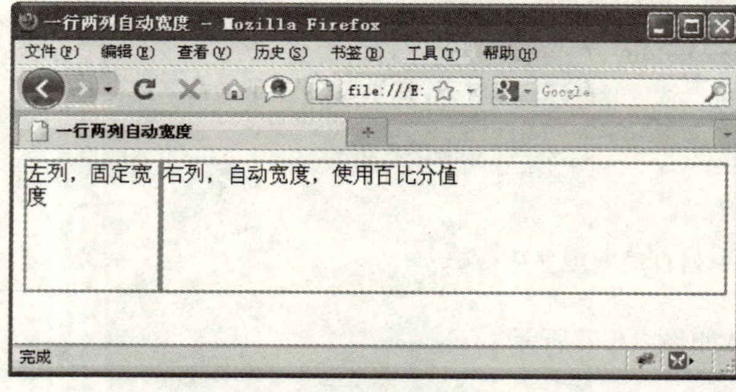

图 16-8

16.2.5 一行两列固定宽度居中

固定宽度比较简单，只要把上例中的右列宽度由百分比修改为数字就行了。但要实现居中效果，要把这两列放在一个盒子中，然后让这个盒子居中，就实现居中效果了。

网页范例 css_div_width.html

```
<style type="text/css">
  #content {
      width: 304px;
      margin: 0 auto;          /* 实现居中 */
  }
  #left {
    width: 100px;
    height: 100px;
    border: #999 2px solid;
    float: left; /* 采用左浮动，让左右两列并排 */
  }
  #right {
    width: 200px;
    height: 100px;
    border: #999 2px solid;
    margin-left: 104px;
    /* left 本身宽度 100px，加上左右边框各 2px，所以设置为 104px */
  }
</style>
</head>
<body>
<div id="content">
<div id="left">左列，固定宽度</div>
<div id="right">右列，固定宽度</div>
</div>
```

网页代码运行效果如图 16-9 所示。

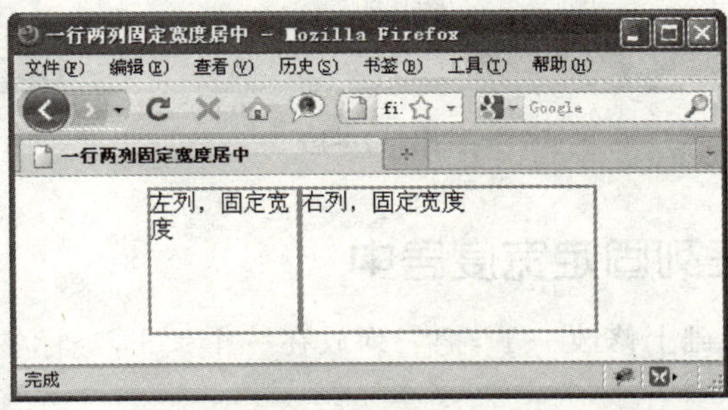

图 16-9

16.2.6 一行三列左右固定，中间自动宽度

三列自适应宽度，一般常用的结构是左列和右列固定，中间列根据浏览器宽度自适应。

网页范例 css_div_autowidth.html

```
<style type="text/css">
  #content {
```

```
    height: 100px;
    margin: 0 106px;
    /* 左右边距分别为 106 像素,实际只要 104 像素(宽度 + 左右边框各 2 像素),增加 2 个像素,把
中间块与左右两块分开 2 像素 */
    border: #999 2px solid;
    width: auto; /* 宽度自动 */
  }
  #left {
    width: 100px;
    height: 100px;
    border: #999 2px solid;
    float: left;          /* 采用左浮动,让左列向左对齐 */
  }
  #right {
    width: 100px;
    height: 100px;
    border: #999 2px solid;
    float: right;         /* 采用右浮动,让右列向右对齐 */
  }
</style>
</head>
<body>
<div id = "left">左列,固定宽度</div>
<div id = "right">右列,固定宽度</div>
<div id = "content">中间自动宽度</div>
```

网页代码运行效果如图 16-10 所示。

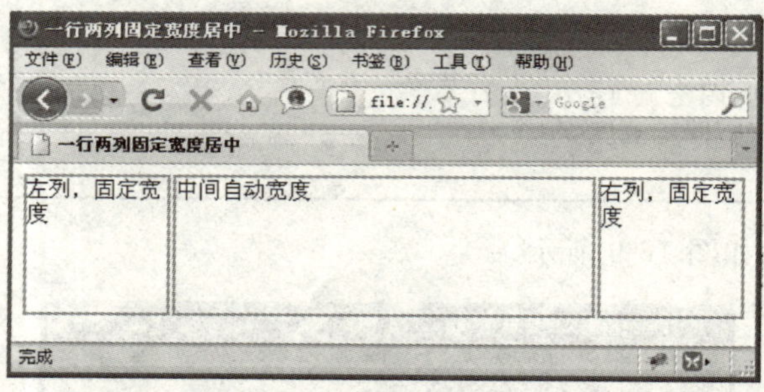

图 16-10

16.2.7 一行三列固定宽度居中

我们可以在上例的基础上修改一下,把三列放在一个<div>标签中,然后让这个<div>居中就行了。

网页范例 css_div_three_center.html

```
<style type = "text/css">
  #c1 {
      width: 360px;
      margin: 0 auto;           /* 居中效果 */
  }
  #content {
      height: 100px;
      margin: 0 106px;
      border: #999 2px solid;
```

```
        width: auto;
    }
    #left {
        width: 100px;
        height: 100px;
        border: #999 2px solid;
        float: left;                /*采用左浮动,让左列向左对齐*/
    }
    #right {
        width: 100px;
        height: 100px;
        border: #999 2px solid;
        float: right;               /*采用右浮动,让右列向右对齐*/
    }
</style>
</head>
<body>
<div id="c1">
<div id="left">左列,固定宽度</div>
<div id="right">右列,固定宽度</div>
<div id="content">中间自动宽度</div>
</div>
```

网页代码运行效果如图 16-11 所示。

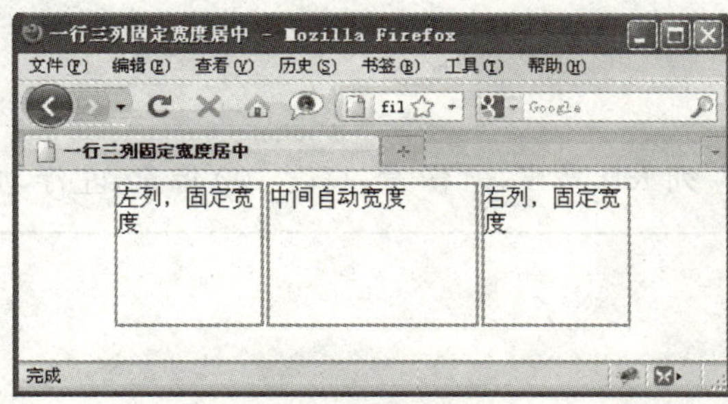

图 16-11

16.2.8 二行二列固定宽度居中

前面的示例都是一行的,接下来我们练习二行的布局。先学习顶行二列布局,实现过程如下。

(1) 最外层用一个<div>标签,命名为 container,宽度 360 像素(为了截图方便,我们把宽度设置小一些),居中。

```
<div id=container></div>
```

(2) 在这个<div>中放置两个<div>,因为<div>标签是块级标签,那么显示出来的效果刚好一行一个<div>,分别命名为: head 和 main。

```
<div id=container>
    <div id=head></div>
    <div id=main></div>
</div>
```

(3) head 这一行就是顶行了，把 main 这一行分成两列，也就是再放两个<div>标签在 main 这一行中，分别命名为 left 和 right，当然要把 left 设置为左浮动。

```
<div id = container>
  <div id = head></div>
  <div id = main>
      <div id = left></div>
      <div id = right></div>
  </div>
</div>
```


结构完成了，接下来用 CSS 来表现，container 的代码很简单：

```
/*360 像素宽度,居中显示*/
#container { width: 360px; margin: 0 auto;}
```

顶行 head 宽度设置为自动 auto，高度 60 像素，为了让第一行和第二行之间有分隔效果，设置第一行的底部边距为 5 像素。

```
/*360 像素宽度,居中显示*/
#head {
  width: auto;
  height:60px;
  margin-bottom:5px;
}
```

第二行是左右两列，左列 left 宽度 80 像素，高度 100 像素，左浮动：

```
#left {
  width: 80px;
  height: 100px;
  float: left;
}
```

右列当然可以采用右浮动，宽度 270 像素。

```
#right {
  width: 270px;
  height: 100px;
  float: right;
}
```

网页范例 css_float.html

```
<style type = "text/css">
  #container { width: 360px; margin: 0 auto;}
  #head {
  width: auto;
  height:60px;
  margin-bottom:5px;
  border: #999 2px solid;
  }
  #main {
```

```
    width: auto;
    height: 100px;
  }
  #left {
  width: 80px;
  height: 100px;
  float: left;
  border: #999 2px solid;
  }
  #right {
  width: 270px;
  height: 100px;
  border: #999 2px solid;
  float: right;
  }
</style>
</head>
<body>
<div id=container>
  <div id=head>这是顶部的行</div>
  <div id=main>
    <div id=left>这是左边列</div>
    <div id=right>这是右边列</div>
</div>
</div>
```

网页代码运行效果如图 16-12 所示。

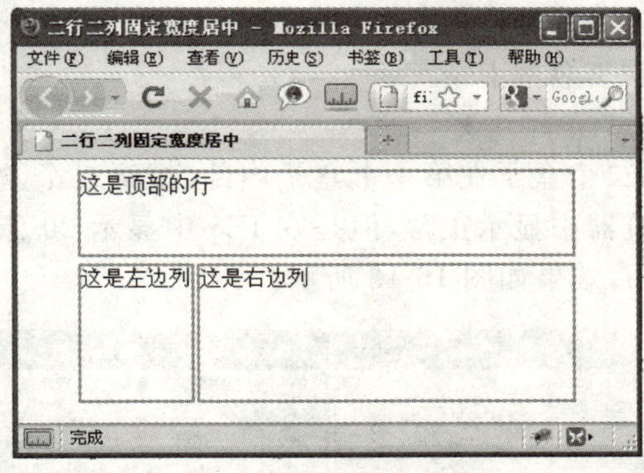

图 16-12

16.2.9 三行二列

在上例的基础上，添加第三行，也就是网页的底部区域，命名为 footer：

```
<div id=container>
  <div id=head>这是顶部的行</div>
  <div id=main>
    <div id=left>这是左边列</div>
    <div id=right>这是右边列</div>
  </div>
<div id="footer">这是底部的行</div>
</div>
```

层 footer 中的 CSS 控制代码如下，完整的网页范例请查看 css_full.html。

```
#footer {
    width:auto;
    height:30px;
    border: #999 2px solid;
    margin-top:5px;
}
```

网页布局暂时介绍到这里，网络上有很多布局的资源可以参考，如：http://blog.html.it/layoutgala/ 提供了 40 种不同的布局设计；

http://layouts.ironmyers.com/ 提供了 224 种不同的布局设计；

http://www.gridsystemgenerator.com/ 提供布局生成器，可以让你定义网页的宽度、列数、间距等；

http://www.pagecolumn.com/ 提供布局生成器，提供各种类型的布局。

16.3 浏览器兼容性

什么是浏览器的兼容性呢？就是当我们使用不同的浏览器(IE6、IE7 和火狐)访问同一网页时，会出现一些不兼容的问题，在火狐下显示正常，可能在 IE6 下就错乱了。所以应用 XHTML+CSS 设计网站的时候，要考虑到不同浏览器的兼容性问题，对国内的上网环境来说，主要考虑 IE6、IE7 和火狐对 CSS 样式的兼容性。在 CSS 中把这个称为 Hack，Hack 是指通过一些技巧和方法来让不同的浏览器显示一样的效果。

我们先了解 IE6 的两个著名的 bug。

1. IE6 的双倍边距 bug

我们设置两个盒子，第二个盒子在第一个盒子内部，把第二个盒子设置为左浮动，左边距设定为 10 像素，在火狐浏览器中显示正常，但是在 IE6 中显示 20 像素，这就是著名的双倍边距 bug，源码见 ie_bug.html，效果如图 16-13 所示。

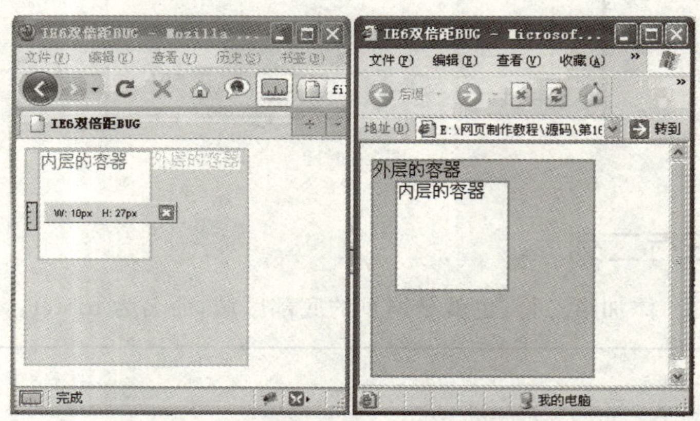

图 16-13

产生这个双倍边距的 bug 要满足下面 3 个条件：

(1) 要为块级标签；

(2) 要左浮动；

(3) 要有左边距(margin-left)。

因为加上浮动后就会多出一倍的边距，浮动后本来外边距 10px，但 IE6 会解析成 20px，只需要在第二个盒子的样式里加上 display:inline;就可以解决以上问题。

阶段性作业

请读者尝试修改 16-13. html，在第二个盒子中加上 display:inline;修正 IE6 的双倍边距 bug。

2. IE6 的 3 像素 bug

3 像素 bug 是 IE6 的一个著名的 bug，当浮动元素与非浮动元素相邻时，这个 3 像素的 bug 就会出现。IE6 会在两个 div 中间加上 3px 的空隙，我们看下面的代码，效果如图 16-14 所示。

网页范例 css_3px_bug.html

```
<style type="text/css">
  #left{
    width:100px;
    height:100px;
    background:#ccc;
    float:left;
    color:#FFF;
    }
 #right{
    width:200px;
    height:100px;
    background:#666;
    color:#FFF;
    }
</style>
</head>
<body>
<div id="left">left</div>
<div id="right">right</div>
</body>
```

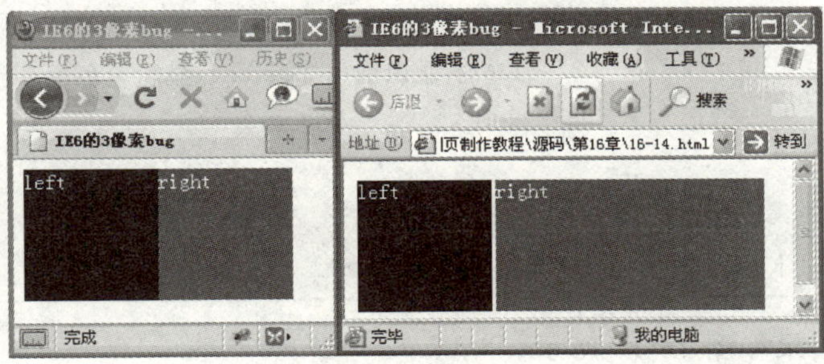

图 16-14

从图 16-14 中可以看到，左边是火狐效果，右边是 IE6 效果，IE6 中的两个盒子之间相差 3 个像素。

IE6 的效果是正确的(在把这个 3 像素的间距消除的前提下)，火狐的效果是不正确的，因为两个盒子发生重叠了，难道真是火狐错了？

其实火狐浏览器没有错，错就错在我们的代码上，因为我们对浮动没有理解透彻，写出来的代码没有完全符合标准。

因为当一个元素浮动的时候就会脱离原本的文本流，而后面的元素就会忽视它的存在，于是在标准浏览器(火狐)内它们就发生了发生重叠。

解决的办法就是在第二个盒子也加上左浮动，效果如图 16-15 所示。

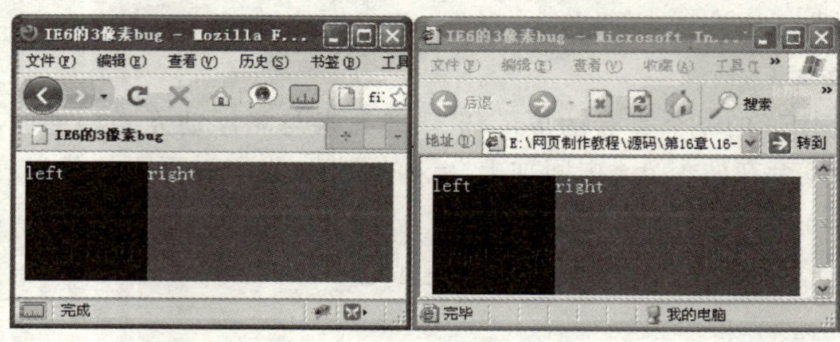

图 16-15

阶段性作业

请读者尝试修改 css_3px_bug.html，给第二个盒子中加上左浮动，对比修正 IE6 的 3 像素 bug。

3. !important

CSS 中的!important 是一个非常重要的属性，有时候发挥着非常大的作用，可以把样式表语句的优先级提升到最高级。由于 IE6 不能识别，但是 IE7 以上和火狐均能识别，可以用来解决一些问题。

网页范例 css_important.html

```
<style type = "text/css">
  # im{
    width:100px;
    height:100px;
    float:left;
    color:red ! important;          /* 火狐可以识别!important,显示红色 */
    color:blue ;                    /* IE6 不能识别!important,显示蓝色 */
    }
</style>
</head>
<body>
<div id = "im">在不同浏览器下,文字颜色不同</div>
```

网页代码运行效果如图 16-16 所示。

在编写 CSS 代码时，如果发现 IE6 和其他浏览器显示效果不同，那么就设置两个值，在上面的一句加入!important 标记，而下面的一句则不需要添加，这样 IE6 就按照下面的来执行了。

特别提醒

附加有!important 语句的代码行一定要在没有附加!important 语句代码行的上面，顺序不能错。

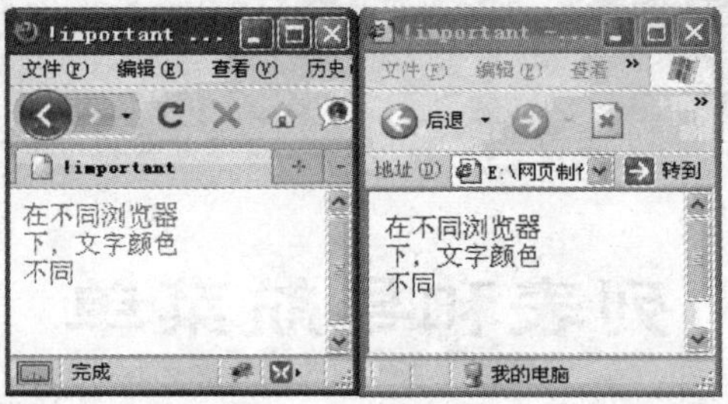

图 16-16

4. * 号

```
#div {
  height: 300px;
   * height: 500px;
}
```

火狐不能识别“*”号，所以它只读取第一行，把盒子的高度解析为300px；而IE6和IE7能识别“*”号，先读取第一行，解析高度为300px，然后读取第二行，根据最近优先原则，最终解析高度为500px。

5. _(下划线)

_(下划线)是IE6专用的，只有它能识别。

```
#div {
  height: 300px;
   * height: 500px;
  _height: 600px;
}
```

上述代码在火狐中高度是300px，在IE7中高度是500px，在IE6中高度是600px。

IE6能识别下划线“_”和星号“*”，IE7能识别星号“*”，但不能识别下划线“_”，而Firefox两个都不能识别。

6. * +html

*+html是专门针对IE7的写法，只有IE7可以识别。

7. * html

*html是针对IE6的写法，IE6可以识别。

本章知识体系

知 识 点	重 要 等 级	难 度 等 级
块级标签	★★★★★	★★★★
内联标签	★★★★★	★★★★
CSS布局	★★★★★	★★★★
浏览器兼容性	★★★★★	★★★★

第17章

列表和导航菜单

在 CSS 中对列表的设置更加丰富和美观，可以用字母代替数字，甚至删除项目符号或数字。

本章介绍在 CSS 中如何操作列表。

本 章 术 语

列表样式

项目符号图形

项目符号定位

水平导航菜单

垂直导航菜单

在第 5 章中介绍了 HTML 中的列表标签，主要介绍了常用的如：无序列表、有序列表、定义列表等。

在 DW 软件中，CSS 中的列表如图 17-1 所示。

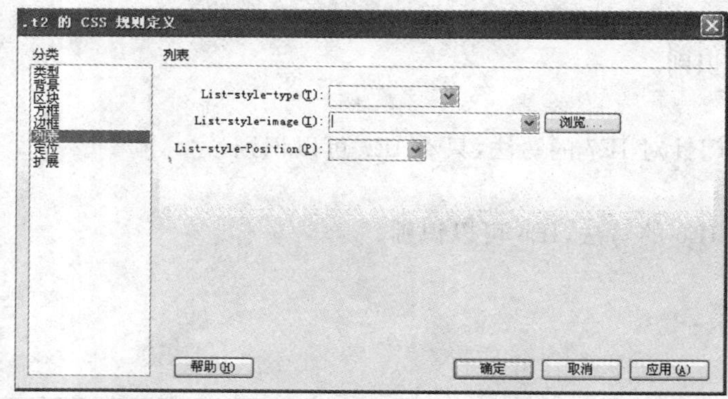

图 17-1

17.1 列表的样式

列表样式主要是指列表项目的符号类型，用 list-style-type 属性设置。

list-style-type 属性取值说明参照表 17-1。

表 17-1 list-style-type 属性取值说明

属性取值	说明
disc	实心圆形点
circle	空心圆圈
square	正方形
decimal	十进制数字
decimal-leading-zero	十进制数字,不足两位的前面补 0,例如:01, 02, 03, …, 98, 99
lower-roman	小写罗马文字,例如:i, ii, iii, iv, v, …
upper-roman	大写罗马文字,例如:I, II, III, IV, V, …
lower-greek	小写希腊字母,例如:α, β, γ …
lower-alpha	小写英文字母,例如:a, b, c, …
upper-alpha	大写英文字母,例如:A, B, C, …
none	无(取消所有的 list 样式)

网页范例 list.html

```
<style type="text/css">
  .t1 {  list-style-type:circle; }
  .t2 {  list-style-type: disc; }
  .t3 {  list-style-type: decimal; }
  .t4 {  list-style-type: square; }
  .t5 {  list-style-type: lower-alpha; }
  .t6 {  list-style-type: lower-roman; }
</style>
…
<ul class="t1">
  <li>项目一</li>
  <li>项目二</li>
  <li>项目三</li>
</ul>
<ul class="t2">
  <li>项目一</li>
  <li>项目二</li>
  <li>项目三</li>
</ul>
…
```

网页代码运行效果如图 17-2 所示。

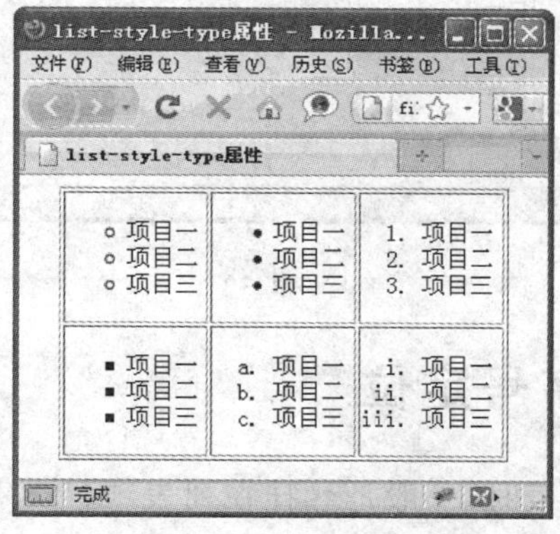

图 17-2

特别提醒

在 IE6 和 IE7 中不支持 decimal-leading-zero 和 lower-greek 选项。

17.2 项目符号图形

如果不想用方形或圆形作为项目列表中的符号，可以使用图像制作软件自己创建多彩生动的项目符号，当然网络上也有很多项目符号和图标的资源。

list-style-image 就是用来定义列表样式图片的，该属性的用法如下：


```
list-style-image: url(img/abc.gif);          /*引用图片的路径*/
list-style-image: none;                      /*不使用图像*/
```

url 和括号是必需的，括号里面的内容就是图片的内容，不能用引号将路径包围。

网页范例 list_image.html

```
<style type="text/css">
  .t1 {  list-style-image: url(hand01.gif); }
  .t2 {  list-style-image: url(002.gif); }
</style>
…
<ul class="t1">
  <li>项目一</li>
  <li>项目二</li>
  <li>项目三</li>
</ul>
<ol class="t2">
  <li>项目一</li>
  <li>项目二</li>
  <li>项目三</li>
</ol>
```

网页代码运行效果如图 17-3 所示。

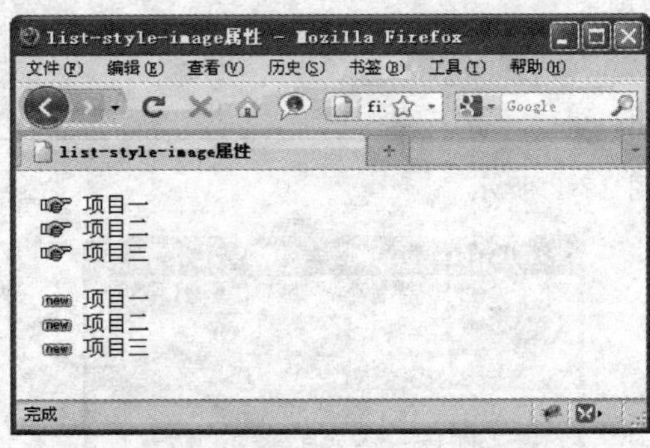

图 17-3

17.3 项目符号和序号定位

浏览器显示项目符号或序号时，一般是悬挂在列表项目文本的左边，可以使用 CSS 中的 list-style-position 属性控制项目符号的位置，让项目符号显示在文本之外或显示在文本之内。

该属性的用法如下：

```
list-style-position: outside;        /*显示在文本之外*/
list-style-position: inside;         /*显示在文本之内*/
```

网页范例 list_position.html

```
<style type="text/css">
  .t1 {
      list-style-position: inside;
      list-style-type:square;
  }
  .t2 {
      list-style-position: outside;
      list-style-type:square;
    }
</style>
</head>
<body>
<ul class="t1">
  <li>list-style-position 属性控制项目符号的位置</li>
  <li>list-style-position 属性控制项目符号的位置</li>
  <li>list-style-position 属性控制项目符号的位置</li>
</ul>
<ol class="t2">
  <li>list-style-position 属性控制项目符号的位置</li>
  <li>list-style-position 属性控制项目符号的位置</li>
  <li>list-style-position 属性控制项目符号的位置</li>
</ol>
```

网页代码运行效果如图 17-4 所示。

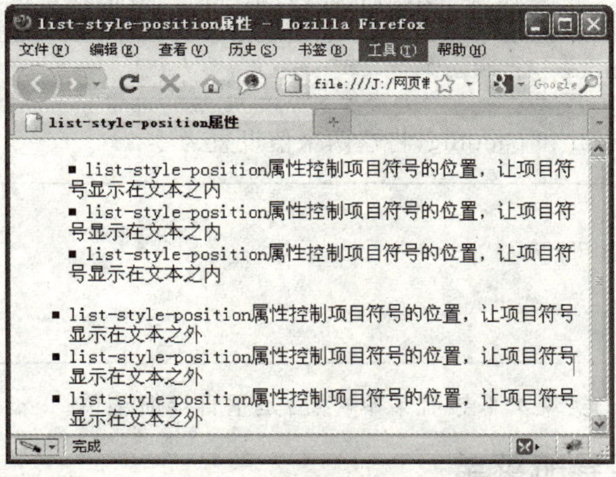

图 17-4

当 list-style-position 属性为 outside 时，可以使用 padding-left 属性调整项目符号与文本之间的距离。如果要从所有列表中消除缩进，可以创建群选择器：

```
ul,ol {
  padding-left: 0;
```

```
    margin - left: 0;
}
```

17.4 列表综合属性

上述的三种列表属性可以综合起来，用 list-style 来表示，像这样：

```
ist - style: disc url(img/ab.gif) outside;
```


样式类型是实心圆形，使用 img 文件夹中的 ab. gif 图片作为项目图片，如果图片找不到，就使用 disc，也就是使用实心圆形。

17.5 导航菜单

下面我们应用 CSS 控制列表实现导航菜单功能。网站中的导航菜单由各个栏目组成，在导航菜单中可以找到指向各个栏目的链接，所以导航菜单的实质就是一连串的链接，更准确地说，就是一个列表。

利用 CSS 控制<ul>标签，形成水平或者垂直的导航栏。像这样：

```
<ul class = "nav">
    <li><a href = "index.htm">首页</a></li>
    <li><a href = "cpjs.htm">产品介绍</a></li>
    <li><a href = "about.htm">联系我们</a></li>
</ul>
```

接下来还得对<ul>标签做两个小小的处理，第一就是取消项目符号：

```
ul .nav { list - style - type: none; }
```

第二就是消除 margin 和 padding，将这两个值设置为零：

```
.nav {
  list - style - type: none;
  margin - left: 0;
  padding - left: 0;
}
```

好了，接下来我们先实现水平导航菜单，然后是垂直导航菜单。

17.5.1 水平导航菜单

因为<li>标签是块级标签，单独占一行。正常情况下三个<li>标签是分成三行显示的，如果要实现三个<li>水平排列成一行，可以使用浮动属性，让<li>标签左浮动，彼此相连接，形成水平导航菜单的效果。

```
.nav li { float: left; }
```

接下来要处理链接了，因为链接<a>标签是内联标签，宽度和左右 padding 及左右 margin 都不起作用，必须将链接转换为块级标签，就可以给链接指定宽度了。

```
.nav a { display: block ; }
```

宽度值使用 em，可以方便实现同比例缩放。

最后，如果<ul>标签中的内容超出边界，最好将它隐藏，可以使用这行代码：

```
.nav a { overflow: hidden ; }
```

特别提醒

我们在下一章会介绍溢出(overflow)属性。

上一行的代码在 IE6 中可能不起作用，我们可以用另一种针对 IE6 的代码来代替，就是 zoom:1，如下。

```
.nav a {
    overflow: hidden ;
    zoom:1;
}
```

特别提醒

zoom:1 的作用是触发 IE 浏览器的 haslayout，解决 IE 下的浮动，margin 重叠等一些问题。添加 zoom 属性对其他浏览器没有任何影响。

最后，加上一些背景颜色、边框、填充就行了。

网页范例 list_zoom.html

```
<style type="text/css">
  .nav {
    list-style:none;             /*取消项目符号*/
    border: 1px dashed #000;     /*边框*/
    margin-left: 0;              /*左边距*/
    padding-left: 0;             /*左填充*/
    overflow:hidden;             /*溢出隐藏*/
    zoom:1;                      /*专门针对 IE6*/
}
  .nav li {
    float:left;
  }
  .nav a {
    width: 12em;                 /*字体大小*/
    display:block;               /*转换为块级标签,使宽度值生效*/
    border: 1px dashed #000;     /*边框*/
    padding: 5px;                /*填充*/
    background: #999;            /*背景色*/
    text-decoration:none;        /*去除下划线*/
    color: #333;                 /*文字颜色*/
    text-align: center;          /*文字居中*/
}
</style>
</head>
<body>
```

```
<ul class = "nav">
<li><a href = "index.htm">首页</a></li>
<li><a href = "cpjs.htm">产品介绍</a></li>
<li><a href = "about.htm">联系我们</a></li>
</ul>
```


网页代码运行效果如图 17-5 所示。

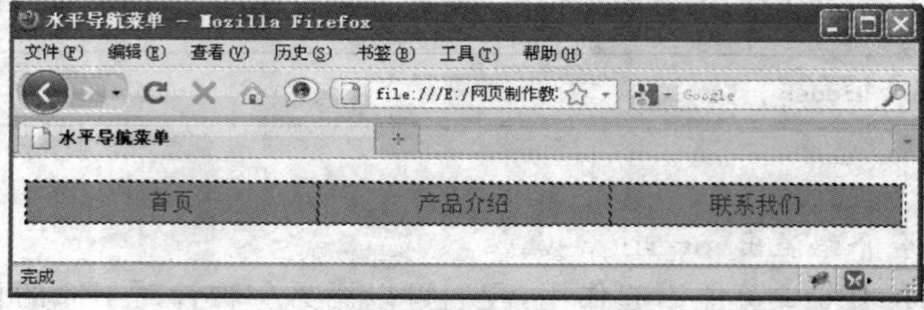

图 17-5

17.5.2 垂直导航菜单

垂直导航菜单比较简单，因为<li>标签是块级标签，默认就是独占一行，刚好是垂直的效果，只要把<a>标签转化为块级标签，加上宽度就成了。

另外还有一个文本垂直居中的问题，可以给链接设置高度，将 line-height 属性设置为与高度相同，就会实现文本垂直居中。

网页范例 line_height.html

```
<style type = "text/css">
  .nav {
    list - style:none;                /* 取消项目符号 */
    border: 1px dashed #000;          /* 边框 */
    overflow:hidden;                  /* 溢出隐藏 */
    zoom:1;                           /* 专门针对 IE6 */
  }
  .nav a {
    width: 12em;                      /* 字体大小 */
    display:block;                    /* 转换为块级标签,使宽度值生效 */
    border: 1px dashed #000;          /* 边框 */
    padding: 5px;                     /* 填充 */
    background: #999;                 /* 背景色 */
    text - decoration:none;           /* 去除下划线 */
    color: #333;                      /* 文字颜色 */
    text - align: center;             /* 文字居中 */
    height: 2em;                      /* 高度 */
    line - height:2em;                /* 行高和高度相同,实现文本居中对齐 */
  }
</style>
</head>
<body>
<ul class = "nav">
<li><a href = "index.htm">首页</a></li>
<li><a href = "cpjs.htm">产品介绍</a></li>
<li><a href = "about.htm">联系我们</a></li>
</ul>
```

网页代码运行效果如图 17-6 所示。

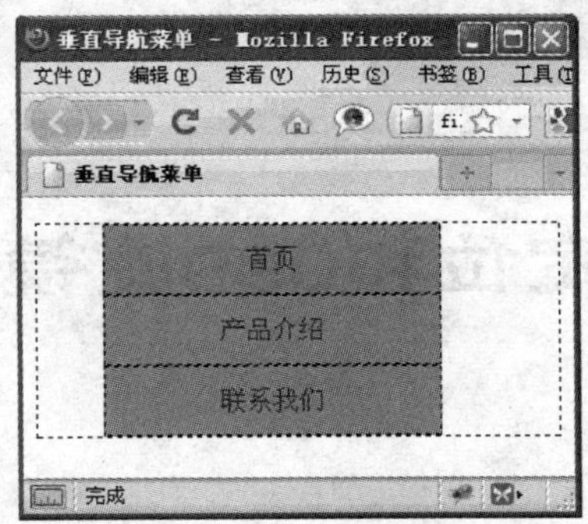

图 17-6

本章知识体系

知识点	重要等级	难度等级
列表样式	★★★	★★★
项目符号图形	★★★	★★★
项目符号定位	★★★	★★★
水平导航菜单	★★★★	★★★★
垂直导航菜单	★★★★	★★★★

第18章

定位和CSS滤镜

定位(position)属性可以控制浏览器如何显示及在何处显示元素。使用 CSS 滤镜，可以使网页文本达到图像处理软件的效果。

本章讲述网页元素的定位和使用 CSS 滤镜。

本 章 术 语

定位＿＿＿＿＿＿＿＿＿＿＿＿＿＿＿＿＿＿＿＿

层＿＿＿＿＿＿＿＿＿＿＿＿＿＿＿＿＿＿＿＿＿

鼠标指针＿＿＿＿＿＿＿＿＿＿＿＿＿＿＿＿＿＿

滤镜＿＿＿＿＿＿＿＿＿＿＿＿＿＿＿＿＿＿＿＿

在 CSS 中定位和滤镜的面板分别如图 18-1 和图 18-2 所示。

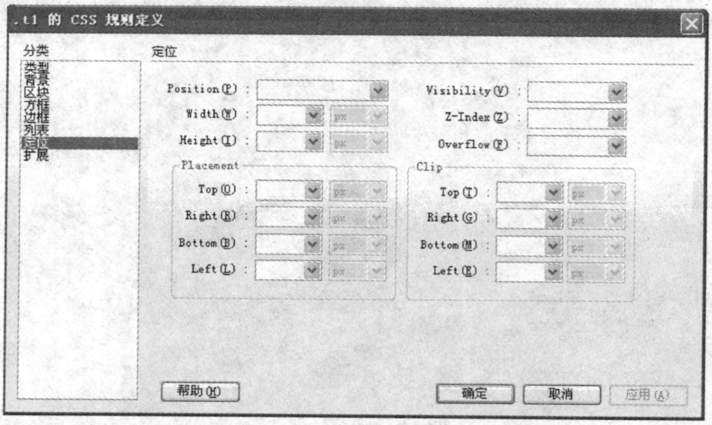

图 18-1

因为这两个属性使用频率比较少，所以合并成一章来讲解。

图 18-1 所示对话框中，左边一栏是定位(Position)和定位的位置(Placement)，右边一栏是层以及层的剪辑关系(Clip)。

图 18-2 所示对话框中，主要是打印效果和 CSS 滤镜。

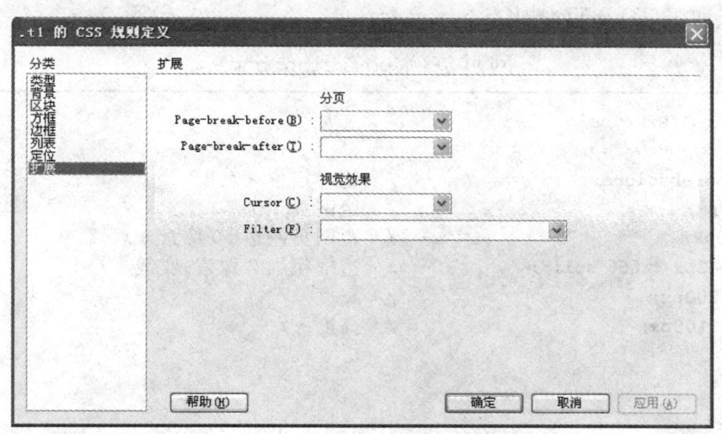

图　18-2

18.1　定位方式

定位(position)面板就是把对象放在一个层里来定位,它相当于 HTML 的 DIV 标签。position 属性取值如表 18-1 所示。

表 18-1　position 属性取值

属性取值	说　明
absolute	绝对定位,位置不会随网页大小而改变
fixed	是特殊的 absolute,即 fixed 总是以 body 为定位对象的,按照浏览器的窗口进行定位
relative	相对定位,位置会随网页大小改变而改变
static	无定位,默认设置

特别提醒

在 IE6 中,不支持 fixed 属性值。

absolute 和 relative 要与下一节中的位置属性 top、bottom、right、left 结合使用。

有如下两种情况。

(1) 如果没有设定 top、bottom、right、left,默认依据父级标签的“内容区域原始点”为原始点。

(2) 有设定 top、bottom、right、left 的情况,这里又分了两种情形。

① 父级标签没有 position 属性,那么依据浏览器左上角(即 body)为“坐标原始点”进行定位,位置由 top、bottom、right、left 属性决定。

② 如果父级标签有 position 属性,那么由父级标签的“坐标原始点”为定位的原始点。

18.2　定位位置

元素在网页中的位置是在定位方式和定位位置(top、bottom、right、left)的共同作用下,才能确定某个元素在网页中的具体位置。

位置关系的这几个属性应该是很熟悉了,取值共有三种方式,分别是 auto(自动,这是默认方式)、长度值(取像素)和百分比。

网页范例 position.html

```
<style type="text/css">
    #one {
    position:absolute;                    /*绝对定位*/
    top: 50px;                            /*距网页顶部50像素*/
    left:50px;                            /*距网页左边50像素*/
    border: 2px #666 solid;               /*边框粗细2像素,实线*/
    width: 200px;                         /*宽度*/
    height: 100px;                        /*高度*/
  }
</style>
</head>
<body>
<div id="one">元素在网页中的位置是由定位方式和定位位置的共同作用。
</div>
```

网页代码运行效果如图 18-3 所示。

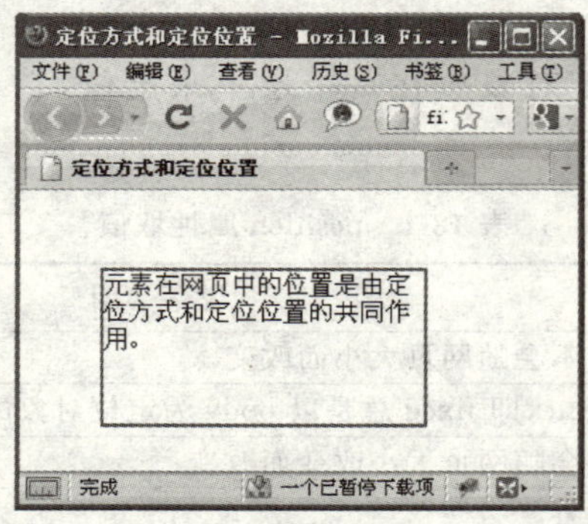

图 18-3

18.3 层

网页设计中的层就像一张纸,多个层就是多张纸。层就是一个容器,用<div>标签来描述。可以使用层的属性来设置层的样式,层的先后顺序由 z-index 属性确定。

18.3.1 层空间

如果把网页看做一个立体的三维空间,从左到右为 X 轴,从上到下为 Y 轴,视觉从前到后为 Z 轴,层空间属性(z-index)就是描述 Z 轴的,属性值越大,层就越位于上面,属性值越小,层就位于下面,上面层的内容会遮掩住下面层的内容。下面的网页范例 absolute.html 中设置了两个层,z-index 属性分别为 1 和 2,可以看到属性值为 2 的层会遮掩住属性值为 1 的层内容。效果如图 18-4 所示。

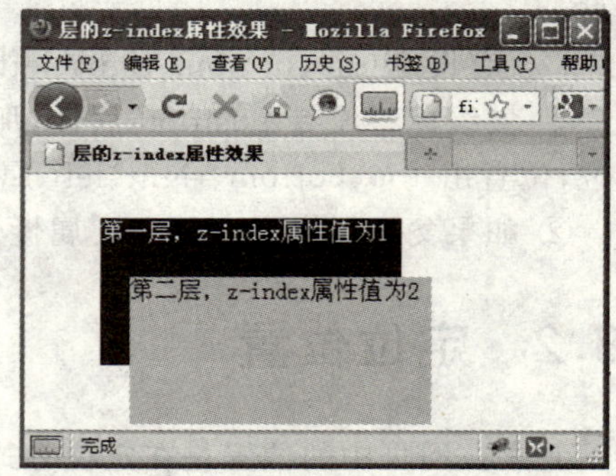

图 18-4

网页范例 absolute.html

```
<style type="text/css">
    #one {
    position:absolute;                          /*绝对定位*/
    top: 30px;                                  /*距网页顶部30像素*/
    left:50px;                                  /*距网页左边50像素*/
    width: 200px;                               /*宽度*/
    height: 100px;                              /*高度*/
    background: #000;
    z-index:1;
    color: #FFF
   }
   #two {
    position:absolute;                          /*绝对定位*/
    top: 70px;                                  /*距网页顶部70像素*/
    left:70px;                                  /*距网页左边70像素*/
    width: 200px;                               /*宽度*/
    height: 100px;                              /*高度*/
    background: #CCC;
    z-index:2;                                  /*z-index属性值越大,越处于上层位置*/
   }
</style>
</head>
<body>
<div id="one">第一层,z-index属性值为1</div>
<div id="two">第二层,z-index属性值为2</div>
```

18.3.2 层的可见性

设定层的初始显示状态,共有三种状态：Inherit(继承父层的显示属性)、Visible(表示该层是可视的)、Hidden(表示该层被隐藏,不可见)。接上例,我们把第一层的可见性设置为隐藏,如下：

```
visibility: hidden;
```

效果如图18-5所示,参见网页范例visibility.html。

网页范例 visibility.html

```
<style type="text/css">
   #one {
    position:absolute;                          /*绝对定位*/
    top: 30px;                                  /*距网页顶部30像素*/
    left:50px;                                  /*距网页左边50像素*/
    width: 200px;                               /*宽度*/
    height: 100px;                              /*高度*/
    background: #000;
    z-index:1;
    color: #FFF;
    visibility:hidden;                          /*隐藏第一层*/

   }
   #two {
    position:absolute;                          /*绝对定位*/
    top: 70px;                                  /*距网页顶部70像素*/
    left:70px;                                  /*距网页左边70像素*/
```

```
    width: 200px;                              /* 宽度 */
    height: 100px;                             /* 高度 */
    background: #CCC;
    z-index:2;                                 /* z-index 属性值越大,越处于上层位置 */
  }
</style>
</head>
<body>
<div id="one">第一层,z-index 属性值为 1</div>
<div id="two">第二层,z-index 属性值为 2</div>
```


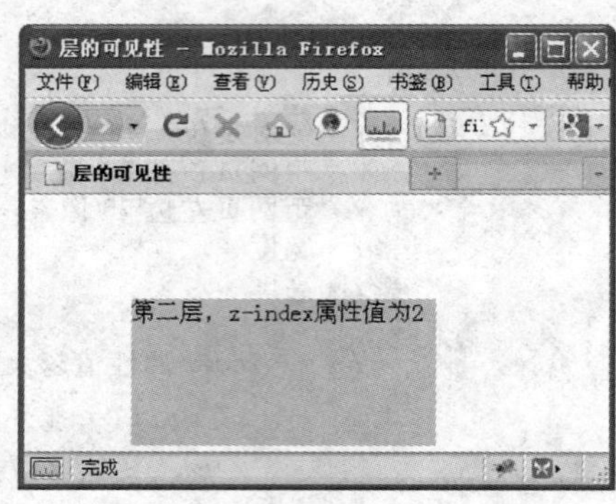

图 18-5

18.3.3 层的宽度和高度

层的大小由层的宽度和高度决定,这两个属性就是图 18-1 中的 width 和 height,使用的方法和前面讲解过的知识完全相同,可以参见 position. html。

特别提醒

设置层的大小时,一般只要设置宽度或高度中的一个值,另一个值将会自动获取。如果两个值同时设置了,就要考虑层的溢出属性(overflow)。

18.3.4 层的溢出

如果内容超出了层的大小,就要设置层的溢出(overflow)属性。当发生溢出时,有以下 4 种处理方式。

visible:增加层的大小,从而将层的所有内容显示出来。

hidden:保持层的大小不变,将超出层的内容剪裁掉。

scroll:总是显示滚动条。

auto:只有在内容超出层的边界时才显示滚动条。

网页范例 overflow. html

```
<style type="text/css">
  #one {
    position:absolute;                         /* 绝对定位 */
    top: 30px;                                 /* 距网页顶部 30 像素 */
    left:50px;                                 /* 距网页左边 50 像素 */
    width: 100px;                              /* 宽度 */
    height: 20px;                              /* 高度 */
    background: #000;
```

```
    z-index:1;
    color:#FFF;
    overflow:hidden;                          /*溢出内容隐藏*/
  }
  #two {
    position:absolute;                        /*绝对定位*/
    top: 30px;                                /*距网页顶部 70 像素*/
    left:170px;                               /*距网页左边 70 像素*/
    width: 100px;                             /*宽度*/
    height: 20px;                             /*高度*/
    background:#CCC;
    z-index:2;                                /*z-index 属性值越大,越处于上层位置*/
    overflow: visible;                        /*溢出内容可见*/
  }
  </style>
  </head>
  <body>
  <div id="one">第一层,高度为 30 像素,溢出为隐藏</div>
  <div id="two">第二层,高度为 30 像素,溢出为可见</div>
```


网页代码运行效果如图 18-6 所示。

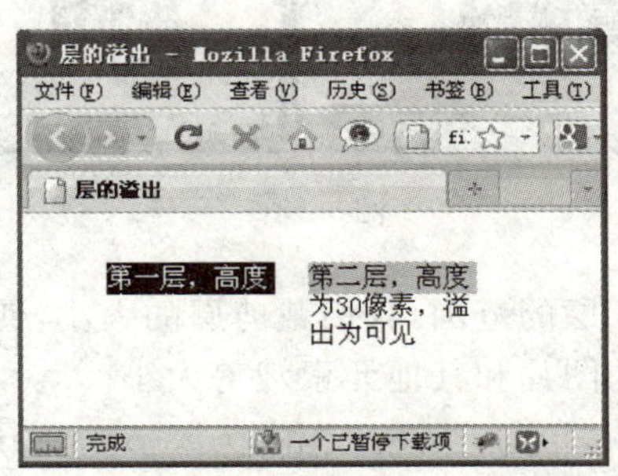

图　18-6

18.3.5　层的剪辑

层的剪辑(clip)属性是设置层的可视区域,将需要的部分留下,不需要的部分裁掉。可视区域的大小由上、右、下、左 4 个顶点的坐标来确定。在可视区域外的部分是透明的,超出这个可视区域的内容和 overflow:hidden 的效果相同。

需要特别注意的是,必须将 position 属性的值设为 absolute,此属性方可使用。另外 clip 裁切的计算坐标都是从左上角即(0,0)点开始计算。

clip 属性取值方式有两种。

一是 auto,这是默认值,也就是没有剪辑。

二是依据上、右、下、左的顺序提供自对象左上角为(0,0)坐标计算的 4 个偏移数值,其中任一数值都可用 auto 替换,即此边不剪辑。

网页范例 clip.html

```
<style type="text/css">
  #one {
   position:absolute;                                  /*绝对定位*/
   background:#000;
   color:#FFF;
   clip:rect(auto, auto, auto, auto);                  /*自动*/
```

```
    /*clip:rect(40px, 200px, 300px, 50px);*/          /*设置了具体坐标位置*/
    z-index:1;
  }
</style>
</head>
<body>
<div id="one">水光潋滟晴方好,<br />
山色空蒙雨亦奇。<br />
欲把西湖比西子,<br />
淡妆浓抹总相宜。</div>
```


网页代码运行效果如图 18-7 所示。左图是设置为自动值的效果,右图是设置了数字坐标后的效果。

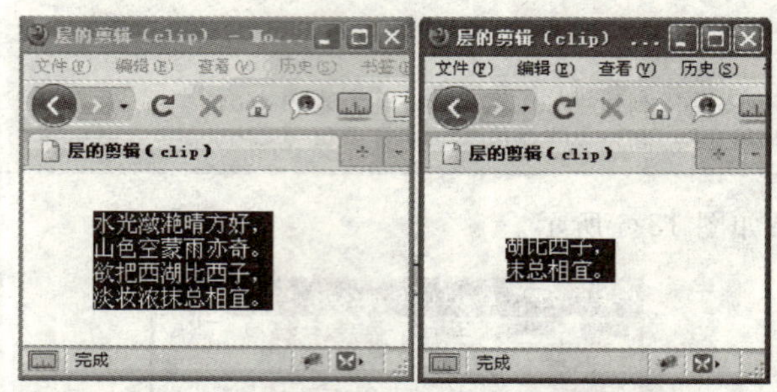

图 18-7

在上例中,文字大小超出了层的范围,我们裁剪层的大小,使超出了范围的文字为不可见。同理,也可以对放置在层里面的图片和其他元素裁剪大小。

图 18-2 中的分页中的"page-break-before"和"page-break-after"分别设置对象前出现的页分割符和对象后出现的页分割符,仅用于页面的打印,一般情况下很少用到。接下来我们了解一下鼠标指针。

18.4 鼠标指针

网页中的鼠标指针(cursor)有很多不同的形状,代表着不同的含义,比如超级链接是手的形状,帮助是问号形状等,在 CSS 中可以用 cursor 属性来实现鼠标的各种形状。

cursor 取值有三种方式。

第一种方式是自动(auto),根据元素的内容自动选择鼠标形状。

第二种方式是图像地址 url,选择自定义的图像为鼠标的形状。

第三种是关键字,DW 软件中有 14 种,表 18-2 中展示了 18 种形态。

表 18-2 鼠标指针关键字取值

关 键 字	指 针 形 状	说 明
auto	自动	默认值
crosshair	┼	十字
pointer	(手形图标)	手指的形式来表明有一个链接
wait	(沙漏图标)	当前程序正忙

续表

关 键 字	指 针 形 状	说 明
help		当前位置可得到帮助
text		文字内容
move		移动
n-resize		向上改变大小
s-resize		向下改变大小
e-resize		向右改变大小
w-resize		向左改变大小
ne-resize		向上右改变大小
nw-resize		向上左改变大小
se-resize		向下右改变大小
sw-resize		向下左改变大小
not-allowed		禁止
progress		处理中
default		正常状态

网页范例 cursor. html，请读者直接打开配套素材中的网页文件查看效果。

18.5 CSS 滤镜

滤镜(filter)是微软公司对 CSS 功能的扩展，只有 IE 浏览器才有效果，火狐浏览器无效。DW 软件中提供了 16 种滤镜，参见表 18-3。

表 18-3 滤镜属性表

滤镜属性	说 明	滤镜属性	说 明
alpha	设置透明层次	gray	把图片灰度化
blendtrans	产生一种淡入淡出的效果	invert	反色
blur	创建高速度移动效果，即模糊效果	light	创建光源在对象上
chroma	制作专用颜色透明	mask	创建透明掩膜在对象上
dropshadow	创建对象的固定影子	revealtrans	可以随机产生 23 种动态效果
FlipH	创建水平镜像图片	shadow	创建偏移固定影子
FlipV	创建垂直镜像图片	wave	波纹效果
glow	加光辉在附近对象的边外	xray	使对象变得像被 X 光照射一样

其实滤镜并不是对图像进行了什么处理，而是在浏览器中对使用了该属性的对象进行一定的修饰。实际上是样式表一个新的扩展部分，使用这种技术简单的语法就可以把可视化的滤镜和转换效果添加到一个标准的 html 元素上，例如图片、文本以及其他一些对象，为页面添加一些丰富的变化。

1. alpha 滤镜

作用：该滤镜可以实现图片或文字的透明度和渐变效果。

语法如下：

```
filter: alpha(opacity = opacity, finishopacity = finishopacity, style = style, startx = startx,
starty = starty, finishx = finishx, finishy = finishy)
```

alpha 属性的参数说明见表 18-4。

表 18-4　alpha 滤镜参数说明

参　数	说　明
opacity	代表图像或文字的透明度，数值是从 0～100，0 代表完全透明，100 代表完全不透明
finishopacity	是一个可选参数，如果想要设置渐变的透明效果，就可以使用他们来指定结束时的透明度，作用范围也是 0～100
style	表示透明区域的形状特征，其中"0"代表统一形状，"1"代表线形，"2"代表放射状，"3"代表矩形
startx	表示渐变透明效果开始处的 X 坐标
starty	表示渐变透明效果开始处的 Y 坐标
finishx	表示渐变透明效果结束处的 X 坐标
finishy	表示渐变透明效果结束处的 Y 坐标

2. BlendTrans 滤镜

作用：该滤镜可以产生一种淡入淡出的效果。

语法如下：

```
filter:BlendTrans(Duration = 3)
```

它只有一个参数：Duration 变换时间，上例中表示转换时间为 3 秒。这个滤镜必须配合 JS 建立图片序列，才能做出图片间效果。

3. blur 滤镜

作用：该滤镜主要是让图像产生一种模糊效果。

语法如下：

```
filter:blur(add = add, direction = direction, strength = strength)
```

blur 参数说明见表 18-5。

表 18-5　blur 滤镜参数说明

参　数	说　明
add	参数值是 true 或 false，用来指定图像是否被改变成印象派的模糊效果，模糊效果是按顺时针的方向进行的，true 为显示，false 为不显示，默认为 false
direction	用来设置模糊的方向的，其中 0 度代表垂直向上，每 45 度为一个单位，默认值是向左的 270 度
strength	代表有多少像素的宽度将受到模糊影响，默认的参数值是 5 个像素，而且该参数值只能使用整数来指定

4. chroma 滤镜

作用：该滤镜主要是把指定的颜色设置为透明。

语法如下：

```
filter: Chroma(Color = ?)
```

参数 Color 是指要设置为透明的颜色。

5. dropshadow 滤镜

作用：该滤镜就是给对象添加阴影效果，先建立一个偏移量，然后加上色彩。

语法如下：

```
filter:dropshadow(color = color,offx = offx,offy = offy,positive = positive)
```

dropshadow 参数说明见表 18-6。

表 18-6　dropshadow 滤镜参数说明

参　数	说　明
color	表示投射阴影的颜色
offx	表示水平方向阴影的偏移量
offy	表示竖直方向阴影的偏移量
positive	是一个布尔值，其数值如果为 true，就为任何的非透明像素建立可见的投影；如果为 false，就为透明的像素部分建立透明效果

6. fliph/flipv 滤镜

作用：主要是实现图像对象的水平或者垂直翻转效果。

语法如下：

```
filter:filph                                          /*水平翻转*/
filter:filpv                                          /*垂直翻转*/
```

7. glow 滤镜

作用：该滤镜可以给图像或者文字产生一种发光效果。

语法如下：

```
filter:glow(color = color,strength = strength)
```

color 参数是用来设置发光颜色的；strength 参数是用来指定发光强度的，其值为 1～255 之间的任何整数

8. gray 滤镜

作用：该滤镜主要是将图像对象转换成灰度形式显示。

语法如下：

```
filter:gray
```

该滤镜没有参数。

9. invert 滤镜

作用：该滤镜可以把包括色彩、饱和度和亮度值等对象的可视化属性全部翻转。

语法如下：

```
filter:invert
```

该滤镜没有参数。

10. light 滤镜

作用：模拟光源来投射文字或者图像，使图像和文字能产生一定的投射效果。

语法如下：

```
filter:light
```


这个滤镜必须配合JS代码，调用它的“方法(Method)”来设置或者改变属性。该滤镜可用的方法有：AddAmbient方法是用来加入包围光源的，AddCone方法是用来加入锥形光源的，MoveLight方法是用来移动光源的，Changestrength方法是用来改变光源强度的，Changecolor方法是用来改变光的颜色的，Clear方法是用来清除所有光源的。

11. mask 滤镜

作用：可以为对象建立一个覆盖于表面的膜，产生遮罩效果。

语法如下：

```
filter:mask(color=color)
```

color参数表示覆盖对象表面的颜色，例如如果遮罩颜色为蓝色，那么就应该设置color=blue。

12. RevealTrans 滤镜

作用：建立切换效果。

语法如下：

```
filter:RevealTrans(Duration=?, Transition=?)
```

Duration：是切换时间，以秒为单位。

Transition：是切换方式，可设置为0～23，切换效果见表18-7。

表18-7 **RevealTrans 滤镜效果**

切换效果	Transition 参数值	切换效果	Transition 参数值
矩形从大至小	0	随机溶解	12
矩形从小至大	1	从上下向中间展开	13
圆形从大至小	2	从中间向上下展开	14
圆形从小至大	3	从两边向中间展开	15
向上推开	4	从中间向两边展开	16
向下推开	5	从右上向左下展开	17
向右推开	6	从右下向左上展开	18
向左推开	7	从左上向右下展开	19
垂直形百叶窗	8	从左下向右上展开	20
水平形百叶窗	9	随机水平细纹	21
水平棋盘	10	随机垂直细纹	22
垂直棋盘	11	随机选取一种特效	23

13. RevealTrans 滤镜

作用：该滤镜可以在指定的方向建立物体的投影。

语法如下：

```
filter: shadow(color = color,direction = direction)
```

color 代表投影的底色，该数值是用英文字母来代替的，例如投影底色是红色的话，就应该设置 color=red。

direction 参数是用来设置投影方向的，如果该数值是 0 的话，就代表垂直投影，此外该数值每 45 度为一个单位，它的默认值是向左的 270 度。

14. wave 滤镜

作用：可以在水平和竖直方向利用正弦波打乱图像，使图像产生水波效果。

语法如下：

```
filter:wave(add = add,freq = freq,lightstrength = strength,
phase = phase,strength = strength)
```

wave 参数说明见表 18-8。

表 18-8 wave 滤镜参数说明

参　　数	说　　明
add	是一个布尔数值，它是用来表示是否要把对象按照波形样式打乱：true 表示是，false 表示否，默认为 false
freq	用来设置波纹频率的，也就是指定在对象上一共需要产生多少个完整的波纹
lightstrength	设置波纹光影的增强效果的，其数值范围为 0～100
strength	设置正弦波的振幅大小

15. xray 滤镜

作用：X 光滤镜可以让对象反映出它的轮廓并把这些轮廓加亮。

语法如下：

```
filter:xray;
```

该滤镜本身不含有参数。

本章知识体系

知 识 点	重 要 等 级	难 度 等 级
定位	★★★	★★★
层	★★★	★★★
鼠标指针	★★	★★
滤镜	★★★	★★★

第19章

CSS美化网站

本章讲述使用 CSS 美化链接、导航、表格、表单这些网站常见元素。

本 章 术 语

CSS 美化链接

CSS 美化表格

CSS 美化表单

19.1 链接

网页中最重要的就是链接了，没有链接，就没有网站。大部分浏览器支持 4 种链接状态：未访问的链接、已访问的链接、鼠标悬停在链接上面、正被点击的链接。CSS 提供了与这些状态相对应的 4 个伪类选择器，分别是：:link、:visited、:hover、:active，这些基本概念在第 11 章第 10 小节伪类中有介绍，接下来我们详细讲解这四种状态。

19.1.1 链接的 4 种状态

如果将网页中未访问的链接（初始状态）颜色变成蓝色，可以这样：

```
a:link { color:blue; }
```

如果有人点击了这个链接，它的状态就变成已访问了，如果要变成红色，像这样：

```
a:visited { color:red; }
```

如果鼠标移到链接上要改变链接的颜色，可以这样写：

```
a:hover { color:#f33; }
```

当用户点击链接时的效果就是 a:active，作用范围是按下鼠标却还没有的那短暂的十亿分之一秒，所以不设计也罢。

在大多数情况下，样式表中至少包括前面 3 种样式，而且要保持一定的顺序即 link、

visited、hover、active，正确的写法像这样：

```
a:link { color:blue; }
a:visited { color:red; }
a:hover { color:#f33; }
a:active { color: #900; }
```

特别提醒

如果改变上述顺序，hover 和 active 状态将不起作用。

19.1.2　链接的下划线

蓝色带下划线的文字就是网页中默认的链接标志，所以蓝色和下划线这两个地方可以改动一下，保持个性特色。

如何取消下划线呢？可以使用 text-decoration 属性，把属性值设为 none。像这样：

```
a:link { text-decoration: none; }                    /* 取消链接的下划线 */
```

取消了链接的下划线后，使得链接看起来与网页中的其他文本没有区别，所以我们可以用其他的方式来突显它，告诉网友这是链接，不是普通文本。

比较常用的一种方式是当鼠标经过链接时，下划线重新显示出来。可以在 a:hover 中，给 text-decoration 属性重新加上下划线，像这样：

```
a:link { text-decoration: none; }                    /* 取消链接的下划线 */
/* 鼠标经过链接时，添加下划线 */
a:hover { text-decoration: underline; }
```

下划线是一条 1px 的实心直线，没办法改变外观，可以用边框线来代替这条下划线，实现更多更复杂的下划线效果。像下面的代码：

```
a {
    text-decoration: none;                           /* 取消链接的下划线 */
    /* 用底部的边框线代替下划线 */
    border-bottom: dashed 1px #000;
}
```

边框线的粗细、颜色、线型都可以修改，比默认的链接下划线方便多了。文本和边框线之间的距离，可以使用 padding 属性来调整。

19.1.3　按钮形式的链接

除了文本类型的链接外，还可以把链接做成按钮的形式，先给链接加一个类：

```
<a href="#" class="button">首页</a>
```

然后利用 border、background、padding、color 等属性设置不同宽度的边框、线条类型和颜色等产生按钮的效果，光照的一边就是亮的，它的对边是暗的。

当然还要加上一个鼠标移到链接上的效果。当鼠标移上来时，可以通过使深色的背景变浅，浅色的边框变深等方法实现动态效果。先设定链接的统一样式：

```
a {
    font - family: 宋体;                    /* 字体 */
    font - size: 12px;                      /* 字号 */
    text - align:center;                    /* 文字居中 */
    margin:3px;                             /* 外边距 3 个像素 */
    text - decoration:none;                 /* 取消下划线 */
}
```

设置初始状态时的外观，要利用边框和背景属性等，4 个方向的边框可以不相同。


```
a:link {
        /* 链接初始的状态 */
        color: #662020;                     /* 文字颜色 */
        padding:4px 10px 4px 10px;          /* 内边距 */
        background: #eeddbb;                /* 背景色 */
        border - top: 1px solid #eee;       /* 边框实现阴影效果 */
        border - left: 1px solid #eee;
        border - bottom: 1px solid #717171;
        border - right: 1px solid #717171;
}
```

接着设置当鼠标移到链接上的效果，文字位置稍稍变化一下，边框的亮暗颜色互相交换：

```
a:hover{
        /* 鼠标经过时的超链接 */
        color:#881818;                      /* 改变文字颜色 */
        padding:5px 8px 3px 12px;           /* 改变文字位置 */
        background :#eecccc;                /* 改变背景色 */
        border - top: 1px solid #717171;    /* 边框变换，亮暗颜色切换 */
        border - left: 1px solid #717171;
        border - bottom: 1px solid #eee;
        border - right: 1px solid #eee;
}
```

读者可以查看网页范例 a_link. html，最终效果如图 19-1 所示。

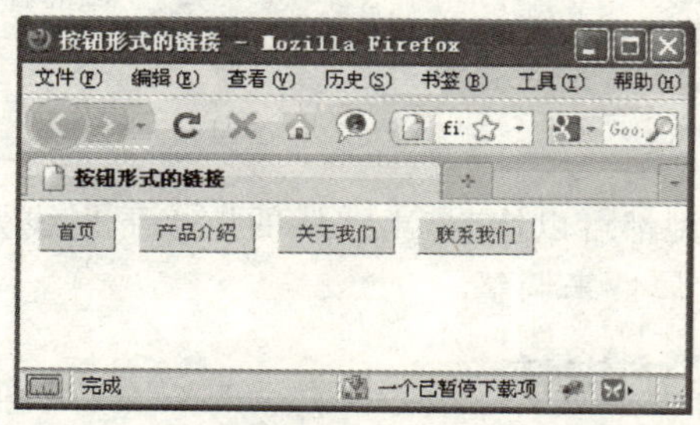

图 19-1

19.2 表格的美化

表格的作用就是显示数据，可以使用 CSS 来格式化表格。

19.2.1 表格内容的垂直对齐和水平对齐

表格中的文字内容放在单元格中，可以使用 text-align 和 vertical-align 属性来调整表格中内容的垂直对齐和水平对齐。

text-align 属性控制水平方向，属性取值为左(left)、右(right)、居中(center)、两端对齐(justify)4 种。如果要使表格的标题居中对齐，可以这样写：

```
th { text - align:center; }
```

表格中的内容全部左对齐，像这样：

```
table { text - align:left; }
```


表格除了宽度外，还有高度，通常内容在单元格中是垂直居中显示的。vertical-align 属性取值为顶端对齐(top)、居中对齐(middle)、底端对齐(bottom)、基线对齐(baseline)4 种。

vertical-align 属性是不能被继承的，所以只能用在<th>和<td>标签的样式上。

19.2.2 表格的边框

CSS 中的 border 属性设置表格的边框，但要注意以下两点。

第一：CSS 中的 border 属性格式化<table>标签时，只会给表格外围添加边框，不能给表格的内部单元格添加边框。

所以还要用 border 属性格式化<tr>和<td>标签。

第二：给单元格设置边框时，会在单元格与单元格之间留下一条间隙。

如何控制这条间隙？CSS 中的解决方案是使用 border-spacing 属性。但这个属性在 IE7 及以下版本中得不到支持，建议使用<table>标签中的 cellspacing 属性，像这样：

```
<table cellspacing = "0">
```

把 cellspacing 的值设为 0，就可以消除这条间隙。

即使消除了这条间隙，表格的单元格看起来还会变成双边框，这个双边框是如何产生的呢？

其实就是单元格的底部边框与下一个单元格的顶部边框叠加在一起，造成视觉上的双边框效果，所以终极解决方案还是需要用到 CSS 的 border-collapse 属性，这个属性取值 collapse，可以达到消除间隙和双边框的双重效果。

讲了那么多，我们开始动手实践，制作一个 2 行 4 列的表格，宽度为 400 像素，高度为 200 像素，如下：

```
< table width = "400px" height = "200px">
    < tr >< td >  </td >… 省略两列</tr >
    < tr >< td >  </td >… 省略两列</tr >
    </table >
```

预览看效果，网页上没有任何显示。我们在 CSS 中添加表格的边框。

```
< style type = "text/css">
    table {
        border: 1px solid #000;          /* 边框黑色，实线，1 像素宽度 */
    }
</style>
```

预览效果如图 19-2 所示。

中间的 2 行 4 列的单元格边框没有显示，只显示了外围的边框。前面已提到使用 CSS 中的 border 属性格式化<table>标签时，只会给表格外围添加边框，不能给表格的内部单元格添加边框。所以要单独针对<tr>和<td>标签添加边框样式。

```
<style type = "text/css">
    table {
        border: 1px solid #000;              /* 边框黑色,实线,1 像素宽度 */
    }
    tr,td {
        border: 1px solid #000;              /* 边框黑色,实线,1 像素宽度 */
    }
</style>
```

效果如图 19-3 所示。

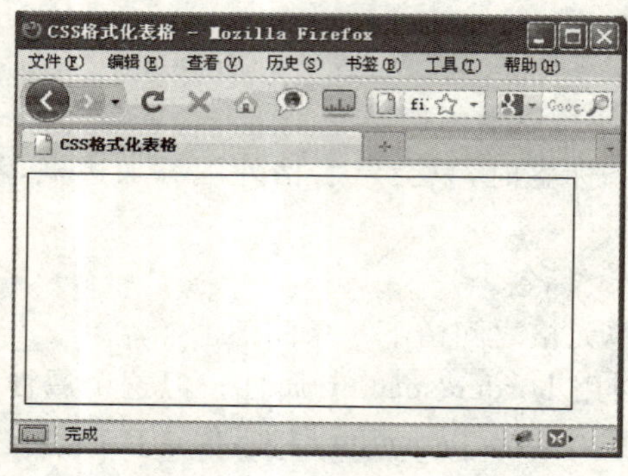

图　19-2

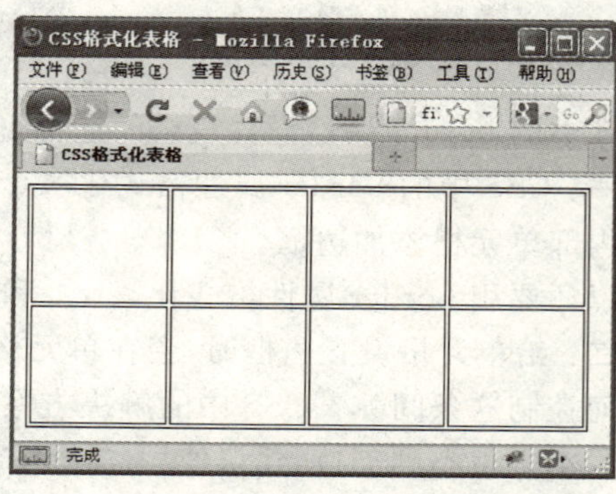

图　19-3

出现了新的问题，从图 19-3 中可以看到，出现了双边框。前文已解释了双边框出现的原因，并提出了解决方法，所以我们在样式表中添加：

```
table {
    border: 1px solid #000;                /* 边框黑色,实线,1 像素宽度 */
    border - collapse:collapse;            /* 单元格间距为 0,消除双边框 */
}
```

如图 19-4 所示，双边框问题解决了。

接下来添加上文本的垂直对齐和水平对齐，完整的代码可以参考网页范例 css_table.html，代码运行效果如图 19-5 所示。

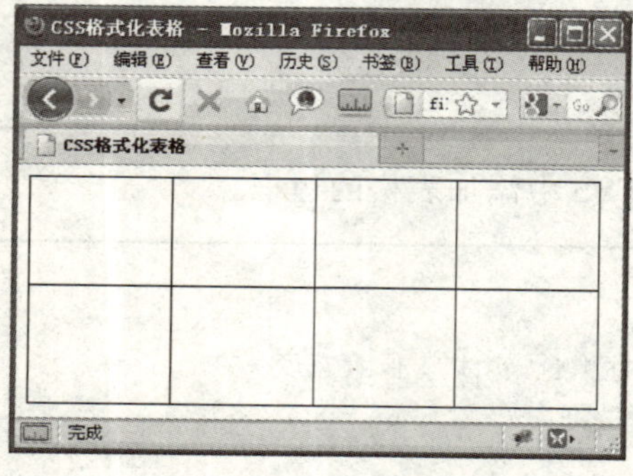

图　19-4

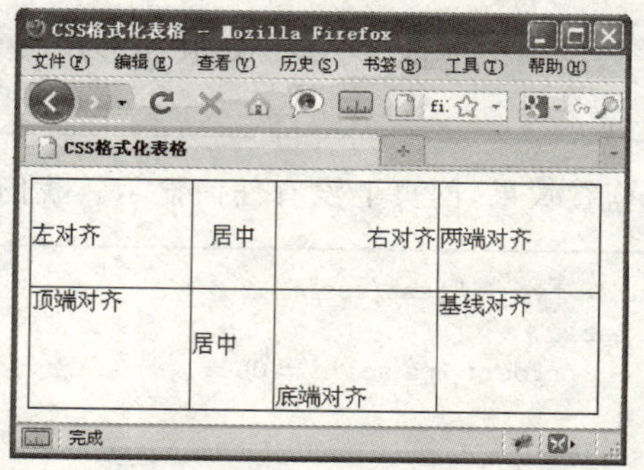

图　19-5

19.3　表单的美化

表单是网友与网站互动的主要方式，常见的如论坛、在线投票、会员注册等形式。CSS 中没有专门用于表单的属性，而且网页使用 IE 和火狐浏览器时效果可能会有差异。IE 会给复选框和单选按钮提供背景色和边框线，火狐浏览器则没有。

19.3.1　美化文本框

我们在 HTML 代码中创建一个表单的文本框，如：

```
<input type="text" class="css_text" />
```

然后使用 CSS 格式化文本框。第一步先设置文本框的边界背景部分：

```
border-left: #fff 1px solid;          /*边框颜色和粗细*/
border-top: #fff 1px solid;
border-right: #fff 1px solid;
border-bottom: #fff 1px solid;
margin: 0px 0px 15px 10px;            /*边距*/
padding-left: 10px;                   /*间距*/
background: #ccc;                     /*背景色*/
```

第二步控制文本的位置，可以使用浮动：

```
float:left;                           /*左浮动*/
```

最后设置文本框中的文字样式：

```
font-size: 1em;                       /*字体大小*/
line-height: 1.5em;                   /*行高*/
height: 20px;                         /*文本框高度*/
text-align: left;                     /*文字对齐方式*/
```

完整的网页范例 css_input.html，代码运行效果如图 19-6 所示。

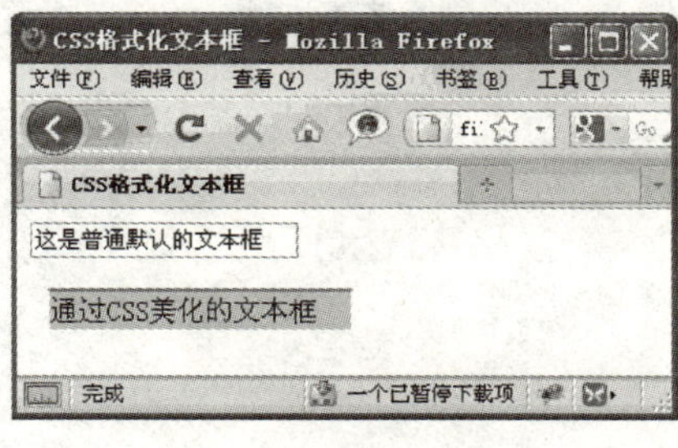

图　19-6

阶段性作业

掌握了使用 CSS 格式化文本框的方法，读者朋友可以修改有关的代码和参数尝试不同的效果。

19.3.2 美化按钮

普通按钮的 HTML 代码是这样的：

```
< input type = "button" />
```

我们给按钮添加样式文件：

```
border: #999 1px solid;          /* 边框粗细、颜色和线条 */
line - height:25px;              /* 行高 */
height:25px;                     /* 高度 */
font - size: 16px;               /* 字体大小 */
```

完整的网页范例代码 css_button.html，代码运行效果如图 19-7 所示。

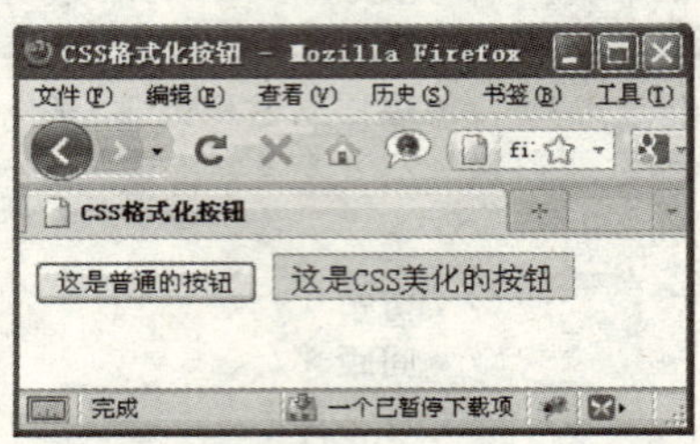

图 19-7

依此类推，表单的其他元素也可以使用 CSS 来美化，主要考虑边框粗细、颜色、位置、行高等因素。

本章知识体系

知 识 点	重 要 等 级	难 度 等 级
CSS 美化链接	★★★	★★★
CSS 美化表格	★★★	★★★
CSS 美化表单	★★★	★★★

第3部分

JavaScript部分

第20章

JavaScript基础

JavaScript是目前最流行的脚本语言，主要用来验证表单，检测浏览器，创建cookies，等等。

本章讲述JavaScript的基本概念。

本 章 术 语

JavaScript ______________________

script ______________________

20.1 JavaScript概况

JavaScript是一门重要的语言，它与浏览器的结合使它成为世界上最流行的编程语言之一，是目前Web应用程序开发者使用最为广泛的客户端脚本编程语言，世界上众多公司和开发者都用它构造出种种不可思议的应用程序。

20世纪90年代中期，大部分因特网用户使用28.8kbit/s的Modem连接到网络进行网上冲浪。为了满足用户需求，网页已经不断地变得更大和更复杂。让用户痛苦的是，为验证一个表单的有效性，就要与服务器进行多次的往返交互。当用户填完表单并单击鼠标提交后，经过漫长的十几秒等待，服务器返回的不是"提交成功"的喜悦，而是"某个字段必须为数字，请单击按钮返回上一页重新填写表单！"的错误提示。当时正处于技术革新最前沿的Netscape公司，开始认真考虑开发一种客户端脚本语言来解决简单的处理问题。

当时工作于Netscape的Brendan Eich，开始着手为即将在1995年发行的Netscape Navigator 2.0开发一个称之为LiveScript的脚本语言，后来Netscape将其更名为JavaScript。

接着Netscape公司在Netscape Navigator 3.0中发布了JavaScript的1.1版，微软公司也在IE 3.0中搭载了一个JavaScript的克隆版，称为JScript。

1997年，JavaScript 1.1作为一个草案提交给欧洲计算机制造商协会(ECMA)，由Netscape、Sun、微软、Borland和其他一些公司组成的委员会制定了ECMA-262标准。该标准定义了称为ECMAScript的全新脚本语言，它往往被称为JavaScript或JScript，但实际上后两者是ECMA-262标准的扩展。

在接下来的几年里，国际标准化组织及国际电工委员会(ISO/IEC)也采纳ECMAScript作为标准。从此，Web浏览器就将ECMAScript作为JavaScript实现的基础。

ECMA-262 几经修订和改进，2009 年 12 月已发展到第 5 版。

现在，所有的主流 Web 浏览器都遵守 ECMA-262 第 3 版，其中 IE5.5 至 IE7 支持 ECMA-262 的第 3 版，IE8 部分支持 ECMA-262 第 4 版，火狐 3.0 以上版本可以支持 ECMA-262 第 4 版。

虽然 JavaScript 和 ECMAScript 通常都被人们用来表达相同的含义，但 JavaScript 的含义却比 ECMA-262 中规定的要多得多。一个完整的 JavaScript 实现应该由下列三个不同的部分组成：

（1）核心（ECMAScript）；

（2）文档对象模型（DOM）；

（3）浏览器对象模型（BOM）。

身为 Netscape“继承人”的 Mozilla 公司，是目前唯一还在沿用最初的 JavaScript 版本编号序列的浏览器开发商。在 Netscape 将源代码提交给开源的 Mozilla 项目的时候，JavaScript 在浏览器中的最后一个版本号是 1.3。后来，随着 Mozilla 基金会继续开发 JavaScript，添加新的特性、关键字和语法，JavaScript 的版本号继续递增。

IE 的 JScript 就采用了另一种版本命名方案。换句话说，JScript 的版本号与表 20-1 中 JavaScript 的版本号之间不存在任何对应关系。而且，大多数浏览器在提及对 JavaScript 的支持情况时，一般都以 ECMAScript 兼容性和对 DOM 的支持情况为准。

表 20-1 JavaScript 版本一览

版　本	说　明
JavaScript 1.0	这是 JavaScript 的第一个发布版本，由 Brendan Eich 开发，并在 1996 年 3 月伴随 Netscape 公司的 Navigator 2.0 一起发布
JavaScript 1.1	这个版本包含在 1996 年 8 月发布的 Netscape Navigator 3.0 中。ECMA-262 第 1 版就是以这个版本为基础编写的
JavaScript 1.2	Netscape Navigator 4.0 开始，JavaScript 升级为 1.2。此时 ECMA-262 第 1 版还没有最终完成，但就算此时已经完成，JavaScript 1.2 也无法与 ECMA-262 第 1 版保持完全兼容。Netscape 为 JavaScript 1.2 新增了一些功能，但是这些功能却没有被包含在 ECMA-262 第 1 版中。而且 ECMA-262 第 1 版中新增了两条特性，全球化和平台无关，而 JavaScript 1.2 有部分功能却无法达到此要求，比如 Date 对象就是平台相关的
JavaScript 1.3	Netscape Navigator 升级到 4.06 时，JavaScript 更新为 1.3，这个版本就是为了和 ECMA-262 第 1 版保持兼容。JavaScript 1.3 修正了==和!=运算符的功能，保持和 ECMA-262 第 1 版中描述的一致，除此之外，所有 JavaScript 1.2 中的功能均被保留下来，同时也保证了和 ECMA-262 第 1 版的兼容
JavaScript 1.4	JavaScript 1.4 应该集成在 Netscape Navigator 5.0 中，但这个浏览器因为开发时间过长，而被 Gecko 为核心的全新浏览器计划顶掉，所以没有最终发布，这个版本的 JavaScript 自然也就没有面世
JavaScript 1.5	1998 年 3 月 31 日，Netscape 开源了正在开发中的 Communicator 源代码，演化为开源项目 Mozilla Suite。而不久以后，Mozilla 的引擎就更新为 Gecko，包含在 Gecko 中的 JavaScript 引擎就是 SpiderMonkey。SpiderMonkey 在 2000 年 3 月发布了 RC1，但是直到 2004 年 9 月 24 日，在经历了 6 个候选版以后，才正式发布 了 1.5 版本。 JavaScript 1.5 和 ECMA-262 第 3 版完全兼容。而且 ECMA-262 第 3 版明确规定允许对其进行扩展，所以在 ECMA-262 的新版本没有发布之 前，SpiderMonkey（用 C 实现的 JavaScript 引擎）和 Rhino（用 Java 实现的 JavaScript 引擎）对其进行了很多扩展，这也就是在 1.5 以后还有后续版本的原因

续表

版　本	说　明
JavaScript 1.6	这个版本的 JavaScript 应用在 Firefox 1.5 以及其他基于 Gecko 1.8 的产品中。具体在以下几个方面进行了加强： 增加了对 ECMAScript for XML(E4X)的支持； 为 Array 对象增加了 2 个定位方法和 5 个迭代方法； 字符串和数组泛型
JavaScript 1.7	JavaScript 1.7 涵盖了 JavaScript 1.6 的所有功能，同时又引入了一些新的特性，包括：particular generators，iterators，array comprehensions，let expressions，and destructuring assignment。该版本在 Firefox 2 被引入，同时也被应用到其他使用 Gecko 1.8.1 为内核的产品中
JavaScript 1.8	JavaScript 1.8 覆盖了 JavaScript 1.6 和 JavaScript 1.7 的所有功能，只是做了一些小调整

自 JavaScript 推出以来，各种浏览器一直都在竞相推出与此兼容的版本。就现在而言，IE 是独立的阵营，他有自己的不符合标准的 CSS，也有 IE DOM 接口；而别的浏览器如火狐、Opera、Safari 几乎都站在同一阵营上，支持 W3C 标准，有统一的 DOM 接口。所以你用最新版本的 JavaScript 来编写应用程序，可能有低标准的浏览器不能支持，但是现在的主流一定能够支持，除非用户禁用。

20.2 JavaScript 特点

JavaScript 是一种基于对象(Object)和事件驱动(Event Driven)并具有安全性能的脚本语言。使用它的目的是与 HTML 超文本标记语言、Java Applet 脚本语言(Java 小程序)等一起实现在一个 Web 页面中连接多个对象，与 Web 客户实现交互的作用。它是通过嵌入或调入到标准的 HTML 语言中实现的。它的出现弥补了 HTML 语言的缺陷，具有以下几个基本特点。

1. 解释性语言

像其他脚本语言一样，JavaScript 同样也是一种解释性语言，它提供了一个简易的开发过程，采用小程序段的方式实现编程。它的基本结构形式与 C、C++、VB、Delphi 十分类似。但它不像这些语言一样，需要先编译，而是在程序运行过程中被逐行地解释。它与 HTML 标识结合在一起，从而方便用户的使用操作。

2. 面向对象的语言

JavaScript 是一种基于对象的语言，可以看做一种面向对象的语言。这意味着它能运用自己已经创建的对象。

3. 简单性

JavaScript 的简单性主要体现在：首先它是一种基于 Java 基本语句和控制流之上的简单而紧凑的设计，从而对于学习 Java 是一种非常好的过渡。其次它的变量类型是采用弱类型，并未使用严格的数据类型。

4. 安全性

JavaScript 不允许访问本地的硬盘，并不能将数据存入到服务器上，不允许对网络文档进行修改和删除，只能通过浏览器实现信息浏览或动态交互，从而有效地防止数据的丢失。

5. 动态性

JavaScript可以直接对用户或客户输入做出响应,无须经过Web服务程序。它对用户的反映响应,是采用以事件驱动的方式进行的。比如按下鼠标、移动窗口、选择菜单等都可以视为事件,当事件发生后,可能会引起相应的事件响应。

6. 跨平台性

JavaScript是依赖于浏览器本身,与操作系统无关,只要能运行浏览器的计算机,并支持JavaScript的浏览器就可正确执行,从而实现"编写一次,走遍天下"的功能,可以移植到其他计算机中使用。

20.3 在HTML中使用JavaScript

向HTML页面中插入JavaScript的主要方法,就是使用<script>元素。HTML 4.01为<script>定义了下列5个属性。

(1) charset:可选。表示通过src属性指定的代码的字符集。由于大多数浏览器会忽略它的值,因此这个属性很少使用。

(2) defer:可选。表示脚本可以延迟到文档完全被解析和显示之后再执行。

(3) language:已废弃。原来用于表示编写代码使用的脚本语言(如JavaScript、JavaScript1.2或VBScript),大多数浏览器会忽略这个属性。

(4) src:可选。表示包含要执行代码的外部文件。

(5) type:必需。可以看成是language的替代属性,表示编写代码使用的脚本语言的内容类型(也称为MIME类型)。虽然text/javascript和text/ecmascript都已经不被推荐使用,但人们一直以来使用的都还是text/javascript。实际上,服务器在传送JavaScript文件时使用的MIME类型通常是application/x-javascript,但在type中设置这个值却可能导致脚本被忽略。另外,在非IE浏览器中还可以使用以下值:application/javascript和application/ecmascript。考虑到约定俗成和最大限度的浏览器兼容性,目前type属性的值依旧还是text/javascript。

使用<script>元素的方式有两种:直接在页面中嵌入JavaScript代码和包含外部JavaScript文件。

第一种方式:直接在页面中嵌入JavaScript代码。

```
<script type="text/javascript">
  function hello{
       window.alert("hello world!");
  }
</script>
```

只要带type属性就行,上面这段代码放在网页源码的<head>和</head>之间。

可是,在文档的<head>元素中包含所有JavaScript文件,意味着必须等到全部JavaScript代码都被下载、解析和执行完成以后,才能开始呈现页面的内容(浏览器在遇到<body>标签时才开始呈现内容)。对于那些需要很多JavaScript代码的页面来说,这无疑会导致浏览器在呈现页面时出现明显的延迟,而延迟期间的浏览器窗口中将是一片空白。为了避免这个问题,现代Web应用程序一般都把全部JavaScript引用放在<body>元素中。这样,在解析包含的JavaScript代码之前,页面的内容将完全呈现在浏览器中。而用户也会因为浏览器窗口显示空白页面的时间缩短而感到打开页面的速度加快了。

第二种方式：包含外部 JavaScript 文件。

先把下面的代码保存为 hello. js 文件：

```
function hello{
   window.alert("hello world!");
}
```

然后这样调用：

```
<script type="text/javascript" src="hello.js"/>
```


src 属性除了可以指定放置在网站文件夹内的 js 文件外，也可以指定外部的某个链接，如：

```
<script type="text/javascript" src="http://www.php.net/hello.js"/>
```

20.4 JavaScript 语法结构

1. 字符集

JavaScript 使用 Unicode 字符集编写，16 位的 Unicode 编码可以表示地球上通用的任何一种书面语言，这是国际化的一个重要特征。英语国家的程序设计者使用 ASCII 编码和 Latin-1 编码的文本编辑器编写程序。ASCII 编码和 Latin-1 编码都是 Unicode 编码的子集，所以使用这两种编码写出的 JavaScript 程序都是有效的。

2. 大小写敏感

JavaScript 是一种区分大小写的语言，在输入常量、变量、函数名等标识符时，要保持大小写一致，建议使用小写。需要注意的是，HTML 并不区分大小写，很容易搞混了。

3. 空白符和换行符

JavaScript 会忽略程序代码中的空格和换行符，所以可以在程序代码中随意使用空格和换行符来排版，使程序代码容易阅读和理解。

4. 分号

每一行语句结束时通常都有分号(;)，下面的格式分号是必须的：

```
a=3; b=4;
```

有时候分号可以省略，像下面的代码：

```
var a=3;            //第一个分号可以省略
var b=4;
```

尽量养成使用分号的习惯。

5. 注释

JavaScript 使用“//”表示注释，//的作用范围只有一行，如果需要注释多行，可以使用“/*”和“*/”把要注释的地方包围起来。

```
// 这是单行注释
/*
```

```
 * 这是多行注释
 * 上一行和本行前面加一个星号,这不是必须的,只是为了提高注释的可读性
 */
var b = 4;
```

6. 标识符

标识符,是指变量、函数、函数的参数等。标识符的命名遵守以下规则。

(1) 第一个字符必须是一个字母、下划线(_)或美元符号($);

(2) 其他字符可以是字母、下划线、美元符号或数字。

特别提醒

不能把关键字、保留字、true、false、null 用作标识符。

本章知识体系

知识点	重要等级	难度等级
JavaScript	★★★	★
script	★★★	★
JavaScript 语法结构	★★★	★★

第21章

数据类型

计算机程序中是通过值来进行运算的，能够表示并操作值的类型称为数据类型。

本章讲述 JavaScript 中的数据类型。

本 章 术 语

字符串型

数字型

布尔型

空值

未定义型

对象

数组

21.1 基本数据类型

JavaScript 中有 5 种基本数据类型：Undefined、Null、Boolean、Number、String。

1. 数字(Number)类型

1) 范围

JavaScript 中的数字不区分整型和浮点型，所有数字类型都是用浮点型来表示，有效范围大约为 10^{-308}～10^{308}。

最小的数值保存在 Number. MIN_VaLUE 中，这个值是 5e－324；最大的值保存在 Number. MAX_VALUE 中，这个值是 1.7976931348623157e＋308。

当在 JavaScript 中使用的数字大于 JavaScript 所能表示的最大值时，JavaScript 就会输出 Infinity，即正无穷大；如果 JavaScript 中使用的数字小于 JavaScript 所能表示的最小值时，JavaScript 就会输出－Infinity，即负无穷大。

通过访问 Number. POSITIVE_INFINITY 和 Number. NEGATIVE_INFINITY 也可以得到正无穷大和负无穷大的值。

2) NaN

NaN 是一个特殊的数值，通常在进行数学运算时产生了未知的结果或错误，JavaScript 就会返回 NaN,这表示数学运算返回的结果是一个非数字的特殊情况。比如用其他的数字除以 0,就会返回 NaN,这时会继续运行下一行程序代码,而不会停止执行代码。

JavaScript 定义了 isNaN()函数判断运算结果是不是 NaN。isNaN()在接收到一个值之后,会将这个值转换为数值,如果能转换为数值(字符串和布尔型也可以转换),则返回 false,如果不能转换为数值则返回 true。

网页范例 isNaN.html

```
<script type="text/javascript">
    window.alert(isNaN(NaN));      //返回 true
    window.alert(isNaN(5));        //false(整数 5 是一个有效的数值)
    window.alert(isNaN("5"));      //false(字符串 5 转换成数值 5)
    window.alert(isNaN("red"));    //true(不能转换成数值)
    window.alert(isNaN(true));     //false(true 被转换成数值 1)
    window.alert(isNaN(false));    //false(false 被转换成数值 0)
</script>
```


2. 布尔(Boolean)类型

布尔类型只有两个值:true 和 false。布尔值一般通过比较得来,像这样:

```
x == 10;                        //注意是两个等号
```

在上面的代码中,如果 x 的值等于 10,则返回 true;如果不等于 10,则返回 false。

3. 字符串(String)类型

字符串类型是由零或多个 Unicode 字符、数字和标点符号组成的字符序列。字符串可以由双引号(")或单引号(')表示。当然以双引号开头的字符串也必须以双引号结尾,而以单引号开头的字符串必须以单引号结尾,不能混合使用。

字符串一旦创建,它们的值就不能改变。下面表示字符串:

```
var x = "javascript";
```

特别提醒

var 表示定义变量,变量名为 x。

关于变量的使用方法,将在下一章中介绍。

4. Undefined 类型

Undefined 是一个特殊的类型,只有一个值,当定义了一个变量但没有为该变量赋值时,这个变量的值就是 undefined。

5. Null 类型

Null 类型也是只有一个值,代表的意思为“空”,表示一个空对象指针。注意此处的“空”并不代表数字 0 或者空字符串,数字 0 代表的是数字,空字符串代表的是长度为 0 的字符串。

6. 数据类型的转换

JavaScript 中的字符串类型、数字类型和布尔类型等数据类型,如果要进行运算时,必须先将不同的数据类型转换成相同的数据类型。

1) 自动转换

JavaScript 是一种松散类型、动态类型的语言,定义一个变量时,不需要指定变量的数据类型，JavaScript 会自动实现数据类型的转换。转换的原则就是：将类型转换到环境中应该使用的类型。像下面：

```
document.write(true);
```

在上面的代码中，write 方法输出的是字符串，所以会自动将布尔值 true 转换成字符串“true”，输出结果是字符串“true”。自动转换的情况参见表 21-1。

表 21-1 数据类型的自动转换

数据类型	具体的转换
数字类型	在字符串环境中可以隐式转换为“数字”，在布尔环境中可以隐式转换为“true”（如果是数字 0，转换为“false”）
非空字符串	在数字环境下可以隐式转换为字符串中的数字（如字符串“1314”可以转换为数字 1314）或 NaN（例如字符串“abc”），在布尔环境下可以隐式地转换为 true
空字符串	在数字环境下可以隐式转换为 0，在布尔环境下可以隐式地转换为 false
字符串"true"	在数字环境下可以隐式转换为 1，在布尔环境下可以隐式地转换为 true
字符串"false"	在数字环境下可以隐式转换为 0，在布尔环境下可以隐式地转换为 false
null	在字符串环境下可以隐式转换为字符串“null”，在布尔环境下可以隐式地转换为 false
NaN	在字符串环境下可以隐式转换为字符串“NaN”，在布尔环境下可以隐式地转换为 false
undefined	在字符串环境下可以隐式转换为“undefined”，在数字环境下可以隐式转换为 NaN，在布尔环境下可以隐式地转换为 false
true	在数字环境下可以隐式转换为 1，在字符串环境下可以隐式转换为字符串“true”
false	在数字环境下可以隐式转换为 0，在字符串环境下可以隐式转换为字符串“false”

2）转换成字符串

把一个值转换为字符串有两种方法。第一种方法是利用几乎每个值都有的 toString()方法，像下面的代码：

网页范例 tostring.html

```
var number = 20;                              //数字类型
var str = number.toString();                  //把数字类型转换成字符串类型
var b =  true;                                //布尔类型
var arr =  ["javascript","html","css"];//数组类型
document.write(str);                          //输出字符串 20
document.write(arr.toString());               //输出字符串 javascript,html,css
document.write(b.toString());                 //输出字符串 true
```

特别提醒

null 和 undefined 类型没有 toString()方法。

第二种方法就是使用 String()函数，这个函数能够将任何类型的值转换为字符串。String()函数遵守下列规则：

如果值有 toString()方法，则调用该方法并返回相应结果；

如果值是 undefined，返回“undefined”；

如果值是 null，返回“null”。

特别提醒

请读者仿照 tostring.html，练习 String()方法。

3）转换成数字类型

使用 Number()函数可以把任何数据类型转换成数字类型，规则如下：

如果是布尔类型(Boolean)，true 和 false 将分别被转换为 1 和 0；

如果是 null 类型，返回 0；

如果是 undefined，返回 NaN；

如果字符串中只包含数字，则将其转换为十进制数字，如"126"会变成 126，"3.6"会变成 3.6，"025"会变成 25(前面的零会忽略)；

如果字符串是空的，则转换成 0；

如果字符串是其他格式的字符，则转换成 NaN。

网页范例 number.html

```
var s1 = "3.6";
window.alert(Number(s1));                  //返回 3.6
var s2 = "025";
window.alert(Number(s2));                  //返回 25
var s3 = "javascript";
window.alert(Number(s3));                  //返回 NaN
var s4 = null;
window.alert(Number(s4));                  //返回 0
var s5 = true;
window.alert(Number(s5));                  //返回 1
```

另外还有两个专门用于把字符串转换成数值的函数：parseInt()和 parseFloat()。

parseInt()得到整数格式，如：

```
var s1 = parseInt("236red");               //得到 236,后面的字符串过滤了
var s2 = parseInt("");                     //空字符串,得到 NaN 值
var s3 = parseInt("30.8")                  //得到 30,小数点后面的数值过滤了
```

parseFloat()得到浮点数格式，像这样：

```
var s1 = parseInt("236red");               //得到 236,后面的字符串过滤了
var s2 = parseInt("30.8");                 //得到 30.8
```

4）转换成布尔(Boolean)类型

如果要将一个值转换成 Boolean 值，可以使用 Boolean()函数，对任何数据类型的值调用 Boolean()函数。返回一个布尔值：true 或 false。至于这个返回值到底是 true 或 false，则要取决于被转换值的数据类型及实际值，参见表 21-2。

表 21-2 Boolean()函数转换

数 据 类 型	转换为 true	转换为 false
布尔类型(Boolean)	true	false
字符串型(String)	任何非空字符串	空字符串
数字型(Number)	任何非零数字	0 和 NaN
对象(Object)	任何对象	null

5）其他常用方法

数字类型转换为字符串类型，可以将其与一个空字符串相连，像这样：

```
var s = 256 + "";                    //将数字类型变成字符串类型
```

字符串转换成数字类型，可以将其减零，像这样：

```
var s = "256"                        //字符串类型
var str = s - 0;                     //转换成数字型
```

字符串类型或数字类型转换成布尔类型，可以连续使用两次“!”运算符，如：


```
var s = "javascript";                //字符串型
var b1 = !!s;                        //转换成布尔型
var n = 236;                         //数字型
var b2 = !!n;                        //转换成布尔型
```

21.2 复合数据类型

复合数据类型有两种：对象和数组。

1. 对象

对象就是一些数据和功能的集合，这些数据可以是字符串类型、数字类型和布尔类型。对象可以通过执行 new 操作符来创建，像这样：

```
var ob = new Object();
```

然后可以给对象实例 ob 添加属性和方法。关于对象在后续章节有专门论述。

2. 数组

数组与对象一样，也是一些数据的集合。在数组中为每个数据都编了一个号，这个号称为数组的下标，下标是从零开始的。关于数组在后续章节有专门论述。

本章知识体系

知 识 点	重 要 等 级	难 度 等 级
Number	★★★★	★★★
Boolean	★★★★	★★★
String	★★★★	★★★
Undefined	★★★	★★
Null	★★★	★★
对象	★★★★	★★★★
数组	★★★★	★★★★

第22章

常量和变量

常量表示一个固定的值，变量表示一个变化的值。
本章讲述常量和变量的使用。

本 章 术 语

常量
变量

22.1 常量

常量表示一个固定的值，这个值一经确定后，不会被改变。常量分为布尔常量、整数常量、浮点常量、字符串常量4种。

1. 布尔常量

布尔常量比较简单，只有两种值：true和false。

在实践操作中，有时候也用0和1分别表示false和true，一般用于条件语句判断。

2. 整数常量

整数常量可以使用十六进制、八进制和十进制表示其值。

十进制整数就是由0～9组成的数字序列，如：

```
0
238
65489
```

八进制整数第一个数字是0，后面是一个0～7组成的数字序列，如：

```
0235
06
```

十六进制是以“0x”或“0X”开头，后面由0～9和a～f组成的数字序列，如：

```
0x236
0x3fd
```

3. 浮点常量

浮点常量是由整数部分加小数部分表示，如：

```
12.32
192.56
```

也可以使用科学或标准方法表示，如：

```
5E7
3e5
```

科学记数法中，e(或 E)后面的整数代表 10 的指数次幂，如 3e5 相当于 $3\times10^5=300\ 000$。

4. 字符串常量

字符串常量是指使用单引号(')或双引号(")括起来的一个或几个字符，如：

```
"JavaScript"
"236"
'e565'
```

如果一个字符串中本身包含了单引号或双引号，在 JavaScript 中如何表示呢？对于这种情况，就要使用字符串的转义字符，如单引号用“\'”表示，双引号用“\"”表示。常用的转义字符参见表 22-1。

表 22-1 JavaScript 中的转义字符

转义字符	含　义	转义字符	含　义
\n	换行	\\	斜杠
\t	水平制表符	\'	单引号
\b	空格	\"	双引号
\r	回车	\v	垂直制表符
\f	换页	\0	null

22.2 变量

变量是相对常量而言的，常量的值固定不变，变量的值可能会随着程序的执行而发生改变。

22.2.1 变量的命名方式

变量只是一个用于保存值的占位符而已。变量名以字母、数字和下划线(_)组成，它必须以字母或下划线(_)开头，后面可以是数字或字母。变量名称不能有空格、(+)、(-)、(,)或其他符号。

下面都是合法的变量名：

```
message
_x
x_5
```

特别提醒

JavaScript 中是大小写敏感的，变量 x 与变量 X 是两个变量。

给变量命名时，最好把变量的意义与其代表的意思对应起来，以免出现错误。

JavaScript 中保留了一些词用作关键字和保留字，关键字和保留字不能作为变量名。表 22-2 和表 22-3 中列出了 JavaScript 中的关键字和保留字。

表 22-2　JavaScript 中的关键字

break	else	new	var	case
void	finally	return	catch	for
switch	while	continue	function	this
with	default	if	throw	delete
in	try	do	typeof	instanceof

表 22-3　JavaScript 中的保留字

abstract	enum	int	short	boolean
export	interface	static	byte	extends
long	super	char	final	native
class	float	package	throws	synchronized
const	goto	private	transient	debugger
implements	protected	volatile	double	import
public				

22.2.2　定义变量

在 JavaScript 中，使用变量之前，要先定义变量，可以用关键字 var 来定义：

```
var a;                           //定义变量 a
```

上面代码定义了一个 a 变量，但没有给变量赋值，此时变量会保存一个特殊的值——undefined。

当然也可以在定义变量的同时设置变量的值。像这样：

```
var a = 100;
```

上面代码定义了一个 a 变量，并给变量赋值，把数字类型 100 保存在变量中。

变量的类型不必声明，JavaScript 会根据赋值的数据的类型来确定变量的类型：

```
var x = 100;                     //变量 x 是数字类型
var y = "125";                   //变量 y 是字符串类型
var xy =  true;                  //变量 xy 是布尔类型
var z = 19.5                     //变量 z 是数字类型
```

22.2.3　变量的值

变量可能包含两种不同数据类型的值：基本类型值和引用类型值。

基本类型值是指那些保存在栈内存中的简单数据段，这些值完全保存在内存中的一个位置，常见的数据类型有数字类型（Number）、布尔类型（Boolean）、字符串类型（String）、空值（Null）、未定义值（Undefined）5 种。这 5 种数据类型在内存中分别占用固定大小的空间，我们操作的是它们实际保存的值，所以它们是按值访问的。

引用类型值是指保存在堆内存中的对象，保存的只是一个指针，这个指针指向内存中的一个位置，在该位置保存对象。当访问这种变量时，先从栈内存中读取指针的内存地址，根据这个地址找到保存在堆内存中的值，这种访问方式，称为按引用访问。

对于引用类型值的变量，可以添加属性和方法，也可以改变和删除其属性和方法，但是不能给基本类型值的变量添加属性和方法。

22.2.4 变量的复制

1. 基本类型的值复制

如果从一个变量向另一个变量复制基本类型的值，会在栈内存中先创建一个新值，然后把该值复制到为新变量分配的内存位置上。如：

```
var a = 10;                    //定义变量 a,并赋值 10
var b = a;                     //定义变量 b,把变量 a 的值赋给 b
```

在上面的代码中，变量 a 的值为 10，变量 b 的值也为 10，这两个变量是互相独立的，各自在栈内存占有一席之地，保存的内容都是 10。假设变量 a 的内存地址是 2000，变量 b 的内存地址是 3000，对它们其中的一个变量进行操作，不会影响另一个变量。如果把变量 b 的值修改为 30，就相当于把内存地址是 3000 的变量 b 的值修改为 30，不会对内存地址是 2000 的变量 a 产生影响，所以变量 a 的值仍然是 10。

网页范例 copy_var.html

```
<script type = "text/javascript">
  var a = 10;
  var b = a;
  b = b + 20;
  window.alert("a 的值是" + a);
  window.alert("b 的最新值是: " + b);
</script>
```

2. 引用类型的值复制

如果从一个变量向另一个变量复制引用类型的值，也会把栈内存中的值复制一份放到为新变量分配的内存位置上。但这个值是一个指针，保存的是对象的内存地址，两个变量实际上指向同一个对象，所以改变一个变量，就会影响另一个变量。

网页范例 copy_obj.html

```
<script type = "text/javascript">
  var obj1 = new Object();          //创建对象变量
  var obj2 = obj1;
  obj1.age = 30;
  window.alert("变量 obj1 的年龄属性值是: " + obj1.age);
  window.alert("变量 obj2 的年龄属性值是: " + obj2.age);
  obj2.name = "中国";
  window.alert("变量 obj1 的姓名属性值是: " + obj1.name);
  window.alert("变量 obj2 的姓名属性值是: " + obj2.name);
</script>
```

变量 obj1 保存了一个对象的实例，这个值被复制给变量 obj2，两个对象都指向同一个对象。为变量 obj1 添加年龄 age 属性后，可以通过 obj2 来访问这个属性。同理，为 obj2 添加姓名 name 属性后，也可以通过 obj1 来访问姓名 name 属性。

22.2.5　检测变量的类型

如何检测变量是 5 种基本数据类型中的哪一种？可以使用 typeof 操作符，但要注意当数据类型是 null 时，返回的值是 object。

网页范例 typeof.html

```
<script type="text/javascript">
  var  str = "javascript";
  var  b = true;
  var num = 100;
  var  m;
  var  n = null;
  window.alert(typeof str);          //返回 string
  window.alert(typeof b);            //返回 boolean
  window.alert(typeof num);          //返回 number
  window.alert(typeof m);            //返回 undefined
  window.alert(typeof n);            //返回 object
</script>
```

如果是引用类型的，typeof 也会返回 object，但可以用专门检测对象的操作符 instanceof，像这样：

```
var obj = new Object();
window.alert(typeof obj);           //返回 object
window.alert(obj instanceof Object) //变量 obj 是 Object 吗?返回 true
```

关于变量先介绍这些知识，还有关于变量的作用范围及变量回收相关知识，我们在后续的章节中(介绍完函数的知识)再具体讲解。

22.3　常量和变量的区别

常量和变量都是保存在内存区，并且都有相关的类型，区别在于常量的值不能改变，变量的值可以改变。对于每一个变量，都有两个值与其关联。

(1) 它的数据值，存储在某个内存地址中，有时这个值也称为右值，可以认为右值的意思是被读取的值。常量和变量都可以作右值。

(2) 它的地址值，就是保存数据的那块内存的地址，有时也被称为左值，可以认为左值的意思是位置值。常量不能用作左值，只有变量才能用作左值。

```
1=3; //错误,1 是常量,不能用作左值
y=3; //正确,3 是常量,是右值,x 是变量,是左值
y=y + 3;
/*
正确,变量 y 同时出现在赋值操作符的左边和右边,右边的变量 y 的值被读取,与之关联的内存中的数据值被读取,左边的变量 y 用于写入数据,原来的数据值会被覆盖。
赋值号(=)右边,变量 y 和常量 3 用作右值,在左边,变量 y 用作左值。
*/
```

本章知识体系

知　识　点	重要等级	难度等级
布尔常量	★★★★	★★
整数常量	★★★★	★★
浮点常量	★★★★	★★
字符串常量	★★★★	★★
布尔变量	★★★★	★★
整数变量	★★★★	★★
字符串变量	★★★★	★★
空值	★★	★★
未定义变量	★★	★★
变量的复制	★★★★	★★★★
检测变量的类型	★★★★	★★

第23章

表达式与操作符

本章介绍表达式与操作符，如加、减、赋值、相等测试等，我们利用这些操作符来操作数据。

本章介绍表达式与操作符的相关知识。

本 章 术 语

表达式____

算术操作符____

关系操作符____

字符串操作符____

赋值操作符____

逻辑操作符____

位操作符____

23.1 表达式

表达式由一个或多个操作数构成。操作数是进行运算的常量或变量，最简单的表达式由一个常量或变量构成。一般地说，表达式的结果是操作数的右值。下面是几种简单的表达式：

```
"javascript"            //字符串常量表达式
3                       //数字常量表达式
flase                   //布尔常量表达式
x                       //变量表达式
y                       //变量表达式
```

更一般的情况下，表达式由多个操作数以及应用在这些操作数上的操作构成，如：

```
x + 2 * y               //复合表达式
3 + 5 * x               //复合表达式
(x + y) * 2 - (3 * x - 6)  //复合表达式
```

23.2 操作符介绍

应用在操作数上的操作由操作符表示。作用在一个操作数上的操作符称为一元操作符，如"一"号，放在正数前面，使正数变成负数。作用在两个操作数上的操作符称为二元操作符，如加法操作符、减法操作符。如果操作符所处理的操作数有 3 个，就称为三元操作符，在 JavaScript 中只有"?:"为三元操作符。

根据操作符的功能，主要分为下列几种。

(1) 算术操作符：返回结果为数字类型。

(2) 关系操作符：比较两个操作数，返回布尔类型。

(3) 字符串操作符：返回结果为字符串。

(4) 赋值操作符：将某个值指定给变量。

(5) 逻辑操作符：返回结果为布尔值。

(6) 位操作符：按内存中表示数值的位来操作数值。

(7) 特殊操作符：上面操作符以外的其他操作符。

23.3 算术操作符

算术操作符所处理的操作数都是数字类型的值，返回的结果还是数字类型。

1. 加法操作符

加法操作符(+)是二元操作符，对两个操作数进行相加运算，返回值是两个操作数之和。

网页范例 add.html

```
<script type="text/javascript">
  var a = 30;
  var b = a + 6;
  window.alert("b的值是" + b);
</script>
```

2. 减法操作符

减法操作符(一)是二元操作符，对两个操作数进行相减运算，返回值是第一个操作数减去第二个操作数之差。

网页范例 subtract.html

```
<script type="text/javascript">
  var a = 30;
  var b = a - 5;
  window.alert("b的值是" + b);
</script>
```

3. 乘法操作符

乘法操作符(*)是二元操作符，对两个操作数进行相乘运算，返回值是两个操作数之积。

网页范例 multi .html

```
<script type="text/javascript">
  var a = 30;
```

```
    var b = a * 3;
    window.alert("b 的值是" + b);
</script>
```

4. 除法操作符

除法操作符(/)是二元操作符,对两个操作数进行相除运算,返回值是两个操作数之商。

网页范例 div.html

```
<script type="text/javascript">
    var a = 15;
    var b = a / 2;
    window.alert("b 的值是" + b);                    //结果为 7.5
</script>
```


特别提醒

如果除数为 0(5/0),得到的结果是 Infinity;如果是 0/0,得到的结果是 NaN。

5. 模操作符

模操作符(%),又称为取余数操作符,也是二元操作符,对两个操作数进行取模操作,返回两个操作数的余数。

网页范例 mod.html

```
<script type="text/javascript">
    var a = 15;
    var b = a % 2;
    window.alert("b 的值是" + b);                    //结果为余数 1
</script>
```

6. 负号操作符

负号(一)操作符是一元操作符,可以对一个操作数进行取反操作,即把一个正数转换成相应的负数,也可以将一个负数转换成相应的正数。

7. 正号操作符

正号(+)操作符是一元操作符,不会对操作数产生任何影响。

网页范例 plus.html

```
<script type="text/javascript">
    var a = 15;
    var b = -a;                                      //负号操作符
    var c = +a;                                      //正号操作符
    window.alert("a 的值是" + a);
    window.alert("b 的值是" + b);                    //显示负 15
    window.alert("c 的值是" + c);                    //显示正 15
</script>
```

8. 递增操作符

递增(++)操作符是一元操作符,可以对一个操作数进行递增操作,每次增加 1,要求操作数的类型必须是数字类型的,如果不是,则先转换为数字类型,再进行递增操作。递增有“先使用后递增”和“先递增后使用”两种形式。

(1) 先使用后递增:当操作符在操作数之后时,先使用操作数的值,然后再将操作数递增。

网页范例 plus_plus.html

```
<script type="text/javascript">
  var a = 15;
  document.write("递增前 a 的值是" + a + "<br>");      //a 的值是 15
  var b = a++;                                         //先使用后递增
  document.write("递增后 a 的值是" + a + "<br>");      //a 的值是 16
  document.write("变量 b 的值是" + b);                 //b 的值是 15
</script>
```

运行结果如图 23-1 所示。

从图 23-1 中可以看出，先将变量 a 的值赋给变量 b 之后，再对变量 a 进行递增操作，所以本例中关键代码相当于以下代码：

```
var a = 15;
var b = a;
a = a + 1;
```

（2）先递增后使用：当操作符在操作数之前时，先将操作数的值递增，再使用操作数的值。

网页范例 add_plus.html

```
<script type="text/javascript">
  var a = 15;
  document.write("递增前 a 的值是" + a + "<br>");      //a 的值是 15
  var b = ++a;                                         //先递增后使用
  document.write("递增后 a 的值是" + a + "<br>");      //a 的值是 16
  document.write("变量 b 的值是" + b);                 //b 的值是 15
</script>
```

运行结果如图 23-2 所示。

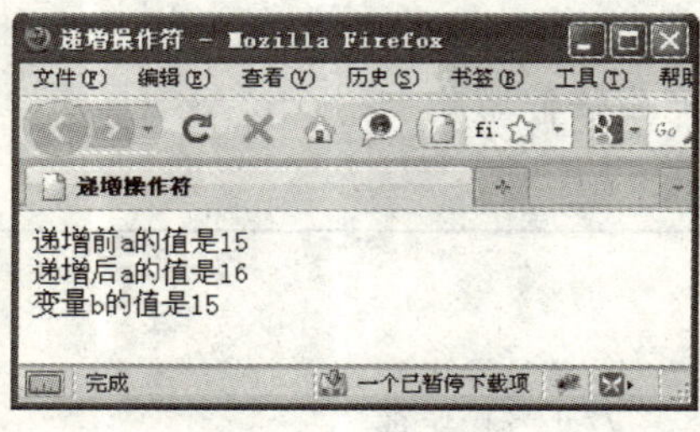

图 23-1

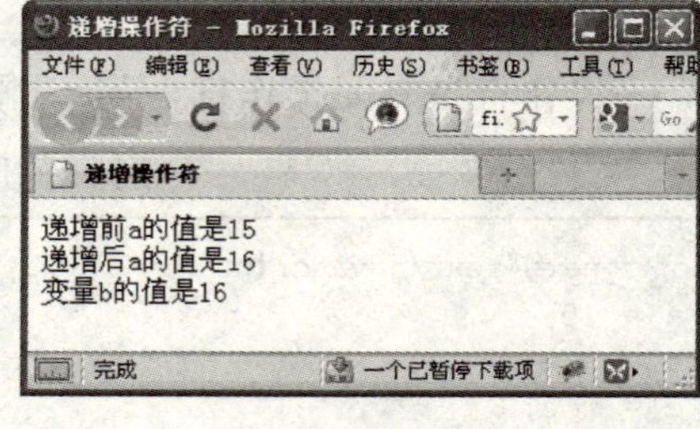

图 23-2

从图 23-2 中可以看出，先将变量 a 的值进行递增操作，然后再把变量 a 的值赋给变量 b，所以本例中关键代码相当于以下代码：

```
var a = 15;
a = a + 1;
var b = a;
```

9. 递减操作符

递减（——）操作符是一元操作符，可以对一个操作数进行递减操作，每次减少 1，要求操作数的类型必须是数字类型的，如果不是，则先转换为数字类型，再进行递减操作。和递增类似，递减也有“先使用后递减”和“先递减后使用”两种形式。

(1) 先使用后递减：当操作符在操作数之后时，先使用操作数的值，然后再将操作数递减。

网页范例 degression.html

```
<script type="text/javascript">
  var a = 15;
  document.write("递减前 a 的值是" + a + "<br>");      //a 的值是 15
  var b = a--;                                          //先使用后递减
  document.write("递减后 a 的值是" + a + "<br>");      //a 的值是 14
  document.write("变量 b 的值是" + b);                  //b 的值是 15
</script>
```

运行结果如图 23-3 所示。

从图 23-3 中可以看出，先将变量 a 的值赋给变量 b 之后，再对变量 a 进行递减操作，所以本例中关键代码相当于以下代码：

```
var a = 15;
var b = a;
a = a - 1;
```

(2) 先递减后使用：当操作符在操作数之前时，先将操作数的值递减，再使用操作数的值。

网页范例 js_degression.html

```
<script type="text/javascript">
  var a = 15;
  document.write("递减前 a 的值是" + a + "<br>"); //a 的值是 15
  var b = --a; //先递减后使用
  document.write("递减后 a 的值是" + a + "<br>"); //a 的值是 14
  document.write("变量 b 的值是" + b); //b 的值是 14
</script>
```

运行结果如图 23-4 所示。

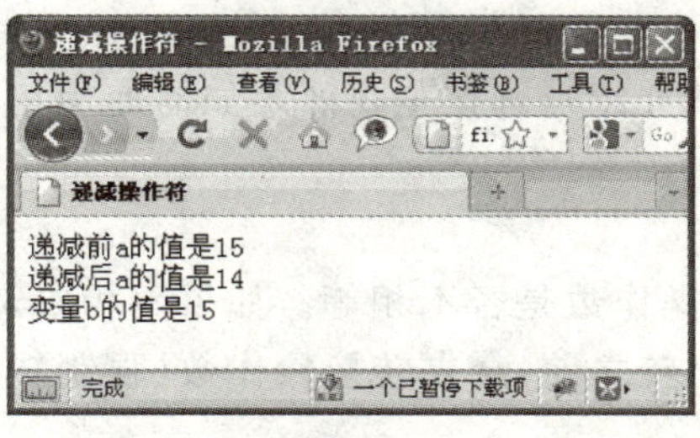

图　23-3

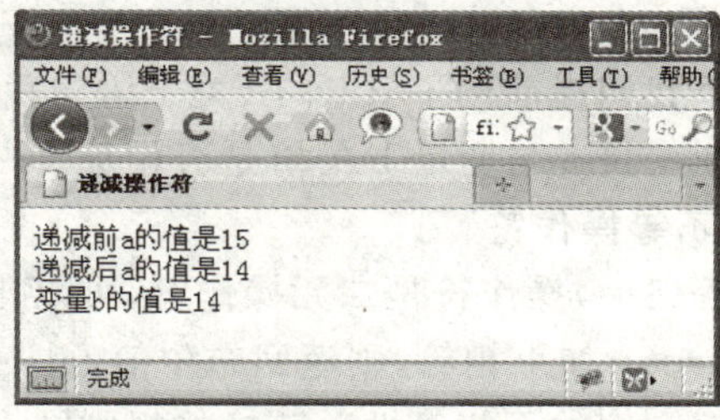

图　23-4

从图 23-4 中可以看出，先将变量 a 的值进行递减操作，然后再把变量 a 的值赋给变量 b，所以本例中关键代码相当于以下代码：

```
var a = 15;
a = a - 1;
var b = a;
```

23.4 关系操作符

关系操作符用于对两个操作数的值进行比较，比较大小关系还是相等关系，结果返回一个布尔值 true 或 false。

1. 相等操作符

相等（==）操作符是二元操作符，可以比较两个操作数是否相等。如果相等，则返回布尔值 true；如果不相等，则返回布尔值 false。在作比较之前，会先转换操作数（强制转换），然后再比较它们的相等性。

转换数据类型时，遵循下列基本规则。

(1) 如果有一个操作数是布尔值，在比较之前先转换为数值，false 转换为 0，true 转换为 1。

(2) 如果一个操作数是字符串，另一个操作数是数值，在比较之前先把字符串转换为数值。

(3) 如果一个操作数是 undefined，另一个操作数是 null，则返回 true。

(4) 如果一个操作数是对象，另一个操作数不是，则调用对象的 valueOf()或 toString()方法，将对象转化为原始类型的值再进行比较。

(5) 如果操作数类型相同，则比较这两个操作数的值，如果值相等，则返回 true，反之返回 false。

(6) 如果操作数类型的组合与以上组合都不相同，则返回 false。

网页范例 equal.html

```
<script type="text/javascript">
    var a = 20;
    var b = 30;
    if(a == b){ window.alert("变量 a 与变量 b 相等!"); }
    else{ window.alert("变量 a 与变量 b 不相等!"); }
</script>
```

这里我们提前用了 if 语句（关于语句我们下一章介绍），现在主要熟悉如何使用相等操作符来判断变量 a 与变量 b 的值是否相等。

2. 不等操作符

不等（!=）操作符是二元操作符，可以比较两个操作数是否不相等。如果不相等，则返回布尔值 true；如果相等，则返回布尔值 false。在作比较之前，会先转换操作数（强制转换），然后再比较它们的不相等性。转换的规则同上。

网页范例 not_equal.html

```
<script type="text/javascript">
    var a = 20;
    var b = 30;
    if(a != b){ window.alert("变量 a 与变量 b 不相等!"); }
    else{ window.alert("变量 a 与变量 b 相等!"); }
</script>
```

特别提醒

不等操作符与相等操作符检测的情况正好相反。

3. 全等操作符

全等操作符(===)是二元操作符,比较两个操作数是否相等。如果相等,则返回布尔值true;如果不相等,则返回布尔值false。全等操作符对操作数是否相等的判断比相等操作符的判断更严格。全等操作符只有在两个操作数类型相同,而且值也相同的情况下才会返回true。

4. 不全等操作符

不全等操作符(!==)是二元操作符,比较两个操作数是否不相等。如果不相等,则返回布尔值true;如果相等,则返回布尔值false。不全等操作符对操作数是否相等的判断比不相等操作符的判断更严格。不全等操作符只有在两个操作数类型相同,而且值也相同的情况下才会返回false。

特别提醒

由于相等和不相等操作符存在类型转换问题,为了保持代码中数据类型的完整性,推荐使用全等和不全等操作符。

网页范例 identical.html

```
<script type="text/javascript">
    var a = 20;
    var b = 30;
    if(a == b){ window.alert("变量 a 与变量 b 全等!"); }
    else{ window.alert("变量 a 与变量 b 不相等!"); }
    var m = 100;
    var n = 200;
    if(m !== n){ window.alert("变量 m 与变量 n 不全等!") }
    else{ window.alert("变量 m 与变量 n 全等!") }
</script>
```

5. 小于和大于操作符

小于操作符(<或>)是一个二元操作符,当第一个操作数小于(大于)第二个操作数时返回true,否则返回false。小于操作符的比较原理如下。

(1) 如果两个操作数都是数字型的,则按数学方面的规则进行。

(2) 如果两个操作数是字符串型的,则按逐个字符进行比较,采用字符在Unicode编号中的数值大小来进行比较。

(3) 如果一个操作数是数字型,另一个操作数是字符串型,先将字符串型的操作数转换成数字型再进行比较,如果不能转换成数字型,则返回false。

(4) 如果操作数不能转换成字符串或数字,则返回false。

(5) 如果一个操作数是NaN,则返回false。

6. 小于或大于等于操作符

小于等于操作符(<=或>=)是一个二元操作符,当第一个操作数小于(大于)或等于第二个操作数时返回true,否则返回false。小于等于操作符的比较原理同上。

网页范例 greater.html

```
<script type="text/javascript">
    var a = 20;
```

```
    var b = 30;
    if(a > b){ window.alert("变量 a 大于变量 b!"); }
    else{ window.alert("变量 a 小于变量 b!"); }
    var m = 100;
    var n = 200;
    if(m <= n){ window.alert("变量 m 小于等于变量 n!") }
    else{ window.alert("变量 m 大于等于变量 n!") }
</script>
```

23.5 字符串操作符

字符串操作符只有一个(+)操作符，作用就是连接两个字符串，产生一个新的字符串。

网页范例 string.html

```
<script type="text/javascript">
    var a = "Java";
    window.alert(a + "Script");
</script>
```

特别提醒

如果两个操作数只有一个字符串，另一个操作数是数字类型，会自动把数字类型的值转换成字符串类型再做连接。

23.6 赋值操作符

赋值(=)操作符就是给变量赋值，这是二元操作符，左值应该是一个变量，右值是一个数值。

23.7 逻辑操作符

逻辑操作符共有 3 个：与(AND)、或(OR)和非(NOT)。

1. 逻辑与(AND)

逻辑与操作符(&&)有两个操作数，只有左右两个操作数的值都为真时，才会返回 true，只要有其中任何一个操作数的值为假，其返回值都为 false。表 23-1 为逻辑与操作符的真值表。

表 23-1 逻辑与的真值表

第一个操作数	第二个操作数	结　　果
true	true	true
true	false	false
false	true	false
false	false	false

逻辑与操作属于短路操作，如果第一个操作数是 false，则无论第二个操作数是什么值，结果都是 false，只有第一个操作数是 true，才会继续判断第二个操作数的值。

逻辑与操作可以应用于任何类型的操作数,而不仅仅是布尔值。

2. 逻辑或(OR)

逻辑或操作符(||)有两个操作数,当左右两个操作数的值有一个为真时,就会返回 true,只有当两个操作数全部为为假时,才会返回 false。表 23-2 为逻辑或操作符的真值表。

表 23-2 逻辑或的真值表

第一个操作数	第二个操作数	结 果
true	true	true
true	false	true
false	true	true
false	false	false

和逻辑与操作符相似,逻辑或操作符也是短路操作符,如果第一个操作数的值为 true,不必判断第二个操作数的值,直接返回 true。

3. 逻辑非(NOT)

逻辑非操作符(!)可以应用于任何值,无论这个值是什么类型,都会返回一个布尔值。逻辑非操作符首先将操作数转换为一个布尔值,然后对其求反。如果操作数的值是 true,则返回结果是 false;如果操作数的值是 false,则返回结果是 true。逻辑非操作符遵循下列规则。

(1) 如果操作数是一个对象,返回 false。

(2) 如果操作数是一个空字符串,返回 true。

(3) 如果操作数是一个非空字符串,返回 false。

(4) 如果操作数是数字 0,返回 true。

(5) 如果操作数是非 0 的数字,返回 false。

(6) 如果操作数是 null,返回 true。

(7) 如果操作数是 NaN,返回 true。

(8) 如果操作数是 undefined,返回 true。如:

```
window.alert(!true) ;          //false
window.alert(!"red");          //false
window.alert(!0);              //true
window.alert(!"");             //true
window.alert(!123);            //false
window.alert(!NaN);            //true
```

如果同时使用两个逻辑非操作符,就相当于 Boolean()函数,第一个逻辑非操作符返回一个布尔值,第二个逻辑非操作符则对该值求反,于是就得到了这个值真正对应的布尔值,最终结果与对这个值使用 Boolean()函数的效果相同。如:

```
window.alert(!!0);             //false;
window.alert(Boolean(0));      //false
window.alert(!!123);           //true
window.alert(Boolean(123));    //true
```

23.8 位操作符

位操作符把操作数解释成有序的位集合，这些位可能是独立的，也可能组成域，每个位可以含有 0 或 1，可以分为位逻辑操作符和位位移操作符，这两种操作符都必须先将操作数转换成 32 位的二进制数值，然后再进行运算，将运算结果转换成十进制数值。JavaScript 中的位操作符如表 23-3 所示。

表 23-3　位操作符

操作符	含　义	操作符	含　义
&	按位与	~	取反
|	按位或	<<	左移
^	按位异或	>>	带符号右移
>>>	无符号右移		

对于有符号的整数，32 位中的前 31 位用于表示整数的值，第 32 位用于表示数值的符号，0 表示正数，1 表示负数，所以第 32 位称为符号位。如果是正数以二进制存储，31 位中的每一位都表示 2 的幂，第一位表示 2^0，第二位表示 2^1，以此类推。没有用到的位以 0 填充。如正数 11 的二进制表示是 00000000000000000000000000001011，或者更简洁的 1011，这是 4 位有效位，这 4 位数决定了实际的值，第一位的 1(从右向左)表示 $2^0\times1=1$，第二的 1 表示 $2^1\times1=2$，第三位的 0 表示 $2^2\times0=0$，第四位的 1 表示 $2^3\times1=8$，加起来就是十进制的 11。

负数同样以二进制存储，使用的格式是二进制的补码。编制补码的方法如下。

(1) 先求这个数值绝对值的二进制码。

(2) 求二进制反码，即将 1 替换为 0，0 替换为 1。

(3) 最后将这个得到的二进制码加 1。

当然这些转换都是由 JavaScript 自动完成，我们不必计算如何编二进制码。

1. 按位与操作符

按位与操作符(&)是一个二元操作符，按二进制位进行“与”运算。如果两个相应的操作数二进制位都是 1，则该位的结果值为 1，其余情况则为 0。表 23-4 为按位与的真值表。

表 23-4　按位与真值表

第一个操作数	第二个操作数	结果
0	0	0
0	1	0
1	0	0
1	1	1

如：3 & 5，运算过程如下。

0011 (数值 3) 注：前面的 0 此处省略

0101 (数值 5) 注：前面的 0 此处省略

0001 (得到数值 1)

2. 按位或操作符

按位或操作符(|)是一个二元操作符，按二进制位进行“或”运算。两个相应的操作数二进

制位只要有一个为 1,则该位的结果值为 1,其余情况则为 0。表 23-5 为按位或的真值表。

表 23-5 按位或真值表

第一个操作数	第二个操作数	结果
0	0	0
0	1	1
1	0	1
1	1	1

还是上例,3 | 5,运算过程如下。

0011 (数值 3) 注:前面的 0 此处省略

0101 (数值 5) 注:前面的 0 此处省略

0111 (得到数值 7)

3. 按位异或操作符

按位异或操作符(^)是一个二元操作符,按二进制位进行"异或"运算。如果第一个操作数与第二个操作数相对应位上的两个数值相同则结果为 0,否则为 1。表 23-6 为按位异或的真值表。

表 23-6 按位异或真值表

第一个操作数	第二个操作数	结果
0	0	0
0	1	1
1	0	1
1	1	0

接上例:3 ^ 5,运算过程如下。

0011 (数值 3) 注:前面的 0 此处省略

0101 (数值 5) 注:前面的 0 此处省略

0110 (得到数值 6)

4. 按位非操作符

按位非操作符(~)是一个一元操作符,作用于操作数之前,可以将操作数中所有位的数值取反,即 0 替换为 1,1 替换为 0。按位非操作的本质:操作数的负值减 1。

```
var num1 = 20;
var num2 = ~num1;          //num2 的值为 -21
```

5. 左移操作符

左移操作符(<<)是一个二元操作符,可以将第 1 个操作数中的所有数值(共 32 位)向左移动,移动的位数由第 2 个操作数决定,第 2 个操作数应该是 0~31 的整数。如:

```
a = a << 2
```

将 a 的二进制数左移 2 位,右补 0。若 a=15,即二进制数 00001111(共 32 位,前面 0 省略),左移 2 位得到 00111100(共 32 位,前面 0 省略),得到十进制数 60。如果移位后溢出,舍弃不起作用。

特别提醒

将一个值左移 1 位，相当于将该数值乘以 $2^1=2$；左移 2 位，相当于将该数值乘以 $2^2=4$，以此类推。

6. 带符号右移操作符

带符号的右移操作符(>>)是一个二元操作符，可以将第 1 个操作数中的所有数值(共 32 位)向右移动，移动的位数由第 2 个操作数决定，第 2 个操作数应该是 0～31 的整数。如：

```
a = a >> 2
```

表示将 a 的各二进制位右移 2 位，移到右端的低位被舍弃，对无符号数、高位补 0。如 a=15 时，a 为 00001111(共 32 位，前面 0 省略)，a>>2 为 00000011，最后两位 11 舍弃。

特别提醒

将一个值右移 1 位，相当于将该数值除以 $2^1=2$；右移 2 位，相当于将该数值除以 $2^2=4$，以此类推。

7. 无符号右移操作符

无符号右移操作符(>>>)与带符号的右移操作符类似，只是在右移时，最左侧的数值都是用 0 来补充。

对于正数来说，无符号右移的结果与有符号右移相同。但对于负数来说，情况有些变化，因为无符号右移操作符会把负数的二进制码当成正数的二进制码，由于负数是以其绝对值的二进制补码形式表示，可能会导致无符号右移后的结果非常大。如：

```
var num1 = -64;                  //十进制的 -64
var num2 = num1 >>> 5;           //等于十进制的 134217726
```

当对－64 执行无符号右移 5 位的操作后，得到的结果是 134217726。因为－64 的二进制编码是 11111111111111111111111111000000，当运行无符号右移操作时会把这个二进制码当成正数的二进制码，换算成十进制数就是 4294967232，把这个值右移 5 位，结果就变成了 00000111111111111111111111111110，即十进制的数 134217726。

23.9 其他操作符

1. 条件操作符

条件操作符(?:)是唯一的一个三元操作符，如：

```
var max = (num1 > num2)?num1:num2;
```

在上例中，将 num1 和 num2 两个操作中最大的值保存到变量 max 中，具体如下：如果 num1 大于 num2(括号中的语句)条件成立，将 num1(? 号后的值)给 max；如果条件不成立，将 num2(:号后面的值)给 max。

2. 逗号操作符

逗号操作符(,)主要用于声明多个变量，使得可以在一条语句中执行多个操作。如：

```
var num1 = 3,num2 = 5,num3 = 10;
```

另外，还可以用于赋值，当用于赋值时，逗号操作符总会返回表达式中的最后一项。如：

```
var num1 = (5,4,3,2,1); //num1 的值为 1
```

3. new 操作符

new 操作符用来创建一个对象实例，也可以实例化 JavaScript 中的内置对象。如：

```
var d = new Date();    //Date()是内置的日期对象,创建一个名为 d 的新日期对象然后调用这个日期对象的有关方法和属性。
```


4. void 操作符

void 操作符是一元操作符，可以作用在任何类型的操作数之前，可以让操作数进行运算，但是却舍弃运行之后的结果。

网页范例 void.html

```
<script type = "text/javascript">
    var a = 10;
    var b = 20;
    window.alert("a + b 的值是: " + (a + b));              //值是 30
    window.alert("void(a + b)的值是: " + void(a + b));    //值是 undefined
</script>
```

a+b 的值是 30，但运行 void(a+b)之后，舍弃了运行结果，所以 void(a+b)的值是 undefined。

5. typeof 操作符

typeof 操作符，在上一章介绍变量的时候已接触过，这是一元操作符，作用于操作数之前，返回一个字符串，说明操作数是什么类型。

网页范例 typeof.html

```
<script type = "text/javascript">
  var a = 10;
  var b = "javascript";
  var c = true;
  var d = null;
  var e = new Date();
  var f = [1,2];
  function g(){ window.alert("函数");}
  var h;
  window.alert(typeof a); //number
  window.alert(typeof b); //string
  window.alert(typeof c); //boolean
  window.alert(typeof d); //object
  window.alert(typeof e); //object
  window.alert(typeof f); //object
  window.alert(typeof g); //function
  window.alert(typeof h); //undefined
</script>
```

6. 对象属性存取操作符

对象属性存取操作符(.)是二元操作符,第一个操作数是对象实例,第二个操作数是属性或方法,如:

网页范例 obj.html

```
<script type="text/javascript">
  var d = new Date();
  window.alert("今年是" + d.getFullYear() + "年");
</script>
```

7. 数组元素存取操作符

数组元素存取操作符([])可以用来存取数组中的某个元素的值。

网页范例 array.html

```
<script type="text/javascript">
  var arr = ["java","script"];
  window.alert("数组的第一个元素是: " + arr[0]); //显示 java
  window.alert("数组的第二个元素是: " + arr[1]); //显示 script
</script>
```

8. delete 操作符

delete 操作符可以用来删除变量、对象的属性、数组中的元素,如果删除成功,返回 true,否则返回 false。

网页范例 delete.html

```
<script type="text/javascript">
  var arr = ["java","script"];
  window.alert("数组的第一个元素是: " + arr[0]);
  window.alert("数组的第二个元素是: " + arr[1]);
  delete arr[0]; //删除数组的第一个元素
  window.alert("数组的第一个元素是: " + arr[0]);
//因为第一个元素被删除了,输出 undefined
</script>
```

9. in 操作符

in 操作符是二元操作符,要求第 1 个操作数是字符串类型或可以转换为字符串类型的其他类型,第 2 个操作数是数组或对象。只有第 1 个操作数的值是第 2 个操作数的属性名,才会返回 true,否则返回 false。

网页范例 in.html

```
<script type="text/javascript">
  var arr = ["java","script"];
  var str = "java";
  if(str in arr) { window.alert("变量 str 是数组的一个元素"); }
  else{ window.alert("变量 str 是数组的一个元素"); }
</script>
```

10. instanceof 操作符

instanceof 操作符是用来判断对象与对象实例之间的关系,它是二元操作符,要求第一个操作数是对象或数组的名称，第二个操作数是对象类的名称。如果第一个操作数是第二个操作数的实例，则返回 true，否则返回 false。

网页范例 instanceof.html

```
<script type="text/javascript">
  var arr = ["java","script"];
  if(arr instanceof Array)
  { window.alert("变量 arr 是 Array 类的一个实例"); }
  else{ window.alert("变量 arr 不是 Array 类的一个实例"); }
  if(arr instanceof Number)
  { window.alert("变量 arr 是 Number 类的一个实例"); }
  else{ window.alert("变量 arr 不是 Number 类的一个实例"); }
</script>
```


23.10 操作符的优先级

就像数学中的混合运算一样，数学中括号中的式子优先，然后先乘除后加减，比如下面复杂的表达式：

```
var num1 = (a + b) + c - 3 * d ;
```

就会牵涉到操作符的优先级问题。优先级高的操作符先执行，优先级相同的操作符将从左至右执行，表 23-7 列出了 JavaScript 中的操作符优先级。

表 23-7 操作符优先级

操作符	说明
.、[]、()	对象属性存取操作符、数组元素存取操作符、分组或函数调用操作符
++、--、+、-、~、!、delete、new、typeof、void	递增操作符、递减操作符、正号操作符、负号操作符、按位非操作符、逻辑非操作符、delete 操作符、new 操作符、typeof 操作符、void 操作符
*、/、%	乘法、除法、取模操作符
+、-、+	加、减、字符串连接操作符
<<、>>、>>>	移位操作符
<、<=、>、>=、in、instanceof	小于、小于等于、大于、大于等于、in 操作符、instanceof 操作符
==、!=、===、!==	等于、不等于、全等、不全等操作符
&	按位与操作符
^	按位异或操作符
|	按位或操作符
&&	逻辑与操作符
||	逻辑或操作符
?:	条件操作符
=	赋值操作符
,	逗号操作符

本章知识体系

知　识　点	重要等级	难度等级
表达式	★	★
算术操作符	★★	★★
关系操作符	★★	★★
字符串操作符	★★	★★
赋值操作符	★★	★★
逻辑操作符	★★	★★
位操作符	★★	★★
操作符的优先级	★★★	★

第24章

语句和函数

JavaScript 程序中最小的独立单元是语句。通过多种形式的语句，可以控制程序代码的执行顺序，从而可以完成比较复杂的程序操作。

函数可用来把程序组织成最小的、独立的单元，把语句封装成一组算法，实现相关的功能。

本 章 术 语

表达式______________________________

选择语句______________________________

循环语句______________________________

跳转语句______________________________

异常处理语句______________________________

函数______________________________

系统函数______________________________

在默认情况下，语句以其出现的顺序执行。当然，程序按顺序执行对于解决问题来说是不够的，根据一个表达式的计算结果是 true 还是 false，让程序有选择地执行或重复地执行某一语句，所以还有选择语句和循环语句。

24.1 选择语句

选择语句的作用是让 JavaScript 根据条件选择执行哪些语句，不执行哪些语句，包括 if 语句和 switch 语句 2 种。

24.1.1 if 语句

if 语句是用来判定所给定的条件是否满足，根据判定的结果（真或假）来决定执行给出的两种操作之一。

if 语句有三种形式：

1. if(表达式)语句

这种形式的 if 语句是一个单一的选择语句，相当于“如果……就……”，其语法代码如下：

```
if(逻辑表达式)
{
  语句块
}
```

只有当逻辑表达式返回的结果为 true 时，才会去执行"语句块"中的语句，否则将会跳过"语句块"中的代码，继续执行其他的语句。

网页范例 if.html


```
<script type="text/javascript">
  var a = 10;
  var b = 20;
  if(a>b){ window.alert("a大于b"); }
  if(a<b){ window.alert("a小于b"); }
</script>
```

2. if(表达式)语句 1 else 语句 2

这种形式的 if 语句是两种选择，相当于"如果……否则……"，其语法代码如下：

```
if(逻辑表达式)
{  语句块1  }
else
{  语句块2  }
```

当逻辑表达式返回的结果为 true 时，执行"语句块 1"中的语句，执行完后，跳过 else 和语句块 2，执行其他语句。当逻辑表达式返回的结果为 false 时，执行"语句块 2"中的语句。

网页范例 if_else.html

```
<script type="text/javascript">
  var a = 10;
  var b = 20;
  if(a>b){ window.alert("a大于b"); }
  else{ window.alert("a小于b"); }
</script>
```

3. if(表达式 1)语句 1 else if(表达式 2)语句 2……

这种格式可以提供多种选择，相当于"如果……如果……如果……否则"，其语法代码如下：

```
if(逻辑表达式1){   语句块1   }
else if (逻辑表达式2){     语句块2   }
else if (逻辑表达式3){     语句块3   }
…
else {语句块n }
```

先判断逻辑表达式 1，如果逻辑表达式 1 返回的结果为 true，则执行"语句块 1"中的语句，执行完后，跳过其他 else if 和最后的 else 中的语句块。如果为 false，则跳过"语句块 1"中的语句，判断逻辑表达式 2，如果逻辑表达式 2 返回的结果为 true，则执行"语句块 2"中的语句，执行完后，跳过其他 else if 和最后的 else 中的语句块。依此类推，直到所有逻辑表达式都为

false 时，才执行最后的“语句块 n”中的语句。

网页范例 if_else_if.html

```
<script type="text/javascript">
   var d = new Date();         //创建一个日期对象
   var hour = d.getHours();
//调用对象的 getHours()方法，获得当前计算机时间，保存在变量 hour 中
   if(hour > 5 & hour <= 12){ window.alert("早上好!"); }
   else if(hour > 12 & hour <= 18){ window.alert("下午好!"); }
   else { window.alert("晚上好!"); }
</script>
```

特别提醒

if 语句可以嵌套使用。

网页范例 if_if.html

```
<script type="text/javascript">
   var d = new Date(); //创建一个日期对象
   var hour = d.getHours();
//调用对象的 getHours()方法，获得当前计算机时间，保存在变量 hour 中
   if(hour > 5 && hour <= 12){ window.alert("早上好!"); }
   else
   {
   if(hour > 12 && hour <= 18) { window.alert("下午好!"); }
   else { window.alert("晚上好!"); }
   }
</script>
```

24.1.2 switch 语句

switch 语句是多分支选择语句。实际问题中常常需要用到多分支的选择，如工资统计分类、人口统计分类(老、中、青、少、儿童)等。当然多分支可以用嵌套的 if 语句来处理，但如果分支越多，则嵌套的 if 语句层数越多，程序冗长而且可读性降低。这种情况下使用 switch 语句比 if 语句要有效得多。switch 语句可以针对变量不同的值来选择执行哪个语句块，其语法代码如下：

```
switch(变量)
{
    case 常量表达式 1: 语句块 1 break
    case 常量表达式 2: 语句块 2 break
    …
    case 常量表达式 n: 语句块 n break
    default: 语句块 n+1
}
```

在上面的代码中，先计算变量的值，然后再与“常量表达式 1”比较，如果相同，则执行语句块 1 中的语句，执行完毕跳出整个 switch 语句；如果不相同，则与“常量表达 2”比较，如果与“常量表达式 2”相同，则执行语句块 2 中的语句，执行完毕跳出整个 switch 语句；如果不同，则继续比较下去，如果所有 case 语句后的数值与变量的值都不相同，则执行 default 后的“语句块 n+1”。

网页范例 switch.html

```
<script type="text/javascript">
  var grade = 'A';
  switch(grade)
  {
    case 'A':window.alert("优秀");break;
    case 'B':window.alert("良");break;
    case 'C':window.alert("合格");break;
    case 'D':window.alert("不合格");break;
    default:window.alert("错误的等级代码");
  }
</script>
```


代码分析：上面的代码中，输入字符串“A”，则会输出“优秀”。同理，如果是字符串“BCD”，则会输出相关的等级。如果输入“ABCD”以外的其他字符串，程序跳到最后一句，输出“错误的等级代码”这句话。

24.2 循环语句

循环语句可以让 JavaScript 重复执行某个语句块，包括 while 语句、do…while 语句、for 语句和 for…in 语句 4 种。

24.2.1 while 语句

while 语句的特点是先判断，后执行，属于前测试循环语句。其语法代码如下：

```
while(逻辑表达式)
{  语句块  }
```

先判断逻辑表达式的值，如果该值为 false，则不执行“语句块”中的语句，结束循环。如果逻辑表达式的值为 true，则执行循环体中的“语句块”，执行完毕后，再去判断逻辑表达式的值，如果还是 true，再次执行循环体中的“语句块”，这种循环会一直执行下去，直到逻辑表达式的值为 false 时才退出循环。

网页范例 while.html

```
<script type="text/javascript">
  //求 1 加至 100 的和
  var i = 1;
  var sum = 0;
  while(i <= 100 )
  {
    sum = sum + i;
    i++;
  }
  window.alert("1 加至 100 的和是: " + sum);
</script>
```

24.2.2 do…while 语句

do…while 语句的特点是先执行循环体，然后判断循环条件是否成立，属于后测试循环语句。其语法代码如下：

```
do{  语句块  }
while{  逻辑表达式  }
```

先执行循环体中的“语句块”，再判断逻辑表达式是否为 true。如果为 true，则重复执行循环体中的语句；如果为 false，则循环结束。

网页范例 do_while.html

```
<script type="text/javascript">
  //求 1 加至 100 的和
  var i = 1;
  var sum = 0;
  do
  {
    sum = sum + i;
    i++;
  }
  while(i <= 100 )
  window.alert("1 加至 100 的和是: " + sum);
</script>
```

特别提醒

尽量不要使用 do…while 循环。

24.2.3 for 语句

for 语句的使用最为灵活，不仅可以用于循环次数已经确定的情况，而且可以用于循环次数不确定而只给出循环结束条件的情况，它完全可以代替 while 语句。其语法代码如下：

```
for(循环变量初始化; 循环条件; 循环变量增值)
{ 语句块 }
```

从上面代码可以看出，for 语句中包括以下 3 个表达式。

(1) 循环变量初始化表达式：该表达式的作用是为循环体所循环的次数设置初始值。这个初始值不一定就是 0，也可以是其他数值。

(2) 循环条件表达式：该表达式是用来判断是否执行循环体。

(3) 循环变量增值表达式：该表达式是用来改变初始化变量的值，从而控制循环的次数。

网页范例 for.html

```
<script type="text/javascript">
  //求 1 加至 100 的和
  var i;
  var sum = 0;
  for(i = 1;i <= 100; i++ )
  {
    sum = sum + i;
  }
  window.alert("1 加至 100 的和是: " + sum);
</script>
```

24.2.4 for…in 语句

for…in 语句是另一种形式的循环，可以遍历对象中的所有属性或数组中的所有元素，也常用来为对象的所有属性赋值。其语法代码如下：

```
for(变量  in  对象)
{  语句块  }
```

网页范例 for_in.html

```
<script type="text/javascript">
  var arr = ["java",100,true]; //建立一个包含有三个元素的数组
  var i;
  for( i in arr)
  {
    window.alert("数组中元素的值分别是" + arr[i]);
  }
</script>
```

代码分析：因为数组元素是从 0 开始算的，上面 arr[i]在程序代码运行时，分别代表 arr[0]、arr[1]、arr[2]。关于数组，我们后续章节还有介绍。

24.3 跳转语句

在循环语句的循环体中，允许在满足一定条件的情况下，直接跳出循环体或开始一个新的循环，这种操作就需要使用跳转语句。在 JavaScript 提供了两种跳转语句：break 语句和 continue 语句。

24.3.1 break 语句

break 语句的作用是跳出循环体或结束 switch 语句。

网页范例 break.html

```
<script type="text/javascript">
  for(var i = 0; i < 5; i ++ )
  {
    if(i == 3){  break; }
//当循环执行到条件等于 3 时，整个循环终止，3 以后的循环便不再执行；
    document.write("当前 i 值为: " + i + "<br>");
  }
document.write("循环结束");
</script>
```

运行结果如图 24-1 所示。

代码分析：上面的代码中变量 i 的值从 0 到 4 共有 5 次循环。当变量 i 的值为 3 时，执行 break 语句，结束 for 循环，执行 for 循环结束后的下一行代码，也就是打印“循环结束”这行字。

在 JavaScript 中，循环语句是可以嵌套的。在嵌套的循环语句中，break 语句只能跳出离该语句最近一层的循环语句，而不是所有循环语句。

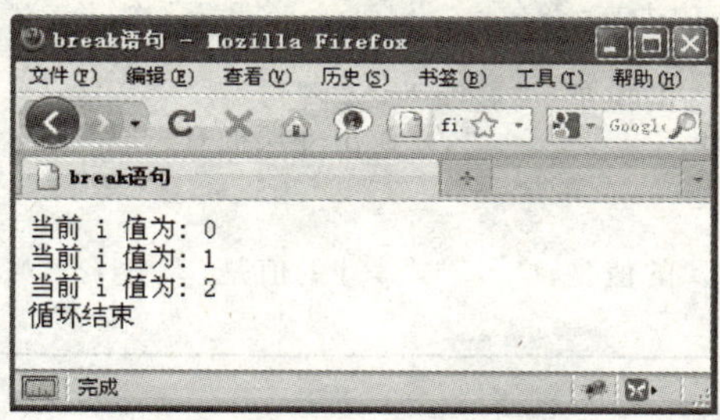

图 24-1

网页范例 break_for.html

```
<script type="text/javascript">
  for(var i=0; i<4; i++)
  {
  for(var j=0; j<10; j++)
  {
    if(j>1){ break; } // 跳出内层循环,但外层循环继续
    document.write("i = "+i+" , j = "+j+"<br />");
    }
  }
document.write("最终 i 的值是: "+i+" , j 的值是: "+j);
</script>
```

运行效果如图 24-2 所示。

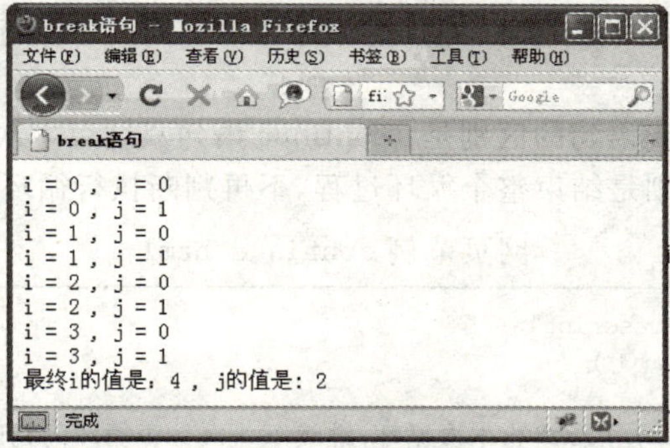

图 24-2

代码分析：在上面的代码中，外层的变量 i 从 0 到 3 共循环了 4 次，内层的变量 j 从 0 到 1 只循环了两次。虽然程序中预设了 4 次，但当变量 j 的值大于 1 时，执行 break 语句，终止了内层循环，但外层的循环没有受到影响。

另外，break 语句也可以通过借助标签语句跳转到一个指定的循环之外。

网页范例 break_label.html

```
<script type="text/javascript">
    out: //标签语句
    for(var i=0; i<4; i++)
  {
    document.write("循环开始<br>");
    document.write("变量 i 的值是: "+i+"<br>");
```

```
    for(var j = 0; j < 10; j++ )
   {
    document.write("变量 j 的值是: " + j + "<br>");
    if(j == 1){ break out;  }          // 跳出外层循环,整个循环结束
    }
   }
document.write("最终变量 i 的值是: " + i + " , j 的值是: " + j);
</script>
```

运行结果如图 24-3 所示。

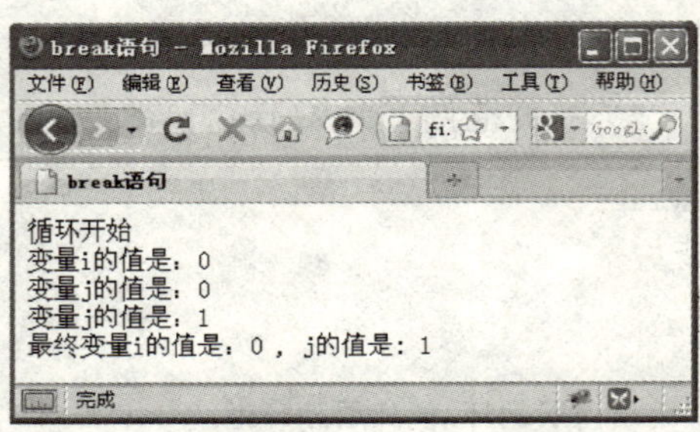

图 24-3

代码分析：从上面代码运行结果可以看出，外层的 for 循环只执行了一次，内层的 for 循环执行了两次，因为内层 for 循环中的 break 语句直接跳出了标签为 out 的外层 for 循环。

24.3.2 continue 语句

continue 的作用是结束本次循环，即跳过循环体中下面尚未执行的语句，接着进行下一次是否执行循环的判断。

continue 语句与 break 语句的区别是：continue 语句只结束本次循环，而不是终止整个循环的执行；而 break 语句则是结束整个循环过程，不再判断执行循环的条件是否成立。

网页范例 continue.html

```
<script type = "text/javascript">
  for(var i = 1;i <= 5;i++ )
  {
    if(i == 3){ continue; } //终止本次循环,继续下一次是否循环的判断
    document.write(i);
 }
</script>
```

代码分析：程序输出了 1245，没有输出 3，因为当 i 等于 3 时，终止了本次循环，也就不会打印出 3 了，但其他的循环继续运行。

24.4 异常处理语句

在 JavaScript 中，可以对产生的异常进行处理。异常是指在程序运行中产生了某些异常情况或错误。处理这些异常情况或错误所使用的语句就是异常语句。异常处理语句有 throw 语句和 try…catch…finally 语句 2 种。

24.4.1　throw 语句

throw 语句的作用是抛出一个异常，就是通知发生了异常情况或错误。语法格式如下：

```
throw 表达式
```

网页范例 throw.html

```
<script type="text/javascript">
  var a = 10;
  if(a>10)
  { throw new Error("错误,a 的值不能大于 10"); }
</script>
```

throw 只是抛出一个异常，但对这个异常并不处理。

24.4.2　try…catch…finally 语句

try…catch…finally 来处理抛出的异常，语法格式如下：

```
try
  {语句块}
catch(e)
  {语句块}
finally
  {语句块}
```

网页范例 try_catch_finally.html

```
<script type="text/javascript">
var x = window.prompt("请输入 1 至 5 之间的整数","")
//弹出一个输入窗口,等待输入,并把这个值赋给变量 x
try
{
    if( x > 5 )
      { throw "Err1" }
    else if( x < 1 )
      { throw "Err2" }
}
catch(er)
{
    if(er == "Err1")
      { window.alert("输入的整数大于 5"); }
    if(er == "Err2")
      { window.alert("输入的整数小于 1"); }
}
finally
{    }
</script>
```

代码分析：输入 1 至 5 的整数，接收用户输入的数据后，进行判断，并给出相关提示。

24.5　函数

函数可以用来把程序组织成小的、独立的单元。每个函数封装一个或者一组算法，这些算法又分别应用在特定的数据集上。接下来我们将描述怎样声明和定义函数，以及怎样在程序中调用它们。

24.5.1 什么是函数

函数可以被看做是一个由用户定义的操作。在编写程序时，为了方便日后的维护以及使程序更好地结构化，把一些重复使用的代码独立出来，这种独立的代码块就是函数。通过函数可以封装任意多条语句，而且可以在任何地方、任何时候调用执行。

函数由一个名字来表示。函数的操作数，称为参数，由一个位于括号中并且用逗号分隔的参数表来指定。

在 JavaScript 中函数分为系统函数和自定义函数两种。如果一个函数是 JavaScript 内置的函数，就称为系统函数；如果一个函数是程序员自己编写的函数，就称为自定义函数。

24.5.2 定义函数

在 JavaScript 中使用 function 语句定义函数。语法格式如下：

```
function 函数名(参数 1,参数 2…)
{
  代码块
  return 返回值
}
```

以下是一个函数示例：

```
function sum(sum1,sum2)
{
  var sum;
  sum = sum1 + sum2 ;
  return sum;
}
```

一个完整的函数通常包括以下几个部分。

function 关键字：用于定义函数。

函数名：一般来说函数名最好有一定的含义，从名字上知道这个函数的功能。

参数：可以没有参数或多个参数，如果是多个参数，用逗号分隔，参数放在小括号中，不管有没有参数，小括号是不能少的。

函数体：用{}包括起来的代码块。

返回值：用 return 返回函数的值，如果没有返回值，return 可以省略。

24.5.3 调用函数

函数定义后，不会执行函数体中的代码，只有在调用函数的时候，才会执行。因为函数分为有返回值和没有返回值两种情况，所以调用方式也分为下列几种。

1. 直接调用没有返回值的函数

网页范例 no_return.html

```
<script type="text/javascript">
 function hello(str) //定义一个函数,函数名为 hello
```

```
  {
    window.alert(str); //没有 return 语句,此函数没有返回值
  }
  hello("JavaScript!"); //直接调用没有返回值的函数
  hello("网页制作教程!"); //直接调用没有返回值的函数
</script>
```

代码分析：在本例中，定义了一个函数名为 hello 的函数，函数体中的代码功能是弹出一个窗口，输出一个字符串。因为函数体中没有 return 语句，这个函数没有返回值。调用的方式就是直接书写函数名加上参数。

2. 通过事件调用没有返回值的函数

也可以通过鼠标事件调用没有返回值的函数。

网页范例 click_return.html

```
<script type="text/javascript">
  function hello(str)
  {
    window.alert(str); //没有 return 语句,此函数没有返回值
  }
</script>
<a href="#" onclick="hello('javascript!')">点击我</a>
```

代码分析：在本例中，创建了一个超级链接，通过链接的点击事件（onclick）调用了 hello 函数。

3. 调用有返回值的函数，把返回值赋给变量

当函数有返回值时，把返回值赋给变量或对象、数组等，方便程序代码进一步处理。

网页范例 return.html

```
<script type="text/javascript">
  function sum(x,y)
  {
    var z = x + y;
    return z;                                  //返回 z 的值
  }
var he = sum(3,5);                             //把函数的返回值赋给变量 he
  window.alert("3 加 5 的和是: " + he);
</script>
```

代码分析：在上面的代码中，把函数的返回值赋给变量 he。

24.5.4 函数的参数

JavaScript 函数的参数与大多数其他语言中函数的参数有所不同，并不介意传递进来多少个函数，也不在乎传进来的参数是什么数据类型。即使函数只定义了两个参数，调用函数时可以传递一个、三个，或不传递参数也没有关系（当然不建议这样操作）。

如果传递的参数个数小于函数定义的参数个数，JavaScript 会自动将多余的参数值设为 undefined，这就相当于定义了变量没有初始化一样。如果传递的参数个数大于函数定义的参数个数，那么多余的参数将会被忽略掉。

JavaScript 中的参数在内部是用一个数组来表示的，在函数体内可以通过 arguments 对象来访问这个参数数组，从而获取传递给函数的每一个参数。可以使用方括号语法来访问它的

每一个元素(第一个元素是 arguments[0],第二个元素是 arguments[1],以此类推),使用 length 属性来确定传递进来多少个参数。

网页范例 arguments.html

```
<script type="text/javascript">
  function sum(x,y)
  {
    document.write("第一个传递进来的参数值是: "
       + arguments[0] + "<br>");
    document.write("第二个传递进来的参数值是: "
       + arguments[1] + "<br>");
    document.write("传递的参数个数一共是:" + arguments.length + "个");
  }
  sum(3,5);
</script>
```


网页代码运行效果如图 24-4 所示。

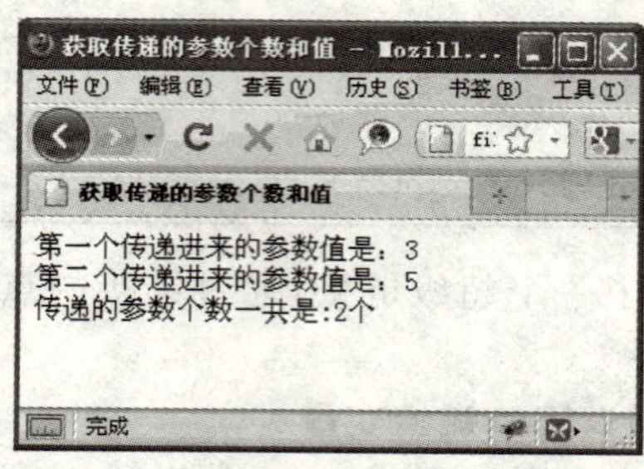

图 24-4

代码分析:在上面的代码中,传递了两个参数 3 和 5,通过 arguments.length 来获取传递的参数个数,通过 arguments 数组来获取参数的值。

特别提醒

JavaScript 中的所有参数传递的都是值,不可能通过引用传递参数。

JavaScript 中的函数没有重载。

24.6 系统函数

在 JavaScript 中,有很多系统内置的函数,这些函数可以实现很多不同的功能。

24.6.1 编码函数 escape()

编码函数 escape()的作用是将字符串中的非文字、数字中的字符转换成相应的 ASCII 码,将传入参数中的所有空格、标点符号、重音字符以及其他任何非 ASCII 字符替换为%xx 的编码形式,其中 xx 与其所表示的字符的十六进制数表示形式相同。如空格字符的十六进制表示形式为 0x20,则此时 xx 应为 20,即 escape(" ") 返回"%20"。

网页范例 escape.html

```
<script type="text/javascript">
  var str = " !@#$"
```

```
    document.write("编码前字符串：" + str + "<br>");
    document.write("编码后字符串：" + escape(str) + "<br>");
</script>
```

网页程序运行效果如图 24-5 所示。

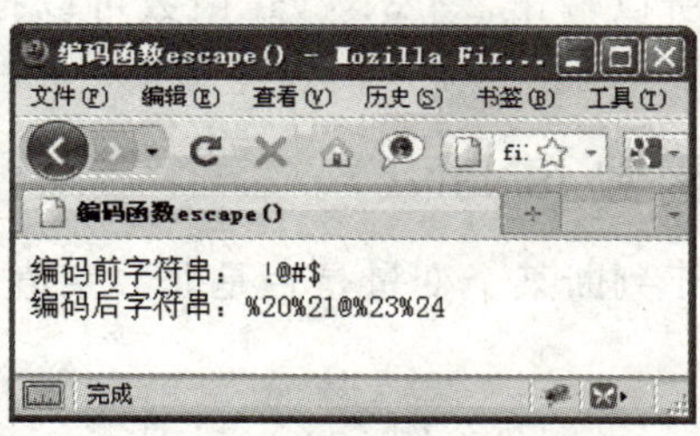

图　24-5

24.6.2　解码函数 unescape()

解码函数 unescape()与编码函数 escape()的作用相反，将 ASCII 码的文字转换成一般文字。

网页范例 unescape.html

```
<script type="text/javascript">
    var str = " !@#$"
    document.write("编码前字符串：" + str + "<br>");
    document.write("编码后字符串：" + escape(str) + "<br>");
    str = escape(str);
    str = unescape(str);
    document.write("解码后字符串：" + str + "<br>");
</script>
```

网页程序运行效果如图 24-6 所示。

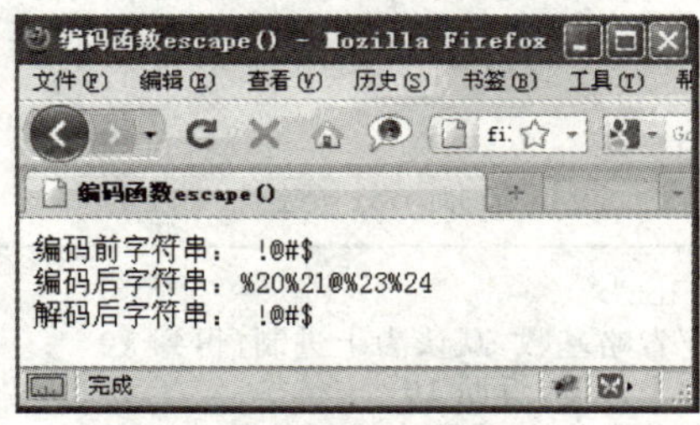

图　24-6

24.6.3　求值函数 eval()

求值函数 eval()的作用是可以把一个字符串当作一个 JavaScript 表达式一样去执行它，在实际使用中用到它的情况并不多。

网页范例 eval.html

```
<script type="text/javascript">
    var str = "2 + 3";
```

```
  var num = eval("2 + 3");
  window.alert("str 的值是：" + str1);
  window.alert("num 的值是：" + num);
</script>
```

代码分析：str 是字符串，所以输出 2+3；eval 函数可以把表达式执行算术运算，所以 num 的值是 2+3=5，输出 5。

24.6.4 数值判断函数 isNaN()

数值判断函数 isNaN()用于判断某个变量是否是非数字值，如果是，返回 true，否则返回 false。

网页范例 isnan.html

```
<script type="text/javascript">
  document.write(isNaN(263) + "<br />")                  //false
  document.write(isNaN(-1.23) + "<br />")                //false
  document.write(isNaN(5-2) + "<br />")                  //false
  document.write(isNaN(0) + "<br />")                    //false
  document.write(isNaN("Java") + "<br />")               //true
  document.write(isNaN("2011/01/01") + "<br />")         //true
</script>
```

24.6.5 整数转换函数 parseInt()

整数转换函数 parseInt()可以把字符串转换成整数，语法格式如下：

```
parseInt(字符串, 基数)
```

第一个参数“字符串”是必需的。第二个参数“基数”是可选项，表示要解析的数字的基数，该值介于 2～36 之间。如果省略该参数或其值为 0，则数字将以 十进制为基础来解析。如果它以“0x”或“0X”开头，将以十六进制为基数。如果该参数小于 2 或者大于 36，则 parseInt()将返回 NaN。

网页范例 parseint.html

```
<script type="text/javascript">
  parseInt("10");          //省略基数，默认为十进制，得到 10
  parseInt("10",10);       //十进制，返回 10
  parseInt("10",2);        //基数为 2，得到十进制的数 2
  parseInt("10",8);        //基数为 8，得到十进制的数 8
  parseInt("10",16);       //基数为 16，得到十进制的数 16
  parseInt("2A5C",16);     //基数为 16，得到十进制的数 10844
</script>
```

特别提醒

如果碰到不能转换的字符串，会停止转换操作，并返回已转换的数据。

24.6.6 浮点数转换函数 parseFloat()

浮点数转换函数 parseFloat()可以把字符串转换成浮点数据，语法格式如下：

```
parseFloat(字符串)
```

如果字符串的第一个字符不能被转换为数字，那么 parseFloat() 会返回 NaN。

网页范例 parsefloat.html

```
<script type="text/javascript">
document.write(parseFloat("16"));              //得到 16
document.write(parseFloat("26.00"));           //得到 26
document.write(parseFloat("26.45"));           //得到 26.45
document.write(parseFloat("46 23 59"));        //得到 46,后面的省略了
document.write(parseFloat(" 50 "));            //得到 50,前面的空格不受影响
document.write(parseFloat("2011 years"));
//得到 2011,后面的字符串省略了
document.write(parseFloat("He has 2011"))
//第一个字母就是字符,全部省略,得到 NaN
</script>
```


特别提醒

如果碰到不能转换的字符串，会停止转换操作，并返回已转换的数据。

24.7 变量有效范围

变量的生命周期又称为作用域，是指某变量在程序中的有效范围。根据作用域，变量可以分为全局变量和局部变量两种。

全局变量是指从定义变量开始，到整个 JavaScript 代码结束为止，都可以使用。

如果在任何函数定义之外声明了一个变量，则该变量为全局变量。全局变量的作用域是全局性的，变量的值在整个持续范围内都可以访问和修改。

如果在函数定义内声明了一个变量，则该变量为局部变量。局部变量的作用域是局部性的，只在函数内部起作用，每次执行该函数时都会创建和销毁该变量，且它不能被该函数外的任何事物访问。

JavaScript 中没有块级作用域的概念，在其他类 C 的语言中，由花括号封装的代码块都有自己的作用域。如：

```
for(var i = -;i<5;i++)
{
  document.write(i);
}
window.alert(i);
```

对于有块级作用域的语言来说，for 语句初始化变量的表达式所定义的变量 i，只会存在于循环的环境之中。而对于 JavaScript 来说，由 for 语句创建的变量 i 即使在 for 循环执行结束后，也依旧会存在于循环外部。

网页范例 var.html

```
<script type="text/javascript">
    var a = "全局变量"; //定义全局变量 a
    function check( )
```

```
    {
       var a = "局部变量"; //定义局部变量
       window.alert(a);
    }
   check( );
//在函数里定义的变量为局部变量,局部变量只在函数内有效。
//如果局部变量和全局变量用相同的变量名,则局部变量将覆盖全局变量
</script>
```

网页范例 var_1.html


```
<script type="text/javascript">
  function check(m)
  {
    //定义变量 i,变量 i 的作用范围是整个函数
    var i = 0;
    if (typeof m == "object")
    {
     //定义变量 j,变量 j 的作用范围是整个函数内,而不是 if 块内。
     var j = 5;
     for(var k = 0; k < 10; k++)
     {
      //k 的作用范围是整个函数内,而不是循环体内
      document.write(k);
    }
   }
      //即使出了循环体,k 的值依然存在
      window.alert(k + "\n" + j);
  }
  check(document);
</script>
```

本章知识体系

知 识 点	重 要 等 级	难 度 等 级
if 语句	★★★★	★★★★
switch 语句	★★★★	★★★★
while 语句	★★	★★
do…while 语句	★★	★★
for 语句	★★★★	★★★★
for…in 语句	★★★	★★
break 语句	★★	★★
continue 语句	★★	★★
throw 语句	★	★★
try…catch…finally 语句	★★	★★★
函数	★★★★	★★★★
系统函数	★	★
变量的有效范围	★★★	★★

第25章

数　组

在 JavaScript 程序中，数组是一种复合数据类型，而且也是最重要的一种数据。

本章介绍 JavaScript 的数组。

本 章 术 语

创建数组________________

操作数组________________

数组的内置方法________________

25.1 数组的基本概念

25.1.1 什么是数组

数组是一种复合型数据，是一些数据的集合。它包含或者存储了编码的值，每个编码的值称为数组的一个元素，每个元素的编码称为下标。可以将数组想象成一连串的格子，每个格子中存放一个元素，数组下标从 0 开始编号。

由于 JavaScript 是一种无类型的语言，所以一个数组的元素可以具有任意的数据类型，同一数组的不同元素可以具有不同的类型，甚至数组的元素可以包含其他数组。

25.1.2 创建数组

在 JavaScript 中有很多创建数组的方法。

1. 创建一个空数组

使用不带参数的构造函数 Array()定义一个没有元素的空数组，然后再设置数组中的元素。

网页范例 array.html

```
<script type="text/javascript">
   //用无参数构造函数 Array()和 new 操作符创建一个空数组
   var arr = new Array();
   //给数组中的元素赋值
   arr[0] = 20;                                //第一个元素的值是数字型
```

```
    arr[1] = "javascript";                        //第二个元素的值是字符串型
    arr[2] = true;                                //第三个元素的值是布尔型
    document.write("数组中元素的值是: " + arr);    //打印输出数组元素的值
</script>
```

2. 创建一个指定长度的数组

使用带参数的构造函数 Array(n)定义一个有 n 个元素的数组,然后再设置数组中的元素。

网页范例 array_n.html


```
<script type="text/javascript">
    //用带参数的构造函数 Array(n)和 new 操作符创建一个包含有 3 个元素的数组
    var arr = new Array(3);
    //给数组中的元素赋值
    arr[0] = 20;                                  //第一个元素的值是数字型
    arr[1] = "javascript";                        //第二个元素的值是字符串型
    arr[2] = true;                                //第三个元素的值是布尔型
    document.write("数组中元素的值是: " + arr);    //打印输出数组元素的值
</script>
```

3. 创建一个包含元素的数组

使用带参数的构造函数 Array(e1,e2…)定义一个包含元素的数组,参数列表中的数据依次为数组中的第 1 个元素、第 2 个元素……的值。

网页范例 array(n).html

```
<script type="text/javascript">
    //用带参数的构造函数 Array(e1,e2...)和 new 操作符创建一个包含元素的数组
    var arr = new Array(20,"javascript",true);
    document.write("数组中元素的值是: " + arr); //打印输出数组元素的值
</script>
```

4. 自定义创建数组

也可以不使用构造函数 Array()来创建数组,直接把数组元素放在方括号中,元素与元素之间用逗号分隔。

网页范例 array[].html

```
<script type="text/javascript">
    var arr1 = [];                                //创建一个空数组
    var arr2 = [2];                               //数组元素只有一个 2
    var arr3 = [true,"javascript",20];
//数组有 3 个元素,分别是布尔、字符串和数字型
</script>
```

25.2 操作数组

在对数组的操作中,最重要的就是对数组元素的存取操作。

25.2.1 存取数组元素

对数组的存取可以通过"[]"操作符来实现,数组的下标写在"[]"之间,下标从 0 开始编写。

网页范例 get_array.html

```
<script type="text/javascript">
  var arr = new Array();                          //创建一个空数组
  //以下代码给数组赋值
  for(var i = 0;i<4;i++)
  {
  arr[i] = i + 1;
  }
  //以下代码取数组中元素的值
  document.write("数组中元素的值是：" + arr);
</script>
```


25.2.2 添加数组元素

只有先定义了数组，才能添加数组元素。如果在定义数组的时候，已确定了数组元素的个数，也可以继续添加数组元素。添加数组元素的方法很简便，直接为数组元素赋值就行。下面代码演示了几种添加数组元素的方法。

网页范例 add_array.html

```
<script type="text/javascript">
  //第一种情况，给空数组添加数组元素
  var arr = new Array();                          //创建一个空数组
  //以下代码给数组赋值
  for(var i = 0;i<4;i++)
  {
    arr[i] = i + 1;
  }
  //第二种情况，给已指定了数组元素个数的数组添加新元素
  var arr1 = new Array(3);                        //定义一个包含 3 个元素的数组
  //直接添加第 5 个数组元素
  arr1[4] = 100;                                  //前面四个元素没有赋值，为 undefined
  //第三种情况，给已有元素值的数组添加新元素
  //定义一个数组，包含 3 个元素，并且已赋值
      var arr2 = new Array(10,20,true);
  //直接添加第 8 个数组元素
  arr2[7] = 100;                                  //第 4～7 个元素没有赋值，为 undefined
  document.write("数组中元素的值是：" + arr + "<br>");
  document.write("数组中元素的值是：" + arr1 + "<br>");
  document.write("数组中元素的值是：" + arr2 + "<br>");
</script>
```

25.2.3 删除数组元素

使用 delete 操作符可以删除数组元素的值，使其恢复到没有赋值时的状态，即元素的值为 undefined，但数组中的元素个数并没有减少，改变的只是被删除的数组元素的值。

网页范例 del_array.html

```
<script type="text/javascript">
  var arr = new Array();                          //创建一个空数组
  //以下代码给数组赋值
  for(var i = 0;i<4;i++)
  {
```

```
    arr[i] = i + 1;
  }
  document.write("删除元素之前数组中元素的值是: " + arr + "<br>");
  //删除第 2 个元素的值
  delete arr[1];
  document.write("删除元素之后数组中元素的值是: " + arr);
</script>
```

25.2.4 数组元素的个数

可以使用 length 属性来获取数组元素的个数。数组元素个数又称为数组长度。

网页范例 array_length.html

```
<script type="text/javascript">
  var arr = new Array();                    //创建一个空数组
  //以下代码给数组赋值
  for(var i = 0;i<4;i++)
  {
    arr[i] = i + 1;
  }
  document.write("删除元素之前数组中元素的值是: " + arr + "<br>");
  document.write("删除元素的个数是: " + arr.length + "个");
</script>
```

25.3 数组的方法

数组有很多内置的方法,可以为我们操作数组提供很大的便利。

25.3.1 toString()方法:将数组转换为字符串

toString()方法可以将数组中的元素转换为字符串。

网页范例 tostring.html

```
<script type="text/javascript">
  var arr = new Array(); //创建一个空数组
  //以下代码给数组赋值
  for(var i = 0;i<4;i++)
  {
    arr[i] = i + 1;
  }
  document.write("数组中元素的值是: " + arr.toString());
</script>
```

25.3.2 join()方法:将数组元素连接成字符串

使用 join()方法可以将数组元素连接成字符串,语法格式如下:

```
join(str)
```

参数"str"为连接数组元素的连接符,此参数可以省略,如果省略参数,则默认使用逗号来连接字符。

网页范例 join.html

```
<script type="text/javascript">
  var arr = new Array();                    //创建一个空数组
  //以下代码给数组赋值
  for(var i = 0;i<4;i++)
  {
    arr[i] = i + 1;
  }
  document.write(arr.join() + "<br>");
  document.write(arr.join("="));
</script>
```


25.3.3 push()方法：在数组尾部添加元素

使用 push()方法可以在数组的尾部添加元素，可以一次添加一个或多个元素。push()方法的返回值是添加元素之后的数组长度。

网页范例 push.html

```
<script type="text/javascript">
  var arr = new Array();                    //创建一个空数组
  //以下代码给数组赋值
  for(var i = 0;i<4;i++)
  {
    arr[i] = i + 1;
  }
  //添加第 5 个元素
  var len = arr.push("java");               //在数组的尾部添加数组元素 java 字符串
  document.write("数组的长度是：" + len + ",数组中所有元素是:" + arr);
</script>
```

25.3.4 concat()方法：添加元素并生成新数组

concat()方法与 push()方法类似，也是在数组的尾部添加元素。只是 push()方法是在原数组的尾部添加新元素，原数组中的元素和长度都会改变。concat()方法是在数组的尾部添加元素，但返回一个新的数组，原数组中的元素和长度不会改变。

网页范例 concat.html

```
<script type="text/javascript">
  var oldarr = new Array();                 //创建一个空数组
  //以下代码给数组赋值
  for(var i = 0;i<4;i++)
  {
    oldarr[i] = i + 1;
  }
  //在数组的尾部添加 2 个数组元素
  var newarr = oldarr.concat("java",100);
  document.write("原数组的值是：" + oldarr + "<br>");
  document.write("新数组的值是：" + newarr);
</script>
```

网页程序代码运行效果如图 25-1 所示。

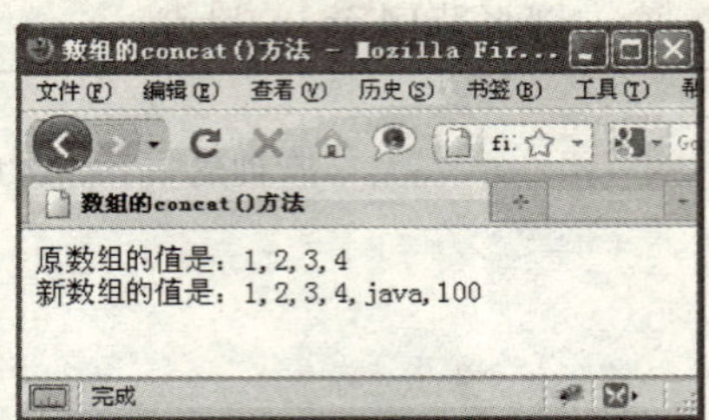

图 25-1

25.3.5 unshift()方法：在数组头部添加元素

使用 unshift()方法可以在数组头部添加元素，可以添加一个或多个元素。unshift()方法的返回值是添加元素之后的数组长度。

网页范例 unshift.html

```
<script type="text/javascript">
  var arr = new Array(); //创建一个空数组
  //以下代码给数组赋值
  for(var i = 0;i<4;i++)
  {
    arr[i] = i + 1;
  }
  //在数组头部添加 2 个元素
  document.write("数组的长度是: " + arr.length + ",数组中所有元素是:" + arr + "<br>");
  var len = arr.unshift("java",true);
  document.write("数组的长度是: " + len + ",数组中所有元素是:" + arr);
</script>
```

网页程序代码运行效果如图 25-2 所示。

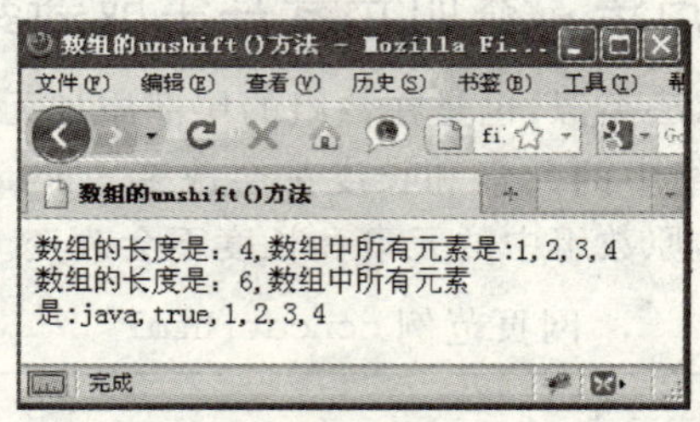

图 25-2

25.3.6 pop()方法：删除并返回数组的最后一个元素

使用 pop()方法可以删除数组中的最后一个元素，并将该元素返回，从而使得数组的长度减小。

网页范例 pop.html

```
<script type="text/javascript">
    var arr = [10,20,30]; //创建一个数组并赋值
  document.write("数组的长度是: " + arr.length + ",数组中所有元素是:" + arr + "<br>");
```

```
    //删除最后一个元素
    var len = arr.pop();
    document.write("数组最后一个元素的值是:"+len+"<br>");
    document.write("删除最后一个元素后数组的长度是:"+arr.length+",数组中所有元素是:"+arr);
</script>
```

网页程序代码运行效果如图 25-3 所示。

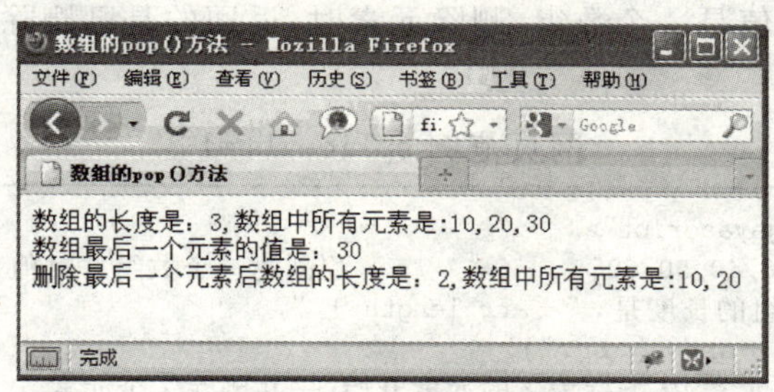

图 25-3

25.3.7 shift()方法：删除并返回数组的第一个元素

shift()方法与 pop()方法相反，shift()方法删除数组的第 1 个元素，并返回该元素的值，使原数组的长度减 1，将原数组中的其他的所有元素都向前移 1 位。

网页范例 shift.html

```
<script type="text/javascript">
    var arr = [10,20,30]; //创建一个数组并赋值
    document.write("数组的长度是:"+arr.length + ",数组中所有元素是:"+arr+"<br>");
    //删除第一个元素
    var len = arr.shift();
    document.write("数组第一个元素的值是:"+len+"<br>");
    document.write("删除第 1 个元素后数组的长度是:"+arr.length + ",数组中所有元素是:"+arr);
</script>
```

网页程序代码运行效果如图 25-4 所示。

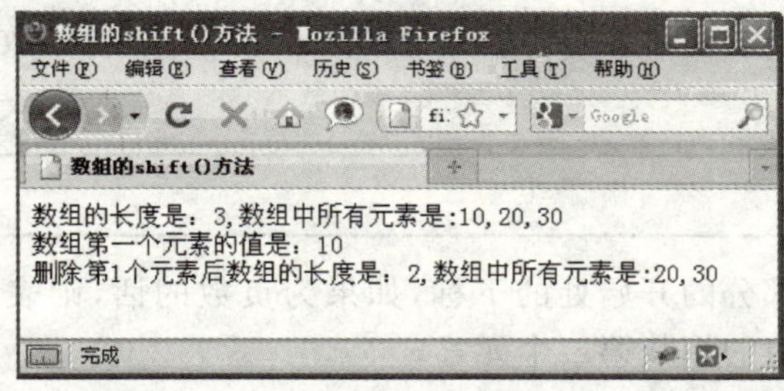

图 25-4

25.3.8 splice()方法：删除、替换或插入数组元素

使用 splice()方法可以删除数组中任何位置的元素，也可以替换数组中任何位置的元素，还可以在数组的任何位置插入元素。语法格式如下：

```
splice(start,count,value)
```

start 参数是删除、替换或插入数组元素的开始位置，就是数组的下标；

count 参数是删除、替换的数组元素的个数，可选。

value 是要插入数组的值，可选。

splice()方法的返回值是一个数组，删除元素时，返回的是已删除的元素，替换元素时，返回的是被替换的元素。

网页范例 splice.html

```
<script type="text/javascript">
  var arr = [10,20,30,40,50,60];              //创建一个数组并赋值
  document.write("数组的长度是: " + arr.length + ",
  数组中所有元素是:" + arr + "<br>");
  //删除第 3 和第 4 个元素，从下标为 2 的元素开始，一共删除 2 个元素
  var newarr = arr.splice(2,2);
  document.write("删除的元素是: " + newarr.toString() + "<br>");
  document.write("原数组剩余元素是: " + arr.toString());
</script>
```

网页程序代码运行效果如图 25-5 所示。

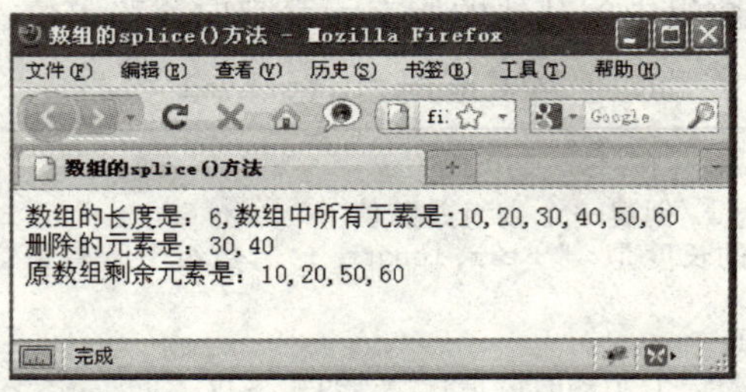

图 25-5

25.3.9 slice()方法：返回数组中的一部分元素

使用 slice()方法返回数组中某一连续部分的元素，而不影响原数组中的数据。语法格式如下：

```
slice(start,end)
```

start 参数返回数组部分的开始处的下标，如果为负数的话，则表示从数组的最后一个元素开始计数，如－2 为数组的倒数第二个元素；

end 参数返回数组部分的结束处的下标，如果为负数的话，则表示从数组的最后一个元素开始计数，如－2 为数组的倒数第二个元素。

slice()方法返回的是一个数组，从 start 开始到 end 为止的所有元素，但不包含 end 元素。

网页范例 slice.html

```
<script type="text/javascript">
  var arr = [10,20,30,40,50,60]; //创建一个数组并赋值
  document.write("数组的长度是: " + arr.length + ",数组中所有元素是:" + arr + "<br>");
```

```
    //返回数组中第 2 到第 4 个元素
    var arr1 = arr.splice(1,3);
    document.write("新数组元素是: " + arr1);
</script>
```

网页程序代码运行效果如图 25-6 所示。

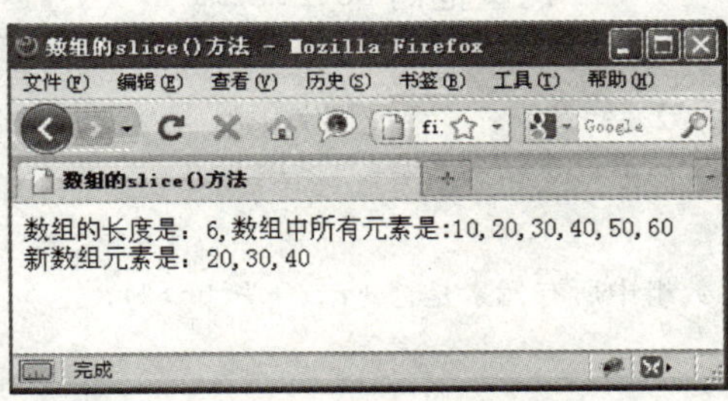

图　25-6

25.3.10　reverse()方法：颠倒数组中的元素

使用 reverse()方法可以将数组中的元素排列顺序颠倒，最后一位的元素排到第一位，倒数第二位的元素排到第二位，依次类推。

网页范例 reverse.html

```
<script type="text/javascript">
    var arr = [10,20,30,40,50,60]; //创建一个数组并赋值
    document.write("数组的长度是: " + arr.length + ",数组中所有元素是:" + arr + "<br>");
    //返回数组中第 2 到第 4 个元素
    var arr1 = arr.reverse();
    document.write("新数组元素是: " + arr1);
</script>
```

网页程序代码运行效果如图 25-7 所示。

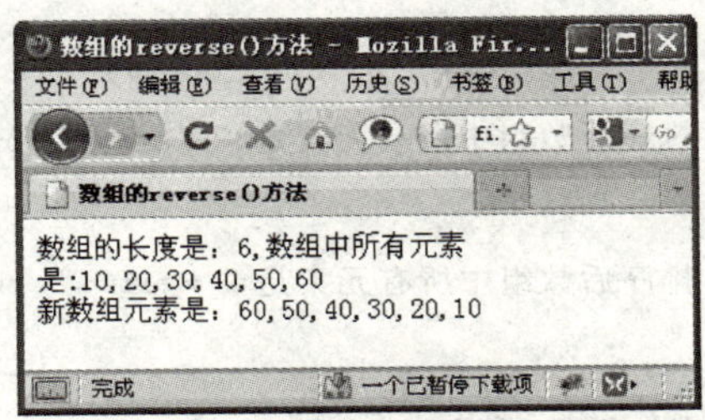

图　25-7

25.3.11　sort()方法：对数组元素排序

使用 sort()方法可以将数组中的元素重新排列顺序，语法格式如下：

```
sort()
sort(func)
```

第一种格式没有参数，将按字符编码的顺序排序。

第二种格式中的参数是一个比较函数，这个函数有两个参数，每次比较两个元素时先执行这个函数，将这两个元素作为参数传递给这个比较函数，如果返回值大于0，则交换两个元素的位置，如果返回值小于或等于0，则不进行操作。

网页范例 sort.html

```
<script type="text/javascript">
  var arr = [10,35,23,18,42,53];                //创建一个数组并赋值
  document.write("原数组中所有元素是:" + arr + "<br>");
  //对数组进行排序
  arr.sort();
  document.write("排序后数组中所有元素是:" + arr + "<br>");
  //从小到大排列
  function asc(m,n)
  {
    if(m > n)
    {
      return 1;
  }
  else
  {
    return -1;
    }
  }
  //从大到小排列
  function desc(m,n)
  {
    if(m < n)
    {
      return 1;
  }
  else
  {
      return -1;
    }
  }
  arr.sort(asc);
  document.write("从小到大排序后数组中所有元素是:" + arr + "<br>");
  arr.some(desc);
  var arr1 = arr.reverse();
  document.write("从大到小排序后数组中所有元素是:" + arr + "<br>");
</script>
```

网页程序代码运行效果如图 25-8 所示。

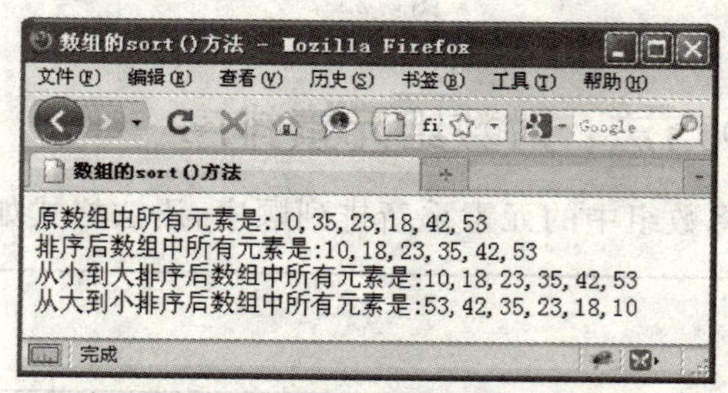

图 25-8

25.3.12　toLocaleString()方法：转换为当地字符串

使用 toLocaleString()方法可以根据本地计算机的地区设置来转换每一个元素的值。

网页范例 tolocalestring.html

```
<script type="text/javascript">
  var d = new Date();
  var arr = [30,d];                          //定义数组,第一个元素是数字型,第二个是日期对象
  document.write(arr.toLocaleString());     //转换为当地字符串输出
</script>
```

网页程序代码运行效果如图 25-9 所示。

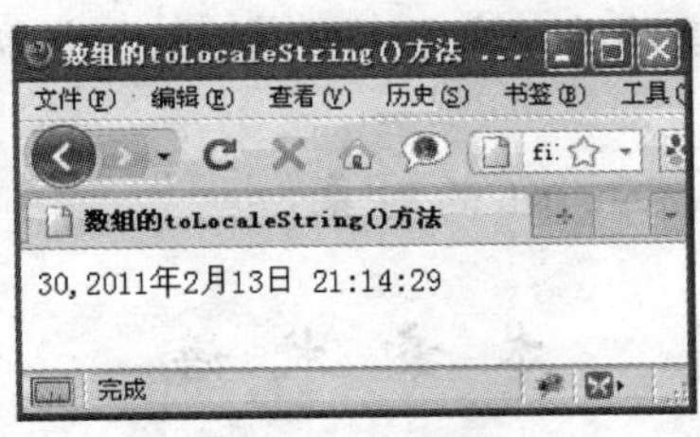

图　25-9

本章知识体系

知　识　点	重 要 等 级	难 度 等 级
创建数组	★★★★	★★
存取数据元素	★★★★	★★
数组的长度	★★★	★★
删除数组	★★★	★★
tostring	★★★	★★
join	★★★	★★
push	★★★	★★
concat	★★★	★★
unshift	★★★	★★
pop	★★★	★★
shift	★★★	★★
splice	★★★	★★
slice	★★★	★★
reverse	★★★	★★
sort	★★★	★★
tolocalestring	★★★	★★

第26章

对　　象

在 JavaScript 程序中，对象是一种复合数据类型，而且也是最重要的一种数据。

本章将介绍 JavaScript 的对象。

本 章 术 语

对象

构造函数

object 对象

正则表达式

事件驱动

事件处理

对象是一种复合数据类型，它们将许多数据值集中在一个单元中，并且允许使用名字来获取这些值。

26.1　对象的基本概念

什么是对象呢？对象就是客观世界中存在的人、事和物体等的实体，比如现实世界中的对象——人。人具有名字、身高、体重等属性，这些称为对象的属性；人有读书、写字、跑步等行为功能，这些称为对象的方法。

可以使用“.”作为对象属性的存取操作符。以“人”对象为例，人具有名字、身高、体重等属性，下面的代码可以获取“人”对象的属性值：

```
var name = 人.名字
var height = 人.身高
var weight = 人.体重
```

也可以设置“人”对象的属性值：

```
人.名字 = "陈春";
人.身高 = 180cm;
人.体重 = 60Kg;
```

也可以使用“.”作为对象行为的存取操作符。以“人”对象为例，人有读书、写字、跑步等行为功能，下面的代码可以调用“人”对象的行为：

```
人.读书();
人.写字();
人.跑步();
```

类似地，在计算机世界中，用变量来表示对象的属性，用函数来表示对象的方法，对象就是具有特定属性和方法的集合。虽然这并不是一个严格的定义，但是将属性和它的名字放在一起，形成一个集合，这就是对象。也就是说，简单来看，对象就是这种具有“键-值”对的形式。

“键-值”对的形式……这个样子看上去是不是有些面熟？对了！这不就是数组的形式吗？的确，在 JavaScript 中，对象的定义就像数组的定义。

26.2　创建对象

在 JavaScript 中有两种对象，一种是系统内置的对象，另一种是用户自己创建的对象，这两种不同的对象，有着不同的创建方法。

26.2.1　使用构造函数创建内置对象

在 JavaScript 中有很多内置对象，每个内置对象都有一个构造函数，可以使用 new 操作符来调用构造函数创建对象。如：

```
var o = new Object();                                    //创建一个空对象
var arr = new Array();                                   //创建一个数组对象
```

26.2.2　直接创建自定义对象

还可以由用户按照“键-值”对的形式自己创建对象。语法格式如下：

```
var 对象名称 = { 属性名 1: 属性值 1,属性名 2: 属性值 2, … }
```

直接创建对象时，所有属性放在大括号中，属性之间用逗号分隔，每个属性由属性名和属性值组成，按照“键-值”对的形式排列，属性名与属性值之间用冒号分隔。

网页范例 create_obj.html

```
<script type = "text/javascript">
  //自定义一个对象,具有姓名、年龄、身高三个属性
  var person = {
    name:"Tom",
    age:30,
    height:180
    }
  document.write("姓名是: " + person.name + "<br>");        //调用姓名属性
  document.write("年龄是: " + person.age + "<br>");         //调用年龄属性
  document.write("身高是: " + person.height);               //调用身高属性
</script>
```

网页程序代码运行效果如图 26-1 所示。

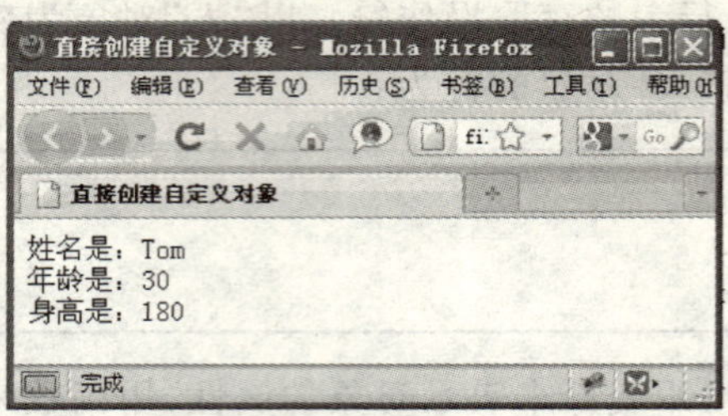

图 26-1

26.2.3 通过自定义构造函数创建对象

还可以通过自定义的构造函数来创建自定义对象，这样可以批量创建多个相同的对象。

网页范例 c_obj.html

```
<script type="text/javascript">
   //自定义构造函数
   function person(name,age,height)
   {
     //对象的 name 属性
     this.name = name;
     //对象的年龄属性
     this.age = age;
     //对象的身高属性
     this.height = height;
   }
   //创建一个对象
   var p1 = new person("tom",30,180);
   document.write("第一个人姓名是："+p1.name+"<br>");
   document.write("第一个人年龄是："+p1.age+"<br>");
document.write("第一个人身高是："+p1.height+"<br><br><br>");
   //创建一个对象
   var p2 = new person("jarry",28,178);
   document.write("第二个人姓名是："+p2.name+"<br>");
   document.write("第二个人年龄是："+p2.age+"<br>");
   document.write("第二个人身高是："+p2.height);
</script>
```

网页程序代码运行效果如图 26-2 所示。

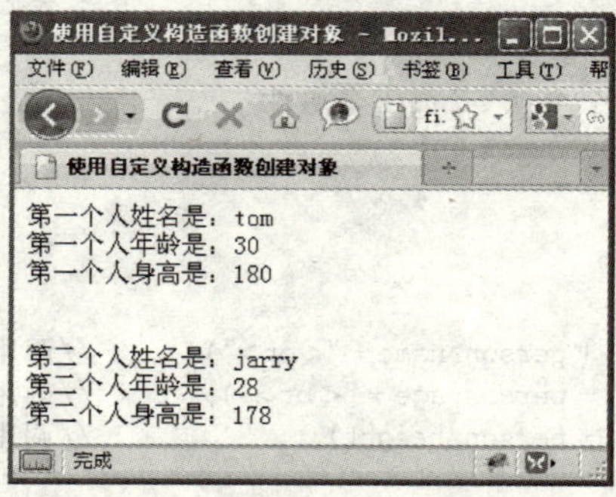

图 26-2

26.3 构造函数

与普通函数不同,调用构造函数必须要使用 new 操作符。构造函数中的参数用于初始化对象,可以在构造函数体内通过 this 操作符初始化对象的属性和方法。

26.3.1 创建简单的构造函数

在创建对象时,如果没有初始化某个属性,那么这个属性的值就自动设置为 undefined。我们可以通过构造函数给对象的属性初始化。创建构造函数的方法与创建普通函数的方法相同,使用 function 语句,然后通过 this 操作符初始化对象的属性和方法。网页范例如 c_obj. html 所示。

26.3.2 创建有默认值的构造函数

在创建对象时,可以设置某个属性的默认值,如果没有初始化该属性,就将该属性赋予一个默认值。

网页范例 c_obj(n).html

```
<script type="text/javascript">
  //创建有默认值的构造函数
  function person(name,age,height)
  {
    //对象的 name 属性
    this.name = name;
    //对象的年龄属性
    this.age = age;
    //创建身高属性的默认值
    if(height == undefined)
    {
      this.height = 180;
    }
    else
    {
      this.height = height;
    }
  }
  //创建一个对象
 var p1 = new person("tom",30,170);
  document.write("第一个人姓名是: " + p1.name + "<br>"); //调用姓名属性
  document.write("第一个人年龄是: " + p1.age + "<br>");  //调用年龄属性
  //调用身高属性
  document.write("第一个人身高是: " + p1.height + "<br><br><br>");
  //创建一个对象
  var p2 = new person("jarry",35);
  document.write("第二个人姓名是: " + p2.name + "<br>"); //调用姓名属性
  document.write("第二个人年龄是: " + p2.age + "<br>");  //调用年龄属性
  document.write("第二个人身高是: " + p2.height);        //调用身高属性的默认值
</script>
```

在上面的代码中,如果在创建对象时,没有初始化身高属性,构造函数会自动将身高属性值设定为 180,如图 26-3 所示。

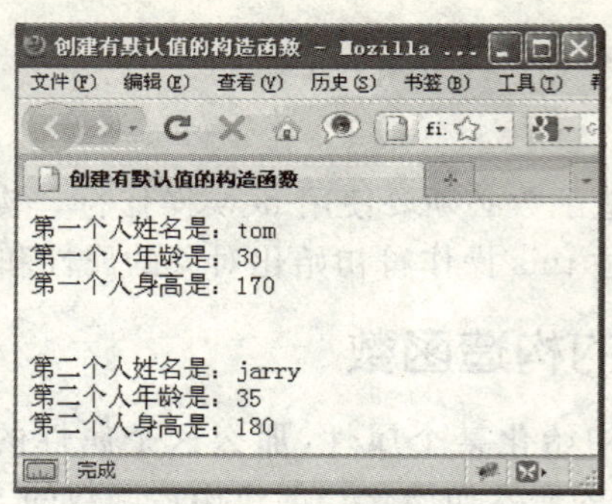

图 26-3

26.3.3 创建有方法的构造函数

对象除了拥有属性外，还拥有方法，所以在构造函数中也可以定义方法。

网页范例 c_obj_fn.html

```
<script type="text/javascript">
  //创建有方法的构造函数
  function person(name,age,height)
  {
    //对象的 name 属性
    this.name = name;
    //对象的年龄属性
    this.age = age;
    //对象的身高属性
    this.height = height;
    //对象的睡眠方法
    this.sleep = sleep;
  }
  //定义对象的睡眠方法
  function sleep()
  {
    document.write("这是对象的方法!");
  }
  //创建一个对象
  var p1 = new person("tom",30,170);
  document.write("姓名是: " + p1.name + "<br>");              //调用姓名属性
  document.write("年龄是: " + p1.age + "<br>");               //调用年龄属性
  document.write("身高是: " + p1.height + "<br><br><br>"); //调用身高属性
  p1.sleep();                                                  //调用对象的方法
</script>
```

代码分析：最后一行调用了对象的方法，网页程序代码运行效果如图 26-4 所示。

在 JavaScript 中有很多系统内置的对象如数组对象(Array)、字符串对象(String)、日期对象(Date)等，还有用户自定义的对象。这些对象都会有一些共同的特性，JavaScript 将这些共同的特性反映在一个名为 Object 的对象中。Object 对象提供了所有 JavaScript 对象通用的功能，也就是说，数组对象(Array)、布尔对象(Boolean)、日期对象(Date)等对象，其实都是从 Object 继承来的，它们的祖先都是 Object 对象。

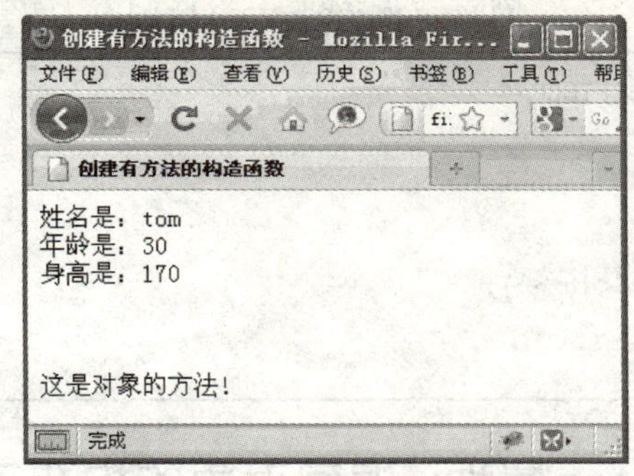

图 26-4

26.4 Object 对象

虽然 Object 对象的实例并不具备多少功能，但对于在应用程序中存储和传输数据而言，它们确实是很理想的选择。

26.4.1 创建 Object 对象

创建 Object 对象的方法有两种，第一种是使用 new 操作符，语法代码如下：

```
var o = new Object();                    //构造函数没有指定参数
var o = new Object(value);               //构造函数指定了参数
```

如果没有为 Object 构造函数指定参数，这个 Object 实例没有具体指定为哪种对象类型，不属于系统内置的各种对象，这种方法用于创建一个自定义对象。

如果为 Object 构造函数指定参数，可以直接将 value 参数的值转换为数字对象、布尔对象或字符串对象。

网页范例 obj_value.html

```
<script type="text/javascript">
  //构造函数没有参数
  var p1 = new Object();
  p1.name = "Tom";
  p1.age = 20;
  document.write(p1.name+"<br>");
  document.write(p1.age+"<br>");
  //构造函数有参数
  //创建一个数字对象
  var n = new Object(1.36);
  //创建一个字符串对象
  var s = new Object("china");
  //创建一个布尔对象
  var t = new Object(true);
</script>
```

另一种方法是使用对象字面量表示法，让包含大量属性的对象简单化，在创建对象的时候，直接给对象的属性赋值。

网页范例 obj_var.html

```
<script type="text/javascript">
  var p = {
    name:"Tom",
    age:20
    }
  document.write(p.name + "<br>");
  document.write(p.age);
</script>
```


26.4.2 constructor 属性：返回对象的构造函数

typeof 属性可以判断操作数的类型，但如果操作数是对象的话，并不能判断对象是什么类型的对象，只能笼统地返回“Object”值。可以通过 constructor 属性引用对象的构造函数来判断对象的类型。

网页范例 constructor.html

```
<script type="text/javascript">
   var p1 = new Object();                              //创建一个对象
   var p2 = new Object(1.36);                          //创建一个数字对象
   var p3 = new Object(true);                          //创建一个布尔对象
   var p4 = new Object("china");                       //创建一个字符串对象
   if(p1.constructor == Object)
   {     document.write("这是一个对象<br>");}
    if(p2.constructor == Number)
   {     document.write("这是一个数字对象<br>");}
    if(p3.constructor == Boolean)
   {     document.write("这是一个布尔对象<br>");}
   if(p4.constructor == String)
   {     document.write("这是一个字符串对象<br>");}
</script>
```

网页程序代码运行效果如图 26-5 所示。

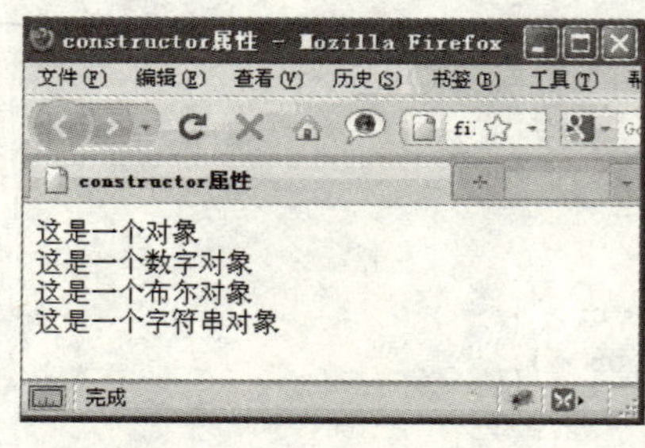

图 26-5

26.4.3 toString()方法：对象的字符串表示

toString()方法可以返回一个用于表示对象的字符串，可以输出对象和查看对象的值。

网页范例 tostring.html

```
<script type="text/javascript">
  var p1 = new Object();             //创建一个对象
```

```
    var p2 = new Object(1.36);   //创建一个数字对象
    var p3 = new Object(true);   //创建一个布尔对象
    var p4 = new Object("china"); //创建一个字符串对象
    document.write(p1.toString() + "<br>");
    document.write(p2.toString() + "<br>");
    document.write(p3.toString() + "<br>");
    document.write(p4.toString());
</script>
```

在上面的代码中,p1 对象为自定义对象,所以 toString()方法返回的值是"[object Object]",其他的返回 JavaScript 内置对象,运行效果如图 26-6 所示。

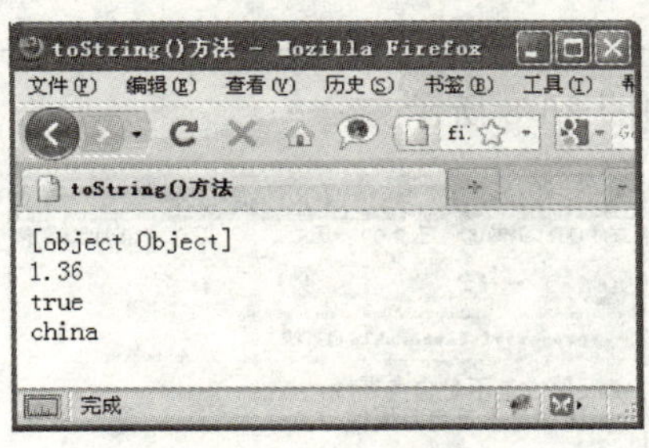

图 26-6

26.4.4 toLocaleString()方法:对象的本地字符串表示

toLocaleString()方法与 toString()方法类似,也是返回一个用于表示对象的字符串,只不过该字符串被格式化为适合本地的表示法,这种情况日期对象使用得比较多。

网页范例 tolocalestring.html

```
<script type="text/javascript">
    var p = new Date(); //创建一个日期对象
  document.write("对象的 toString()方法" + p.toString() + "<br>");
document.write("对象的 toLocaleString()方法" + p.toLocaleString());
</script>
```

网页程序代码运行效果如图 26-7 所示。

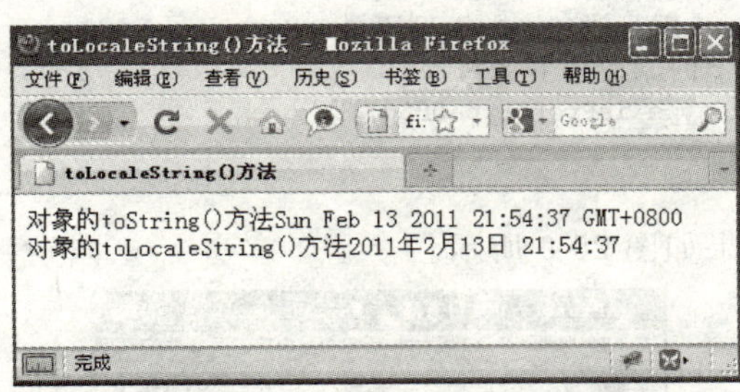

图 26-7

26.4.5 propertyIsEnumerable()方法:判断对象的属性

JavaScript 中的对象可以继承。所有对象的有些属性是本身拥有的,有些属性是继承而来，使用 propertylsEnumerable()方法可以判断某个属性是否为对象本身所拥有的。

网页范例 property.html

```
<script type="text/javascript">
  var p = new Object();              //创建一个日期对象
  p.name = "Tom";                    //定义了对象的属性
  //下面的代码返回 true,因为 name 属性是对象自身拥有的
  document.write("name 属性是不是自身属性:"
          + p.propertyIsEnumerable("name") + "<br>");
  //* 下面的代码返回 false,因为 age 属性不是对象自身拥有的,是从 object 对象继承来的 */
  document.write("age 属性是不是自身属性:" + p.propertyIsEnumerable("age"));
</script>
```


网页程序代码运行效果如图 26-8 所示。

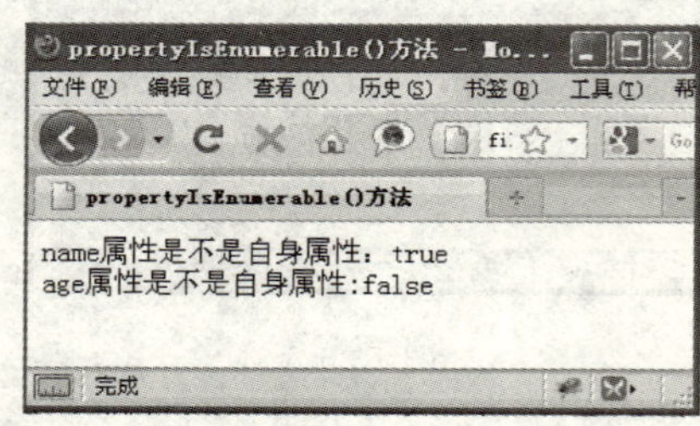

图 26-8

26.4.6 isPrototypeOf()方法：判断是否原型对象

JavaScript 中的对象可以继承，使用 isPrototypeOf()方法判断一个对象是否是另一个对象的原型对象。

网页范例 isprototypeof.html

```
<script type="text/javascript">
  var p = new Object();             //创建一个对象
  //下面的代码返回 true,因为对象 p 的原型是 Object
  document.write("对象 p 的原型是不是 Object: "
          + Object.prototype.isPrototypeOf(p) + "<br>");
  //下面的代码返回 false,因为对象 p 的原型不是 Date
  document.write("对象 p 的原型是不是 Array:"
          + Array.prototype.isPrototypeOf(p));
</script>
```

网页程序代码运行效果如图 26-9 所示。

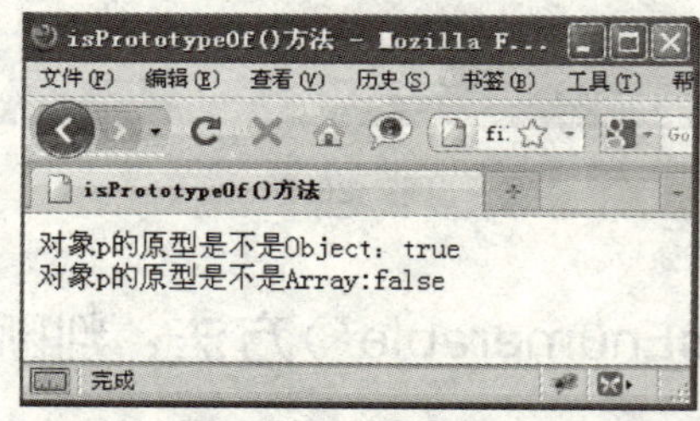

图 26-9

26.4.7 valueOf()方法：返回对象的原始值

valueOf()方法返回的是对象的原始值，如果原始值不存在，则返回对象本身。

网页范例 valueof.html

```
<script type="text/javascript">
  var p = new Object();                       //创建一个对象
  var n = new Object(3.2345396);              //创建一个数字对象
  var s = new Object("china");                //创建一个字符串对象
  document.write(p.valueOf() + "<br>");       //直接返回对象本身
  document.write(n.valueOf() + "<br>");
  document.write(s.valueOf() + "<br>");
</script>
```


网页程序代码运行效果如图 26-10 所示。

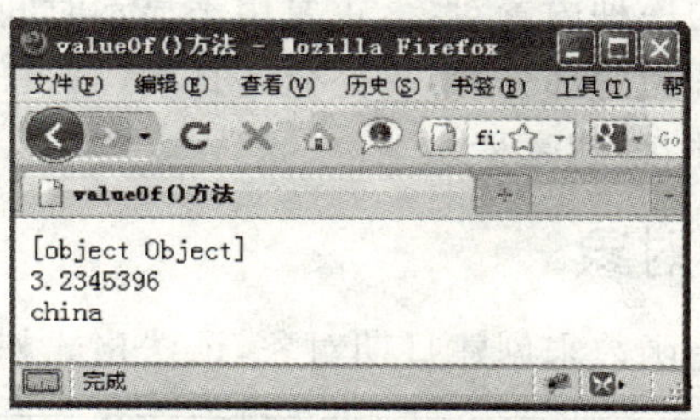

图 26-10

接下来我们介绍部分系统内置对象如字符串对象、数组对象、日期对象、数学对象等，这些对象除了继承 Object 对象中的属性和方法之外，还拥有许多自己的方法和属性。

26.5 布尔对象

在 JavaScript 中，布尔值是一种基本的数据类型。布尔(Boolean) 对象是一个将布尔值打包的布尔对象。布尔对象有两个值：true 或 false。语法代码如下：

```
new Boolean(value)                            //创建布尔对象
Boolean(value)                                //Boolean()转换函数
```

参数 value 表示布尔对象存放的值或者将要转换成布尔对象的值。

在上面的语法中，可以使用 new 操作符调用 Boolean()构造函数来创建一个布尔对象，并将参数 value 转换为一个布尔值，转换原则如下：

如果省略 value 参数，或者设置为 0、-0、null、""、false、undefined 或 NaN，则该对象转换为 false，除以上情况外都转换为 true。

第二行代码前面没有 new 操作符，只是 Boolean()转换函数，将参数转换成一个布尔值，并返回该值。

网页范例 boolean.html

```
<script type="text/javascript">
  var b1 = new Boolean(10);
```

```
  var b2 = Boolean(10);
  document.write(typeof(b1) + "<br>");   //得到 object
  document.write(typeof(b2));            //得到 boolean
</script>
```

特别提醒

注意使用 new 操作符后的结果不同，一个是对象，一个是布尔值。

布尔对象的 toString()方法可以将布尔对象转换为字符串，如果布尔对象中的值为 true，则返回字符串“true”，否则返回字符串“false”。

布尔对象还有 valueOf()方法，使用的方法和 Object 对象中的 valueOf()方法类似。

26.6 日期对象

日期对象也是比较常用的一种内置对象，主要用来显示时间和制作日历。

日期对象中的日期可以分为两部分，第一部分是日期，第二部分是时间。日期包括年、月、日和星期，时间包括小时、分钟、秒和毫秒。

26.6.1 创建日期对象

可以使用系统内置的构造函数来创建日期对象，语法格式如下：

```
new Date();      //创建一个日期对象，自动获得当前时间
new Date(str);   //str 为表达日期的字符串，一般为：月日年小时分钟秒
new Date(ms);    //ms 表示距离需要创建的时间和 GMT 时间 1970 年 1 月 1 日之间相差的毫秒数
new Date(yyyy,mth,dd,hh,mm,ss)
```

第四种格式中参数如下。

yyyy：表示年份，通常是四位数。

mth：用整数表示月份，为 0(1 月)～11(12 月)。

dd：表示一个月中的第几天，为 1～31。

hh：表示小时数，为 0(午夜)～23(晚 11 点)。

mm：表示分钟数，为 0～59 的整数。

ss：表示秒数，为 0～59 的整数。

网页范例 date.html

```
<script type="text/javascript">
  var d1 = new Date();                        //创建日期对象，自动获取当前时间
  var d2 = new Date("May 1 ,2011");           //将字符串转换为日期对象
  var d3 = new Date(2011,5,1,20,18,30);       //给定时间创建日期对象
  var d4 = new Date(300000);                  //距离 1970 年 1 月 1 日 300000 毫秒
  document.write("当前时间是：" + d1.toLocaleString() + "<br>");
  document.write(d2.toLocaleString() + "<br>");
  document.write(d3.toLocaleString() + "<br>");
  document.write(d4.toUTCString() + "<br>");
</script>
```

网页程序代码运行效果如图 26-11 所示。

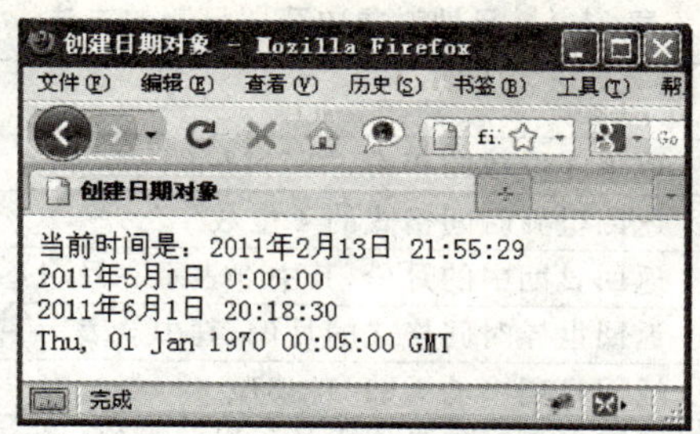

图 26-11

26.6.2 格式化日期

日期对象中有一些专门用于将日期格式化为字符串的方法，这些方法如下：

```
toDateString()          //把 Data 对象的日期部分转换为字符串
toTimeString()          //把 Data 对象的时间部分转换为字符串
toLocalDateString()     //采用本地时间显示星期几、月、日、年
toLocalTimeString()     //采用本地时间显示时、分、秒和地区
toUTCString()           //采用世界时间格式显示完整的 UTC 日期
```

特别提醒

toGMTString() 方法目前不建议采用，可以用 toUTCString()方法代替。

网页范例 todatestring.html

```
<script type="text/javascript">
  var d1 = new Date(); //创建日期对象，自动获取当前时间
  document.write("当前日期是：" + d1.toDateString() + "<br>");
  document.write("当前时间是：" + d1.toTimeString() + "<br>");
  document.write("完整的世界时间是：" + d1.toUTCString() + "<br>");
</script>
```

网页程序代码运行效果如图 26-12 所示。

图 26-12

26.6.3 获取日期和时间

前面提到，日期对象中的日期分为日期部分和时间部分，所以获取日期和时间有下列方法，通过 get 字母开头的方法来获取，见表 26-1 和表 26-2。

表 26-1　日期对象中获取日期的方法

方　法	说　明
getFullYear()	取得 4 位数的年份(如 2011 而不是 11)
getUTCFullYear()	返回世界时间格式的 4 位数年份
getMonth()	返回日期中的月份,其中 0 表示一月,11 表示十二月
getUTCMonth()	返回世界时间格式的月份,其中 0 表示一月,11 表示十二月
getDate()	返回日期中的天数(1～31)
getUTCDate()	返回世界时间日期中的天数(1～31)
getDay()	返回日期中的星期几(其中 0 表示星期日,6 表示星期六)
getUTCDay()	世界时间日期中的星期几(其中 0 表示星期日,6 表示星期六)

表 26-2　日期对象中获取时间的方法

方　法	说　明
getHours()	返回日期对象中的小时部分
getUTCHours()	返回世界时间中的小时部分
getMinutes()	返回日期对象中的分钟部分
getUTCMinutes()	返回世界时间中的分钟部分
getSeconds()	返回日期对象中的秒钟部分
getUTCSeconds()	返回世界时间中的秒钟部分
getMilliseconds()	返回日期对象中的毫秒数
getUTCMilliseconds()	返回世界时间中的毫秒数
getTime()	返回日期对象中的时间与 1970 年 1 月 1 日相差的毫秒数
getTimezoneOffset()	返回本地时间与世界时间相差的分钟数

网页范例 get_date.html

```
<script type = "text/javascript">
    var d = new Date(); //创建日期对象,自动获得当前时间
    //获取年份
    document.write("现在是: " + d.getFullYear() + "年<br>");
    //获取月份
    document.write("现在是: " + d.getMonth() + "月<br>");
    //获取日
    document.write("现在是: " + d.getDate() + "日<br>");
    //获取星期几
    document.write("现在是星期: " + d.getDay() + "<br>");
</script>
```

网页程序代码运行效果如图 26-13 所示。

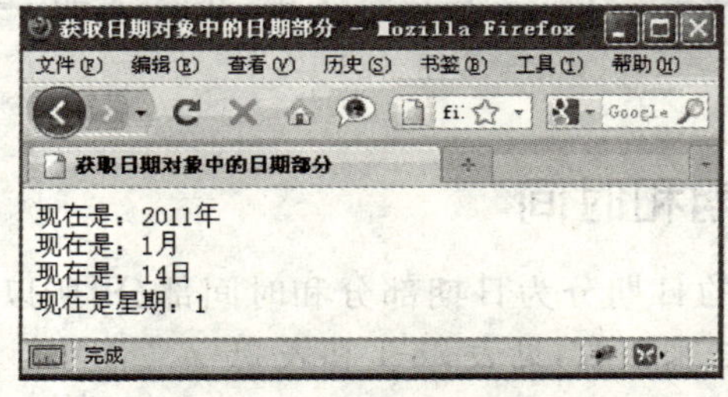

图　26-13

网页范例 get_time.html

```
<script type="text/javascript">
    var d = new Date(); //创建日期对象,自动获得当前时间
    //获取小时部分
    document.write("现在是: " + d.getHours() + "时<br>");
    //获取分钟部分
    document.write("现在是: " + d.getMinutes() + "分<br>");
    //获取秒钟部分
    document.write("现在是: " + d.getSeconds() + "秒<br>");
    //获取 1970 年 1 月 1 日至今的毫秒数
    document.write("1970 年 1 月 1 日至今有: " + d.getTime() + "毫秒<br>");
    //获取本地时间与世界时间相差的分钟数
    document.write("本地时间与世界时间相差了: " + d.getTimezoneOffset() + "分钟<br>");
</script>
```

网页程序代码运行效果如图 26-14 所示。

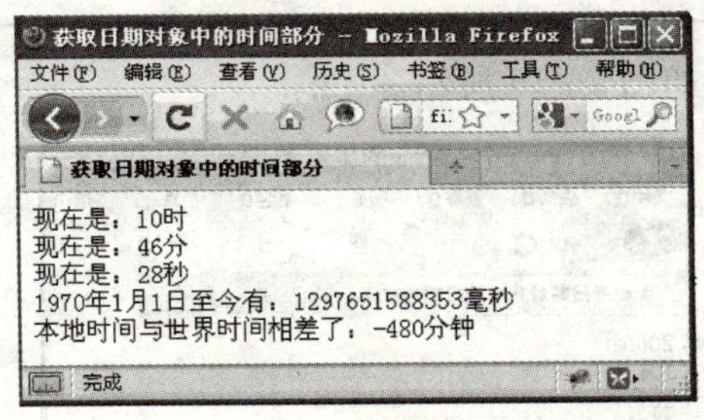

图 26-14

26.6.4 设置日期和时间

在 JavaScript 中还可以设置日期对象的日期和时间部分,通过 set 字母开始的方法来设置日期和时间,如表 26-3 所示。

表 26-3 日期对象中设置日期和时间的方法

方法	说明
setFullYear(yy)	设置日期对象中的年份,由 yy 参数指定年份
setUTCFullYear(yy)	设置世界时间格式的年份,由 yy 参数指定年份
setMonth(mm)	设置日期中的月份,参数 mm 取值范围为 0～11
setUTCMonth(mm)	设置世界时间格式的月份,参数 mm 取值范围为 0～11
setDate(dd)	设置日期中的第几天,参数 dd 取值范围为 0～31
setUTCDate(dd)	设置世界时间日期中的第几天,参数 dd 取值范围为 0～31
setHours()	设置日期对象中的小时部分
setUTCHours()	设置世界时间中的小时部分
setMinutes()	设置日期对象中的分钟部分
setUTCMinutes()	设置世界时间中的分钟部分
setSeconds()	设置日期对象中的秒钟部分
setUTCSeconds()	设置世界时间中的秒钟部分
setMilliseconds()	设置日期对象中的毫秒数
setUTCMilliseconds()	设置世界时间中的毫秒数

网页范例 set_time.html

```
<script type="text/javascript">
    var d = new Date(); //创建日期对象,自动获取当前时间
    //设置为 2000 年
    d.setFullYear(2000);
    document.write(d.getFullYear() + "年<br>");
    //设置为 1 月份
    d.setMonth(1)
    document.write(d.getMonth() + "月<br>");
    //设置为 10 日
    d.setDate(10);
    document.write(d.getDate() + "日<br>");
    //设置为 20 时 12 分 30 秒
    d.setHours(20,12,30)
    document.write(d.getHours() + "时" + d.getMinutes() +
        "分" + d.getSeconds() + "秒");
</script>
```

网页程序代码运行效果如图 26-15 所示。

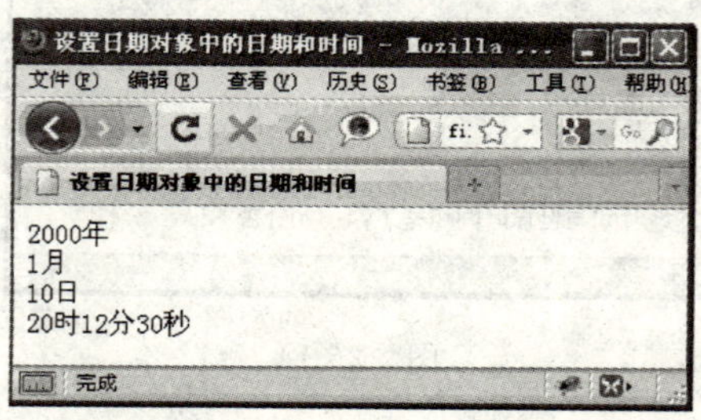

图 26-15

26.7 数字对象

数字类型是一种基本的数据类型,数字对象(Number)是与数字类型相对应的。

26.7.1 创建数字对象

可以通过 new 操作符来创建数字对象。

网页范例 number.html

```
<script type="text/javascript">
    var n1 = new Number(10);                //创建数字对象,带参数数字变量 10
    //创建数字对象,自动把字符串转换成数字变量
    var n2 = new Number("10");
/* 数字对象是继承自 Object 对象的,所以可以使用 toLocaleString()方法 */
    document.write(n1.toLocaleString() + "<br>");   //打印输出
    document.write(n2.toLocaleString());
</script>
```

数字对象重写了 valueOf()、toLocaleString()和 toString()方法,重写后的 valueOf()方法返回对象表示的基本类型的数值,另外两个方法则返回字符串形式的数值。

一般情况下,创建数字对象的意义不大。

26.7.2 数字对象的属性

数字对象有 5 种属性，如表 26-4 所示。

表 26-4 数字对象的属性

属　性	说　明
Number. MAX_VALUE	可以表示的最大数值，为 1.79e+308
Number. MIN_VALUE	可以表示的最小数值，为 5e−324
Number. NaN	非数值(not a number)
Number. POSITIVE_INFINITY	正无穷大，即 infinity
Number. NEGATIVE_INFINITY	负无穷大，即 −infinity

26.7.3 数字对象的方法

数字对象有 5 个方法，如表 26-5 所示。

表 26-5 数字对象的方法

方　法	说　明
toString(r)	将数字转换为字符串，参数 r 是个可选参数，范围为 2～36，如为 2，表示二进制，8 表示八进制，默认为十进制
toLocaleString()	将数字转换成本地格式的字符串
toExponential(r)	将数字转换成字符串，字符串表示形式为科学计数法，参数 r 的取值范围是 0～20
toFixed(r)	将数字转换成字符串，字符串表示形式不采用科学计数法，参数 r 的取值范围是 0～20
toPrecision(r)	将数字转换成字符串，参数 r 的作用是指定字符串的有效位数，取值范围是 1～21

26.8 数学对象

数学对象(Math)中提供了辅助完成计算功能的属性和方法。

26.8.1 数学对象的属性

数学对象包含的属性大都是数学计算中可能会用到的一些特殊值，如表 26-6 所示。

表 26-6 数学对象的属性

属　性	说　明	属　性	说　明
Math. E	自然对数的底数，即常量 e 的值	Math. LOG10E	表示数学中以 10 为底 e 的对数
Math. LN10	表示数学中的 10 的自然对数	Math. PI	表示数学中的Ⅱ值
Math. LN2	表示数学中的 2 的自然对数	Math. SQRT1_2	表示数学中 2 的平方根的倒数
Math. LOG2E	表示数学中以 2 为底 e 的对数	Math. SQRT2	表示数学中 2 的平方根

26.8.2 数学对象的方法

数学对象没有构造函数，不能用 new 操作符来创建。数学对象中的所有方法都是静态方法，可以直接使用。数学对象中的方法如表 26-7 所示。

表 26-7　数学对象的方法

方　法	说　明
Math. abs(n)	得到 n 的绝对值
Math. acos(n)	得到 n 的反余弦值，参数 n 的取值范围为 -1.0～1.0
Math. asin(n)	得到 n 的反正弦值，参数 n 的取值范围为 -1.0～1.0
Math. atan(n)	得到 n 的反正切值
Math. atan2(x,y)	得到 X 轴到坐标(x,y)的角度
Math. ceil(n)	得到大于或等于参数 n 的最小整数
Math. cos(n)	得到参数 n 的余弦值
Math. exp(n)	得到 e 的 n 次幂
Math. floor(n)	得到小于或等于 n 的最大整数
Math. log(n)	得到 n 的自然对数
Math. max(n1,n2…)	返回参数列表中的最大值
Math. min(n1,n2…)	返回参数列表中的最小值
Math. pow(x,y)	得到 x 的 y 次幂
Math. random()	得到一个 0.0～1.0 之间的随机数
Math. sin(n)	得到 n 的正弦值
Math. sqrt(n)	得到 n 的平方根
Math. tan(n)	得到 n 的正切值

特别提醒

这些方法比如正弦、余弦和正切等，在不同的实现过程中可能会有不同的精度。

26.9　字符串对象

字符串对象(String)提供对字符串处理的支持，与字符串类型是完全不同的概念。字符串对象也是通过 new 操作符来创建。语法格式如下：

```
var s = new String("hello")                //创建一个字符串对象
```

字符串对象的方法可以在所有基本的字符串值中访问到，从 Object 继承来的 valueOf()、toLocaleString()和 toString()方法，都返回对象所表示的基本字符串值。

26.9.1　字符串的长度

字符串对象中的 length 属性可以返回一个字符串的长度。要注意的是，即使字串中包含双字节字符(一个汉字占两个字节，一个英文单词只占一个字节)，每个字仍然也算一个字符。

网页范例 string.html

```
<script type="text/javascript">
    var s1 = new String("Hello World");                //创建一个字符串对象
    var s2 = "中国 china";
    document.write(s1 + " 的长度为: " + s1.length + "<br>")
    document.write(s2 + " 的长度为: " + s2.length);
</script>
```

网页程序代码运行效果如图 26-16 所示。

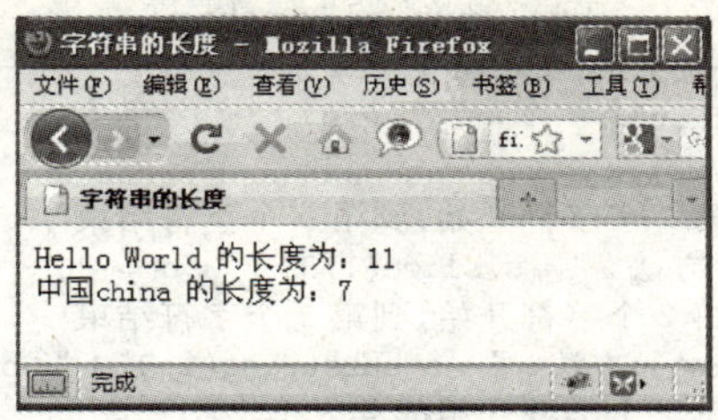

图 26-16

从上面代码运行的结果可以看到，第二个字符串中的“中国”两个汉字只计算了两个字符长度，而不是四个字符长度。

26.9.2 查找字符串的方法

两个用于访问字符串特定字符的方法是：charAt()和charCodeAt()。这两个方法都接收一个参数，因为字符串中第1个字符的编号为0，所以这个参数的取值范围是从0至string.length-1。如果超过这个范围，则返回一个空字符串。如：

```
var s1 = "china";                                    //定义一个字符串
s1.charAt(1);                                        //得到字符"h"
```

字符串第1个字符编号为0，所以字符串“china”位置1处的字符是h，所以调用s1.charAt(1)返回字符“h”。

如果想得到的不是字符而是字符编码，就要使用charCodeAt()方法：

```
var s1 = "china";                                    //定义一个字符串
s1.charCodeAt(1);                                    //得到104，这是字符h的Unicode代码
```

26.9.3 字符串操作方法

先介绍concat()方法，这个方法主要用于将一个或多个字符串拼接起来，返回拼接得到的新字符串。如：

```
var s1 = "ch";
var s2 = s1.concat("ina")                            //s2的值为"china"字符串
var s3 = s1.concat("ina","--java")                   //s3的值为"china--java"
```

特别提醒

在实践操作中使用更多的还是用加号操作符来把多个字符串拼接起来。

JavaScript还提供了三个基于子字符串创建新字符串的方法：slice()、substr()和substring()。这三个方法都会返回被操作字符串中的一个子字符串，可以接受两个参数，第一个参数指定子字符串的开始位置，slice()和substring()的第二个参数表示子字符串最后一个字符后面的位置(所以是字符位置减1，注意理解，并参看实例)，如果省略，表示结束位置为字符串最后1个字符。substr()方法的第二个参数指定返回的字符个数。值得注意的是，这三个方法只是返回一个基本类型的字符串值，对原始被操作的字符串没有影响。

网页范例 slice.html

```
<script type="text/javascript">
    var s = "abcdefg";
    //返回一个子字符串,从第 2 个字符开始,到第 3 个字符结束
    document.write("slice()方法: " + s.slice(1,3) + "<br>");
    //返回一个子字符串,从第 2 个字符开始,到第 3 个字符结束
    document.write("substring()方法: " + s.substring(1,3) + "<br>");
    //返回一个子字符串,从第 2 个字符开始的共 3 个字符长度
    document.write("substr()方法: " + s.substr(1,3));
</script>
```


网页程序代码运行效果如图 26-17 所示。

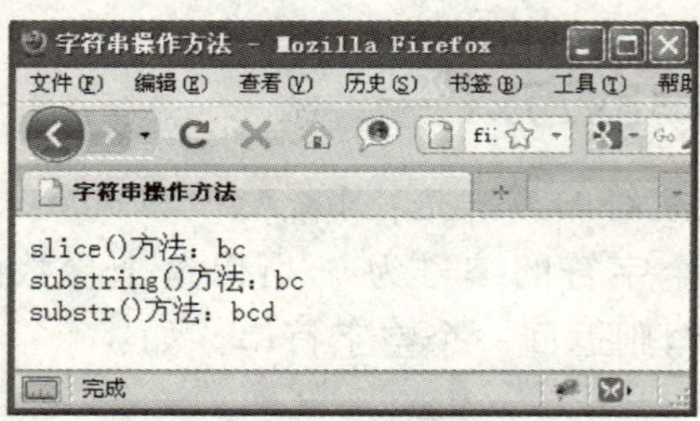

图　26-17

26.9.4　字符串位置方法

indexOf()和 lastIndexOf()这两个方法都是从一个字符串中搜索给定的子字符串,然后返回子字符串的位置,如果没有找到子字符串,返回-1。

这两个方法的区别在于:indexOf()是从字符串的开始位置向后搜索,lastIndexOf()方法是从字符串的末尾向前搜索子字符串。如下:

```
var s = "abcdefgab";
//查找子字符串 b,从开始向后搜索,得到 1,表示第 2 个位置
s.indexOf("b")
//查找子字符串 b,从末尾向前搜索,得到 8,表示第 9 个位置
s.lastIndexOf("b")
```

子字符串"b"第一次出现的位置是 1,第二次出现的位置是 8,如果"b"这个子字符串仅出现了一次,那么 indexOf()和 lastIndexOf()方法返回相同的位置值。

这两个方法都可以接收第二个参数,表示从字符串中的哪个位置开始查找。也就是说,indexOf()方法会从该参数指定的位置向后查找,忽略该位置之前的所有字符。类似地,lastIndexOf()方法则会从该位置向前查找,忽略该位置之后的所有字符。我们把上例修改一下:

```
var s = "abcdefgab";
//查找子字符串 b,从位置 6 开始向后搜索,得到 8
s.indexOf("b",6)
//查找子字符串 b,从末尾位置 6 向前搜索,得到 1
s.lastIndexOf("b",6)
```

26.9.5 字符串转换大小写

字符串大小写转换共有 4 种方法：

```
toLowerCase()             //转换为小写
toLocaleLowerCase()       //转换为本地小写
toUpperCase()             //转换为大写
toLocaleUpperCase()       //转换为本地大写
```

26.9.6 字符串匹配方法

字符串对象中有几个用于在字符串中匹配的方法，比较常用的是 match()方法，这个方法本质上与 RegExp 对象的 exec()方法相同。

match()方法只接受一个参数，是一个正则表达式或者是一个 RegExp 对象。如果匹配成功，返回由匹配成功的字符串组成的数组，否则返回 null。

```
var s = "china";
s.match("ch");            //返回字符串"ch"
```

另一个用于匹配的方法是 search()，这个方法的参数用法与 match()方法相同。如果在字符串中包含匹配的子字符串，则返回子字符串第一次出现在字符串中的位置，否则返回－1。

```
var s = "china";
s.search("ch");           //返回字符串"ch"的第一次出现位置 0
```

另外，还有 replace()方法，这个方法可以接受两个参数，第一个参数是一个字符串或 RegExp 对象，第二个参数可以是一个字符串或一个函数。

如果第一个参数是字符串，那么只会替换第一个子字符串。如果要替换所有子字符串，则要提供一个正则表达式，加上指定全局(g)标志。

```
var s = "abcdab";
//把字符串"ab"用字符串"中国"替换，得到"中国 abcdab"
//但是第二个"ab"没有替换
s.replace("ab","中国");
//如果要替换所有子字符串，要加上全局标志(g)，得到"中国 cd 中国"
s.replace(/ab/g,"中国");
```

最后一个与匹配相关的方法是 split()，这个方法可以基本指定的分隔符将一个字符串分割成多个子字符串，并将结果放在一个数组中。split()方法的第二个参数用于指定数组的大小，以确保返回的数组元素不会多于该参数所指定的数字，如果没有该参数，整个字符串都会被分割，而不考虑数组元素的个数。

```
var s = "red,blue,yellow";
s.split(",");             //用逗号分隔，得到数组("red","blue","yellow")
s.split(",",2);           //用逗号分隔，数组最大长度为 2，得到数组("red","blue")
```

26.9.7 字符串比较方法

localeCompare(str)方法用于比较两个字符串。如果字符串在字母表中排在字符串参数 str 之前,返回一个负数(-1);如果字符串等于字符串参数 str,则返回 0;如果字符串排在字符串参数 str 之后,则返回一个正数(1)。

```
var s = "bcd";
s.localeCompare("cde");        //返回 -1
s.localeCompare("abc");        //返回 1
s.localeCompare("bcd");        //返回 0
```


26.10 RegExp 对象

正则表达式是具有特殊语法的字符串,用来表示指定字符串在另一个字符串中出现的情况。JavaScript 对正则表达式的支持是通过 RegExp 对象来实现的。

RegExp 对象的构造函数可以带一个或两个参数,第一个参数是描述需要进行匹配的字符串,第二个参数则指定了处理命令。

26.10.1 创建 RegExp 对象

可以使用 new 操作符创建 RegExp 对象,语法格式如下:

```
var r = new RegExp(); //创建一个 RegExp 对象
```

最基本的正则表达式就是普通的字符串,比如要匹配单词"tom",可以这样定义正则表达式:

```
var r = new RegExp("tom");
```

这个正则表达式只会匹配字符串中出现的第一个单词"tom",而且是区分大小写的,如果要让这个正则表达式匹配所有出现的"tom",要加上第二个参数:

```
var r = new RegExp("tom","g");
```

第二个参数"g"是 global 的缩写,表示要查找字符串中出现的全部"tom",而不是在找到一个匹配后就停止。如果要不区分大小写,添加"i",像这样:

```
var r = new RegExp("tom","ig");
```

26.10.2 RegExp 对象的方法

RegExp 对象有三个方法:test()、exec()和 compile()。

1. test()方法

test()方法用于查找字符串中的指定值,如果找到指定的字符串,则返回 true,否则返回 false。

```
var r = new RegExp("tom");
r.test("tomabc");             //返回 true
```

上面代码返回值为 true，因为“tomabc”中存在字符串“tom”，所以返回 true。

2. exec()方法

exec()方法用于查找字符串中的指定值，如果找到指定的字符串，则返回被找到的字符串，否则返回 null。

```
var r = new RegExp("tom");
r.exec("tomabc");             //返回 tom
```

在“tomabc”中存在字符串“tom”，所以返回被找到的字符串“tom”。

3. compile()方法

compile()方法可以改变查找模式，也可以添加或删除第二个参数。

```
var r = new RegExp("tom");
r.exec("tomabc");             //返回 tom
r.compile("h");               //修改被查找的字符串为"h"
r.exec("tomabc")              //返回 null
```

使用 compile()方法把参数由“tom”修改为“h”，exec()方法返回 null，因为找不到“h”字符串。

26.10.3 正则表达式的元字符

正则表达式的一般形式如下：

```
/字符串/
```

位于“/”之间的部分就是要匹配的字符串。为了方便用户更加灵活地定制字符串，正则表达式提供了专门的元字符。所谓元字符就是指那些在正则表达中具有特殊意义的专用字符，可以用来规定前导字符(即位于元字符前面的字符)在目标字符串中的出现模式。比较常用字的元字符有：“+”、“*”和“?”。

“+”元字符规定前导字符必须在目标字符串连续出现一次或多次。

“*”元字符规定前导字符必须在目标字符串中出现零次或连续多次(任意次)。

“?”元字符规定前导字符必须在目标字符串中连续出现零次或一次。

下面实例讲解：

```
/fo+/
```

表示可以匹配在字母 f 后面连续出现一个或多个字母 o 的字符串，如“fo”，“fool”，“football”。

```
/fo*/
```

表示可以匹配字母 f 后面出现零次或连续出现多个字母 o 的字符串，如：“f”，“foa”，“fool”。

```
/wi?/
```

表示可以匹配字母 f 后面出现零次或一次字母 i，如“wi”，“win”，“window”。

如果要使用元字符本身，可以使用转义字符“\”，如“\ * ”，会得到 * 。

有时候不知道要匹配多少字符，可以在正则表达式中指定字符出现的次数。如：

```
{n}
```


n 是一个正整数，匹配确定的 n 次。例如：“a{2}”，表示要出现 2 个字母 a，可以匹配“faat”、“baao”。

```
{n,}
```

n 是一个正整数，要求至少匹配 n 次。例如“a{2}”，表示字母 a 至少要出现 2 次，可以匹配“faaaac”。

```
{n,m}
```

m 和 n 都是正整数，其中 n≤m，要求至少匹配 n 次，最多匹配 m 次。例如“a{1,3}”，表示字母 a 可以出现 1～3 次，可以匹配“fab”、“faab”、“faaab”。

接下来我们看看其他几个重要的元字符的使用方法。

```
. ：用于匹配除换行符之外的所有字符。
\s：用于匹配单个空格符，包括 Tab 键和换行符。
\S：用于匹配除单个空格符之外的所有字符。
\d：用于匹配 0～9 的数字。
\w：用于匹配字母、数字或下划线。
\W：用于匹配所有与\w 不匹配的字符。
```

特别提醒

可以把\s 和\S 以及\w 和\W 看做互为逆运算。

26.10.4 正则表达式的定位符

正则表达式中还有一种较为独特的专用字符，就是定位符。定位符用于规定匹配字符串在目标字符串中的出现位置，较为常用的有：“^”，“$”，“\b”和“\B”。

“^”规定匹配字符串必须出现在目标字符串的开头；

“$”规定匹配字符串必须出现在目标字符串的结尾；

“\b”规定匹配字符串必须出现在目标字符串的开头或结尾的两个边界之一；

“\B”规定匹配字符串必须出现在目标字符串的开头或结尾的两个边界之内。

特别提醒

可以把“^”和“$”以及“\b”和“\B”看做互为逆运算。

下面实例讲解：

```
/^hell/
```

可以匹配以“hell”开头的所有字符串，如：“hello”，“hellhound”。

```
/ar$/
```

可以匹配以“ar”结尾的字符串，如：“car”，“bar”。

```
/\bfat/
```

可以匹配以“fat”开头或结尾的字符串，如：“fatcde”，“abfat”。

```
/man\B/
```


可以匹配中间包含“man”的字符串，“man”不能在开头，也不能在结尾。

26.10.5　正则表达式的范围

正则表达式允许匹配字符串指定一个范围而不只局限于具体的某个字符。如：

```
/[a-z]/ :表示 a~z 范围内的任何一个小写字母。
/[A-Z]/ :表示 A~Z 范围内的任何一个大写字母。
/[0-9]/ :表示 0~9 范围内的任何一个数字。
/([a-z][A-Z][0~9])/ :表示任何由字母和数字组成的字符串。
```

要注意的是，“()”把三个字符串条件组合在一起，“()”符号包含的内容必须同时出现在目标字符串中，比如：“aAa”不符合条件，因为最后一个字符不是数字。

如果希望在正则表达式中实现“或”运算的效果，可以使用“|”管道符。如：

```
/a|b|c/ :表示匹配字母 a 或 b 或 c。
```

如果规定目标字符串中不能存在某个字符，可以使用否定符“[^]”，例如：

```
/[^a-c]/
```

上面的正则表达式表示目标字符串中可以与除 a、b、c 之外的任何字符相匹配。

下面我们讲解一个使用正则表达式验证日期的实例。

在日期中月份和天数一般是两位数，年份是四位数，可以这样写：

```
var d = /\d{1,2}\/\d{1,2}\/\d{4}/
```

这个正则表达式对应于“月/日/年”，但还没有考虑到月份和天数的有效范围。先考虑天数，第一个数字只能是 0~3，第二个数字可以是 0~9 的任意数字，如下：

```
var d = /[0-3]?[0-9]/
```

但是 32~39 天也被匹配了，再使用管道符“|”，如下：

```
var d = /0[1-9]|[12][0-9]|3[01]/
```

这样就可以正确匹配天数了。接下来匹配月份，方法类似：

```
var d = /0[1-9]|1[0-2]/
```

最后是年份了，可以将年份限制在 1900 年至 2099 年之间，应该够用了：

```
var d = /19|20\d{2}/
```

表示必须以 19 或 20 开头，后面跟两个数字。将上面的年、月、日组合起来，得到下面的正则表达式，可以用来验证日期：


```
var d = /(?:0[1-9]|[12][0-9]|3[01])\/(?:0[1-9]|1[0-2])\/(?:19|20\d{2})/
```

网页范例 isvalid.html

```
<script type = "text/javascript">
  function isvalid(s)
  {
    var d =
  /(?:0[1-9]|[12][0-9]|3[01])\/(?:0[1-9]|1[0-2])\/(?:19|20\d{2})/;
    return d.test(s);
  }
  window.alert(isvalid("05/05/2010"));     //true
  window.alert(isvalid("5/5/2010"));       //false
  </script>
```

26.11 对象层次

JavaScript 中的对象都是有层次的，这些对象并不都是独立存在的。JavaScript 中的对象由四部分组成。

(1) 语言核心部分：包括 JavaScript 的数据类型、操作符和表达式。

(2) 数据类型核心部分：包括一些与数据类型相关的内置对象，如布尔对象、日期对象、数字对象、数学对象、字符串对象等。

(3) 浏览器相关部分(BOM)：包括 window 对象、navigator 对象和 location 对象等。

(4) 文档相关部分(DOM)：包括 document 对象、form 对象和 image 对象等。

浏览器对象模型(Browser Object Model)提供了独立于内容、与浏览器窗口进行交互的对象。BOM 由一系列相关的对象构成，对象与对象之间有着相互联系。

BOM 结构示意如图 26-18 所示。

从图 26-18 中可以看出，window 对象是所有对象的顶级对象，其他对象都是 window 对象的子对象。

其中 document 对象这个分支又称为文档对象模型(DOM)。DOM 是应用于 HTML 或者 XML 的一种与平台、语言无关的接口(方法和属性)，允许程序和脚本动态访问和更新文档的内容、结构和样式。DOM 只关注浏览器所载入的文档，也就是 HTML 标签对象。无论有多少配置属性，还是事件、方法等，其最终都会转化为 HTML 在浏览器上显示出来。而每一个 HTML 页面都有一个层次分明的 DOM 树模型，浏览器中的所有内容都有相应的 DOM 对象，动态改变页面的内容，正是通过使用脚本语言来操作 DOM 对象实现。

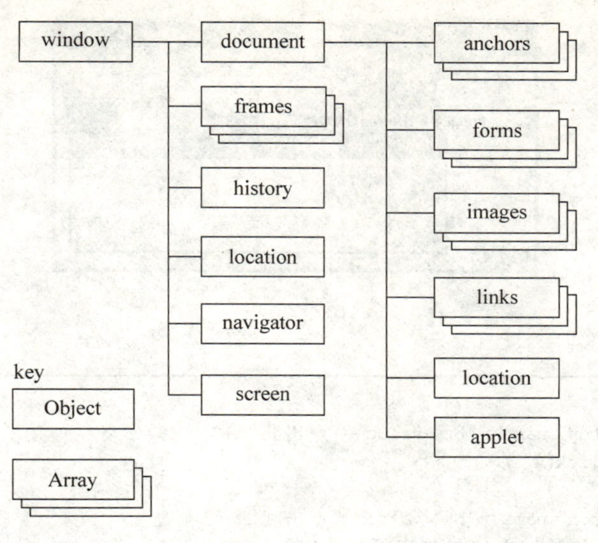

图 26-18

26.12 事件驱动与事件处理

JavaScript 和 HTML 之间的交互是通过用户和浏览器操作页面时引发的事件来处理的，比如页面载入时，会出现一个事件，用户单击时，会发生一个事件，通过事件驱动可以调用 JavaScript 中的函数或方法，开发人员用这些事件来执行编码进行响应。

26.12.1 在 HTML 标签属性中调用事件

在 HTML 标签属性中设置对象事件，是比较常用的一种方法。

网页范例 btclick.html

```
<script type="text/javascript">
    function btclick()
    {
    window.alert("单击了按钮");
    }
</script>
</head>
<body>
<form>
<input type="button" name="bt" value="点击我"
onclick="btclick()" />
</form>
```

在 JavaScript 中定义了一个 btclick()函数，弹出一个对话框。在 HTML 代码中添加了一个按钮，为这个按钮添加了一个 onclick(鼠标单击事件)属性，属性的值是 btclick()函数。当用户的鼠标单击了这个按钮，就会调用 btclick()函数，效果如图 26-19 所示。

有时候因为所调用的事件激发的响应比较简单，可以直接写在 HTML 标签属性中，上例那行调用的代码可以修改为：

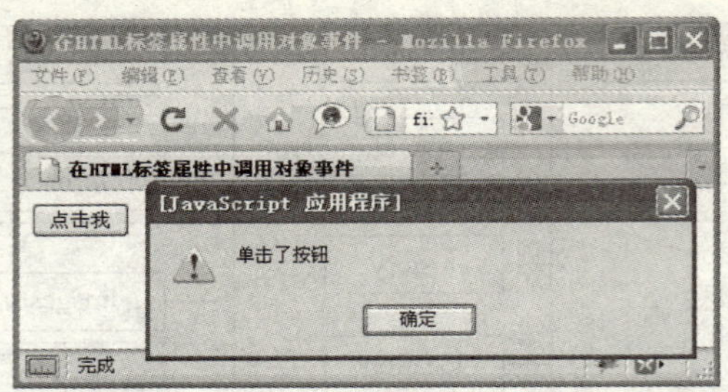

图 26-19


```
//原来的代码
< input type = "button" name = "bt" value = "点击我"
    onclick = "btclick()" />
//修改后的代码
< input type = "button" name = "bt" value = "点击我"
      onclick = " window.alert('单击了按钮')" />
```

26.12.2 在 JavaScript 代码中调用事件

在 JavaScript 代码中调用对象事件可以增加代码的独立性与模块性。

网页范例 js_btclick.html

```
< body >
< form >
< input type = "button" name = "bt" value = "点击我" />
</form >
< script type = "text/javascript">
    function btclick()
    {
    window.alert("单击了按钮");
  }
  //调用事件
  document.forms[0].elements[0].onclick = btclick;
</script >
</body >
```

首先,JavaScript 代码放在< form >标签的后面,因为要载入表单的事件,然后才激活 JavaScript 中的代码。

"document. forms[0]. elements[0]. onclick = btclick;"的作用相当于上例中的 input 标签中的 onclick 事件。forms[0]表示 HTML 中的第一个表单(因为网页中可以存在多个表单),elements[0]表示表单中的第一个标签元素,这样也就指定了是 input 标签。

特别提醒

在 JavaScript 代码中调用对象事件时,直接输入函数名,不需要输入函数名后的括号。

26.12.3 事件的返回值

在很多情况下程序都要求事件处理程序要有一个返回值,通过这个返回值来判断事件处理程序是否正确处理,或者通过这个返回值来判断是否进行下一步操作。一般返回值都是布尔值，如果为 true 则进行下一步操作，如果为 false 则不进行下一步操作。

网页范例 return_value.html

```
<script type="text/javascript">
    function check()
    {
      var len = document.myform.myname.value.length;
      if(len == 0)
      {
        window.alert("没有输入姓名!");
        return false
      }
      else
        {
        return true;
        }
  }
</script>
</head>
<body>
<form name="myform" onsubmit="return check()">
姓名:<input type="text" name="myname" value="" />
<input name="" type="submit" value="提交" />
</form>
</body>
```

上面的代码添加了一个文本框和一个提交按钮，在 form 标签中设置了 onsubmit 属性，属性值为"return check()"，就是返回"check()"函数的值。如果返回值为 true，提交表单；如果返回值为 false，则不会提交表单。

在 check()函数中，先获取文本框的内容，然后判断内容的长度，如果长度为零，说明用户没有输入内容。获取文本框内容的语句是：document.myform.myname.value.length，其中 myform 是表单的名字，myname 是文本框的名字，文本框的值用 myname.value 表示。

网页程序代码运行效果如图 26-20 所示。

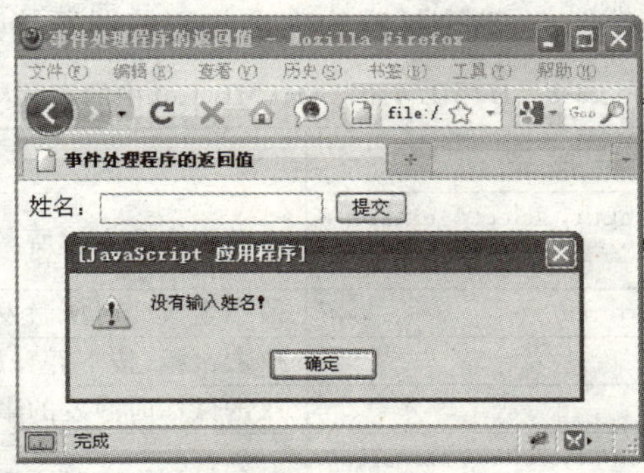

图 26-20

26.12.4 this 操作符

事件通常都会调用一个函数，在函数中经常要使用一些与对象相关的参数。可以通过 this 操作符来传递参数，因为 this 操作符就表示对象本身。

网页范例 this.html

```
<script type="text/javascript">
    function check1(obj)
    {
      window.alert(obj.value);
    }
    function check2(str)
    {
      window.alert(str);
    }
</script>
</head>
<body>
<form name="myform">
<input type="button" name="b1" value="这是 this 操作符返回的值" onclick="check1(this)" />
<input type="button" name="b2" value="这是 this 操作符返回的值" onclick="check2(this.value)" />
</form>
```

上面的代码中,check1()函数的参数"obj"是一个对象,函数的作用是显示 obj 对象的 value 属性值。

check2()函数的参数"str"是一个字符串,函数的作用是显示字符串 str 的值。

在第一个按钮中,onclick 事件调用 check1()函数,属性值"check1(this)"中的 this 表示第一个按钮这个对象,所以 check1()函数中的"obj. value"也就相当于第一个按钮的 value 值,等同于"myform. b1. value"。

第二个按钮中,onclick 事件调用 check2()函数,属性值"check2(this. value)"中的 this. value 字符串表示第二个按钮的值,等同于"myform. b2. value"。

26.12.5 浏览器事件

大多数事件都是由浏览器产生。对不同的浏览器而言,可以产生的事件可能不同。即使是同一个浏览器,不同的版本所能产生的事件都不可能完全相同。表 26-8 为 HTML 4.01/XHTML 1.0 中所规定的事件标准,这个标准为大多数浏览器所接受。

表 26-8 HTML 4.01/XHTML 1.0 中的事件

事件名称	支持标签	说明
blur	a, area, label, input, select, textarea, button	对象失去焦点时所激发的事件
change	input, select, textarea	值产生改变时所激发的事件
click	大多数标签	单击鼠标(按下并释放鼠标键)时所激发的事件
dblclick	大多数标签	双击鼠标时激发的事件
focus	a, area, label, input, select, textarea, button	对象得到焦点时所激发的事件
keydown	大多数标签	按下键盘键时所激发的事件
keypress	大多数标签	按下并释放键盘键时所激发的事件
keyup	大多数标签	释放键盘键时所激发的事件
load	body, frameset	在一个浏览器窗口中加载文档时,或框架集中所有框架中的文档时所激发的事件

续表

事件名称	支持标签	说　明
mousedown	大多数标签	按下鼠标键(并没有释放)时所激发的事件
mousemove	大多数标签	移动鼠标时激发的事件
mouseover	大多数标签	鼠标从对象上移开时所激发的事件
mouseup	大多数标签	释放鼠标键时所激发的事件
mouseout	大多数标签	鼠标从对象上移开时所激发的事件
reset	form	重置表单时所激发的事件
select	input,textarea	选中文本时所激发的事件
submit	form	提交表单时激发的事件
unload	body,frameset	卸载浏览器窗口或框架中的文档时所激发的事件

本章知识体系

知识点	重要等级	难度等级
对象基本概念	★★★★	★★
构造函数	★★★★	★★★
object 对象	★★★★	★★★
布尔对象	★★	★★
日期对象	★★★★	★★
数字对象	★★	★★
数学对象	★★★★	★★
字符串对象	★★★★★	★★
RegExp 对象	★★★★	★★★★
正则表达式	★★★	★★★★★
对象层次	★	★
事件驱动和处理	★★★★	★★★

第27章

window对象

window 对象是客户端程序的全局对象，是所有对象的顶级对象，就是我们通常所说的浏览器窗口。

本章介绍 window 对象的方法、属性和事件。

本 章 术 语

window 对象＿＿＿＿＿＿＿＿
alert()＿＿＿＿＿＿＿＿
confirm()＿＿＿＿＿＿＿＿
prompt()＿＿＿＿＿＿＿＿
open()＿＿＿＿＿＿＿＿
close()＿＿＿＿＿＿＿＿
status＿＿＿＿＿＿＿＿
onclick＿＿＿＿＿＿＿＿
setTimeout()＿＿＿＿＿＿＿＿

27.1 window 对象

window 对象是一个全局对象，是所有对象的顶级对象，有自己的属性、方法和事件。

27.1.1 window 对象介绍

每个浏览器窗口以及窗口中的框架都是由 window 对象表示的。通过 window 对象可以控制窗口的大小和位置、弹出对话框、打开和关闭窗口、显示地址栏、工具栏和状态栏等。window 对象是属于客户端的对象，不需要使用 new 操作符来创建对象，直接调用属性和方法。与其他对象类似，window 对象也是通过“.”来调用属性和方法：

```
window.属性
window.方法()
```

27.1.2 window 对象的属性

window 对象的属性大多是浏览器窗口中特有的属性，见表 27-1。

表 27-1 window 对象的属性

属　性	说　明
closed	获取引用窗口是否已关闭，如果关闭，返回 true
defaultStatus	设置或获取窗口底部的状态栏上的文字信息
dialogArguments	设置或获取传递给模式对话框窗口的变量或变量数组
dialogHeight	设置或获取模式对话框的高度
dialogLeft	设置或获取模式对话框的左坐标
dialogTop	设置或获取模式对话框的顶坐标
dialogWidth	设置或获取模式对话框的宽度
frameElement	获取在父文档中生成 window 的 frame 或 iframe 对象
length	设置或获取集合中对象的数目
name	设置或获取表明窗口名称的值
offscreenBuffering	设置或获取对象在对用户可见之前是否要先在屏幕外绘制
opener	设置或获取创建当前窗口的窗口的引用
parent	获取对象层次中的父窗口
returnValue	设置或获取从模式对话框返回的值
screenLeft	获取浏览器客户区左上角相对于屏幕左上角的 x 坐标
screenTop	获取浏览器客户区左上角相对于屏幕左上角的 y 坐标
self	获取对当前窗口或框架的引用
status	设置或获取位于窗口底部状态栏的信息
top	获取最顶层的祖先窗口

27.1.3 window 对象的方法

window 对象还有很多方法，见表 27-2。

表 27-2 window 对象的方法

方　法	说　明
alert()	显示带有一段消息和一个“确认”按钮的警告框
blur()	把键盘焦点从顶层窗口移开
clearInterval()	取消周期性执行代码
clearTimeout()	取消超时的操作
close()	关闭浏览器窗口
confirm()	显示带有一段消息以及“确认”按钮和“取消”按钮的对话框
focus()	把键盘焦点给予一个窗口
moveBy()	可相对窗口的当前坐标把它移动指定的像素
moveTo()	把窗口的左上角移动到一个指定的坐标
open()	打开一个新的浏览器窗口或查找一个已命名的窗口
prompt()	显示可提示用户输入的对话框
resizeTo()	把窗口的大小调整到指定的宽度和高
resizeBy()	按照指定的像素调整窗口的大小

续表

方　法	说　明
scroll()	滚动窗口中的文档
scrollBy()	按照指定的像素值来滚动内容
scrollTo()	把内容滚动到指定的坐标
setInterval()	指定周期性执行代码(以毫秒计)
setTimeout()	在指定的毫秒数后调用函数或计算表达式
print()	打印当前窗口的内容

27.1.4　window 对象的事件

window 对象共有 7 种事件,见表 27-3。

表 27-3　window 对象的事件

事件	说　明	事件	说　明
blur	当窗口失去焦点时的事件	resize	调整窗口大小的事件
error	当执行 JavaScript 代码产生错误时的事件	onunload	卸载网页时的事件
focus	当窗口得到焦点时的事件	move	移动窗口的事件
onload	载入网页时的事件		

27.2　window 对象事件

27.2.1　装载文档(onload)和卸载文档(onunload)

window 对象的装载文件(onload)和卸载文档(onunload)事件一般作用在 body 标签中。当打开浏览器窗口时就会激发装载文件(onload),以下三种情况会激发卸载事件(onunload)。

(1) 当浏览器窗口从一个内容跳转到另一个内容时,比如单击网页上的"下一页"链接,当前页就会激发装载事件,下一页会激发卸载事件。

(2) 浏览器窗口关闭时。

(3) 刷新浏览器窗口时。

网页范例 onload.html

```
<script type="text/javascript">
  function on()
  {
    window.alert("欢迎访问网站!");
  }
  function un()
  {
    window.alert("谢谢,欢迎下次再来!");
  }
</script>
</head>
<body onload="on()" onunload="un()">
```

body 标签的属性中分别调用了装载"onload"和卸载"onunload"事件。

27.2.2 得到焦点(focus)和失去焦点(blur)

焦点就是指浏览器窗口为当前活动窗口。当浏览器窗口得到焦点时激发 onfocus 事件，当浏览器窗口失去焦点时激发 onblur 事件。

网页范例 onfocus.html

```
<script type="text/javascript">
  //单击时得到焦点文字消失,失去焦点时文字再出现
  function on()
  {
    if(document.myform.mytext.value=="输入内容")
    {
      document.myform.mytext.value="";
    }
  }
  function un()
  {
    if(document.myform.mytext.value=="")
      {
        document.myform.mytext.value="输入内容";
      }
  }
</script>
</head>
<body>
<form name="myform">
<input type="text" name="mytext" value="输入内容" onfocus="on()" onblur="un()">
</form>
```

当用户单击文本框时,文本框得到焦点,激发 onfocus 事件,把文本框内容清空；当用户在文本框外单击时,文本框失去焦点,激发 onblur 事件,自动在文本框内添加“输入内容”字符串。

27.2.3 调整窗口大小事件

当浏览器窗口被调整大小时,激发 onresize 事件。

网页范例 onresize.html

```
<script type="text/javascript">
  //单击时得到焦点文字消失,失去焦点时文字再出现
  function win()
  {
    //如果用户调整窗口大小,弹出对话框
    if(window.confirm("是否把窗口大小调整为1024*768大小?"))
    {
      window.resizeTo(1024,768);
    }
  }
</script>
</head>
<body onresize="win()">
```

在 body 标签中调用 onresize 事件,当用户调整浏览器窗口大小时,会弹出一个对话框,如果选择“是”,则会把浏览器窗口大小调整为 1024×768。

27.2.4 错误事件

window 对象的错误事件(error)是由浏览器产生的。如果发生 JavaScript 代码错误,会在浏览器左下角出现提示,双击错误区域,可以看到详细错误信息。

error 事件可以由下列 3 个参数给出错误处理函数。

(1) 详细的错误信息。

(2) 产生错误的网页地址。

(3) 产生错误的行数。

网页范例 error.html

```
<script type="text/javascript">
  //直接在 window 对象中调用错误事件
  window.onerror = check;
  function check(e1,e2,e3)
  {
      var str ="发生错误,具体信息如下:\n";
      str += "错误信息:" + e1 +"\n";
      str += "发生错误的文件是:" + e2 +"\n";
      str += "错误代码的行数是:" + e3 +"\n";
      window.alert(str);
      return true;
  }
  var err = a + b;            //变量 a 和 b 没有定义
</script>
```

网页程序代码运行效果如图 27-1 所示。

图 27-1

27.3 window 对话框

三种常用的对话框是 alert()、confirm()和 prompt(),它们的功能都是弹出对话框。alert()用于向用户显示消息,confirm()要求用户单击“确认”或“取消”按钮来确认或取消某个操作,prompt()要求用户输入一个字符串。

特别提醒

这三种对话框中显示的文本是纯文本,不是 HTML 格式的文本,所以只能使用空格、换行符和各种标点符号来格式化这些对话框。

在不同的浏览器中,对话框看起来外观会有些不同。

27.3.1 警告框 alert()

警告框是在浏览器窗口上弹出一个窗口,显示提示的文字信息,通常用来给用户显示一些提示信息。我们在前面的很多实例中已演示了这种方法。

特别提醒

如果要显示多行提示信息，可以用“\n”换行，不能使用“
”。

网页范例 alert.html

```
<script type="text/javascript">
  //直接在window对象中调用错误事件
  window.onerror = check;
  function show()
  {
      window.alert("演示alert()方法\n通常用来显示一些提示信息!");
  }
</script>
</head>
<body onload="show()">
```

网页程序代码运行效果如图 27-2 所示。

图 27-2

27.3.2 确认框 confirm()

确认框有两个按钮，一个按钮显示“确定”，另一个按钮显示“取消”，会返回一个布尔值。如果用户单击了“确定”按钮，返回值是 true；如果用户单击了“取消”按钮，返回值是 false，一般用来与用户进行互动。

网页范例 confirm.html

```
<script type="text/javascript">
  function del()
  {
      window.confirm("是否删除数据?确认吗?");
  }
</script>
</head>
<body>
<a href="#" onclick="del()">删除数据</a>
```

网页程序代码运行效果如图 27-3 所示。

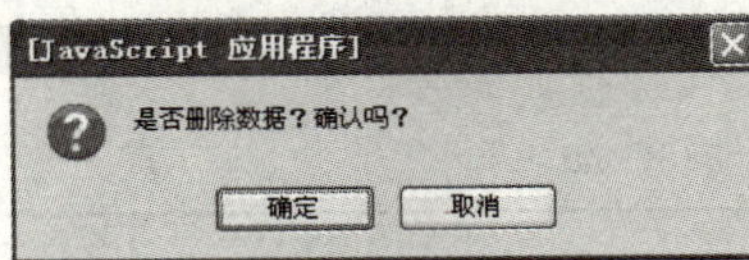

图 27-3

27.3.3 提示框 prompt()

prompt()方法弹出一个输入框，用户可以在这个输入框中输入文字内容，单击“确定”按钮后，返回用户输入的文字内容。

网页范例 prompt.html

```
<script type="text/javascript">
    var str = window.prompt("请输入您的姓名：","");
    if(str == null)
    {
      window.alert("您取消了输入姓名!");
    }
    else if(str == "")
    {
    window.alert("您没有输入姓名!");
    }
    else
    {
      document.write( str + "您好,欢迎您!");
    }
</script>
```

27.4 window 状态栏

浏览器底部有一个状态栏，这是浏览器向用户显示消息的地方。默认情况下状态栏中的文字为空白，状态栏中可以显示的信息通常有以下两种。

(1) 当鼠标移到网页的链接上时，在状态栏显示链接的地址。

(2) 当浏览器加载文件时，在状态栏显示加载的文件或进度。

window 对象的 defaultStatus 属性可以设置显示在状态栏中的默认文本，当不显示瞬间信息时，状态栏会显示这个默认文本。

window 对象的 status 属性可以设置状态栏的瞬间信息，当把鼠标放在网页的链接上时，状态栏会显示这个链接的地址，此时的状态栏信息就是瞬间信息。

网页范例 status.html

```
<script type="text/javascript">
    var str = window.prompt("请输入状态栏的默认信息：","");
    //把用户输入的信息设置成状态栏的默认信息
    window.defaultStatus = str;
</script>
</head>
<body>
<a href="###">javascript 教程</a>
```

上面的代码把用户输入的信息保存在变量 str 中，将变量 str 的值赋给 defaultStatus 属性，设置成状态栏的默认文本。

当把鼠标移到链接上，可以在状态栏上显示链接的地址。

本例在 IE 下运行才能看到状态栏的默认文本内容。

27.5 window 窗口操作

window 对象有几个可以用来对窗口自身进行控制的方法，主要包括新开窗口、关闭窗口、控制窗口的位置和大小等。

27.5.1 打开窗口 open()

window 对象的 open()方法可以打开一个新的浏览器窗口。语法格式如下：

```
window.open(url,windowname,features,replace)
```

这个方法有以下 4 个参数。

(1) url：要在新浏览器窗口中显示的文档的网址，如果这个参数被省略或为空字符串或 null 时，可以打开一个空白窗口。

(2) windowname：表示新开窗口的名称，这个名称可以作为<a>标签或<frame>标签的 target 属性的值。如果指定的是一个已经存在的窗口名称，那么 open()方法使用的就只是那个已存在的窗口，而不是再打开一个新窗口。

(3) features：这个参数是一个特征列表，这些特征表明了新窗口的大小，是否显示工具栏、菜单栏、状态栏等，各种特征的默认值为 no。

(4) replace：这个参数只有第二个参数值为一个已经存在的窗口名称时才起作用，它是一个布尔值。如果参数值为 true，则用第一个参数值来替换该窗口浏览历史的当前页；如果该参数值为 false，则在该窗口浏览历史中创建一个新的项。

open()方法的返回值是代表新创建的窗口的 window 对象，需要强调的一点是调用它的方式总是通过 window.open()。原则上 window 对象名是可以省略的，但是因为 document 对象也有 open()方法，为了使这两种方法不混淆，最好用 window.open()，不要省略“window”。

网页范例 open.html

```
<a href="#" onclick="window.open()">新开一个空白窗口</a>
<a href="#" onclick="window.open('alert.html')">第一个参数演示</a>
<a href="#" onclick="window.open('alert.html','',
'wodth=300,height=300,menubar=yes')">第三个参数演示</a>
<a href="#" onclick="window.open('alert.html','win')"
target="win">第二个参数演示</a>
```

第一个链接表示打开一个新窗口，没有带任何参数。

第二个链接只有第一个参数，其他参数省略，表示打开指定的网页。

第三个链接中，第二个参数省略，但需要保留位置，因为我们调用了第三个参数。

第三个参数可以设置弹出窗口的特征，如是否显示工具栏，是否显示状态栏、窗口大小，等等。这个参数值是一个字符串，每项特征用逗号分隔，见表 27-4。

第四个链接，第二个参数命名为“win”，然后在<a>标签的“target”属性中使用。

表 27-4 新窗口的特征参数

属　性	说　明
width	浏览器窗口的宽度
height	浏览器窗口的高度
location	是否显示地址栏,yes 为显示,no 为不显示
menubar	是否显示菜单栏,yes 为显示,no 为不显示
resizable	用户是否可以调整窗口大小,yes 为可以,no 为不可以
scrollbars	是否显示滚动条,yes 为显示,no 为不显示
status	是否显示状态栏,yes 为显示,no 为不显示
toolbar	是否显示工具栏,yes 为显示,no 为不显示

27.5.2 关闭窗口 close()

就像 open()方法打开一个窗口一样,close()方法是关闭一个窗口。可以通过 window.close()关闭浏览器窗口。大多数浏览器只允许自动关闭由自身的 JavaScript 代码创建的窗口。即使一个窗口关闭了,但它的 window 对象仍然存在,可以检测它的 closed 属性,属性值为 true,表示窗口关闭了。

网页范例 close.html

```
<script type="text/javascript">
    var win; //定义变量,用来保存 open()方法的返回值
    //新开窗口函数,指定窗口宽度和高度
    function openwin()
    {
      win = window.open("","","width=300,height=300");
    }
    //关闭窗口函数
    function closewin()
    {
      if(win.closed)           //如果 closed 属性值为 true,表示已关闭窗口
      {
        window.alert("已关闭窗口");
      }
      else                     //否则就关闭窗口
      {
        win.close();           //关闭窗口
      }
    }
</script>
</head>
<body>
<a href="#" onclick="openwin()">新开窗口</a><br />
<a href="#" onclick="closewin()">关闭窗口</a><br />
```

27.5.3 滚动 scrollTo()&scrollBy()

window 对象有一些可以在浏览器窗口或框架中滚动文档的方法,语法格式如下:

```
window.scroll(x,y)
window.scrollTo(x,y)
window.scrollBy(x,y)
```

scroll()方法可以将窗口中显示的文档滚动到指定的绝对位置，位置由参数 x、y 共同决定，其中 x 为要滚动的横向坐标，y 为要滚动的纵向坐标。要注意的是，文档的左上角坐标为(0,0)。

scrollTo()方法和 scroll()方法完全相同。scrollTo()方法是 JavaScript1.2 中定义的，scroll()方法是 JavaScript1.1 中定义的。之所以保留 scroll()方法，只是为了向后兼容。建议使用 scrollTo()方法。

scrollBy()方法可以将窗口中显示的文档向左、向右或向上、向下滚动到指定的相对位置上。如果参数 x 值为正，则文档向右滚动；如果参数 x 值为负，则文档向左滚动。如果参数 y 值为正，文档向下滚动；如果参数 y 值为负，文档向上滚动。


```
scrollTo(10,50);
scrollBy(20,100);
```

表示横向滚动条移动到相对于窗体宽度为 10 像素的位置，纵向滚动条移动到相对于窗体高度为 50 像素的位置，再将横向滚动条向左移动 20 像素，纵向滚动条向下移动 100 像素。

27.5.4 调整窗口大小 resizeTo()&resizeBy()

window 对象有两种方法来调整浏览器窗口大小，语法格式如下：

```
window.resizeTo(x,y)
window.resizeBy(x,y)
```

resizeTo()方法可以将窗口调整到一个绝对大小，参数 x 表示窗口的宽度，参数 y 表示窗口的高度。

resizeBy()方法是在保持当前窗口大小不变的情况下，增加或减少相应的宽度和高度，参数 x 为要增加或减小的宽度，参数 y 为要增加或减少的高度。

```
window.resizeTo(500,600)         //将窗口调整到 500 像素宽,600 像素高
window.resizeBy(30, - 20)        //使窗口的宽度增加 30 像素,高度减少 20 像素
```

27.6 window 时间间隔

window 对象中有一些方法可以用来设置代码的执行时间和执行方式。

27.6.1 延迟代码执行

setTimeout()方法可以延迟代码的执行时间，就是“设置超时”的意思，语法格式如下：

```
setTimeout(codes, delay);
```

codes：表示代码的字符串，或者函数名。

delay：表示延迟的时间，单位为毫秒。

通过 setTimeout()方法暂停一段时间后执行代码，可以实现一些特殊的效果。

每次调用 setTimeout()方法都会产生一个唯一的 ID，可以通过 clearTimeout()方法(此方法的参数接收一个 setTimeout()返回的 ID)暂停 setTimeout()方法还未执行的代码。

27.6.2 周期性执行代码

setTimeout()方法只能执行代码一次，如果要让代码反复执行，可以使用 setInterval()方法，就是设置“间隔时间”，语法格式如下：

```
setInterval(codes, interval);
```

codes：要周期执行的代码。

interval：执行代码的间隔时间，以毫秒为单位。

网页范例 settimeout.html

```
<script type="text/javascript">
    function timeout()
    {
      setTimeout("window.alert('这是延迟 10 秒弹出的窗口!')",10000);
    }
    function interval()
    {
      var d = new Date();
      window.alert("间隔 1 秒执行一次代码：" + setInterval(d.toLocaleString(),1000));
    }
</script>
</head>
<body>
<input type="button" value="延迟执行代码" onclick="timeout()" />
<input type="button" value="周期性执行代码" onclick="interval()" />
```

27.6.3 停止延迟性执行代码

clearTimeout()方法可以取消延迟执行的代码，语法格式如下：

```
clearTimeout(id);
```

id 是 setTimeout()方法的返回值。

27.6.4 停止周期性执行代码

在程序代码中，只要达到一定的条件，需要停止代码的周期性执行，可以用 window 对象中的 clearInterval()方法决定停止哪个 setInterval()方法的周期执行，语法格式如下：

```
clearInterval(id);
```

id 是 setInterval()方法的返回值。

网页范例 cleartimeout.html

```
<script type="text/javascript">
    function timeout()
    {
    //延迟 8 秒后执行
var id = setTimeout("window.alert('这个窗口 8 秒后才弹出来!')", 8000);
    }
```

```
function stop()
{
  clearTimeout(id); //取消延迟代码的执行
}
</script>
</head>
<body>
<input type="button" value="执行延迟代码" onclick="timeout()" />
<input type="button" value="取消延迟执行代码" onclick="interval()" />
```

单击第一个按钮后，将延迟 8 秒弹出对话框，如果在这个时间之内单击第二个按钮，则不会弹出对话框。

27.7　window 子对象

window 对象是 BOM 对象模型中的顶层对象，其他对象都是 window 的子对象。我们在后续章节会详细讲解。

1. screen 对象

screen 对象主要用来获取计算机屏幕的一些属性，利用这些属性可以获得关于计算机屏幕的一些信息，比如长度、宽度等。

2. location 对象

利用 location 对象可以方便地设置或获取 URL 中的各种信息。

一个完整的 URL 地址的格式为：

协议://主机:端口/路径名称#hash 标识?搜索条件

其中，协议是 URL 的起始部分，用于指定该 URL 地址所采用的通信协议，比如 HTTP、FTP 等；

主机是指该 URL 所对应的服务器的名称；

端口用于指定服务器用于通信的端口号，与主机名之间使用冒号隔开；

路径名称是指该 URL 所对应的网页文件在服务器上的虚拟路径；

如果页面中含有锚点连接，可以使用 hash 标志指定页面中的锚点标志，该标志以“#”开头；

搜索条件是指 URL 中所含有的查询条件，该查询条件以“?”开头，以“变量名称=值”的形式出现，多个查询条件之间使用连接符“&”连接。比如：http://www.php.net.cn:8080/wwwroot/index.html#topicID?id=3876。

3. history 对象

history 对象保存最近所访问的 URL 的列表。

在浏览 Web 页面时，浏览器会将最近访问过的页面的 URL 地址保存在一个地址中，使用 history 对象可以访问这一列表。

4. math 对象

math 对象在第 26 章有介绍，主要作用是为数学计算提供常量和计算函数。math 对象是一种静态对象，可以直接使用，不需要实例化对象。

5. navigator 对象

navigator 对象包含了浏览器的总体信息，如浏览器的名称、版本信息、默认语言和硬件平台等。还可以检测浏览器安装了什么插件，是否启用 Java，等等。

6. document 对象

document 对象是客户端 JavaScript 中最常用的对象，引用的是 HTML 文档，可以对文档的内容进行操作，如链接颜色、文档的背景色、最后修改时间、表单和图片等。

本章知识体系

知识点	重要等级	难度等级
window 对象属性	★★★	★★
window 对象方法	★★★★	★★
window 对象事件	★★★★	★★
window 对象对话框	★★★★	★★
window 对象状态栏	★★★★	★★
window 对象窗口操作	★★★★	★★
window 对象时间间隔	★★	★★
window 子对象	★	★

第28章

文档对象

所谓文档对象就是 document 对象，是客户端 JavaScript 中最常用的对象，代表浏览器窗口（window 对象）中的文档。

本章介绍 document 对象及该对象下的图像对象、链接对象、锚点对象等。

本 章 术 语

document 对象
图像对象
链接对象
锚对象
cookie

28.1 文档对象

文档对象（document）是 window 对象的一个子对象，是客户端 JavaScript 中最常用的对象，代表了浏览器窗口中的文档。

28.1.1 document 对象介绍

document 对象是程序代码中使用最多的对象。通过 document 对象可以操作 HTML 文档的内容及其他对象。document 对象除了拥有大量的属性和方法以外，还拥有很多子对象，这些子对象可以用来控制 HTML 文档中的图片、链接、表单等。

document 对象的层次可以参见第 26 章的图 26-18，主要包含锚对象（anchor）、表单对象（form）、图像对象（image）、链接对象（link）、定位对象（location）、applet 小程序对象。

document 对象中的 location 对象与 window 对象中的 location 对象完全相同，都是用来表示当前窗口的地址，但是不推荐使用 document 对象中的 location 对象，尽量使用 window 对象中的 location 对象。

applet 对象代表网页中的小程序，并不是严格意义上的 javascript 对象。

由于表单对象（form）在网页中的重要程序，下一章专门介绍表单对象。本章将介绍锚对象、链接对象、图像对象和 cookie 属性。

28.1.2 document 对象的属性

document 对象的属性主要用于描述 HTML 文档中的标题、颜色、图片、链接、表单元素等，见表 28-1。

表 28-1 document 对象的属性

属 性	说 明
alinkColor	用于设置或者返回被激活的链接(用户单击了该链接，按下与释放鼠标键的那一瞬间)的颜色
anchors	返回一个数组，数组中的元素为网页中的锚对象
applets	返回一个数组，数组中的元素为 applet 对象
bgColor	用于设置或者获取网页的背景颜色
cookie	用于设置和读取 cookie
domain	属性用于获取文件加载服务器的域名
embeds	返回一个数组，数组中的元素表示 embed 元素的数据包
fgColor	用于设置或返回网页中文本的默认颜色
forms	返回一个数组，数组中的元素是网页中的表单对象
images	返回一个数组，数组中的元素为 image 对象
linkColor	用于设置或者获取网页中链接的颜色属性
lastModified	用于获取文档或者网页最后修改的时间
links	返回一个数组，数组中的元素为 link 对象
location	返回一个 location 对象
plugins	等同于 embeds 属性，推荐使用 embeds 属性
referrer	用于获取反向链接文档或网页(用户从这个网页到达当前页面)的 url 或链接
title	获取文档的标题
url	用于获取目前页面或者文档的 url 字符串
vlinkColor	用于获取或者设置网页中已单击链接的颜色

28.1.3 document 对象的方法

document 对象还有很多方法，见表 28-2。

表 28-2 document 对象的方法

方 法	说 明
clear()	可以清除网页文档中的内容，但不推荐使用
close()	可以关闭的输出流，并显示已存在文档流中的内容
open()	打开一个新文档
write()	在网页中输出内容
writeln()	在网页中输出内容后换行

28.1.4 document 对象的命名

在一个 HTML 文档中，有很多标签，如何访问这些标签呢？先介绍一个通用的规则，记住它非常有用。

一个 HTML 文档中的每个<form>标签都会在 document 对象的 forms[]数组中创建一

个带编码的元素，通过这个 forms[]数组可以访问这些元素。

类似的，每个<img>标签也会创建一个 images[]数组的元素，每个<a>标签也会创建一个 links[]数组的元素，每个锚也会创建一个 anchors[]数组的元素，这一规则还适用于<applet>标签、<embed>标签。

除了这些数组之外，如果 HTML 中的标签元素有 name 属性，document 对象还可以通过 name 属性值来调用这些由 HTML 标签所创建的对象。

```
<form name = "f1">
  <input type = "text" name = "t1">
  <input type = "text" name = "t2">
</form>
<form name = "f2">
<input type = "text" name = "t3">
  <input type = "text" name = "t4">
</form>
```

上面共有两个<form>标签，每个<form>标签中都含有两个文本框，<form>标签和文本框都有 name 属性。

下面通过获取数组的方式取得<form>标签：

```
document.forms[0]                //取得第一个<form>标签
document.forms[1]                //取得第二个<form>标签
```

以此类推，如果 HTML 文档中有多个<form>标签，只要修改 forms[]数组中的下标就可以调用全部的<form>标签。

下面通过访问<form>标签的 name 属性的方式取得<form>标签：

```
document.f1                      //取得第一个<form>标签
document.f2                      //取得第二个<form>标签
```

对于<form>标签中的表单元素，也可以通过 elements[]数组或表单元素的 name 属性这两种方式访问：

```
document.forms[0].elements[0]    //取得第一个<form>标签的第一个文本框
document.f2.elements[0]          //取得第二个<form>标签的第一个文本框
document.forms[0].t2             //取得第一个<form>标签的第二个文本框
document.forms[1].t4             //取得第二个<form>标签的第二个文本框
```

特别提醒

通过数组元素和 name 属性访问对象的两种方式可以自由组合，HTML 文档中的其他标签元素也是通过这种方式访问。

28.2 document 对象的应用

接下来通过一些实例演示 document 对象的属性和方法。

28.2.1 设置链接颜色

默认情况下，网页中没有访问的链接颜色为蓝色，已访问过的链接和正在访问的链接颜色为暗红色，使用 document 对象的 linkColor、vlinkColor 和 alinkColor 属性可以分别设置这三种属性。

28.2.2 设置网页背景颜色和文字颜色

document 对象的 bgColor 属性可以设置网页背景颜色，fgColor 属性可以设置网页默认文字颜色。

网页范例 link_color.html

```
<script type="text/javascript">
  function set()
  {
        document.alinkColor = document.f1.b1.value;
        document.linkColor = document.f1.b2.value;
        document.vlinkColor = document.f1.b3.value;
        document.bgColor = document.f1.b4.value;
        document.fgColor = document.f1.b5.value;
  }
</script>
</head>
<body>
<form name="f1">
未访问过的超链接：    <input type="text" name="b1" value="red" /><br />
已访问过的超链接：    <input type="text" name="b2" value="blue" /><br />
激活的超链接：    <input type="text" name="b3" value="green" /><br />
网页背景颜色：    <input type="text" name="b4" value="white" /><br />
网页文字颜色：    <input type="text" name="b5" value="yellow" /><br />
<input type="button" name="b1" value="开始设置" onclick="set()" />
    </form><br />
    <a href="#">未访问过的超链接</a>
    <a href="#">已访问过的超链接</a>
    <a href="#">激活的超链接</a>
```

表单的 name 属性值为“f1”，在 set()函数中使用“document. f1. b1. value”的方式获取文本框的值，然后把这些值分别赋给 document 对象的链接、网页背景和文字属性，达到修改这些属性值的目的。

28.2.3 文档信息

可以使用 lastModified 属性查看文档最后修改时间，通过 title 和 url 属性可以查看网页文档的标题和地址。

网页范例 lastmodified.html

```
<script type="text/javascript">
  document.write("网页文档的最后修改时间："
       + document.lastModified + "<br>");
  document.write("网页文档的标题：" + document.title + "<br>");
  document.write("网页文档的地址：" + document.URL + "<br>");
</script>
```

运行效果如图 28-1 所示。

图 28-1

28.2.4 在标题栏和状态栏显示滚动信息

可以在网页标题栏和状态栏显示文本信息，文本信息保存在数组中，循环显示数组中的元素。

网页范例 status.html

```
<script type="text/javascript">
  var i = 0;                        //设置全局变量 i
  //把在状态栏显示的信息分成三部分,放在数组中
  var sarr = ["html 教程","css 教程","javascript 教程"];
  //定义显示信息的函数
  function showstatus()
  {
      //如果已显示完毕,让数组下标为 0,重新开始循环
      if(i == sarr.length)
      {
          i = 0;
      }
      //循环信息显示在网页标题栏上
      document.title = sarr[i];
      /* 循环显示数组的信息在状态栏上
      window.status = sarr[i]; */
      i++;                          //计数器增加 1,显示下一条数组的元素
  }
   //设置循环显示的间隔时间,2 秒一次
  window.setInterval("showstatus()",2000);
</script>
```

28.2.5 防止盗链

盗链是指服务提供商自己不提供服务的内容，通过技术手段绕过其他有利益的最终用户界面(如广告)，直接在自己的网站上向最终用户提供其他服务提供商的服务内容，骗取最终用户的浏览和点击率。受益者不提供资源或提供很少的资源，而真正的服务提供商却得不到任何的收益。

网站盗链会大量消耗被盗链网站的带宽，而真正的点击率也许会很小，严重损害了被盗链网站的利益。常见的盗链有以下几种：图片盗链、音频盗链、视频盗链、文件盗链。

可以使用 document 对象的 URL 属性和 referrer 属性防止盗链行为。

网页范例 referrer.html

```
<script type="text/javascript">
```

```
function plink()
 {
  var cURL = document.URL;         //当前文档的链接
  var fURL = document.referrer; //上一个文档的链接
//如果上一个文档的 URL 为空,说明是直接打开当前文档,否则可能是盗链
  if(fURL!= "")
  {
    //将当前文档的 URL 各部分存放在 cURLs 数组中
    var cURLs = cURL.split("/");
    //将上一个文档的 URL 各部分存放在 fURLs 数组中
    var fURLs = fURL.split("/");
 //比较两个数组的第三个元素,如果域名相同,则不是盗链,否则就是盗链
    if(cURLs[2] == fURLs[2])
      {
      document.write("不是盗链接");
      }
    else
    {
      document.write("靠,你竟敢盗链接");
      //跳转到网站首面
      history.location = "http://" + cURLs[2];
    }
  }
 else
  {
   document.write("您是直接打开的文件");
  }
 }
</script>
```


28.2.6 在网页中输出内容

write()方法和 writeln()方法可以在网页中输出内容,语法格式如下:

```
document.write(v1,v2…)
document.writeln(v1,v2,…)
```

这两个方法中可以有一个或多个参数,也可以没有参数。参数的类型是字符串,如果参数不是字符串,会自动转换为字符串。

如果有多个参数,将把这些参数依次输出在网页文档中,二者的区别是 write()方法不会换行,writeln()方法可以在文档中换行。

28.3 图像对象

图像(image)对象是 document 对象的子对象,本节介绍图像对象的属性、方法和事件。

28.3.1 图像对象介绍

JavaScript 加载网页文档时,会自动创建一个 images[]数组,这个数组中的每一个元素都代表网页中的一张图片。要引用网页中的图片,采用如下方式:

```
document.images[i]
document.imgname
```

第一种格式中的参数 i 是 images[]数组的下标，如果网页中有三张图片，那么 images[1] 就表示调用第二张图片，这是因为数组下标是从 0 开始的。

第二种格式是直接调用<img>标签的 name 属性的值，HTML 代码像这样：

```
<img src="1.gif" name="imgname">
```


28.3.2 图像对象属性

因为图像对象是 document 对象的子对象，除了继承 document 对象的属性外，图像对象也有自己的属性，主要用来描述图片的宽度、高度、边框等信息，如表 28-3 所示。

表 28-3 图像对象的属性

属　性	说　明
border	表示图像的边框宽度，单位为像素
width	表示图像的宽度，单位为像素
height	表示图像的高度，单位为像素
complete	返回一个布尔值，用于说明是否加载图像完毕，如果加载完成，返回 true，否则返回 false
hspace	表示图像与文本在水平方向的距离，单位为像素
vspace	表示图像与文本在垂直方向的距离，单位为像素
name	表示图像的名称
src	可以设置或返回图像的地址，通过修改图像对象的 src 属性的值，可以替换图像
lowsrc	表示低质量图像的地址，当用户显示器分辨率比较低，或高质量图片还没有加载完毕时，可以先显示低质量的图像

网页范例 image.html

```
<img src="28-1.gif" hspace="30" vspace="10" border="5"
  name="tx" lowsrc="28-2.gif" align="left" />
<script type="text/javascript">
  document.write("图像的宽度是: " + document.tx.width + "像素<br>");
document.write("图像的高度是: " + document.tx.height + "像素<br>");
document.write("图像的名称是: " + document.tx.name + "<br>");
    document.write("图像的边框宽度是: " + document.tx.border + "像素<br>");
      document.write("图像与文字水平方向间距是: " +
    document.tx.hspace + "像素<br>");
      document.write("图像与文字垂直方向间距是: " +
    document.tx.vspace + "像素<br>");
    document.write("图像的地址是: " + document.tx.src + "像素<br>");
    document.write("图像的低质量代替图像是: " +
      document.tx.lowsrc + "像素<br>");
</script>
```

28.3.3 图像对象事件

图像对象所支持的事件如表 28-4 所示。

表 28-4　图像对象的事件

事　件	说　明	事　件	说　明
abort	用户放弃加载图像时激发的事件	keyup	释放键盘上的键时激发的事件
click	在图像上单击鼠标左键时激发的事件	mousedown	在图像上按下鼠标键时激发的事件
dbclick	在图像上双击鼠标时激发的事件	mouseup	在图像上释放鼠标键时激发的事件
error	加载图像发生错误时激发的事件	mouseover	把鼠标移动到图像上时激发的事件
load	加载图像成功时激发的事件	mousemove	在图像上移动鼠标时激发的事件
keydown	按下键盘上的键时激发的事件	mouseout	把鼠标从图像上移开时激发的事件
keypress	按下并释放键盘上的键时激发的事件		

28.3.4　随机图像

由 JavaScript 产生一个随机数，再根据这个随机数显示图片，然后在网页上循环显示图片，而且图片的显示顺序是随机的。

网页范例 random.html

```
<script type="text/javascript">
  //定义随机显示图像函数
  function simg()
  {
    //产生 0～1 之间的随机数
    var r = Math.random();
    //扩大随机数,转换成 1～10 之间的随机数
    var ran = Math.round(r * 10);
    //把图像的地址保存在数组中,然后显示数组中的元素
    var arr = new Array();      //定义数组
  arr[0] = "28-3.jpg";          //把第一张图像的地址保存为数组的第一个元素
  arr[1] = "28-4.jpg";          //把第二张图像的地址保存为数组的第二个元素
  arr[2] = "28-5.jpg";          //把第三张图像的地址保存为数组的第三个元素
  arr[3] = "28-6.jpg";          //把第四张图像的地址保存为数组的第四个元素
  arr[4] = "28-7.jpg";          //把第五张图像的地址保存为数组的第五个元素
  arr[5] = "28-8.jpg";          //把第六张图像的地址保存为数组的第六个元素
    //把数组元素中的图像地址赋给图像的 src 属性
    document.tx.src = arr[ran];
  }
  //设置显示图像的间隔时间,2 秒轮换一张图像
  window.setInterval("simg()",2000);
</script>
</head>
<body>
<img src="28-3.jpg" name="tx" />
```

28.3.5　改变图像大小

可以在程序代码中修改图像宽度和高度的值来动态改变图像大小。

网页范例 img_width.html

```
<script type="text/javascript">
  //定义放大图像函数
  function larger()
  {
```

```
      //图像的宽度和高度放大 50 %
      document.images.tx.width = document.images.tx.width * 1.5;
     document.images.tx.height = document.images.tx.height * 1.5;
    }
    //定义减少图像函数
    function smaller()
    {
      //图像的宽度和高度缩小 50 %
      document.images.tx.width = document.images.tx.width * 0.5;
      document.images.tx.height = document.images.tx.height * 0.5;
    }
</script>
</head>
<body>
<img src="28-3.jpg" name="tx" />
<input type="button" value="放大图像" onclick="larger()" />
<input type="button" value="缩小图像" onclick="smaller()" />
```


分别用两个按钮控制图像的放大和缩小。放大按钮的 onclick 事件调用"larger()"函数，把图像的宽度和高度分别乘以 1.5，达到放大 50%的效果。缩小按钮的 onclick 事件调用"smaller()"函数，把图像的宽度和高度分别乘以 0.5，达到缩小 50%的效果。

28.3.6 显示默认图像

网页中加载图像出现错误（比如图像的路径错误或不存在）时，就会激发 error 事件。为了避免网页上出现空白，当发生这种错误时，可以自动用一张默认的图像代替。

网页范例 show_img.html

```
<script type="text/javascript">
  //定义错误时显示图像的函数
  function show(image)
  {
    image.src = "error.jpg";
  }
</script>
</head>
<body>
<!--下面的图片并不存在-->
<img src="100.jpg" onerror="show(this)" /><br />
<img src="200.jpg" onerror="show(this)" /><br />
<img src="300.jpg" onerror="show(this)" /><br />
```

代码中三张图像并不存在，激发 onerror 事件，调用 show()函数，调用 error.jpg 图像显示在网页上。

28.4 链接对象

网页中一般都会有很多链接。JavaScript 会自动创建一个 links[]数组，数组中的每个元素对应网页中的<a>标签。另外<area>标签也可以在 document 对象的 links[]数组中创建链接对象。

链接对象(link)表示超文本链接的 URL，还含有 location 对象的所有属性。要引用 links[]数组中的元素，采用如下方式：

```
document.links[i]
```

28.4.1 链接对象的属性

链接对象引用的是网页文档的超级链接，包括<a>和</a>标签之间的所有内容。链接对象的属性如表 28-5 所示。

表 28-5 链接对象的属性

属性	说明
host	返回或设置链接对象中的 URL 域名和端口部分
hash	返回或设置链接对象中的 URL 的锚部分
hostname	返回或设置链接对象中的 URL 的域名部分
href	返回或设置链接对象中的完整 URL 部分
pathname	返回或设置链接对象中的 URL 的路径部分
port	返回或设置链接对象中的 URL 的端口部分
protocol	返回或设置链接对象中的 URL 的协议部分
search	返回或设置链接对象中的 URL 的查询部分
traget	返回或设置链接对象中的超级链接打开的目标窗口
text	是 Netscape 浏览器支持的属性，主要用来显示链接对象中的超级链接文字，这个属性是只读属性，不能修改
innerText	是 IE 浏览器支持的属性，等同于 text 属性

链接对象的属性如图 28-2 所示。

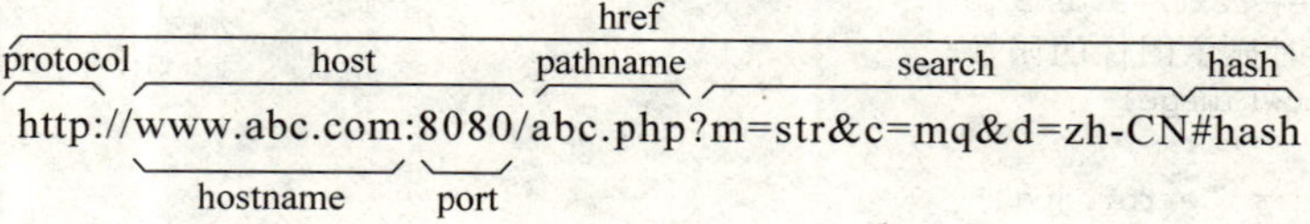

图 28-2

网页范例 link.html

```
<a href="#">link-1</a><br />
<a href="#">link-2</a><br />
<a href="#">link-3</a><br />
<a href="#">link-4</a><br />
<a href="#">link-5</a><br />
<script type="text/javascript">
  //显示网页中的所有链接
  for(var i = 0;i < document.links.length;i++) //循环显示链接数组的元素
  {
    //document.links.length 表示数组的长度
    document.write(document.links[i].href + "<br>");
  }
</script>
```

上面的代码显示网页中的所有链接。

28.4.2 链接对象的事件

链接对象的事件如表28-6所示。

表28-6 链接对象的事件

事件	说明	事件	说明
click	在链接上单击鼠标左键时激发的事件	mousedown	在链接上按下鼠标键时激发的事件
dbclick	在链接上双击鼠标时激发的事件	mouseup	在链接上释放鼠标键时激发的事件
keydown	按下键盘上的键时激发的事件	mouseover	把鼠标移动到链接上时激发的事件
keypress	按下并释放键盘上的键时激发的事件	mousemove	在链接上移动鼠标时激发的事件
keyup	释放键盘上的键时激发的事件	mouseout	把鼠标从链接上移开时激发的事件

28.5 锚对象

锚对象(anchor)是一种比较简单的对象。因为只有在<a>标签中才能创建一个锚,所以锚对象定义的唯一属性是name。加载网页文档时,会自动创建一个anchor[]数组。anchor[]数组中的元素就是网页上的锚,调用锚的格式和链接对象类似:

```
document.anchors[i]
```

1. 锚对象的属性

锚对象的各属性值参见表28-7。

表28-7 锚对象的属性

属性	说明
name	返回锚的名称,其实就是<a>标签的name属性值
text	是Netscape浏览器支持的属性,主要用来显示链接对象中的超级链接文字,这个属性是只读属性,不能修改
innerText	是IE浏览器支持的属性,等同于text属性

2. 锚对象和链接对象的区别

锚对象和链接对象非常相似,都是引用<a>标签。

<a>标签中必须要有href属性,才能创建链接对象。<a>标签中必须要有name属性,才能创建锚对象。如果既有name属性又有href属性,则同时创建链接对象和锚对象。

28.6 cookie

document对象中有一个cookie属性。cookie是存储于访问者的计算机中的变量,保存在客户端的机器上,以便于服务器端程序在一个页面中使用另一个页面的数据,或者在用户离开页面并返回时恢复用户的优先级及其他状态变量。

每当同一台计算机通过浏览器请求某个页面时,就会发送这个cookie。可以使用JavaScript来创建和取回cookie的值。

28.6.1 cookie的作用

cookie机制将信息存储于用户硬盘,可以作为全局变量,它可以用于以下几种场合。

(1) 保存用户登录状态。在论坛、博客、社区中,通常需要用户进行登录之后才能发表内容。当用户第一次登录之后,记录下这些登录信息,将用户的 id 存储于一个 cookie 内。等到用户需要再次发表内容时,就可以直接从 cookie 中读取登录信息,并传送给服务器,用户就可以省略登录操作。

(2) 电子商务。可以记录用户浏览过的产品,在用户下次访问时,就可以知道自己曾经浏览过哪些产品;创建购物车,记录用户放在购物车中的产品,当用户结账时可以统一提交。

(3) 定制用户页面。如果网站提供了换肤或更换布局的功能,可以使用 cookie 来记录用户的选项,如网页背景颜色、文字颜色、分辨率等。当用户下次访问时,仍然可以保持上一次访问的界面风格。

(4) 跟踪用户行为。例如一个天气预报网站,能够根据用户选择的地区显示当地的天气情况。如果每次都需要选择所在地是很烦琐的,当利用了 cookie 后就会显得很人性化了,系统能够记住上一次访问的地区,当下次再打开该页面时,它就会自动显示上次用户所在地区的天气情况。

28.6.2 创建与读取 cookie

当对 cookie 进行读操作时,可以得到一个字符串,这个字符串包含了应用到当前文档的所有 cookie 的名字和值。通过设置 cookie 的值可以创建、修改或删除一个 cookie。

除了名字与值外,每个 cookie 都拥有 4 个可选的性质,分别控制它的生存期、可见性和安全性,后面的小节会继续介绍这 4 个性质。

要把一个 cookie 值与当前文档关联起来,只要将 cookie 属性设置成一个字符串形式:

```
name = value
```

然后通过下述的语句保存到 cookie 中:

```
document.cookie = "name = value"
```

name 为 cookie 的名称,value 为 cookie 的值,如果创建多个 cookie,需要多次使用上述语句。但是在同一个网页创建的 cookie,都会写在同一个 cookie 文件中。所以读取 cookie 时,只会读取 cookie 文件中的所有内容。至于如何把 cookie 的内容按名/值对分开,将在下一小节专门讲述。

读取 cookie 文件中的内容,可以这样:

```
document.cookie
```

网页范例 setcookie.html

```
<script type = "text/javascript">
    //定义保存 cookie 的函数
    function setcookie()
    {
      //设置第一个 cookie,名字为 userid,值为表单的内容
      document.cookie = "userid = " + document.form1.userid.value;
      //设置第二个 cookie,名字为 username,值为表单的内容
      document.cookie = "username = " +
         document.form1.username.value;
```

```
        //读取 cookie 的内容,包括所有 cookie 的名字和值
        window.alert("cookie 中的保存的值是: \n" + document.cookie);
    }
</script>
</head>
<body>
<form name="form1">
  用户 id 号: <input type="text" name="userid" /><br />
  用户姓名: <input type="text" name="username" /><br />
  <input type="button" onclick="setcookie()" value="保存 cookie" />
</form>
```


上面的代码中,取得的 cookie 内容是一个字符串,这个字符串包含了当前网站目录下的所有 cookie 的名字和值。

如果要一次存储多个名值对,可以使用分号加空格隔开,如:

```
document.cookie = "userid = 100; username = chen";
```

在 cookie 的名或值中不能使用分号、逗号、等号以及空格。如果要将这些特殊符号写入 cookie 中,必须在写入 cookie 之前,使用 escape()函数对 cookie 值进行编码,它能将一些特殊符号使用十六进制表示,例如空格将会编码为“20%”,这种方案还可以避免中文乱码的出现。然后在读取 cookie 时再通过 unescape()函数将其还原。如:

```
document.cookie = "str = " + escape("I Love JavaScript");
```

相当于:

```
document.cookie = "str = I%20Love20%JavaScript";
```

然后通过 unescape()函数进行解码就可以获得原来的 cookie 值。

```
unescape(document.cookie)
```

如果要改写 cookie 的值,只要使用相同的 cookie 名和新的值重新设置一次就行。

28.6.3 获取 cookie 的值

从上例的运行结果可以知道,只能够一次获取所有的 cookie 值,而不能指定 cookie 名字来获得指定的值。

网页范例 getcookie.html

```
<script type="text/javascript">
  //设置两个 cookie 的值
  document.cookie = "userid=100";
  document.cookie = "useranme=chen";
  document.cookie = "userpass=123";
  //获取 cookie 字符串,把 cookie 内容给变量 str
  var str = document.cookie;
  //把多个 cookie 的内容拆分成多个名值对,保存在数组变量 arrcookie 中
  var arrcookie = str.split(";");            //按";"分隔数组
  var userid;                                //定义要查找的变量 userid
```

```
    //遍历 cookie 数组
    for(var i  =  0; i<arrcookie.length ;i++)
    {
      var arr  =  arrcookie[i].split("=");
      //找到名为 userid 的 cookie,并返回它的值
      if("userid"==arr[0])
      {
        userid = arr[1];
        break;
      }
    }
    window.alert("userid 的值是: "+userid);
</script>
</head>
<body>
<form name="form1">
    用户 id 号:<input type="text" name="userid" /><br />
    用户姓名:<input type="text" name="username" /><br />
    <input type="button" onclick="setcookie()" value="保存 cookie" />
</form>
```


28.6.4 cookie 的生存期

cookie 的第一个性质是生存期(expires)。默认情况下,cookie 是暂时存在的,它们存储的值只在浏览器会话期间存在,当用户退出浏览器后,这些值就会丢失。如果想让一个 cookie 存在的时间超过一个浏览会话期,可以用 expires 性质指定一个终止日期,这样就会使浏览器把 cookie 保存到一个本地文件中,以便用户下次访问这个网页时能够再将它读出来。一旦超过了终止日期,那个 cookie 就会自动地从 cookie 文件中删除。

网页范例 cookie.html

```
<script type="text/javascript">
    var d = new Date();                          //取得当前计算机时间
    var expiredays = 10;                         //10 天后过期
    d.setTime(d.getTime()+expiredays*24*3600*1000);
    //用户名 10 天后过期
    document.cookie = "username=chen"+d.toGMTString();
</script>
```

28.6.5 cookie 的路径

cookie 的第二个属性是路径(path),它指定了与 cookie 关联在一起的网页。默认情况下,cookie 会和创建它的网页以及与这个网页处于同一个目录下的网页和处于该目录的子目录下的网页关联在一起。假设一个名为 name 的 cookie 是由以下网页创建的:

```
http://www.123.com/book/3.htm
```

那么以下两个网页都可以读取该 cookie:

```
http://www.123.com/book/200.htm
http://www.123.com/book/java/123.htm
```

也就是说只要是 http://www.123.com 网站上的/book/虚拟目录以及该虚拟目录下的所有子目录都可以读取该 cookie。

28.6.6 cookie 的域名

cookie 的第三个性质是域名(domain)。因为 path 不能解决在不同域中访问 cookie 的问题,这时就引入了 domain。设置 domain 的方法与设置 path 的方法类似。

```
path = /;domin = .123.com
```

通常在设置 cookie 的 domain 时,都会将 cookie 的 path 设为"/"。如果当前文件在 www.123.com 域上,只能设置域为".123.com"而不能是其他域。

28.6.7 cookie 的安全性

默认情况下,cookie 是不安全的,它们是通过一个普通的、不安全的 HTTP 连接传输段。可以设置 cookie 的第四个性质——安全性(secure)。如果设置了 cookie 的 secure 之后,那么 cookie 就只能通过 HTTPS 或在其他安全协议下才能传输。cookie 的 secure 是一个布尔类型的值。

28.6.8 cookie 的局限性

虽然 cookie 的作用很大,但是在使用 cookie 时一定要适度。

(1) 浏览器需要保存的 cookie 总数不能超过 300 个。

(2) 为每个 Web 服务器保存的 cookie 数不超过 20 个。

(3) 每个 cookie 存放的数据最多不超过 4KB。

(4) cookie 的生存期是以毫秒为单位计算的。

(5) 用户浏览器可以通过设置来接受或拒绝 cookie。

本章知识体系

知 识 点	重 要 等 级	难 度 等 级
document 对象属性	★★★	★★
document 对象方法	★★★	★★
图像对象	★★★	★★
链接对象	★★★	★★
锚对象	★★★	★★
cookies	★★★	★★

第29章

表单对象

表单对象代表一个 HTML 表单，通常在 document 对象的属性 forms[]数组的元素中可以找到表单对象。

本章介绍如何在 JavaScript 中使用表单进行程序设计。

本章术语

表单对象

文本框对象

按钮对象

单选框对象

复选框对象

下拉列表框对象

上传框对象

隐藏域对象

29.1 表单对象

表单对象(form)是 document 对象的一个子对象，是客户端 JavaScript 中最常用的对象，是使用 JavaScript 程序的基本要素。

1. 表单对象介绍

在 JavaScript 程序中，重点在于表单的事件处理。事件处理程序几乎是所有 JavaScript 程序的中心元素。一个表单及其所有输入元素都具有事件处理程序，JavaScript 可以使用这些处理程序响应用户与表单的交互。

表单对象代表了一个 HTML 表单，JavaScript 为每一个 HTML 表单<form>创建一个表单对象，可以在 document 对象属性的 forms[]数组中找到这些表单对象。可以通过下列两种方式获得表单对象，第一种方式是：

```
document.forms[i]
```

在 forms[]数组中，表单对象按其在 HTML 文档中出现的次序依次排列。如果要访问第一个表单对象，用这种方式：

```
document.forms[0]
```

特别提醒

表单对象的数组下标是从零开始的。

第二种方式是通过<form>标签的 name 属性来获取表单对象，如下：

```
<form name = "bd">
document.bd                                //bd是表单的name属性的值
```


2. 表单对象的属性

表单对象的属性如表 29-1 所示。

表 29-1 表单对象的属性

属　　性	说　　明
acceptCharset	返回或设置能接受的输入数据所用的字符编码方式列表，大多数最新的浏览器已不再支持这个属性了
action	返回或设置表单提交的 URL
elements	返回表单对象中的元素所构成的数组，数组中的对象可以是 button 对象、checkbox 对象、hidden 对象、password 对象、radio 对象、reset 对象、select 对象、submit 对象、text 对象、textarea 对象
encoding	返回或设置提交表单时传输数据的编码方式
id	返回或设置表单的 id
length	返回表单对象中的元素个数，相当于 elements[]数组的长度
method	返回或设置表单提交的方式，分为"get"和"post"两种，默认为 get 方式
name	返回或设置表单的名称
target	返回或设置将表单提交到哪个浏览器窗口或框架中

3. 表单对象的方法

表单对象只有 reset()和 submit()方法，见表 29-2。

表 29-2 表单对象的方法

方　　法	说　　明
reset()	单击了"重置"按钮后，将表单中的所有元素重置为初始值
submit()	单击了"提交"按钮，然后就提交表单内容

4. 表单对象的事件

表单对象的事件也是与重置和提交有关，见表 29-3。

表 29-3 表单对象的事件

事　　件	说　　明
reset	重置表单时激发，返回一个布尔值，用于决定是否重置表单
submit	提交表单时激发，返回一个布尔值，用于决定是否提交表单

29.2 表单对象的应用

接下来通过一些实例演示表单对象的属性和方法。

29.2.1 表单验证

表单验证在网页应用中比较普遍，如一些必填字段，一些字段的格式，一些字段长度，等等。

网页范例 form.html

```
<script language="javascript">
  function check(){
    if(document.form1.xuehao.value==""){
      window.alert("请输入学号!");
      document.form1.xuehao.focus();        //光标在此停留，等待用户输入
      return false;
    }
    if(document.form1.name.value==""){
      window.alert("请输入姓名!");
      document.form1.name.focus();          //光标在此停留，等待用户输入
      return false;
    }
    if(document.form1.pass.value==""){
      window.alert("请输入密码!");
      document.form1.pass.focus();          //光标在此停留，等待用户输入
      return false;
    }
    if(document.form1.pass.value.length<=6){
      window.alert("密码长度要大于六位!");
      document.form1.pass.focus();          //光标在此停留，等待用户输入
      return false;
    }
    if(document.form1.pass.value!=document.form1.pass1.value){
      window.alert("两次密码不相同!");
      document.form1.pass1.focus();         //光标在此停留，等待用户输入
      return false;
    }
  }
</script>
</head>
<body>
<form name="form1" method="post" action="" onsubmit="return check()">
……
</form>
```

为节约纸张，不列出 HTML 中关于表单的代码，请参看配套素材中的源码，重点关注 JavaScript 程序中关于表单验证的代码。

在<form>标签中，注意 name 属性的值为 form1，onsubmit 属性调用"check()"函数，如果提交表单，会自动调用 JavaScript 程序代码中的 check()函数；如果表单元素验证有问题，弹出相应的对话框；如果验证通过，则 check()函数返回 true，提交表单内容到相应处理程序。

表单验证的第一种类型是必填字段，如判断第一个文本框"学号"字段。如果这个字段的 value 值为空，即"document.form1.xuehao.value＝＝"""判断语句，弹出对话框，提示用户输

入内容,并返回布尔值 false。

表单验证的第二种类型是判断字段长度,如密码字段。先判断密码字段的长度,如果密码位数不足 6 位,即"document. form1. pass. value. length<=6",弹出对话框,提示用户修改,并返回布尔值 false。

表单验证的第三种类型是判断两个字段值是否相等,如判断两次密码是否相等,即"document. form1. pass. value! =document. form1. pass1. value",然后做出相应的处理。

29.2.2 表单的提交方式

通常提交表单的内容到一个动态网页,动态网页接收到表单的内容之后,将内容保存到服务器上。另一种处理情况是提交后,将内容作为邮件的内容发送到一个指定的邮箱。

网页范例 submit.html

```
<script language="javascript">
  function check(){
    //判断下拉列表框的值,决定提交表单方式
    if(document.form1.submittype.value=="server")
    {
        //如果选择了提交到服务器,将表单内容提交到动态网页处理
        document.form1.action = "abc.php";
    }
    else
    {
        //如果选择了提交到邮箱,则将表单内容发送到邮箱
        document.encoding="text/plain";
        document.form1.action="mailto:123@163.com";
    }
  }
</script>
</head>
<body>
<form action="" method="post" name="form1" onsubmit="return check()">
姓名:<input type="text" name="name" /><br />
提交方式:<select name="submittype">
        <option value="server">提交到服务器</option>
        <option value="email">提交到邮箱</option>
      </select><br />
  <input type="submit" name="Submit" value="提交">
  <input type="reset" name="Submit2" value="重置">
</form>
```

29.2.3 重置表单的提示

如果用户单击了"重置"表单按钮,浏览器窗口会把表单中的所有元素的值设置为初始状态。有时为了防止用户误点击,可以弹出一个确认框,让用户确认是否重置表单。

网页范例 reset.html

```
<script language="javascript">
  function check(){
    if(window.confirm("请问您真的要重置表单吗?"))
    {
        return true;                          //如果用户选择了是,继续操作,重置表单
```

```
        }
        else
        {
            return false;                  //用户选择了否,取消操作
        }
    }
</script>
</head>
<body>
<form action = "" method = "post" name = "form1" onsubmit = "return check()">
姓名: <input type = "text" name = "name" /><br />
<input type = "submit" name = "Submit" value = "提交">
<input type = "reset" name = "Submit2" value = "重置">
</form>
```


29.3 文本框

表单对象中有很多表单元素,这些表单元素可以让用户输入文字,选择可选项,提交信息或重置表单,提供隐藏框,等等,我们分别介绍这些表单元素如何与 JavaScript 结合使用。

文本框分为单行文本框(包括密码框)和多行文本框两种。本书第 7 章已介绍了 HTML 中关于文本框的知识,本小节再次强化相关知识。

29.3.1 文本框对象属性

代表文本框的对象称为 text 对象,代表多行文本框的对象称为 textarea 对象,代表密码的对象称为 password 对象,这三类的属性大多相同,见表 29-4。

表 29-4 文本框对象的属性

属　　性	说　　明
accesskey	返回或设置文本框的快捷键
defaultvalue	返回或设置文本框的初始文本。对于单行文本,该属性的值由 input 标签的 value 属性值决定;对于多行文本,该属性的值由<text>和</text>标签之间的文本所决定
disabled	返回或设置文本框是否被禁用,属性值为布尔值
form	返回包含文本框元素的 form 对象的引用
id	返回或设置文本框的 id 属性
maxlength	返回或设置文本框可输入文字的最大字符数
name	返回或设置文本框的名称
readonly	返回或设置文本框是否只读,属性值为布尔值
size	返回或设置单行文本框和密码框的宽度大小
tabindex	返回或设置文本框的 Tab 键顺序
type	返回文本框的类型,单行文本框返回"text",多行文本框返回"textarea",密码框返回"password"
value	返回或设置文本框的值
rows	返回或设置多行文本框的高度
cols	返回或设置多行文本框的宽度

29.3.2 文本框对象方法

三种文本框对象常用的方法如表 29-5 所示。

表 29-5 文本框对象的方法

方 法	说 明	方 法	说 明
blur()	将焦点从文本框移开	focus()	将焦点赋给文本框
click()	模拟文本框被鼠标点击	select()	选中文本框中的文字

29.3.3 文本框对象事件

三种文本框对象响应的事件是相同的，见表 29-6。

表 29-6 文本框对象的事件

事 件	说 明
blur	当焦点从文本框移开时激发的事件
change	当文本框中的内容改变时激发的事件
click	单击文本框时激发的事件
dbclick	双击文本框时激发的事件
focus	当焦点赋给文本框时激发的事件
keydown	用户按下键盘键时激发的事件
keypress	按下并释放键盘键时所激发的事件
keyup	释放键盘键时所激发的事件
mousedown	按下鼠标键(并没有释放)时所激发的事件
mousemove	移动鼠标时激发的事件
mouseover	鼠标从文本框对象上移开时所激发的事件
mouseup	释放鼠标键时所激发的事件
mouseout	鼠标从文本框对象上移开时激发的事件
select	选中文本时所激发的事件
selectstart	当文本框中的文字开始被选中时激发的事件

文本框和 JavaScript 结合，主要用途分为两类：第一类是判断文本框中的输入字符数，第二类是选择文本框中的文字。

第一类关于文本框中字符数的判断在本章第一个范例中有演示，依据是判断文本框 value 值的 length 属性。我们介绍第二类的 JavaScript 程序代码。

29.3.4 自动选择文本框中的文字

使用文本框的 select()方法和 mouseover 事件相结合，可以在鼠标经过文本框时自动选中文本框的内容，然后将文本框中的文字内容清除，方便用户输入。

网页范例 focus.html

```
<script language = "javascript">
  function cleartext(tb){
    tb.focus();                          //光标选中文本框
    //如果文本框内容与默认值相同，清空文本框，等待用户输入
    //如果文本框内容与默认值不同，则保留文本框的内容
    if(tb.value = = tb.defaultValue)
    {
        tb.value = "";
    }
  }
```

```
</script>
</head>
<body>
<form action="" method="post" name="form1">
姓名：<input type="text" name="name"
  onmouseover="cleartext(this)" value="请在这输入" />
<input type="submit" name="Submit" value="提交">
<input type="reset" name="Submit2" value="重置">
</form>
```

上面的代码中，文本框响应 onmouseover 事件，激发 cleartext()函数，将文本框对象作为参数传递给 cleartext()函数。

在 cleartext()函数中判断文本框当前值与初始值是否相同，如果相同，则将当前值清空，等待用户输入。

29.4 按钮

HTML 中的按钮分为普通按钮、提交按钮和重置按钮三种，这三种按钮的属性、方法和事件几乎完全相同。

普通按钮的作用是用来激活函数，提交按钮的作用是提交表单，重置按钮的作用是重置表单。

29.4.1 按钮的属性

三种按钮对象的属性是相同的，常用的属性见表 29-7。

表 29-7 按钮对象的属性

属　性	说　明
accesskey	返回或设置按钮的快捷键
defaultvalue	返回或设置按钮上显示的初始文本
disabled	返回或设置按钮是否被禁用，属性值为布尔值
form	返回包含按钮元素的 form 对象的引用
id	返回或设置按钮的 id 属性
name	返回或设置按钮的名称
tabindex	返回或设置按钮的 Tab 键顺序
value	返回或设置显示在按钮上的值
type	返回按钮的类型，对于提交按钮返回“submit”，对于重置按钮返回“reset”，对于普通按钮返回“button”

29.4.2 按钮对象方法

三种按钮对象常用的方法如表 29-8 所示。

表 29-8 按钮对象的方法

方　法	说　明	方　法	说　明
blur()	将焦点从按钮移开	focus()	将焦点赋给按钮
click()	模拟按钮被鼠标单击		

29.4.3 按钮对象事件

三种按钮对象响应的事件是相同的，见表 29-9。

表 29-9 按钮对象的事件

事件	说明	事件	说明
blur	当焦点从按钮移开时激发的事件	keyup	释放键盘键时所激发的事件
click	单击按钮时激发的事件	mousedown	按下鼠标键(并没有释放)时所激发的事件
dbclick	双击按钮时激发的事件	mousemove	移动鼠标到按钮上时激发的事件
focus	当焦点赋给按钮时激发的事件	mouseover	将鼠标移动到按钮上所激发的事件
keydown	用户按下键盘键时激发的事件	mouseup	在按钮上释放鼠标键时所激发的事件
keypress	按下并释放键盘键时所激发的事件	mouseout	把鼠标从按钮上移开时所激发的事件

网页范例 onmouseover.html

```
<script language = "javascript">
    function a()
    {
        window.alert("鼠标在按钮上!");
    }
    function b()
    {
        window.alert("鼠标不在按钮上!");
    }
</script>
</head>
<body>
<form action = "" method = "post" name = "form1" >
<input type = "button" name = "bt" value = "鼠标移上来试试"
  onmouseover = "a()" onmouseout = "b()">
</form>
```

29.5 单选框和复选框

单选框对象(radio)和复选框对象(checkbox)的属性、方法和事件几乎完全相同，区别在于一个能单选，一个可以多选。

29.5.1 单选框和复选框的属性

单选框对象和复选框对象的属性见表 29-10。

表 29-10 单选框对象和复选框对象的属性

属性	说明
accesskey	返回或设置单选框或复选框的快捷键
checked	返回或设置单选框或复选框是否处在被选中状态，属性值为布尔值
defaultchecked	返回在默认情况下单选框或复选框是否处在被选中状态
defaultvalue	返回或设置单选框或复选框的初始值
disabled	返回或设置单选框或复选框是否被禁用，属性值为布尔值

续表

属　性	说　明
form	返回包含单选框或复选框的 form 对象的引用
id	返回或设置单选框或复选框的 id 属性
length	返回一组单选框或复选框中包含多少个单选框或复选框
name	返回或设置单选框或复选框的名称
tabindex	返回或设置单选框或复选框的 Tab 键顺序
type	返回单选框或复选框的类型,单选框返回"radio",复选框返回"checkbox"
value	返回或设置单选框或复选框的值

29.5.2　单选框和复选框的方法

单选框对象和复选框对象的方法见表 29-11。

表 29-11　单选框对象和复选框对象的方法

方法	说　明	方法	说　明
blur()	将焦点从单选框或复选框中移开	focus()	将焦点赋给单选框或复选框
click()	模拟单选框或复选框被鼠标单击		

29.5.3　单选框和复选框的事件

单选框对象和复选框对象的事件见表 29-12。

表 29-12　单选框对象和复选框对象的事件

事　件	说　明
blur	当焦点从单选框或复选框移开时激发的事件
click	单击单选框或复选框时激发的事件
dbclick	双击单选框或复选框时激发的事件
focus	当焦点赋给单选框或复选框时激发的事件
keydown	用户按下键盘键时激发的事件
keypress	按下并释放键盘键时所激发的事件
keyup	释放键盘键时所激发的事件
mousedown	按下鼠标键(并没有释放)时所激发的事件
mousemove	移动鼠标到单选框或复选框上时激发的事件
mouseover	将鼠标移动到单选框或复选框上所激发的事件
mouseup	在单选框或复选框上释放鼠标键时所激发的事件
mouseout	把鼠标从单选框或复选框上移开时所激发的事件

29.5.4　单选框和复选框组

大多数单选框和复选框都是以组的形式出现,只要将单选框和复选框的 name 属性设置成相同就可以创建单选框和复选框组。如单选框组:

```
性别: < input type = "radio" value = "男" name = "sex">男
      < input type = "radio" value = "女" name = "sex">女
```

复选框组：

```
兴趣爱好：< input type = "checkbox" value = "篮球" name = "xq">篮球
       < input type = "checkbox" value = "足球" name = "xq">足球
       < input type = "checkbox" value = "游戏" name = "xq">游戏
```

虽然单选框与复选框经常以组的形式出现，但是在一个组中每个选项都是一个独立的单选框或复选框。在表单对象中，会将每个单选框与复选框看成是一个独立的对象，而不是将每个单选框与复选框组看成一个独立的对象。

29.5.5 获取单选框和复选框的值

在 JavaScript 中，将 name 属性值相同的单选框与复选框都放在一个数组中，通过访问数组中的元素，就可以访问单选框或复选框的值。如以下单选框代码：

```
< form name = "myform">
性别：< input type = "radio" value = "男" name = "sex">男
     < input type = "radio" value = "女" name = "sex">女
</form >
```

表单对象通过下列代码获得这个单选框组元素和单选框数组的长度：

```
document.myform.sex          //获取单选框数组
document.myform.sex[0]       //获取单选框数组的第一个元素
document.myform.sex[1]       //获取单选框数组的第二个元素
document.myform.sex.length   //获取单选框数组的长度
```

复选框组的处理代码与单选框组的相同。

29.5.6 限制复选框的选择项数

复选框组可以选择多个选项，有时根据实际情况需要限制用户只能选取其中的几项，当用户选择的复选框超过某个数量时，给予提示。

网页范例 check.html

```
< script language = "javascript">
    function check()
    {
        var count = 0;                          //定义选择的复选框数量，初始值为 0 项
        //循环统计被选中的复选框数量
        for(var i = 0;i < document.form1.kc.length;i ++ )
        {
        if(document.form1.kc[i].checked)        //如果被选中，计数器加 1
            {
              count ++ ;
            }
        }
        if(count > 4)                           //如果超过 4 项，弹出对话框
        {
            window.alert("你好，最多只能选择四项！请重新选择。");
            return false;
        }
    }
```

```
</script>
</head>
<body>
<form action="" method="post" name="form1">
  请选择课程:(最多选择四门课程)<br />
<input name="kc" type="checkbox" value="网页制作"
    onclick="return check()" />网页制作<br />
<input name="kc" type="checkbox" value="Java"
    onclick="return check()" />Java<br />
<input name="kc" type="checkbox" value="线性代数"
    onclick="return check()" />线性代数<br />
<input name="kc" type="checkbox" value="操作系统"
    onclick="return check()" />操作系统<br />
<input name="kc" type="checkbox" value="C语言"
    onclick="return check()" />C语言<br />
<input name="kc" type="checkbox" value="数据结构"
    onclick="return check()" />数据结构<br />
</form>
```

29.6 下拉列表框

下拉列表框对象(select)虽然也有很多选项,但是与复选框组不同。复选框组中的每一个选项都是表单对象的一个子对象,下拉列表框整体是表单对象的一个子对象,下拉列表框中的选项(option)是下拉列表框的子对象。

29.6.1 下拉列表框的属性

下拉列表框对象的属性见表 29-13。

表 29-13 下拉列表框对象的属性

属 性	说 明
accesskey	返回或设置下拉列表框的快捷键
disabled	返回或设置下拉列表框是否被禁用,属性值为布尔值
form	返回包含下拉列表框的 form 对象的引用
id	返回或设置下拉列表框的 id 属性
length	返回下拉列表框中的选项个数
multiple	返回或设置下拉列表框的选项是否允许多选,属性值为布尔值
name	返回或设置下拉列表框的名称
options	返回一个数组,数组中的元素为下拉列表框中的选项
selectedindex	返回或设置下拉列表框中当前选中的选项在 options[]数组中的下标
tabindex	返回或设置下拉列表框的 Tab 键顺序
type	返回下拉列表框的类型,当下拉列表框只允许选择一个选项时,返回“select-one”; 当下拉列表框允许选择多个选项时,返回“select-multiple”
value	返回或设置下拉列表框的值

29.6.2 下拉列表框的方法

下拉列表框对象的方法见表 29-14。

表 29-14 下拉列表框对象的方法

方 法	说 明
blur()	将焦点从下拉列表框中移开
click()	模拟下拉列表框被鼠标单击
focus()	将焦点赋给下拉列表框
remove(i)	可以删除下拉列表框中的选项，参数 i 为 options[]数组的下标

29.6.3 下拉列表框的事件

下拉列表框对象的事件见表 29-15。

表 29-15 单选框对象和复选框对象的事件

事 件	说 明
blur	当焦点从下拉列表框移开时激发的事件
change	当选中下拉列表框中的一个选项或取消对下拉列表框中某个选项选中状态时激发的事件
click	单击下拉列表框时激发的事件
dbclick	双击下拉列表框时激发的事件
focus	当焦点赋给下拉列表框时激发的事件
keydown	用户按下键盘键时激发的事件
keypress	按下并释放键盘键时所激发的事件
keyup	释放键盘键时所激发的事件
mousedown	按下鼠标键(并没有释放)时所激发的事件
mousemove	移动鼠标到下拉列表框上时激发的事件
mouseover	将鼠标移动到下拉列表框上所激发的事件
mouseup	在下拉列表框上释放鼠标键时所激发的事件
mouseout	把鼠标从下拉列表框上移开时所激发的事件

29.6.4 选项对象

下拉列表的 HTML 元素有两个，select 标签用于声明下拉列表，option 标签用于创建下拉列表框中的选项。可以把下拉列表的选项(option)看成是下拉列表对象的子对象，可以通过下列格式访问下拉列表中的选项：

```
document.form.select.options[i]
```

其中参数 i 是 options[]数组的下标，数值从零开始。

选项对象的属性如表 29-16 所示。

表 29-16 下拉列表框对象的属性

属 性	说 明
defaultselected	表示该选项是否是默认的选项，属性值是布尔值
index	返回当前的 option 对象在 options[]数组中的位置
selected	返回或设置当前 option 对象是否被选中，属性值为布尔值
text	返回或设置选项中的文字
value	返回或设置选项中的值

29.7 文件上传框

文件上传框由一个文本框和一个按钮共同组成,单击按钮后会出现一个可以选择文件的对话框,选择文件后,文件的路径会显示在文本框中。

29.7.1 文件上传框的属性

文件上传框对象(FileUpload)也拥有自己的属性,常用的属性如表 29-17 所示。

表 29-17 文件上传框对象的属性

属性	说明
accesskey	返回或设置文件上传框的快捷键
disabled	返回或设置文件上传框是否被禁用,属性值为布尔值
form	返回包含文件上传框的 form 对象的引用
id	返回或设置文件上传框的 id 属性
name	返回或设置文件上传框的名称
size	返回或设置文件上传框的大小
tabindex	返回或设置文件上传框的 Tab 键顺序
type	返回文件上传框的类型。当文件上传框只允许选择一个选项时,返回"select-one";当文件上传框允许选择多个选项时,返回"select-multiple"
value	返回或设置文件上传框的值

29.7.2 文件上传框的方法

文件上传框也有自己的方法,常用的方法如表 29-18 所示。

表 29-18 文件上传框对象的方法

方法	说明	方法	说明
blur()	将焦点从文件上传框中移开	focus()	将焦点赋给文件上传框
click()	模拟文件上传框被鼠标单击		

29.7.3 文件上传框的事件

文件上传框常用事件如表 29-19 所示。

表 29-19 文件上传框对象的事件

事件	说明
blur	当焦点从文件上传框移开时激发的事件
change	当选中文件上传框中的一个选项或取消对文件上传框中某个选项选中状态时激发的事件
click	单击文件上传框时激发的事件
dbclick	双击文件上传框时激发的事件
focus	当焦点赋给文件上传框时激发的事件
keydown	用户按下键盘键时激发的事件
keypress	按下并释放键盘键时所激发的事件
keyup	释放键盘键时所激发的事件

续表

事　件	说　明
mousedown	按下鼠标键(并没有释放)时所激发的事件
mousemove	移动鼠标到文件上传框上时激发的事件
mouseover	将鼠标移动到文件上传框上所激发的事件
mouseup	在文件上传框上释放鼠标键时所激发的事件
mouseout	把鼠标从文件上传框上移开时所激发的事件
select	当文件上传框中的文字被选中并失去焦点时激发的事件

29.8 隐藏域

隐藏域对象(hidden)多用于向服务器提交一些不希望用户看到的数据。

隐藏域对象的属性如表 29-20 所示。

表 29-20 隐藏域对象的属性

属　性	说　明	属　性	说　明
defaultvalue	返回或设置隐藏域的初始值	name	返回或设置隐藏域的名称
form	返回包含隐藏域的 form 对象的引用	type	返回隐藏域的类型,返回“hidden”
id	返回或设置隐藏域的 id 属性	value	返回或设置隐藏域的值

本章知识体系

知　识　点	重要等级	难度等级
表单对象属性	★★★★	★★★★
表单对象方法	★★★★	★★★★
表单对象的事件	★★★★	★★★★
文本框对象	★★★★	★★★★
按钮对象	★★★★	★★★★
单选框对象	★★★★	★★★★
复选框对象	★★★★	★★★★
下拉列表框对象	★★★★	★★★★
文件上传框对象	★★★★	★★★
隐藏域对象	★★★	★★★

第30章

屏幕、历史、地址和浏览器对象

屏幕对象提供有关客户端显示器的大小和可用的颜色数量的信息，浏览器对象用来描述客户端浏览器相关信息，历史对象用来存储客户端浏览器窗口最近所浏览过的历史网址，地址对象用来代表客户端浏览器窗口的地址信息。

本章介绍屏幕对象、历史对象、地址对象和浏览器对象。

本 章 术 语

屏幕对象＿＿＿＿＿＿＿＿

浏览器对象＿＿＿＿＿＿＿＿

历史对象＿＿＿＿＿＿＿＿

地址对象＿＿＿＿＿＿＿＿

30.1 屏幕对象

屏幕对象(screen)是 window 对象的一个子对象，可以用来获取客户端的显示器屏幕的有关信息。

屏幕对象是 JavaScript 运行时自动产生的对象，主要用来描述计算机屏幕的尺寸及颜色信息等，这些属性是静态属性而且是只读的。

屏幕对象的属性如表 30-1 所示。

表 30-1 屏幕对象的属性

属性	说　明	属性	说　明
height	显示屏幕的高度，单位为像素	availHeight	窗口可以使用的屏幕高度，单位为像素
width	显示屏幕的宽度，单位为像素	availWidth	窗口可以使用的屏幕宽度，单位为像素
colorDepth	用户浏览器表示的颜色位数，通常为 32 位		

网页范例 screen.html

```
<script type = "text/javascript">
    //取得屏幕宽度
    var sw = screen.width;
```

```
    //取得屏幕高度
    var sh = screen.height;
    //取得屏幕的有效宽度
    var asw = screen.availWidth;
    //取得屏幕的有效高度
    var ash = screen.availHeight;
    //取得屏幕颜色深度
    var c = screen.colorDepth;
    document.write("您的屏幕分辨率为：" + sw + " * " + sh + "<br>");
    document.write("您的屏幕有效宽度是：" + asw + "<br>");
    document.write("你的屏幕的有效高度是：" + ash + "<br>");
    document.write("您的屏幕颜色深度是：" + c + "<br>");
    document.write("可用颜色是：" + Math.pow(2,c) + "<br>");
</script>
```


30.2　浏览器对象

浏览器对象(navigator)包含浏览器信息,如浏览器的名称、版本号等。

30.2.1　浏览器对象的属性

不同版本的浏览器都制定有自己的属性,表 30-2 列出了大多数浏览都支持的属性。

表 30-2　浏览器对象的属性

属　　性	说　　明	属　　性	说　　明
appName	提供字符串形式的浏览器名称	platform	浏览器适用的平台名称
appVersion	取得浏览器的版本号	plugins	可以使用的插件信息
userAgent	用户代理标识	languages	语言设定
appCodeName	浏览器的代码名称		

30.2.2　浏览器对象的方法

浏览器对象的方法只有一个,用于判断浏览器是否支持并启用了 Java。语法格式如下:

```
navigator.javaEnable()
```

方法返回的是一个布尔值。

网页范例 navigator.html

```
<script type = "text/javascript">
  document.write("浏览器名称：" + navigator.appName + "<br>");
  document.write("浏览器器代码名：" + navigator.appCodeName + "<br>");
  document.write("浏览器版本：" + navigator.appVersion + "<br>");
  document.write("浏览器代理：" + navigator.userAgent + "<br>");
  document.write("浏览器平台：" + navigator.platform + "<br>");
  if(navigator.javaEnabled())
  {
    document.write("您的浏览器支持 Java");
  }
  else
  {
```

```
        document.write("您的浏览器不支持 Java,也可能没有启动 Java!");
    }
</script>
```

30.3 历史对象

历史对象用来存储客户端浏览器窗口最近浏览过的历史网址。

30.3.1 历史对象的属性

历史对象只有一个 length 属性，语法格式如下：

```
history.length
```

这个属性的作用是查看客户端浏览器窗口的历史列表中访问过的网页的个数，但出于安全性和隐私性考虑，不能直接访问用户以前访问过的站点列表，所以这个属性基本没用。

30.3.2 历史对象的方法

历史对象支持三种方法，可以在浏览器窗口前进和后退，见表 30-3。

表 30-3 历史对象的方法

方法	说　明	方法	说　明
back()	返回到上一个访问过的网址	go()	可以直接跳转到一个已经访问过的网址
forward()	前进到下一个访问过的网址		

网页范例 history.html

```
<input type="button" value="上一页" onclick="history.back()" />
<input type="button" value="下一页" onclick="history.forward()" />
```

go()使用比较复杂，如：

```
history.go(1)                         //相当于 history.forward()
history.go(-1)                        //相当于 history.back()
```

如果 go()方法中的参数不是数字 1，而是其他数字，如：

```
history.go(3)                         //相当于执行三次 history.forward()
history.go(-3)                        //相当于执行三次 history.back()
```

另外，history.go(0)相当于刷新当前网页。

30.4 地址对象

地址对象(Location)代表浏览器窗口中当前显示的文档的 URL，通过地址对象可以访问当前文档的 URL 的各个部分。

30.4.1 什么是 URL

统一资源定位符(URL)是用于完整地描述 Internet 上网页和其他资源的地址的一种标识方法。

Internet 上的每一个网页都具有一个唯一的名称标识,通常称之为 URL 地址。这种地址可以是本地磁盘,也可以是局域网上的某一台计算机,更多的是 Internet 上的站点。简单地说,URL 就是 Web 地址,俗称“网址”。

URL 主要由下列三部分组成:

第一部分是协议;

第二部分是域名或主机 IP 和端口号;

第三部分是主机资源的具体地址,如目录和文件名等。

第一部分和第二部分之间用“://”符号隔开,第二部分和第三部分用“/”符号隔开。第一、二部分是不可缺少的,第三部分有时可以省略。

1. 协议

最常用的是 HTTP 协议,用 HTTP 表示,还有其他常用的协议见表 30-4。

表 30-4 常用的协议

协　议	说　明	示　例
HTTP	超文本传输协议	http://www.123.com
FTP	文件传输协议	ftp://10.0.0.1
File	文件协议	file:///e:/java/2.htm
Gopher	通过 Gopher 服务器访问资源	gopher://gopher.123.com
HTTPS	通过安全的 HTTPS 访问资源	https://www.123.com
Mailto	邮件资源	mailto:123@123.com
News	新闻组	news://www.123.com
Telnet	Telnet 连接	telnet://

2. 域名或主机 IP 和端口号

域名形式如 www.123.com,也可以使用 IP 代替,如 218.56.126.89。

HTTP 协议使用的默认端口号是 80,FTP 协议使用的默认端口号是 21。如果使用默认端口号,URL 可以省略端口号;如果不是使用默认的端口号,要指定端口,如:

```
http://www.123.com:2189 //端口号是 2189
```

3. 目录和文件名

可以在 URL 中指定文件名,如:

```
http://www.123.com/100.htm
```

其中“100.htm”就是指定的文件名。

如果文件不在根目录下,还可以指定虚拟目录,如:

```
http://www.123.com/java/jc/100.htm
```

其中“java/jc”就是虚拟目录。

4. 参数

在动态网页中，网页之间要传递一些信息和数据，URL 中可以附带参数传递信息。如：

```
http://www.123.com/100.htm?id = 205&page = 3
```

其中"id=205&page=3"就是参数部分。

参数部分与文件名部分用"?"分隔，参数之间用"&"分隔。

30.4.2 地址对象的属性

地址对象的属性和第 28 章中的链接对象属性类似，见表 30-5。

表 30-5 地址对象的属性

属　性	说　明
host	返回或设置链接对象中的 URL 域名和端口部分
hash	返回或设置链接对象中的 URL 的锚部分
hostname	返回或设置链接对象中的 URL 的域名部分
href	返回或设置链接对象中的完整 URL 部分
pathname	返回或设置链接对象中的 URL 的路径部分
port	返回或设置链接对象中的 URL 的端口部分
protocol	返回或设置链接对象中的 URL 的协议部分
search	返回或设置链接对象中的 URL 的查询部分

图形说明可以参考第 28 章的图 28-2。

网页范例 location.html

```
<script type = "text/javascript">
  document.write("文档的 URL 为: " + location.href + "<br>");
  document.write("文档的协议为: " + location.protocol + "<br>");
  document.write("文档的域名为: " + location.hostname + "<br>");
  document.write("文档的端口号为: " + location.port + "<br>");
  document.write("文档的虚拟目录和文件名为: " + location.pathname + "<br>");
  document.write("文档的参数为: " + location.search + "<br>");
</script>
```

30.4.3 地址对象的方法

地址对象的方法用来对当前文档的 URL 进行操作，见表 30-6。

表 30-6 地址对象的方法

方　法	说　明
reload()	刷新当前文档
replace()	用一个新的 URL 代替当前的 URL

使用方法如下：

```
location.reload()              //刷新当前文档
location.replace("100.htm")   //用 100.htm 代替当前文档
```

本章知识体系

知 识 点	重要等级	难度等级
屏幕对象	★★★	★★
浏览器对象	★★★	★★
历史对象	★★★	★★
地址对象	★★★	★★

第4部分

拓展部分

第31章

XML入门

XML是一种标记语言，可以支持开发者为Web信息设计自己的标记，利用它可以存储复杂结构的数据信息。

本章介绍XML的相关知识。

本 章 术 语

SGML ______

XML ______

XML元素 ______

XML命名空间 ______

XML元素属性 ______

CDATA段 ______

第4部分拓展部分，介绍XML和jQuery框架在网页制作中的应用。

XML是和HTML类似的标记语言。XML和HTML都是SGML的扩展，XML要比HTML强大很多，相对于HTML中数量有限的标签，XML允许定义数量不限标记来描述网页文档。HTML仍是Web上快速发布数据的最简单的方法，如果数据要长期使用，并且需要一些更复杂的结构，那么更推荐使用XML。

jQuery是一个优秀的JavaScript框架。它是轻量级的js库(压缩后只有21k)，兼容CSS3，还兼容各种浏览器。jQuery使用户能更方便地处理HTML文档、事件，实现动画效果，并且方便地为网站提供AJAX交互。

jQuery能够使用户的HTML页保持代码和内容分离，也就是说，不用再在HTML里面插入一堆js来调用命令了，只需定义id即可。

本篇并不是全面介绍XML和jQuery的详细教程，只介绍这两个知识点与网页制作有关的部分。

31.1 XML概述

XML是一种标记语言(另一种标记语言是HTML)，可以展现有关文档和数据处理细节，利用它可以存储复杂结构的数据信息，主要应用于网页和网络应用程序中。

31.1.1 标记语言

标记语言，是指用一系列约定好的标记来对电子文档进行标记，实现对电子文档的语义、结构和格式的定义。这些标记必须能够容易和内容相区分，易于识别。标记语言必须定义什么样的标记是允许的，什么样的标记是必需的，标记是如何与文档的内容相区分的，以及标记的含义是什么。

标记语言实际上是一种类似说明性质的语言，通过标记语言，可以对一个段落或一篇文章的文字布局和显示样式进行设定。

1969年，IBM公司开发一种文档描述语言，用来解决不同系统中文档格式不同的问题，IBM把这种标识语言称作通用标记语言（GML）。经过多年的发展，1986年国际标准化组织ISO发布了为生成标准化文档而定义的标记语言标准，并称为SGML，即标准通用标记语言。

SGML规定了在文档中嵌入描述标记的标准格式，指定了描述文档结构的标准方法，这是SGML的精华。SGML具有以下主要特点。

（1）可支持无数的文档结构类型，例如公告、技术手册、章节目录、各种报告、信函和备忘录等。

（2）可以创建与特定的软硬件无关的文档。

SGML是一个庞大复杂的系统，功能丰富，具有各种选项，它用来标记文献以使文献信息不依赖于特定的软硬件，而且具有方便的互操作性和格式的转换功能，以适合多种应用或达到反复使用的目的。

SGML使用范围很广，除了传统的电子出版物之外，还可用在其他许多场合，如超媒体和超文本文档、网页制作、数据库、电子邮件系统、CD-ROM出版物和交互式电子技术手册等。

31.1.2 XML介绍

1996年，W3C寻找一种在Web中应用SGML的灵活性和强大功能的方法，这促使了1998年2月XML1.0规范的发布。

XML具备SGML的核心特性，又非常简洁，XML规范的内容甚至不到SGML的十分之一，它将SGML丰富的功能与HTML的易用性结合到Web应用中。XML保留了SGML的可扩展功能，这使XML从根本上有别于HTML。

HTML只是Web显示数据的通用方法，而XML提供了一个直接处理Web数据的通用方法。HTML着重描述Web页面的显示格式，XML着重描述Web页面的显示内容。

XML作为SGML的子集，继承了SGML的优点：扩展性、结构化和有效性。

XML具有以下几个特点。

（1）XML是元标记语言。所谓元标记语言，就是开发者根据自己的需要定义自己的标记，如开发者可以定义如下标记：<book>和<price>，所有符合XML命名规则的名称都可以作为标记。

（2）允许通过使用自定义格式、标识、交换和处理数据库可以理解的数据。

（3）基于文本的格式，允许开发人员描述结构化数据并在各种应用之间发送和交换这些数据。

（4）有助于在服务器之间传输结构化数据。

XML文档本身是一种纯文本格式的文件，文件扩展名为“.xml”。XML文档可以使用下列编辑工具进行编写。

（1）window 操作系统自带的记事本软件。但是记事本软件功能比较简单，在编写出现问题时，不容易调试，文件只显示同一种颜色，不容易区分数据和标记，编写的效率太低，也没有提供检查 XML 文档格式是否正确的功能。

（2）文本编辑软件如 EditPlus、UltraEdit 等。EditPlus 功能强大，界面简洁美观，且启动速度快；中文支持比较好，支持语法高亮，支持代码折叠，支持代码自动完成（但其功能比较弱），不支持代码提示功能；配置功能强大，且比较容易，扩展也比较强。内置浏览器功能，这一点对于网页开发者来说很是方便。

（3）专门的 XML 编辑软件如 XML Spy（http://www.altova.com）进行编辑。这是一个集成了编辑、检验和预览等多项功能的商业性 XML 开发软件，提供了三种 XML 文档视图：结构显示和编辑，原码视图和支持 CSS、XSL 的预览。支持 XML 文档所见所得的编辑方式，支持 Unicode、多字符集，支持格式良好和有效的 XML 文档，提供强有力的样式设计功能。

网页范例 first_xml.xml

```
<?xml version = "1.0" encoding = "gb2312" ?>
< book >
  < name >网页制作教程</name >
  < publisher >清华大学出版社</publisher >
  < desc >针对网页设计初学者,介绍 HTML、CSS、JavaScript </desc >
</book >
```

网页代码运行效果如图 31-1 所示。

图 31-1

XML 与 HTML 的几点比较如下。

（1）XML 不是要替换 HTML，实际上 XML 可以视作对 HTML 的补充。XML 和 HTML 的目标不同：HTML 的设计目标是显示数据并集中于数据外观，而 XML 的设计目标是描述数据并集中于数据的内容。

（2）与 HTML 相似，XML 不进行任何操作。虽然 XML 标记可用于描述订单之类的项的结构，但它不包含可用于发送或处理该订单以及确保按该订单交货的任何代码。其他人必须编写代码来实际对 XML 格式的数据执行这些操作。

（3）与 HTML 不同，XML 标记由架构或文档的作者定义，并且是无限制的。HTML 标记则是预定义的，HTML 作者只能使用当前 HTML 标准所支持的标记。

31.1.3 XML 的优势

XML 的优势有以下几个方面：

1. 数据重用

使用 XML,你的数据可以被更多的用户使用。既然 XML 是与软件、硬件和应用程序无关的,所以可以使你的数据可以被更多的用户、更多的设备所利用,而不仅仅是基于 HTML 标准的浏览器。别的客户端和应用程序可以把你的 XML 文档作为数据源来处理,就像他们对待数据库一样,还可以通过网络传输到另一台计算机中被解析使用,你的数据可以被各种各样的"阅读器"处理,这时对某些人来说是很方便的,比如盲人或者残疾人。

2. 数据与表示分离

XML 保持了用户界面和结构数据之间的分离。HTML 指定如何在浏览器中显示数据,XML 则定义了显示内容。通过 XML,你可以在 HTML 文件之外存储数据。

在不使用 XML 时,HTML 用于显示数据,数据必须存储在 HTML 文件之内;使用了 XML,数据就可以存放在分离的 XML 文档中。这种方法可以让你集中精力到使用 HTML 做好数据的显示和布局上,并确保数据改动时不会导致 HTML 文件也需要改动,这样可以方便维护页面。

XML 数据同样可以以"数据岛"的形式存储在 HTML 页面中,你仍然可以集中精力到使用 HTML 格式化和显示数据上去。

把数据从表示中分离出来,能够无缝集成众多来源的数据,可以将用户信息、采购订单、研究结构、账单支付、医疗记录、目录数据及其他形式的数据转换为 XML,以便像 HTML 页面显示数据一样很容易地联机交换数据,然后可以在 Web 上按照 XML 编码的数据传送到桌面。

3. 可扩展性

XML 可以让用户创建和使用自己的标记,而不是 HTML 中的有限标记表。可以在 XML 中定义无限的标记集,企业可以用来为电子商务和供应链集成等定义自己的标记语言,零售商可以定义自己的零售价格、营业税、仓库库存等标记语言,甚至特定的行业可以定义该领域的特殊的标记语言,并作为该领域信息共享和数据交换的基础。

4. 语法自由性

XML 允许各种不同的专业开发与自己专业领域相础的标记语言,使得该领域中的人可以交换笔记、数据和信息,而不用担心接收端的人是否具有特定的软件来创建数据。例如使用 XML,可以在网络中交换金融信息,我们可以期望看到很多关于 XML 和 B2B 的应用。XML 正在成为遍布网络的商业系统之间交换金融信息所使用的主要语言,许多与 B2B 有关的完全基于 XML 的应用程序正在开发中。

5. 结构化集成数据

使用 XML,简化了复杂数据结构的描述和操作,也在一定程度上改善了软件的通用性,为用户提供了一种简洁的描述复杂数据的方式。

XML 对于大型和复杂的文档来说是理想的,因为数据是结构化的,用户不仅可以指定一个定义了文档中的元素的词汇表,而且可以指定元素之间的关系。

XML 提供了一种标准化、灵活、强大的方法,用于在不同平台和应用程序之间交换数据。

31.2 XML 语法

XML 是一种为各种应用领域而设计的元标记语言。每个 XML 应用程序都有自身的语法和词汇,但这些语法和词汇都必须服从 XML 的基本语法规则。

31.2.1 XML文档的组成与声明

XML 文档由声明、元素、注释、字符引用和处理指令组成，所有这些组成部分都是通过元素标记来指明的。

XML 元素标记包括开始标记、结束标记、空标记、实例引用、字符引用、注释、CDATA 段定界符、文档类型声明、处理指令、文本声明以及空白。

XML 文档主要由以下 5 部分组成。

(1) XML 声明。

(2) 文档类型声明。

(3) 元素。

(4) 注释。

(5) 处理指令。

XML 声明必须作为 XML 文档的第一行，前面不能有空白、注释或其他的处理命令。完整的声明格式如下：

```
<?xml version = "1.0" encoding = "gb2312" standalone = "yes/no" ?>
```

version 属性不能省略，而且要排在属性列表中的第一位，指明所采用的 XML 的版本号。

特别提醒

最新的版本号为 1.1，但推荐使用 W3C 于 2000 年发布的 1.0 版本。

encoding 属性是可选属性，指定了文档采用的编码方式，常用的编码方式有 UTF-8 和 GB2312。如果没有使用 encoding 属性，默认采用 UTF-8 编码。

standalone 属性是可选属性，如果属性值为 yes，说明 XML 文档不依赖其他文档；如果设置为 no，则说明需要外部的 DTD。

31.2.2 XML文档的注释

使用注释可以在 XML 文档中添加附加信息，以便阅读和理解文档。注释以"＜!--"开始，以"--＞"结束。要注意以下规则。

(1) 注释不能出现在标记中。

(2) 注释中不能连续出现连字符，否则将出现语法错误。

(3) 注释不能嵌套。

31.2.3 XML文档的元素

XML 元素是 XML 文档的主体，它用来存放和组织数据。

1. 元素的分类

元素标识命名的信息，并使用标记构建标识元素的名称、开始和结束。元素还可以包含属性名称和值，用于提供其他有关内容的信息，并指出这些信息的逻辑结构。

元素分为非空元素和空元素两种。非空元素的语法结构如下：

```
< book >网页制作教程</book >
```

空元素就是不包含任何内容的元素，如：

```
<book></book>
```

非空元素可以转换为空元素，就是把非空元素的内容转换为空元素的属性，如：

```
<book name="网页制作教程"></book>
```

2. 元素的命名规则

元素的命名规则与Java、C语言等的命名规则类似，对大小写敏感，有以下规则：

元素名中可以包含字母、数字和其他字符；

元素名不能以数字或标点符号开头；

元素名中不能包含空格；

尽量避免使用连字符号“-”和点号“.”。

3. 元素的构成

元素主要由字符数据、子元素、字符引用、实体引用和CDATA段构成。

(1) 字符数据可以是不包含任何标记的起始定界符和CDATA段的结束定界符的任意字符串，就是说除“&”和“<”以及“]]”三种以外的任意字符串。

```
<data>/</data>  合法的字符数据
<data>&</data>  错误的字符数据,因为包含了"&"
<data><</data>  错误的字符数据,因为包含了"<"
<data>]]</data>  错误的字符数据,因为包含了"]]"
```

(2) 子元素被嵌套在上层元素之内，本身也是元素，如：

```
<book>
  <name></name>
  <publisher>清华大学出版社</publisher>
</book>
```

<name>和<publisher>是元素<book>的子元素。

(3) 字符引用是以一个“&”和“#”组成的字符串开始，并以一个分号“;”结束，在开始符号“&#”和结束符号“;”之间是所需字符的十进制代码或十六进制代码。

(4) 实体引用是指当字符数据中需要使用一些特殊符号时，可以使用实体引用来代替这些特殊符号。实体以符号“&”开头，以符号“;”结尾。共有5种类型的实体引用，见表31-1。

表31-1 XML的实体引用

实体引用	特殊字符	说 明
<	<	小于号
>	>	大于号
&	&	和或连接符号
'	'	单引号
"	"	双引号

网页范例 entity.xml

```
<?xml version="1.0" encoding="GB2312" ?>
<js>
```

```
  <progrom>
    if(a &gt; b)
    {
      max = a;
    }
  </progrom>
</js>
```

网页代码运行结果如图 31-2 所示。

(5) CDATA 段是以"<![CDATA["作为段的开始,以"]]>"作为段的结束。段开始和段结束之间的内容称为 CDATA 段的内容。解析器不对 CDATA 段的内容做处理,所以 CDATA 段中的内容可以包含任意字符,但是 CDATA 段不能嵌套。

特别提醒

只能在根元素的文本内容中使用 CDATA 段。

网页范例 cdata.xml

```
<?xml version="1.0" encoding="GB2312" ?>
<js>
  <![CDATA[
    var m = 10;
    var n = 30;
    if(m>n)
    {
        window.alert("m 大于 n");
    }
    else
    {
        window.alert("m 小于 n");
    }
  ]]>
</js>
```

网页代码运行效果如图 31-3 所示。

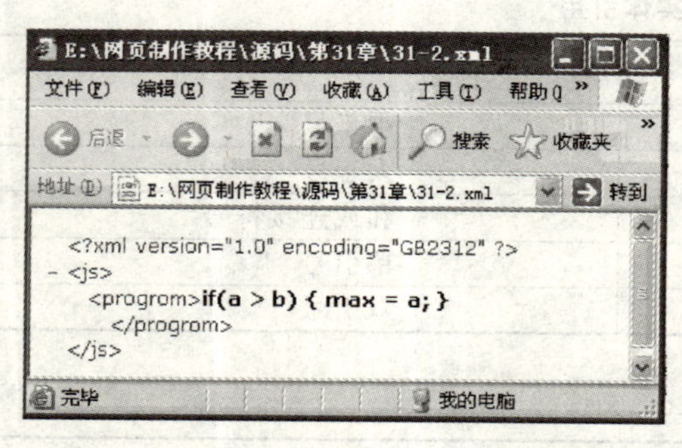

图 31-2

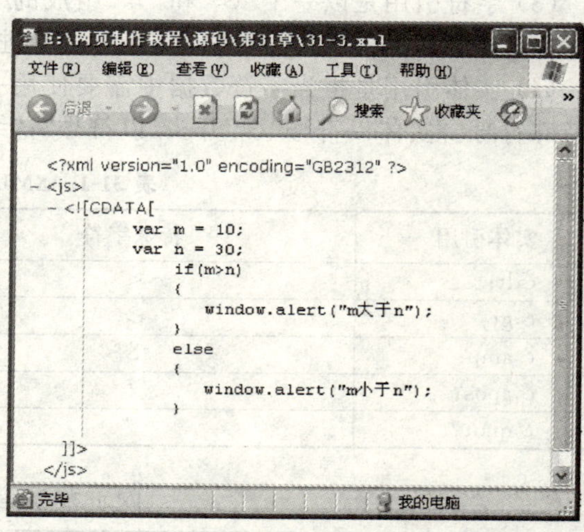

图 31-3

31.2.4 XML 元素属性

和 HTML 标签一样，XML 元素也可以定义自己的属性，一般用这些属性表示元素的一些信息。

元素属性由属性名和属性值组成。非空元素的语法格式如下：

```
<标记名 属性名="属性值" 属性名="属性值"…>……</标记名>
```

空元素的语法格式如下：

```
<标记名 属性名="属性值" 属性名="属性值"…></标记名>
```

或：

```
<标记名 属性名="属性值" 属性名="属性值"…>
```

特别提醒

属性名的命名规则和元素的命名规则相同，另外区分大小写。

使用子元素表达数据或使用属性表达数据的结果都是一样的，不同点在于表达形式不同，所以对于何时使用属性，何时使用子元素上并没有规则限制，只能根据需求和执行环境来决定使用哪种表达方式，但使用属性时可能会出现如下一些问题。

(1) 属性不能包含多个重复值，而子元素可以有任意次数的重复。

(2) 属性不容易扩展，子元素可以很轻松地实现扩展。

(3) 属性不能够描述文档结构，而通过子元素之间的关联关系可以描述文档结构。

(4) 属性不便用程序进行处理。

(5) 属性值不容易在 DTD 文档中进行限定。

网页范例 attribute.xml

```
<?xml version = "1.0" encoding = "GB2312" ?>
< books >
  < book name = "网页制作教程" pub = "清华大学出版社"></book >
  < book name = "Java 教程" pub = "机械工业出版社"></book >
  < book name = "PHP 教程" pub = "电子工业出版社"></book >
</books >
```

name 和 pub 作为元素 book 元素的属性，用来描述与 book 元素本身有关的特征。

31.2.5 XML 命名空间

因为 XML 中允许自定义标记，所以在 XML 文档中可能会出现重名的标记，可以使用命名空间来区分这些标记。

W3C 关于 XML 命名空间的解释是：一个 XML 命名空间是一个命名的汇集，它由 URI (统一资源标识符)确定，在 XML 文件中作为元素类型和属性名使用。

XML 命名空间表示 XML 名称的使用范围，在同一命名空间中的元素名称必须具有唯一性，以"xmlns"或"xmlns:"作为前缀。声明命名空间的语法格式如下：

```
xmlns:prefix = "URI"
```

xmlns 是定义命名空间的关键字，用来声明命名空间。

prefix 是命名空间的前缀属性值，必须由字母、数字、下划线、点号、连字符组成，而且首字母必须是字母或下划线。

属性值是一个 URI 引用，用于识别该命名空间的名字。一般要求这个名字应该具有唯一性和持久性，所以一般情况下是使用 URL 来作为 URI。如：

```
xmlns:subject = "http://www.w3.org/1999/xhtml"
```


31.2.6 默认命名空间

在默认命名空间中，可以把标记名称作为元素名称，而不必显式使用命名空间前缀。

默认命名空间就是一个没有命名空间属性前缀的 XML 命名空间，其作用域相当于声明此默认命名空间的元素，以及在该元素下嵌套的无前缀元素，主要目的就是缩短使用命名空间的 XML 文档的长度，语法格式如下：

```
xmlns = "URI"
```

如：

```
xmlns = "http://www.php.net/xmlns"
```

默认命名空间的名字就是“http://www.php.net/xmlns”。

31.2.7 格式良好的 XML 文档

所谓格式良好的 XML 文档，就是遵守 XML 文档基本语法规则的 XML 文档，这些规则规定了元素和元素内容之间的关系，如何按层次嵌套元素以及如何自定义元素和属性等。

XML 文档基本的语法规则如下。

(1) XML 文档的第一行必须是“<?xml?>”处理指令，不能是空行或注释。

下面不是格式良好的 XML 文档：

```
<!--下面是 XML 处理指令 -->
<?xml version = "1.0" encoding = "GB2312" ?>
```

(2) XML 文档必须有一个单独的根元素，其他元素必须作为这个根元素的子元素而存在。而且所有的其他元素都必须在这个根元素的起始标记和结束标记之间。

下面的 XML 文档不是格式良好的文档：

```
<?xml version = "1.0" encoding = "GB2312" ?>
<book>
  <name>网页制作教程</name>
</book>
<book>
  <publisher>清华大学出版社</publisher>
</book>
```

(3) 每个元素都有配套的开始标记和结束标记,而且区分大小写。

下面不是格式良好的 XML 文档:

```
<?xml version = "1.0" encoding = "GB2312" ?>
< book >
  < name >网页制作教程</Name > <!—区分大小写 -->
</book >
```

(4) 元素名称不能以数字开头而且不能包含空格。

下面几个声明不符合 XML 语法规则的文档:

```
<?xml version = "1.0" encoding = "GB2312" ?>
< 2abc ></2abc >
< boo ks ></boo ks >
```

(5) 属性值必须包含在引号中,引号要成对使用。

下面是不符合 XML 语法规则的文档:

```
< book name = "java'></book >
```

遵守以上规则的 XML 文档,就是格式良好的文档,大多数浏览器都能正确解析。

本章知识体系

知 识 点	重 要 等 级	难 度 等 级
标记语言	★★	★★
SGML	★★	★★
XML	★★★★	★★★
XML 元素	★★★★	★★★
XML 元素属性	★★★★	★★★
XML 命名空间	★★★★	★★★★
CDATA 段	★★★★	★★★★

第32章

DTD规范

DTD主要用来规范XML文档，指定可以在文档中出现的元素、元素可以具有的属性、元素内部的层次结构以及元素在整个文档中出现的顺序等。

本章介绍DTD规范。

本 章 术 语

DTD ______________________________

XML Schema ______________________________

32.1 DTD的基本概念

DTD是Document Type Definition（文档类型定义）的缩写，可以使用DTD来定义XML文档元素结构。

32.1.1 DTD简介

DTD是一套关于标记符的语法规则。它是XML1.0版规格的一部分，是XML文件的验证机制，属于XML文件组成的一部分。

DTD指定XML文档必须遵守的一系列规则，以确保XML文档的一致性和有效性。可以通过比较XML文档和DTD文件来看文档是否符合规范，元素和标签使用是否正确。

DTD正是让XML文件能够成为数据交换的标准，因为不同的公司只需定义好标准的DTD，各公司都能够依照DTD建立XML文件，并且进行验证，如此就可以轻易地建立标准和交换数据，这样既满足了网络共享和数据交互，又为人们使用XML进行数据交换提供了有力的保障。

一旦定义好DTD，就可以使用XML解析器对编写好的XML文档进行DTD检查，以判断XML文档内容是否为有效的XML文档内容。

32.1.2 DTD基本结构

实际上DTD可以看做是XML文档的模板，XML文档中的元素、属性、排列方式或内容等都必须符合 DTD 的规则。

因为各行业都有其自己的行业特点，所以具体的 DTD 文档通常在特定应用领域中使用，各行各业都有各自的 DTD 文档。

DTD 可以在 XML 文档中直接写入，也可以形成单独的文件。DTD 文件是一个 ASCII 的文本文件，后缀名为.dtd。DTD 分为两种类型：外部 DTD 和内部 DTD。

1. 内部 DTD

内部 DTD 直接写在 XML 文档内部，只供当前 XML 文档使用。

内部 DTD 通过文档类型声明来使用，文档类型声明放在 XML 处理指令和根元素之间的位置。

文档类型声明以"<!DOCTYPE["开始，以"]>"结束，内部 DTD 放在它们之间，语法格式如下：

```
<!DOCTYPE 根元素 [元素声明
  <!ELEMENT 子元素 (#PCDATA)
]>
```

一个 XML 文档中只有一个根元素，如果 XML 文档使用 DTD，那么文档中的根元素就在内部 DTD 中指定。

网页范例 in_dtd.xml

```
<?xml version = "1.0" encoding = "UTF - 8" standalone = "yes" ?>
<!DOCTYPE school [
<!ELEMENT school (student * )>
<!ELEMENT student (name,sex,birthday)>
<!ELEMENT name (#PCDATA)>
<!ELEMENT sex (#PCDATA)>
<!ELEMENT birthday (#PCDATA)>
]>
<school>
  <student>
<name>陈红</name>
    <sex>女</sex>
    <birthday>1980.5.1</birthday>
  </student>
</school>
```

内部 DTD 网页代码运行效果如图 32-1 所示。

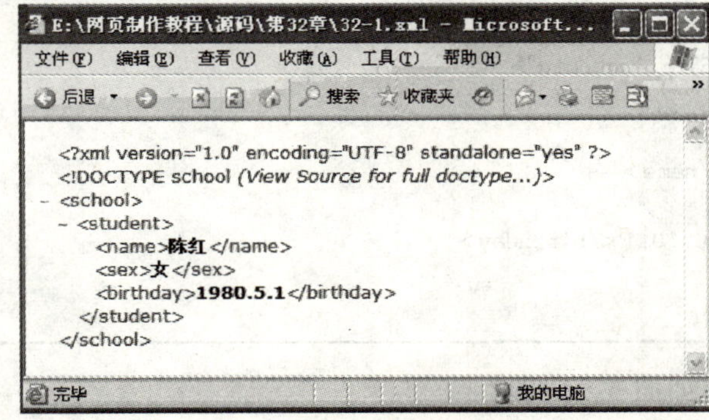

图 32-1

XML 文档声明中“standalone="yes"”表明该文档不依赖外部 DTD 文件。

代码第二行定义了文档的根元素“school”。

代码第三行定义文档根元素“school”下可以出现子元素。

代码第四行定义了元素“student”有三个子元素：name,sex,birthday。

代码第五行定义 name 元素为 "＃PCDATA" 类型。

代码第六行定义 sex 元素为 "＃PCDATA" 类型。

代码第七行定义 birthday 元素为 "＃PCDATA" 类型。

2. 外部 DTD

外部 DTD 就是后缀名为.dtd 的文件，类似于网页中的 CSS 文件，可以被共享和调用。语法格式如下：

```
<!DOCUMENT 根元素 SYSTEM "DTD-URL">
```

或

```
<!DOCUMENT 根元素 PUBLIC "DTD-NAME""DTD-URL">
```

SYSTEM 关键字指该外部 DTD 文件是私有的，即由用户创建但没有公开发行。

PUBLIC 关键字指该外部 DTD 文件是公有的，带有一个逻辑名称“DTD-NAME”，必须在调用时指明这个逻辑名称。

DTD-URL 表示引用的 DTD 文件路径和文件名。

可以将上例中的内部 DTD 转换为外部 DTD 文件，保存为 out.dtd。

网页范例 out.dtd

```
<?xml version="1.0" encoding="UTF-8" ?>
<!ELEMENT school (student * )>
<!ELEMENT student (name,sex,birthday)>
<!ELEMENT name (#PCDATA)>
<!ELEMENT sex (#PCDATA)>
<!ELEMENT birthday (#PCDATA)>
```

在 XML 文档中调用外部 DTD 文件，注意要使用“standalong=no”，表明该文档使用外部 DTD 文件。

网页范例 xml_dtd.xml

```
<?xml version="1.0" encoding="UTF-8" standalone="no" ?>
<!DOCTYPE school SYSTEM "out.dtd">
<school>
  <student>
    <name>陈小东</name>
    <sex>男</sex>
    <birthday>1980.10.1</birthday>
  </student>
</school>
```

网页代码运行效果如图 32-2 所示。

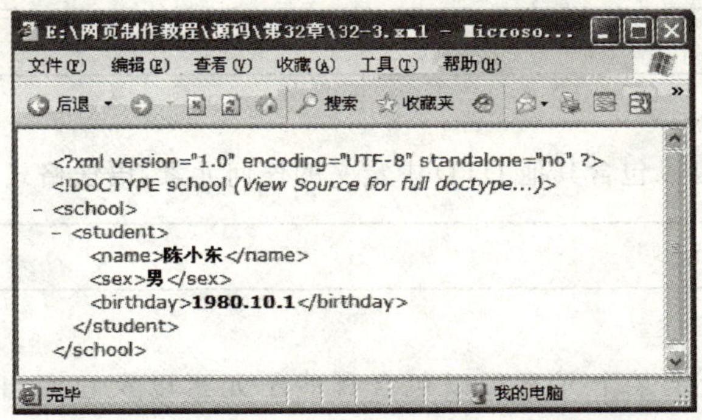

图 32-2

特别提醒

外部 DTD 文档可以被多个 XML 文档共享，内部 DTD 文档只能被它所在的 XML 文档使用。

从上两例中可以看到，内部 DTD 文档和外部 DTD 文档的效果完全相同。

32.2 DTD 对元素声明

XML 中的任何元素都必须在 DTD 中声明。元素声明指定了每个元素的名称、属性、内容以及在文档中出现的频率，并指定了 XML 文档中元素的层次结构。

32.2.1 元素类型声明

在 DTD 中是通过 ELEMENT 标记声明的，语法格式如下：

```
<!ELEMENT 元素名称 元素内容描述>
```

ELEMENT 关键字，表示对元素类型进行声明，必须大写。

元素名称：为当前元素指定元素名称。

元素内容描述：可以分为 EMPTY(空)、子元素型、混合型、ANY(任意)、#PCDATA 共 5 种类型。

32.2.2 元素内容类型

元素声明中共有 5 种类型，即：EMPTY(空)、子元素型、混合型、ANY(任意)、#PCDATA 。

1. EMPTY 类型

EMPTY 用于定义空元素，该元素只能有属性而不能有元素内容，语法格式如下：

```
<!ELEMENT 元素名称 EMPTY>
```

例如声明“年龄”元素为一个空元素，可以这样写：

```
<!ELEMENT 年龄 EMPTY>
```

那么在 XML 文档中，年龄元素的标记是这样的：

```
<年龄></年龄>
```

2. ANY 类型

ANY 类型的元素可以包含其他 DTD 中定义的任何元素，语法格式如下：

```
<!ELEMENT 元素名称 ANY>
```

3. 子元素类型

子元素类型用于指定某个元素可以包含哪些子元素以及它们出现的次序，语法格式如下：

```
<!ELEMENT 根元素名称 (子元素列表)>
```

子元素可以有两种结构：序列和选择。

所谓序列就是定义了子元素所要遵循的顺序，子元素之间用逗号“,”分隔。

所谓选择就是可以限定该子元素出现的次数，用元素限定符来表达。如果没有子元素限定符，那么该子元素必须出现且只能出现一次。子元素实例：

```
<!ELEMENT 学生 (姓名,性别,出生日期)>
```

上述声明中指定的学生必须包含姓名、性别、出生日期三个子元素，且三个子元素只能出现一次，而且要按顺序出现。

下面这个 XML 文档是正确的：

```
<学生>
  <姓名>陈小</姓名>
  <性别>男</性别>
  <出生日期>1980.6.3</出生日期>
</学生>
```

下面这个 XML 文档是错误的，因为子元素顺序错了：

```
<学生>
  <性别>男</性别>
  <出生日期>1980.6.3</出生日期>
  <姓名>陈小</姓名>
</学生>
```

下面这个 XML 文档是错误的，因为有多余的子元素：

```
<学生>
  <姓名>陈小</姓名>
  <性别>男</性别>
  <出生日期>1980.6.3</出生日期>
  <年级>三年级</年级>
</学生>
```

子元素限定符参见表 32-1。

表 32-1 子元素限定符

限定符	频率	限定符	频率
+	>=1	?	0 或 1
*	>=0		

4. #PCDATA

#PCDATA 类型的元素只能有文本数据，不能包含其他子元素。文本数据中可以是普通字符、CDATA 段中的内容、字符引用和实体引用，语法格式如下：

```
<!ELEMENT 元素名称 (#PCDATA)>
```

如：

```
<!ELEMENT 性别 (#PCDATA)>
```

5. 混合类型

混合类型是指可以包含子元素也可以包含已编译的字符数据，语法格式如下：

```
<!ELEMENT 根元素名称 (#PCDATA|子元素)* >
```

混合类型最后面必须加星号"*"限定符，先以#PCDATA 开始，然后是子元素类型。

32.3 DTD 对属性声明

属性是对元素信息的修饰和补充，一般用属性来描述元素的边缘信息。

32.3.1 属性声明语法

在 DTD 中，属性通过 ATTLIST 属性列表进行声明。属性声明语法格式如下：

```
<!ATTLIST 元素名称 属性名称 属性类型 默认值>
```

属性类型指定属性值的内容形式，常见的属性类型见表 32-2。

表 32-2 属性类型分类

属性类型	说　明	属性类型	说　明
CDATA	值为字符数据	NMTOKEN	值为合法的 XML 名称
(en1|en2|..)	此值是枚举列表中的一个值	NMTOKENS	值为合法的 XML 名称的列表
ID	值为唯一的 ID	ENTITY	值是一个实体
IDREF	值为另外一个元素的 ID	ENTITIES	值是一个实体列表
IDREFS	值为其他 ID 的列表	NOTATION	此值是符号的名称

默认值参数如表 32-3 所示。

表 32-3　默认值参数分类

属性类型	说　明
#REQUIRED	属性值是必需的
#IMPLIED	属性不是必需的
#FIXED value	属性值是固定的
默认值	如果元素中不包含该属性的属性值，那么默认值将作为属性值

属性声明参考下例：

```
<!ATTLIST book name CDATA #REQUIRED>
```

声明中指定 book 元素具有 name 属性，这个属性的类型为 CDATA。每个 book 元素必须具有 name 属性。

32.3.2　属性类型

属性类型是属性声明中所必需的组成部分，下面详细介绍这些常见属性。

1. CDATA

属性类型 CDATA 表示可以包含任意字符串，但不允许使用小于号"<"、大于号">"、与符号"&"、双引号"""和单引号"'"这几个字符。

如果需要使用这几个特殊字符，可以通过实体引用的方式来替换。

网页范例 entity.xml

```
<?xml version = "1.0" encoding = "UTF - 8" standalone = "yes" ?>
<!DOCTYPE book [
<!ELEMENT book (pub)>
<!ATTLIST book name CDATA #REQUIRED>
<!ELEMENT pub (#PCDATA)>
]>
<book name = "javascript&amp;xml 教程">
    <pub>清华大学出版社</pub>
</book>
```

根元素为 book，属性 name 值的类型为 CDATA，出现了与符号"&"，使用实体引用"&"替代。网页代码运行效果如图 32-3 所示。

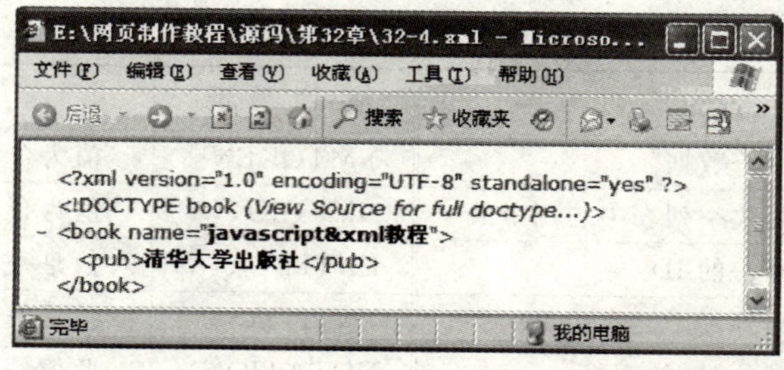

图　32-3

2. 枚举

枚举类型声明了属性的备选值列表，属性必须从该列表中选择一个值作为属性值，各个属

性值通过“|”分隔。如下例：

```
<!ATTLIST 员工 性别 (男|女)"男">
```

员工的属性“性别”的属性值可以取值“男”或“女”，默认值为“男”。

3. ID

因为这个属性具有唯一性，一般用来表示身份证号或学生的学号等信息。

网页范例 id.xml

```
<?xml version = "1.0" encoding = "UTF - 8" standalone = "yes" ?>
<!DOCTYPE book [
<!ELEMENT book (pub)>
<!ATTLIST book name CDATA #REQUIRED>
<!ATTLIST book isbn ID #REQUIRED>
<!ELEMENT pub (#PCDATA)>
]>
<book name = "xml 教程" isbn = "9787111323570">
    <pub>清华大学出版社</pub>
</book>
```

4. IDREF

这个属性指向带有 ID 属性的元素，会检查 IDREF 引用的每个 ID 属性类型是否都在 XML 文档中。

网页范例 idref.xml

```
<?xml version = "1.0" encoding = "UTF - 8" ?>
<!DOCTYPE 联系人列表[
    <!ELEMENT 联系人列表 ANY>
    <!ELEMENT 联系人 (姓名,EMAIL)>
    <!ELEMENT 姓名 (#PCDATA)>
    <!ELEMENT EMAIL (#PCDATA)>
    <!ATTLIST 联系人 编号 ID #REQUIRED>
    <!ATTLIST 联系人 上司 IDREF #IMPLIED>
]>
<联系人列表>
    <联系人 编号 = "2">
        <姓名>陈六</姓名>
        <EMAIL>chen@123.com.com</EMAIL>
    </联系人>

    <联系人 编号 = "1" 上司 = "2">
        <姓名>宋江</姓名>
        <EMAIL>shun@123.com</EMAIL>
    </联系人>
</联系人列表>
```

5. IDREFS

IDREFS 属性值是一个 XML 元素 ID 类型属性的属性值列表，列表中各值之间用空格分隔，当某个元素要引用多个其他元素时就使用这种类型。

6. ENTITY

在一个甚至多个 XML 文档中频繁使用某一条数据，我们可以预先定义一个这条数据的

"别名",即一个 ENTITY,然后在这些文档中需要该数据的地方调用它。

ENTITY 可以包含字符、文字等,使用 ENTITY 有以下好处。

(1) 它可以减少差错,文档中多个相同的部分只需要输入一遍就可以了。

(2) 它提高维护效率。比如你有 40 个文档都包含 copyright 的 ENTITY,如果需要修改这个 copyright,不需要所有的文件都修改,只要改最初定义的 ENTITY 语句就可以了。

XML 定义了两种类型的 ENTITY,一种在 XML 文档中使用,另一种作为参数在 DTD 文件中使用。

如果版权信息内容和他人共享一个 XML 文件,也可以使用外部调用的方法,语法像这样:


```
<!DOCTYPE copyright [
<!ENTITY copyright SYSTEM "http://www.123.com/copyright.xml">
]>
```

定义好的 ENTITY 在文档中的引用语法为:&entity-name;

例如,上面定义的版权信息,调用时写作:©right;

完整的例子如下:

网页范例 copyright.xml

```
<?xml version = "1.0" encoding = "GB2312"?>
<!DOCTYPE copyright [
<!ENTITY copyright "Copyright 2011, jhong. All rights reserved">
]>
<myfile>
  <title>XML</title>
    <author>jhong</author>
    <email>jhong@123.com</email>
    <date>20110305</date>
    &copyright;
</myfile>
```

7. ENTITIES

ENTITIES 是其他未解析实体的名称列表,实体名称之间用空格分隔,每个实体名称都引用一个外部的非 XML 数据源。

```
<!ELEMENT 图片 EMPTY>
<!ATTLIST 图片 Sources ENTITIES #REQUIRED>
<!ENTITY P1 SYSTEM "1.gif">
<!ENTITY P2 SYSTEM "2.gif">
<!ENTITY P3 SYSTEM "3.gif">
```

把图片插入到 XML 文档中,这样写:

```
<图片 Sources = "P1 P2 P3" />
```

8. NMTOKEN

NMTOKEN 类型的属性值是一个字符串值,可以由字母、数字、下划线、点号、连字符组成,属性值中不能含有空格字符。如有一个 student 元素的出生日期属性:

```
<student 出生日期 = "1980 - 1 - 8" >出生日期</student>
```

在 DTD 中作如下声明：

```
<!ATTLIST student 出生日期 NMTOKEN #REQUIRED>
```

9. NMTOKENS

NMTOKENS 类型的属性值是多个 NMTOKEN 类型的属性值列表，如 student 元素：

```
<student 出生日期 = "1980 - 1 - 1 1981 - 3 - 9 1983 - 6 - 9" >出生日期</student>
```


出生日期是多个字符串组成的列表，在 DTD 中作如下声明：

```
<!ATTLIST student 出生日期 NMTOKENS #REQUIRED>
```

32.3.3 默认参数声明

DTD 提供了 4 种默认参数，下面详细说明。

1. #REQUIRED

#REQUIRED 表示该属性是元素必须具有的属性，如下：

```
<!ATTLIST student 姓名 CDATA #REQUIRED>
<!ATTLIST student 性别 CDATA #REQUIRED>
<!ATTLIST student 出生日期 CDATA #REQUIRED>
```

student 元素的三个属性：姓名、性别、出生日期。在进行元素声明时，不能缺少其中的一个属性，否则解析器将出现错误。

2. #IMPLIED

#IMPLIED 表示元素可以具有这个属性，也可以不具有这个属性。

3. #FIXED

#FIXED 表示在 XML 文档中可以不显式使用这个属性，处理器会自动为元素添加这个属性及属性值。如果显式使用这个属性，则属性值是默认值。

网页范例 fixed.xml

```
<?xml version = "1.0" encoding = "UTF - 8" standalone = "yes" ?>
<!DOCTYPE books [
<!ELEMENT books (book)>
<!ATTLIST book name CDATA #REQUIRED>
<!ATTLIST book pub ID #FIXED "清华大学出版社">
]>
<books>
  <book name = "xml 教程"> XML 教程</book>
<book name = "网页制作教程" pub = "清华大学出版社">网页制作教程
</book>
</books>
```

4. 默认值

如果在元素中显式指定属性的值，默认值将不起作用；如果在元素中没有显式指定属性的值，就使用默认值。

32.4 引用 DTD

可以分为引用内部 DTD 和引用外部 DTD。

32.4.1 引用内部 DTD

如果 DTD 文件内容直接写在 XML 文档内部，就称为内部 DTD，标记如下：


```
<!DOCTYPE 根元素名称[

]>
```

关于 DTD 的定义写在开始标记和结束标记之间，使得 XML 文档与内部 DTD 相关联。

32.4.2 引用外部 DTD

引用外部 DTD 时，在 DOCTYPE 中使用关键字 SYSTEM 或 PUBLIC。

网页范例 system.xml

```
<?xml version = "1.0" encoding = "UTF - 8"?>
<!DOCTYPE 员工信息 SYSTEM "sys.dtd">
<员工信息>
  <个人信息 性别 = "男" 编号 = "M0001">
    <姓名>宋江</姓名>
    <出生日期> 1980/05/18 </出生日期>
  </个人信息>
  <个人信息 性别 = "女" 编号 = "F0002">
    <姓名>小红</姓名>
    <出生日期> 1990/09/12 </出生日期>
  </个人信息>
  <个人信息 性别 = "男" 编号 = "M0003">
    <姓名>张辽</姓名>
    <出生日期> 1989/03/12 </出生日期>
  </个人信息>
</员工信息>
```

网页范例 sys.dtd

```
<?xml version = "1.0" encoding = "GB2312" ?>
<!ELEMENT 姓名 (#PCDATA)>
<!ELEMENT 出生日期 (#PCDATA)>
<!ELEMENT 个人信息 (姓名,出生日期)>
<!ATTLIST 个人信息 性别 (男|女) "男">
<!ATTLIST 个人信息 编号 ID #REQUIRED>
<!ELEMENT 员工信息 (个人信息*)>
```

32.4.3 混合引用 DTD

可以同时使用内部 DTD 和外部 DTD，需要注意的是：如果内部 DTD 和外部 DTD 同时声明了某个元素，将会出现错误。

混合使用DTD实例代码如下：

```
<?xml version = "1.0" encoding = "UTF - 8"?>
<! DOCTYPE 员工信息 SYSTEM "sys.dtd">
<! ELEMENT 家庭住址 ( # PCDATA)>
```

32.5 实体声明与引用

在XML文档中，可以将经常使用的XML文本区段定义成实体，这样可以快速地将XML文本内容插入到任何需要插入的地方。

32.5.1 实体概念

实体是一段代码或数据集合的代称，这个代称即实体的名字。XML处理器在提交文档给最终应用程序之前或显示文档之前，先把所有不同的实体引用替换为与其对应的具体内容。

实体主要分为以下三类。

(1) 按具体内容分：可解析与不可解析。

(2) 按逻辑存储分：内部实体与外部实体。

(3) 按使用范围分：一般实体与参数实体。

32.5.2 内部一般实体

内部一般实体是指实体的内容已包含在DTD文件中，并且可以在XML文档中引用的实体，语法格式如下：

```
<! ENTITY 实体名称 "实体的值">
```

实体引用的方式是以“&”开头和以“;”结束，中间是“实体名称”。

“实体的值”中不能包含大于号和小于号、连字符、单引号和双引号，若想引用这些特殊字符，就要使用实体引用。

网页范例 pcdata.xml

```
<?xml version = "1.0" encoding = "UTF - 8"?>
<! DOCTYPE 学生信息 [
<! ELEMENT 姓名 ( # PCDATA)>
<! ELEMENT 出生日期 ( # PCDATA)>
<! ENTITY sys "计算机系">
]>
<学生信息>
  <姓名>宋江</姓名>
  <出生日期> 1980/05/18 </出生日期>
  <系别> &sys;</系别>
  <姓名>张三</姓名>
  <出生日期> 1981/07/09 </出生日期>
  <系别> &sys;</系别>
</学生信息>
```

上例中通过一个sys实体来简化XML文档编写过程，使用sys代替“计算机系”，调用的时候用“&”开头和“;”结束，实体名称放在中间。

32.5.3 外部一般实体

外部一般实体是把其他的 XML 文档或文档片段嵌入到当前 XML 文档中,组合成新的 XML 文档,也就是把两篇 XML 文档合并成一个最新的 XML 文档。根据所使用的关键字,分为 SYSTEM(私有)格式和 PUBLIC(公有)格式。

SYSTEM 表示私有资源,语法格式如下:

```
<!ENTITY 实体名称 SYSTEM "链接资源">
```

先准备外部资源文档,把常用信息保存起来,保存为 XML 格式。

网页范例 copy.xml

```
<?xml version="1.0" encoding="UTF-8"?>
<出版社>清华大学出版社</出版社>
```

接下来要通过外部实体的方式引用这个 XML 文档,像这样:

```
<!ENTITY copyright SYSTEM "copy.xml">
```

完整的调用外部实体的代码如下:

网页范例 book.xml

```
<?xml version="1.0" encoding="UTF-8"?>
<!DOCTYPE book [
<!ENTITY AB SYSTEM "copy.xml">
<!ELEMENT book (出版社,网址,书名)>
<!ELEMENT 出版社 (#PCDATA)>
<!ELEMENT 网址 (#PCDATA)>
<!ELEMENT 书名 (#PCDATA)>
]>
<book>
  &AB;
  <网址> www.tup.tsinghua.edu.cn </网址>
  <书名>网页制作教程</书名>
</book>
```

外部一般引用的网页代码运行效果如图 32-4 所示。

图 32-4

PUBLIC 表示公有资源,语法格式如下:

```
<!ENTITY 实体名称 PUBLIC 公用标识符 "链接资源">
```

把上例中的 SYSTEM 修改为 PUBLIC 格式,如下:

```
<!ENTITY AB PUBLIC " - //ISO9/xml/EN" "copy.xml">
```

32.5.4 内部参数实体

参数实体引用以"%"开头,以";"结束。类似地,也分为内部和外部。

内部参数实体引用语法格式如下:

```
<!ENTITY % 实体名称 "实体的值">
```

"实体的值"必须为文本内容,与其他普通文本一样,不能包含大于号和小于号、连字符、单引号和双引号,若想引用这些特殊字符,就要使用实体引用。

网页范例 public.xml

```
<?xml version = "1.0" encoding = "UTF - 8"?>
<!DOCTYPE book [
<!ENTITY AB SYSTEM "copy.xml">
<!ELEMENT book (出版社,网址,书名)>
<!ELEMENT 出版社 (#PCDATA)>
<!ELEMENT 网址 (#PCDATA)>
<!ELEMENT 书名 (#PCDATA)>
]>
< book >
  &AB;
  <网址> www.tup.tsinghua.edu.cn </网址>
  <书名>网页制作教程</书名>
</book>
```

32.5.5 外部参数实体

外部参数实体可以将几个较小规模的 DTD 组合成较大规模的 DTD,语法格式如下:

```
<!ENTITY % 实体名称 SYSTEM "资源路径">
```

先创建一个被引用的 DTD 文档,如下:

网页范例 name.dtd

```
<?xml version = "1.0" encoding = "UTF - 8"?>
<!ELEMENT name (#PCDATA)>
<!ELEMENT sex EMPTY >
<!ATTLIST sex value (男|女) "男">
```

引用这个 DTD 文件的 XML 文档,如下:

网页范例 student.dtd

```
<?xml version = "1.0" encoding = "UTF - 8"?>
<! DOCTYPE students [
<! ENTITY % name SYSTEM "name.dtd" >
<! ELEMENT students (student * )>
<! ELEMENT student (name, sex)>
 % name;
]>
< students >
  < student >
    < name >陈三</name >
    < sex />
  </student >
  < student >
    < name >张小兰</name >
    < sex value = "女" />
  </student >>
</students >
```

上述代码通过"%name;"来使用实体参数。

32.6 XML Schema

XML Schema 的作用是定义 XML 文档的合法构建模块，类似 DTD。

32.6.1 XML Schema 简介

前面几节我们已经了解到 XML 文档的基本规则，也知道 DTD 用来定义表示数据的元素及出现的次序。

但 DTD 存在以下一些缺点。

(1) DTD 是基于正则表达式的，描述能力有限。

(2) DTD 没有数据类型的支持，在大多数应用环境下能力不足。

(3) DTD 的约束定义能力不足，无法对 XML 实例文档作出更细致的语义限制。

(4) DTD 的结构不够结构化，重用的代价相对较高。

(5) DTD 并非使用 XML 作为描述手段，而 DTD 的构建和访问并没有标准的编程接口，无法使用标准的编程方式进行 DTD 维护。

另一种定义 XML 文件格式类型的方法是使用 XML Schema，它可以定义数据类型和比 DTD 更复杂的规则。

XML Schema 正是针对上述 DTD 的缺点而设计的，XML Schema 有如下优点。

(1) XML Schema 基于 XML，没有专门的语法。

(2) XML 可以像其他 XML 文件一样解析和处理。

(3) XML Schema 支持一系列的数据类型(int、float、Boolean、date 等)。

(4) XML Schema 提供可扩充的数据模型。

(5) XML Schema 支持综合命名空间。

(6) XML Schema 支持属性组。

XML Schema 如同 DTD 一样是负责定义和描述 XML 文档的结构和内容模式。它可以定义 XML 文档中存在哪些元素和元素之间的关系，并且可以定义元素和属性的数据类型。

XML Schema 虽然在大多数的应用领域都有替代 DTD 的趋势，但是 DTD 仍然有它的适用范围，并不可能被 XML Schema 完全替代。

DTD 是作为 XML 标准的一部分发布的，W3C 似乎并没有准备将其从 XML 标准中废除掉，对于 DTD 的支持还将持续。

目前大多数的面向 XML 应用，都对 DTD 做了很好的支持，DTD 的工具也相对较为成熟，一般情况下，这些应用和工具并不会选择以 XML Schema 替换 DTD 的方式对其升级，更多的选择应该是二者都支持。当然，对于那些对数据交换或者描述能力要求较高、DTD 已不能满足功能需求的应用来说，以 XML Schema 来代替 DTD 已经成为一种必然趋势。

当前大多数与 XML 模式相关的算法研究都是基于 DTD 展开的，作为一种研究的延续，并不会放弃 XML DTD 的研究成果，但是，针对 XML Schema 的研究将会成为一个新的热点。

在一些相对要求简单的处理环境中，XML DTD 仍然会占有它的一席之地。

同其他技术的发展一样，由于新标准的出现，XML DTD 的作用会逐渐减弱。但正如层次数据库在今天仍然在使用一样，对 XML Schema 是否会完全替代 XML DTD 做一个结论似乎为时过早。

所以，作为一种强有力的标准，XML Schema 作为 XML 模式的主流已经成为一种趋势。但作为一种最简单的 XML 模式，DTD 也还将会在一段时间内发挥它应有的作用。

32.6.2 XML Schema 的数据类型

XML Schema 的数据类型分为简单类型和复杂类型两种。一个元素中如果仅仅包含数字、字符串或其他文本数据，又不包含子元素，那么这种元素就称为简单类型。

简单类型有 44 种，常用的几种类型参见表 32-4。

表 32-4 常用的简单类型

简单数据类型	说 明	简单数据类型	说 明
string	字符串型	month	日期型，如 yyyy-mm
decimal	十进制数型	year	年份日期型，如 yyyy
integer	整数型	time	时间型，如 hh:mm:ss
float	浮点数型	datetime	日期时间型，如 yyyy-mm-dd hh:mm:ss
boolean	布尔型	uri-reference	元素内部包含一个网址
date	日期型，如 yyyy-mm-dd		

复杂类型的元素有子元素和属性，也可以有字符内容。复杂类型共有 4 种，如表 32-5 所示。

表 32-5 XML Schema 的复杂类型

复杂数据类型	说 明
simpleContent	适用于包含字符内容和属性但不包含子元素的元素
complexContent	适用于包含属性和子元素但不包含字符数据
group、all、choice、sequence	适用于定义一种非派生的特定类型
annotation	定义批注

32.6.3 XML 根元素的声明

XML Schema 的根元素必须是 schema，使用的命名空间必须是：

```
http://www.w3.org/2001/XMLSchema
```

XML Schema 是一种扩展名为.xsd 的文本文档，使用 XML 语法来编写。

XML Schema 本身就是 XML，所以也需要使用 DTD 来进行约束，所以要对 XML Schema 根元素的命名空间进行限制，命名空间的前缀是 xsd，如下所示：

```
<?xml version = "1.0" encoding = "UTF - 8"?>
< xsd:schema xmlns:xsd = "http://www.w3.org/2001/XMLSchema">
…
</xsd:schema >
```


32.6.4 XML 元素

XML Schema 文档中使用 xsd:schema 作为根元素。根元素包含文档类型、模式的约束、XML 模式命名空间的定义、其他命名空间的定义、版本信息、语言信息和其他一些属性。

元素的声明用 element 来定义，声明简单类型元素的格式如下：

```
< xsd:element name = "元素名称" type = "简单数据类型">
```

实例如下：

```
< xsd:element name = "sex" type = "xsd:string">
< xsd:element name = "age" type = "xsd:integer">
```

下面的代码声明了复杂类型的元素：

```
< xsd:element name = "student" >
    < xsd:sequence >
      < xsd:element name = "name" type = "xsd:string">
< xsd:element name = "sex" type = "xsd:string">
< xsd:element name = "age" type = "xsd:integer">
    </xsd:sequence >
</xsd:element >
```

如果为空，可以用默认值的方式来代替，如下：

```
< xsd:element name = "sex" type = "xsd:string" default = "男">
```

32.6.5 XML 元素属性声明

XML Schema 模式使用 attribute 标记来声明元素的属性，语法格式如下：

```
< xsd:attribute name = "sex" type = "基本数据类型" use = "条件">
```

use 可取值为 required、optional、fixed 和 default，实例如下：

```
< xsd:attribute name = "年龄" fixed = "20">
< xsd:attribute name = "身高" default = "160cm">
```

```
<xsd:attribute name = "体重" default = "50kg">
```

身高和体重定义了默认值，当身高和体重属性中没有值时，就会取它的默认值。年龄属性使用 fixed 属性，表示只要出现该属性，其属性值固定为 20。

本章知识体系

知识点	重要等级	难度等级
DTD 结构	★★★	★★★
DTD 元素声明	★★★★	★★★★
DTD 属性声明	★★★★	★★★★
引用 DTD	★★★★	★★★★
实体声明与引用	★★★★	★★★★
XML Schema	★★★	★★★

第33章

XML数据岛

数据岛允许用户在 HTML 网页中集成 XML。通过数据岛可以在 HTML 网页中以任意一种形式显示 XML 数据岛中的数据,如表格、表单等。

本章介绍 XML 中的数据岛。

本 章 术 语

数据岛________________

DSO________________

33.1 数据岛概述

数据岛是指存在于 HTML 页面中的 XML 数据。通过使用 XML 标记把 XML 的数据嵌入到网页中,从而在 HTML 文件中形成一个 XML 数据岛。

33.1.1 数据岛的来源

目前,许多 Web 网站的内容数据都存放在数据库或数据文件中。对于 Web 程序开发人员来说,如果要想把有用的信息从数据库中提取出来,使用的方法是在服务器端编写脚本程序(如 JavaScript、PHP、ASP、JSP 等),通过对数据库执行 SQL 查询得到相关记录,然后把查询结果组织成 HTML 页面返回给客户端,用户使用浏览器观察最终结果。

为了提高系统服务的灵活性、可扩展性,使服务对象范围更广,许多商业网站都尽可能地把商务规则、原始数据和表现形式当做相互独立的服务分别提供。因此,把原始数据存放在 XML 文档中,使用样式单文件显示内容是 XML 技术适合于电子商务的优势所在。

但是 XML 在显示手段和方式上都远不及 HTML 那样丰富。对编程人员来说,一种较为理想的方案是把 HTML 和 XML 两种技术相结合,优势互补,使真正的原始数据在能够保持本来意义和结构的同时,还能充分利用 HTML 那千变万化的显示技巧。XML 数据岛就是这种技术融合的产物,它使用 XML 标记把 XML 数据直接嵌入到 HTML 页面中,从而实现了二者的优势互补。

数据岛的优点:可以很容易地将 XML 中的数据和 HTML 标签进行绑定,免除了手工方式把数据填充到 HTML 中的麻烦。

数据岛的缺点：只能在 IE 上运行，Firefox 等浏览器无法使用。

33.1.2 绑定数据岛

数据绑定就是将 XML 数据岛绑定到 HTML 标签上(一般是使用表格显示数据)。

例如有一名为 abc.xml 的文件，共有三个元素分别是：书名、作者、出版社。在 HTML 中使用表格标签展示 XML 文档中的数据时，HTML 文件这样写：

```
<xml id = "XMLData" src = "abc.xml"></xml>
<table id = "books" datasrc = "#XMLData">
…
<td><span datafld = "书名"></span></td>
<td><span datafld = "作者"></span></td>
<td><span datafld = "出版社"></span></td>
…
</table>
```

在上面的代码中，我们可以知道，XML 数据岛就是充当数据源作用，引入存储数据的 XML 文档，并分配一个 id，方便在 HTML 中被引用，定义的代码如下：

```
<xml id = "XMLData" src = "abc.xml"></xml>
```

id 是标识符，方便在 HTML 文件中被引用，src 是 XML 数据文件的位置。

在<table>标签中，“datasrc="#XMLData"”表示这个表格的数据来自一个名为 XMLData 的数据岛，datasrc 属性指的是数据岛的 id 属性，但是在引用数据岛时，要在数据岛的 id 前加上“#”。

33.2 数据岛的应用

显示 XML 文档中的数据的形式有多种方法，包括使用 CSS 样式表、XSL 样式表和数据岛技术。

XSL 是专门针对 XML 文档的样式提出的一种规则，本身就是一个 XML 文档，类似于本书第二篇中的 CSS 样式表，但比 CSS 要复杂得多。本书没有专门介绍怎样使用 XSL 格式化 XML 文档，只介绍利用 CSS 技术(因为到目前为止我们已学习过 CSS 知识)和数据岛格式化文档。

33.2.1 利用 CSS 格式化 XML 文档

网页范例 format.html

```
<?xml version = "1.0" encoding = "UTF-8" ?>
<?xml-stylesheet href = "33.css" type = "text/css" ?>
<!DOCTYPE school [
<!ELEMENT school (student*)>
<!ELEMENT student (name,sex,birthday)>
<!ELEMENT name (#PCDATA)>
<!ELEMENT sex (#PCDATA)>
<!ELEMENT birthday (#PCDATA)>
```

```
 ]>
<school>
  <student>
    <name>陈红</name>
    <sex>女</sex>
    <birthday>1980.5.1</birthday>
  </student>
  <student>
    <name>张兵</name>
    <sex>男</sex>
    <birthday>1982.6.20</birthday>
  </student>
</school>
```


在上面的代码中，调用 CSS 文件的语句如下：

```
<?xml-stylesheet href="33.css" type="text/css" ?>
```

href 属性指明被引入的文件名，type 属性指明引用的文件为 CSS 文件。被引用的 CSS 文件内容如下：

网页范例 33.css

```
school{
    background:#eee;
    width:50%;
}
student{
    background:#e3e3e3;
}
name{
    color:#707070;
    display:block;
}
sex{
    color:#C63;
    display:block;
}
brithday{
    color:#C63;
    display:block;
}
```

网页代码执行效果如图 33-1 所示。

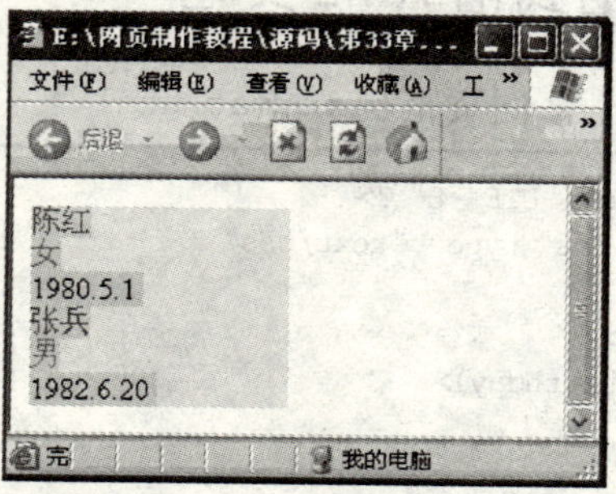

图 33-1

33.2.2 数据岛嵌入 XML 数据

使用 XML 标签可以把 XML 数据嵌入到 HTML 页面中,可以将 XML 数据看成一个字符串。

网页范例 goods.html

```
<body>
<xml id = "pro">
<商品价格表>
  <商品>
    <名称>水杯</名称>
    <数量>7</数量>
    <单价>50 元</单价>
  </商品>
  </商品价格表>
  </xml>
<h2>商品名称: <span datasrc = "#pro" datafld = "名称"></span></h2>
<h2>商品数量: <span datasrc = "#pro" datafld = "数量"></span></h2>
<h2>商品单价: <span datasrc = "#pro" datafld = "单价"></span></h2>
  </body>
```

代码分析:在上面的代码中,使用＜xml＞标签包含一个 XML 数据岛,这部分数据是独立的,要给每个 XML 数据岛分配一个 id,这里的 id 是“pro”,在 HTML 中通过调用 id 号就能调用 XML 文档中的数据了。

接着,通过 datasrc 和 datafld 把 XML 中的数据绑定到 HTML 中。datasrc 表示 HTML 标签绑定的 XML 数据岛的名称,datafld 表示要获取 XML 文档中指定元素的内容。

网页代码运行效果如图 33-2 所示。

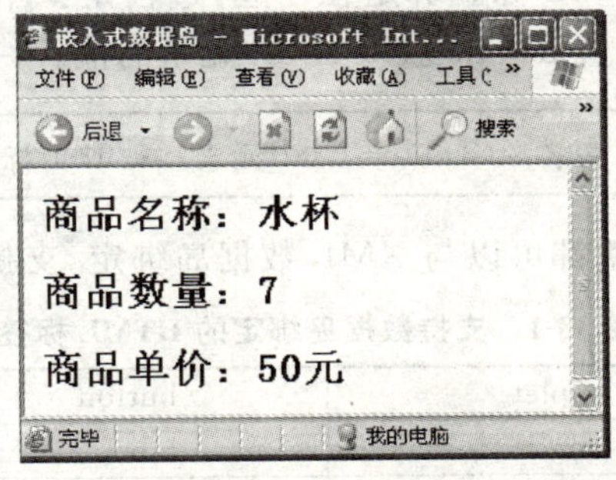

图 33-2

33.2.3 数据岛引入 XML 文件

把 XML 文档嵌入到 HTML 页面中,不是一种好的办法,因为没有表示出数据和显示的分离。

可以在 HTML 页面中引入 XML 文档,实现显示界面和数据的分离。语法格式如下:

```
<xml id = "数据岛名" src = "xml 文件名"></xml>
```

网页范例 in.xml

```
<?xml version = "1.0" encoding = "gb2312"?>
<商品价格表>
  <商品>
    <名称>水杯</名称>
    <数量>7 </数量>
    <单价>50 元</单价>
  </商品>
</商品价格表>
```


引用上述 XML 的网页文件为 include.html，关键的语法格式也是 datasrc 和 datafld 两处。

网页范例 include.html

```
< body >
< xml id = "pro" src = "in.xml"></xml >
< h2 >商品名称：< span datasrc = "#pro" datafld = "名称"></span ></h2 >
< h2 >商品数量：< span datasrc = "#pro" datafld = "数量"></span ></h2 >
< h2 >商品单价：< span datasrc = "#pro" datafld = "单价"></span ></h2 >
</body >
```

网页代码运行效果参见图 33-2。

代码分析：在本例中，XML 是单独存在的，HTML 只是通过＜xml id＝""＞＜/xml＞标签把 XML 文档引入到网页中。如果需要修改 XML 文档，则其在 HTML 中的显示也会发生变化，从而实现显示和数据分离的效果。

33.2.4 单值对象绑定

可以将 XML 数据岛与 HTML 标签绑定在一起，过程是：首先把 HTML 标签中的 datasrc 属性设置成相应的 id，再通过设置 datafle 获取 XML 元素的值。一般的语法格式如下：

```
< HTML 标签 datasrc = "#数据岛名" datafle = "XML 元素"></HTML 标签>
```

并不是所有的 HTML 标签都可以与 XML 数据岛绑定，支持绑定的标签如表 33-1 所示。

表 33-1 支持数据岛绑定的 HTML 标签

a	applet	button	div
frame	img	tabel	hidden
label	password	radio	text
marquee	select	span	textarea

绑定的方式根据 HTML 标签的属性可以分为单值对象绑定和表格对象绑定两种。

单值对象绑定需要在 HTML 标签中设置 datasrc 和 datafld 属性。

单值对象绑定时，只能显示一条记录，如果多个 HTML 标签都绑定同一个 XML 标记，可能会出现重复现象。下面演示单值对象绑定。

网页范例 data.xml

```
<?xml version = "1.0" encoding = "gb2312"?>
<图书信息>
```

```
  <图书>
    <书名>网页制作教程</书名>
    <出版社>清华大学出版社</出版社>
    <类别>计算机类</类别>
  </图书>
  <图书>
    <书名>HTML 教程</书名>
    <出版社>机械工业出版社</出版社>
    <类别>计算机类</类别>
  </图书>
</图书信息>
```


绑定 XML 的文件为 binding. html。

网页范例 binding. html

```
<body>
<xml id = "book" src = "data.xml"></xml>
<h2>图书信息</h2>
书名：<span datasrc = "#book" datafld = "书名"></span><br />
出版社：<span datasrc = "#book" datafld = "出版社"></span><br />
类别：<span datasrc = "#book" datafld = "类别"></span><br />
</body>
```

网页代码运行效果如图 33-3 所示。

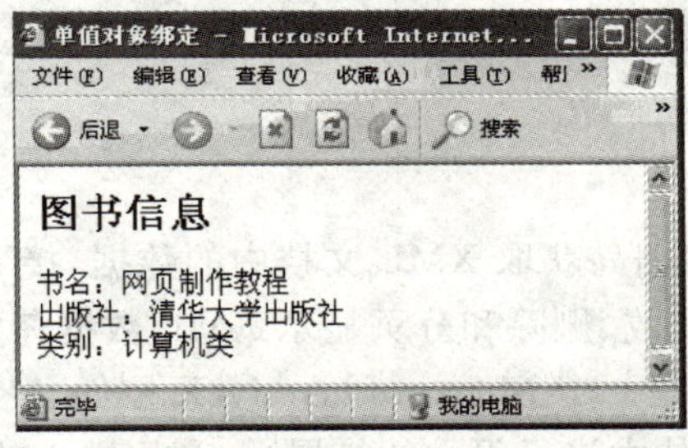

图 33-3

从图 33-3 可以看到，虽然 XML 文档中有两条数据，但 HTML 网页中只能显示一行数据信息。如果要全部显示出来，可以使用表格对象绑定。

33.2.5 表格对象绑定

表格对象绑定，就是把 XML 数据岛以表格的形式显示出来。把 XML 数据岛的数据与 HTML 中的<table>标签绑定在一起，就可以自动显示为多行表格的形式。

网页范例 table_bind. html

```
<body>
<xml id = "book" src = "data.xml"></xml>
<h2>图书信息</h2>
<table datasrc = "#book" border = "1" width = "80%">
  <thead>
  <tr>
    <th>书名</th>
    <th>出版社</th>
```

```
    <th>类别</th>
  </tr>
  </thead>
  <tr>
    <td><span datafld="书名"></span></td>
    <td><span datafld="出版社"></span></td>
    <td><span datafld="类别"></span></td>
  </tr>
</table>
</body>
```


网页代码运行效果如图 33-4 所示。

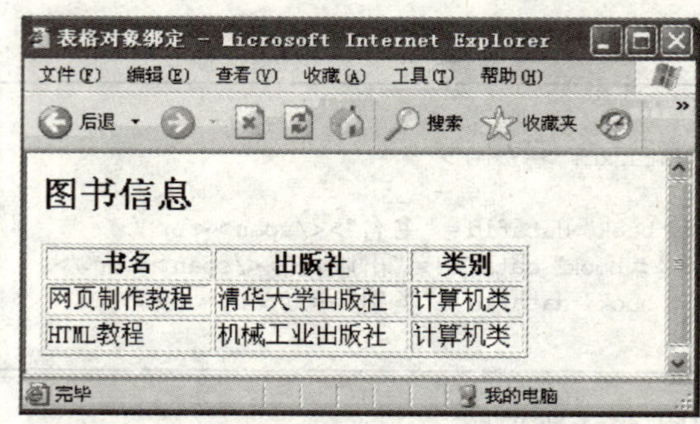

图 33-4

33.3 DSO 数据源

前面几小节介绍了通过数据岛获取 XML 文档中的数据，接下来我们介绍通过 DSO 数据源对 XML 数据岛执行添加、修改、删除和分页显示 XML 数据岛数据。

DSO 也叫做数据源对象，是一个 Microsoft ActiveX 控件，嵌在 IE 中(从 IE 4.0 开始引入了 DSO，在 IE 5.0 中对 DSO 技术进行很大的扩展)。利用嵌入的控件，DSO 可以格式化数据并将这些数据显示在 HTML 页面上。

如果数据是通过 SQL 语言对数据库进行查询得到的结果，那么就把它们存放在 ADO (ActiveX Data Objects)记录集中。服务器把这种 ActiveX 控件(通常是 ADO 记录集)发送到客户端，由客户端脚本程序做进一步的处理(ASP 就是这种典型的应用程序)。实际上，IE 5.0 就是把 XML 数据岛作为一种特殊的 ADO 记录集进行处理的。在这里，你把它想象成数据库，而 IE 则是与数据库联系的客户端。或许大家还记得 asp 中的 recordset，那么在这里 DSO 对象也是一个 recordset，只不过它不在服务器脚本中操作，而是在 JavaScript 中操作。

33.3.1 显示 XML 数据岛根节点

接下来演示的实例都是引入 root.xml 文件，XML 文档内容如下：

网页范例 root.xml

```
<?xml version="1.0" encoding="gb2312"?>
<图书信息>
  <图书>
```

```
    <书名>深入浅出 Web 设计</书名>
    <出版社>东南大学出版社</出版社>
    <价格> 99 </价格>
  </图书>
  <图书>
    <书名> jQuery 权威指南</书名>
    <出版社>机械工业出版社</出版社>
    <价格> 59 </价格>
  </图书>
  <图书>
    <书名> java 编程思想</书名>
    <出版社>机械工业出版社</出版社>
    <价格> 81 </价格>
  </图书>
  <图书>
    <书名> java web 开发实战经典基础篇</书名>
    <出版社>清华大学出版社</出版社>
    <价格> 52 </价格>
  </图书>
  <图书>
    <书名> php 和 mysql web 开发</书名>
    <出版社>机械工业出版社</出版社>
    <价格> 71 </价格>
  </图书>
</图书信息>
```

显示根节点的语法格式如下：

```
数据源名称.documentElement.nodeName
```

其中 documentElement 表示 XML 元素的根节点，nodeName 表示节点名称属性。

网页范例 node.html

```
< script type = "text/javascript">
  function jd(){
    window.alert("根节点名称是：" + book.documentElement.nodeName);
  }
</script >
</head >
< body >
< xml id = "book" src = "root.xml"></xml >
< input type = "button" value = "显示根节点名称" onclick = "jd()" />
```

代码分析：在上述的代码中，"book. documentElement. nodeName"表示获取根节点名称，其中"book"为数据源对象，"documentElement"表示元素的根节点，"nodename"表示节点名称属性。

"book"数据源名称通过这行代码确定：

```
< xml id = "book" src = "root.xml"></xml >
```

id 的值就是自定义的数据源名称，src 的值是引用的 XML 文档名称。

网页代码运行效果如图 33-5 所示。

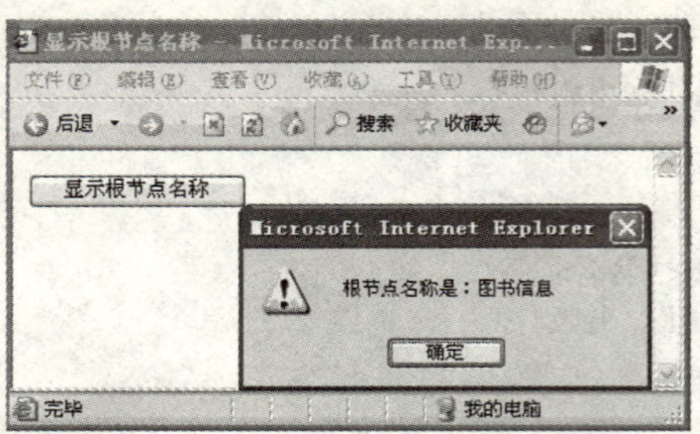

图　33-5

33.3.2　增加 XML 数据岛节点

创建 XML 数据岛节点的语法如下：

```
数据源名称.createElement("节点名称")
```

如下面的代码表示在根节点下创建了一个节点，节点名称为"图书"：

```
var d = book.createElement("图书");
```

"图书"节点包含三个子节点，分别是"书名"、"出版社"、"价格"，继续创建：

```
var d1 = book.createElement("书名");
var d2 = book.createElement("出版社");
var d3 = book.createElement("价格");
```

然后需要把上面三个子节点添加到"图书"节点上，可以使用 appendChild()方法，代码如下所示：

```
dd.appendChild(d1);
dd.appendChild(d2);
dd.appendChild(d3);
```

这样创建的三个子节点都追加到新创建的"图书"节点上了。然后给子节点添加文本数据，可以使用 createTextNode("字符串")方法添加，代码如下：

```
d1.appendChild(book.createTextNode("PHP 开发实战 1200 例"));
d2.appendChild(book.createTextNode("清华大学出版社"));
d3.appendChild(book.createTextNode("98"));
```

最后把"图书"节点添加到根节点上就行了，至此完成一个添加节点的操作。

```
book.documentElement.appendChild(d);
```

完整的代码保存为 append.html。

网页范例 append.html

```
<script type="text/javascript">
  function addjd(){
```

```
    var d = book.createElement("图书");                    //添加"图书"节点
    var d1 = book.createElement("书名");                   //添加"书名"节点
    //为"书名"节点添加文本数据
    d1.appendChild(book.createTextNode("PHP 开发实战 1200 例"));
    d.appendChild(d1);                                     //把"书名"节点追加到"图书"节点上
    var d2 = book.createElement("出版社");                 //添加"出版社"节点
    //为"出版社"节点添加文本数据
    d2.appendChild(book.createTextNode("清华大学出版社"));
    d.appendChild(d2);                                     //把"出版社"节点追加到"图书"节点上
    var d3 = book.createElement("价格");                   //添加"价格"节点
    //为"价格"节点添加文本数据
    d3.appendChild(book.createTextNode("98"));
    d.appendChild(d3);                                     //把"价格"节点追加到"图书"节点上
    //把"图书"节点添加到根节点上
    book.documentElement.appendChild(d);
  }
</script>
</head>
<body>
<xml id="book" src="root.xml"></xml>
<table datasrc="#book" border="1" width="80%">
  <thead>
  <tr>
    <th>书名</th>
    <th>出版社</th>
    <th>价格</th>
  </tr>
  </thead>
  <tr>
    <td><span datafld="书名"></span></td>
    <td><span datafld="出版社"></span></td>
    <td><span datafld="价格"></span></td>
  </tr>
</table>
<input type="button" value="添加一个节点" onclick="addjd()" />
</body>
```

网页代码运行效果如图 33-6 所示。

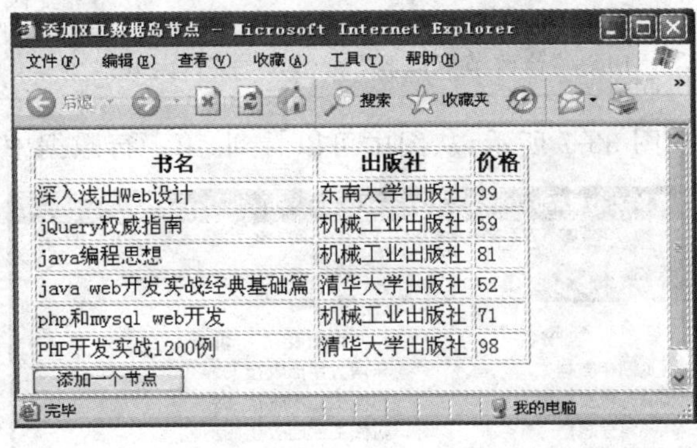

书名	出版社	价格
深入浅出Web设计	东南大学出版社	99
jQuery权威指南	机械工业出版社	59
java编程思想	机械工业出版社	81
java web开发实战经典基础篇	清华大学出版社	52
php和mysql web开发	机械工业出版社	71
PHP开发实战1200例	清华大学出版社	98

图 33-6

特别提醒

使用 DSO 对 XML 数据岛进行添加、删除和修改节点等操作，其执行效果会显示在当前的 HTML 页面上，但不会改变 XML 数据岛本身的数据。

33.3.3 修改 XML 数据岛节点

修改节点就是修改节点的文本数据，首先要获取 XML 数据岛中的元素，然后执行更改。获取 XML 数据岛节点的代码如下：

```
book.documentElement.childNodes[0].childNodes[0].firstChild
```

代码分析：上述代码中“book”是 DSO 数据源名称，已重复出现过多次了，应该没问题了。第一个“childNodes[0]”表示根节点（<图书信息>）的子节点（第一个<图书>节点），第二个“childNodes[0]”表示第一个<图书>节点的子节点<书名>，然后通过 firstChild 获取<书名>子节点的文本数据。

网页范例 childnodes.html

```
<script type="text/javascript">
  function repjd(){
    book.documentElement.childNodes[0].childNodes[0]
.firstChild.text="网页制作教程";
  }
</script>
</head>
<body>
<xml id="book" src="root.xml"></xml>
<table datasrc="#book" border="1" width="80%">
  <thead>
  <tr>
    <th>书名</th>
    <th>出版社</th>
    <th>价格</th>
  </tr>
  </thead>
  <tr>
    <td><span datafld="书名"></span></td>
    <td><span datafld="出版社"></span></td>
    <td><span datafld="价格"></span></td>
  </tr>
</table>
<input type="button" value="修改节点内容" onclick="repjd()" />
```

网页代码运行结果如图 33-7 所示，从图中可以看到，第一行数据中书名被更改了。

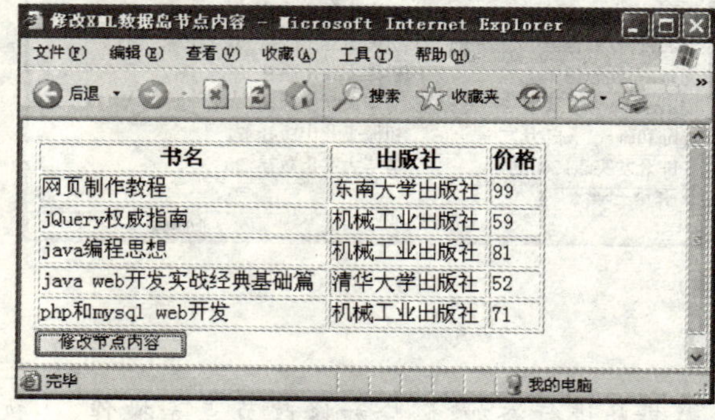

图 33-7

33.3.4 删除 XML 数据岛节点

删除 XML 数据岛节点使用 removeChild()方法。

网页范例 removechild.html

```
<script type="text/javascript">
  function deljd(){
    book.documentElement.removeChild
      (book.documentElement.childNodes[0]);
}
</script>
</head>
<body>
<xml id="book" src="root.xml"></xml>
<table datasrc="#book" border="1" width="80%">
  <thead>
  <tr>
    <th>书名</th>
    <th>出版社</th>
    <th>价格</th>
  </tr>
  </thead>
  <tr>
    <td><span datafld="书名"></span></td>
    <td><span datafld="出版社"></span></td>
    <td><span datafld="价格"></span></td>
  </tr>
</table>
<input type="button" value="删除节点" onclick="deljd()" />
```

网页代码运行效果如图 33-8 所示，运行三次后，从图中可以看到，已删除三条数据。

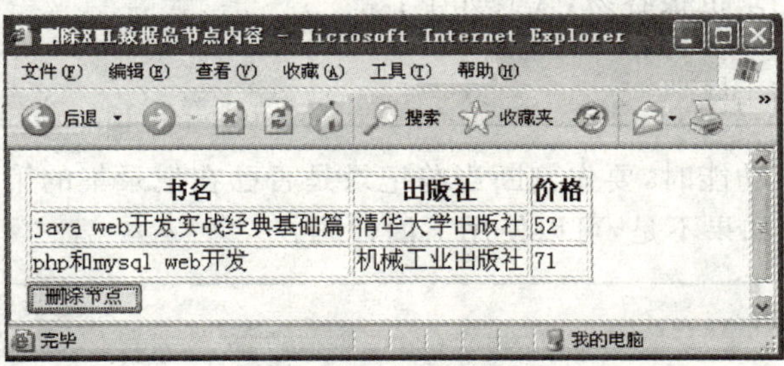

图 33-8

33.3.5 遍历 XML 数据岛数据

DSO 除了可以对 XML 数据岛节点执行添加、修改、删除等操作，还可以把 XML 数据岛当作 ADO 记录集进行处理，结合 JavaScript 程序，实现相应的浏览数据功能。

当 DSO 数据源对象被看做一个记录集对象时，该记录集对象 RecordSet 具有以下几个常用的属性和方法，见表 33-2。

表 33-2　记录集对象 RecordSet 的常用方法和属性

方法或属性	说　明
absolutePage	返回当前记录所在页面
absolutePosition	返回当前记录的位置
BOF	如果当前记录位置位于第一条记录之前，返回 true
cacheSize	返回本地缓存的记录数
EOF	如果当前位置位于最后一条记录之后，返回 true
maxRecords	指定查询返回的最大记录
pageCount	返回记录集包含的页数
pageSize	指定一页显示多少条记录
recordCount	返回记录集中总的记录数
addNew()	添加一条记录
Delete()	删除当前记录
getRows()	读取记录并存储在数组中
move()	移动当前记录
moveFirst()	移动到第一条记录
moveLast()	移动到最后一条记录
movePrevious()	移动到上一条记录
moveNext()	移动到下一条记录

根据上表列出的属性和方法，移动到第一条和最后一条记录的方法比较简单，如移动到第一条记录，代码如下：

```
book.recordset.moveFirst()
```

book 是 DSO 数据源，recordset 是记录集，moveFirst()表示移动到当前记录集的第一条记录。

移动到最后一条记录也很容易，代码如下：

```
book.recordset.moveLast()
```

实现“上一条记录”功能时，要先判断当前记录是否已在记录集的第一个位置。如果是，当然就不能向上移动了；如果不是，可以使用下面代码：

```
book.recordset.movePrevious()
```

实现“下一条记录”功能时，要先判断当前记录是否已在记录集的最后一个位置。如果是，当然就不能向下移动了；如果不是，可以使用下面代码：

```
book.recordset.moveNext()
```

下面我们结合 JavaScript 程序代码，使用记录集中属性和方法实现遍历 XML 数据岛中的数据。HTML 文件中使用表单显示数据岛中的数据。

网页范例 book.html

```
<script type="text/javascript">
  function firstrec(){                          //定义跳转到第一条记录的函数
```

```
        book.recordset.moveFirst();                //返回到记录集的第一条记录
    }
    function lastrec(){                            //定义跳转到最后一条记录的函数
        book.recordset.moveLast();                 //返回到记录集的最后一条记录
    }
    function nextrec(){                            //定义下一条记录的函数
        if(!book.recordset.EOF)                    //如果当前记录不是最后一条记录则执行代码
        {
            book.recordset.moveNext();             //下移一条记录
            //如果已经移到最后一条记录了,记录指针指向最后一条记录
            if(book.recordset.EOF)
            {
              book.recordset.moveLast();
            }
        }
    }
    function prerec(){                             //定义上一条记录的函数
        if(!book.recordset.BOF)                    //如果当前记录不是第一条记录则执行代码
        {
            book.recordset.movePrevious();         //上移一条记录
            //如果已经移到第一条记录了,记录指针指向第一条记录
            if(book.recordset.BOF)
            {
              book.recordset.moveFirst();
            }
        }
    }
</script>
</head>
<body>
<xml id="book" src="root.xml"></xml>
<h2>图书信息</h2>
书名:<input type="text" datasrc="#book" datafld="书名" /><br />
出版社:<input type="text" datasrc="#book" datafld="出版社" /><br />
价格:<input type="text" datasrc="#book" datafld="价格" /><br />
<input type="button" value="第一条记录" onclick="firstrec()" />
<input type="button" value="下一条记录" onclick="nextrec()" />
<input type="button" value="上一条记录" onclick="prerec()" />
<input type="button" value="最后一条记录" onclick="lastrec()" />
```

网页代码运行效果如图 33-9 所示。

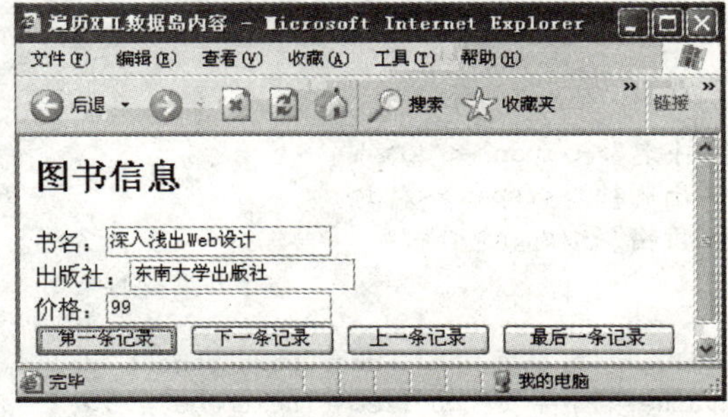

图 33-9

33.3.6 分页显示 XML 数据岛数据

当网页中显示的数据量过大时，一般采用分页显示数据的方法，用表格绑定 XML 数据岛中的数据，利用表格 id 属性的方法实现分页显示数据。bk 是表格的 id 值。

网页范例 page.html

```
<script type="text/javascript">
    function viewrec()
    {
        //获取用户输入的每页显示记录数
        bk.dataPageSize = items.value;
        bk.firstPage();                          //默认指向第一页
    }
    function firstpage(){
      bk.firstPage();                            //第一页
    }
    function nextpage(){
      bk.nextPage();                             //下一页
    }
    function prepage(){
      bk.previousPage();                         //上一页
    }
    functi0on lastpage(){
      bk.lastPage();                             //最后一页
    }
</script>
</head>
<body>
<xml id="book" src="root.xml"></xml>
<center>
<h2>分页显示 XML 数据岛数据</h2>
请输入每页需要显示的记录数：
<input type="text" maxlength="6" size="3" id="items" />
<input type="button" value="设置" onclick="viewrec()" /><br />
<table id="bk" datasrc="#book" width="80%" border="1">
  <thead>
    <th>书名</th>
    <th>出版社</th>
    <th>价格</th>
  </thead>
  <tr>
  <td><span datafld="书名"></span></td>
  <td><span datafld="出版社"></span></td>
  <td><span datafld="价格"></span></td>
  </tr>
</table>
<input type="button" value="第一页" onclick="firstpage()" />
<input type="button" value="下一页" onclick="nextpage()" />
<input type="button" value="上一页" onclick="prepage()" />
<input type="button" value="最后一页" onclick="lastpage()" />
```

网页代码运行结果如图 33-10 所示。

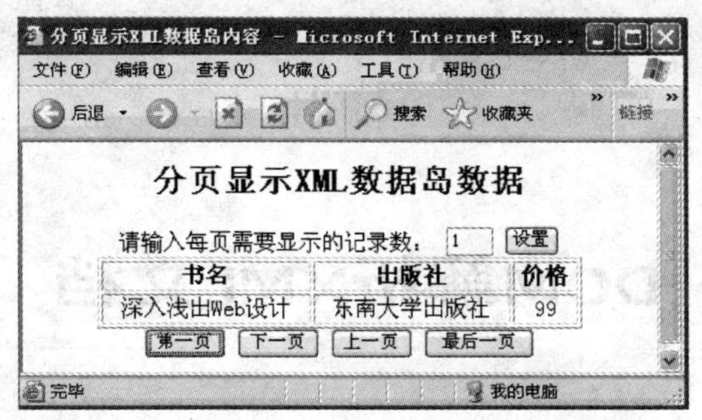

图 33-10

本章知识体系

知 识 点	重 要 等 级	难 度 等 级
绑定数据岛	★★★★	★★
CSS 格式化 XML 文档	★★★	★★
数据岛嵌入 XML 文档	★★★	★★
数据岛引入 XML 文档	★★★	★★
单值对象绑定	★★★	★★
表格对象绑定	★★★	★★
增加 XML 数据岛节点	★★★	★★
修改 XML 数据岛节点	★★★	★★
删除 XML 数据岛节点	★★★	★★
遍历 XML 数据岛数据	★★★	★★
分页显示 XML 数据岛数据	★★★	★★

第34章

DOM解析XML文档

XML 解析器是 XML 和应用程序之间的一个软件组织，可以帮助应用程序从 XML 文件中解析出需要的数据。常见的解析器包括基于 DOM 的解析器和基于事件的解析器。

本章介绍 DOM 对 XML 文档的相关操作。

本 章 术 语

DOM 树模型＿＿＿＿＿＿＿＿＿＿＿＿＿＿＿＿＿＿＿＿＿＿＿

DOM 对象＿＿＿＿＿＿＿＿＿＿＿＿＿＿＿＿＿＿＿＿＿＿＿＿

DOM 节点＿＿＿＿＿＿＿＿＿＿＿＿＿＿＿＿＿＿＿＿＿＿＿＿

34.1 DOM 简介

DOM 是“Document Object Model”(文档对象模型)的首字母缩写，是 W3C 组织推荐的处理 XML 和 HTML 文档的标准接口，定义了所有文档元素的对象和属性，以及访问它们的方法(接口)。

D 就是 Document(文档)，如果没有 Document，DOM 也就无从谈起。当创建了一个网页并把它加载到 Web 浏览器中时，DOM 就在幕后悄然而生，它将根据你编写的网页文档创建一个文档对象。

O 就是 Object(对象)。JavaScript 中“对象”是一种独立的数据集合。与某个特定对象相关联的变量被称为这个对象的属性，可以通过某个特定对象去调用的函数被称为这个对象的方法。

JavaScript 中的对象最基础的是 window 对象。window 对象对应着浏览器窗口本身，这个对象的属性和方法通常被统称为 BOM(浏览器对象模型)。这部分的知识可以参考本书第三篇 JavaScript 部分。

在这里我们将把注意力集中在浏览器窗口的内部，着重探讨如何对网页的内容进行处理，而用来实现这一目标的载体就是 document 对象(主要是 HTML 文档和 XML 文档)。

M 就是 Model(模型)，就是某种事物的表现形式。

DOM 代表着被加载到浏览器窗口里的当前网页：浏览器向我们提供了当前网页的模型，而我们可以通过 JavaScript 去读取这个模型。

DOM 分为 3 个不同的部分。

(1) 核心 DOM(用于任何结构化文档的标准模型)。

(2) XML DOM(用于 XML 文档的标准模型)。

(3) HTML DOM(用于 HTML 文档的标准模型)。

DOM 可以看做是一个与平台或语言无关的接口,可以看做是一组 API(应用程序接口),它把 HTML 文档和 XML 文档看成是一个文档对象,在里面存放的是对这些文档操作的属性和方法的定义。

目前 W3C 提出了 3 个 DOM 规范,分别是 DOM Level1、DOM Level2 和 DOM Level3。DOM Level1 主要致力于 HTML 和 XML 文档模型,它包含了文档导航和文档操作的功能,W3C 于 1998 年 10 月将其列为推荐的版本。DOM Level2 草案于 2000 年 9 月发布。DOM Level2 将样式表对象模型添加到 DOM Level1 中,并定义了与文档相关的样式信息的操作功能,同时还定义了支持 XML 命名空间的时间模型。2004 年 4 月,DOM Level 3 作为 W3C 的一个推荐标准被提出,指定了内容模型和文档确认,同时还指定了文档加载和保存、文档审查、文档格式化和主要事件。到目前为止,还没有哪个浏览器已经完全实现该标准,只有 Mozilla 已实现了一部分。

34.2 DOM 文档树模型

DOM 规范的核心就是树模型,解析器会把 XML 或 HTML 文档加载到内存中,在内存中为 XML 或 HTML 文件建立逻辑形式的树。

将一个 XML 或 HTML 文档看做一棵节点树,其中每一个节点代表一个可以与其进行交互的对象。树的节点是一个个的对象,通过操作这棵树和这些对象就可以完成对 XML 或 HTML 文档的操作。

DOM 可以看做是一个节点的集合,XML 文档中的每个元素都是一个节点,HTML 文档中的每一个标签都是一个节点。

DOM 这样规定:

(1) 整个文档是一个文档节点;

(2) 每个 XML 标记或 HTML 标签是一个元素节点;

(3) 包含在 XML 元素中的文本是文本节点(HTML 也类似);

(4) 每个 XML 属性是一个属性节点(HTML 类似);

(5) 注释属于注释节点。

在一个节点树中,最顶端的节点称为根。除根节点之外,每一个节点都拥有父节点,一个节点可以有无限的子节点。位于同一层次,具有相同父节点的节点是兄弟节点,一个节点的下一层次的所有节点集合是那个节点的后代。

我们分别看一个 HTML 文件和 XML 文件。

网页范例 root.html

```
<html>
<head>
<title>标题</title>
</head>
<body>
<h1>这是一号标题</h1>
```

```
<p>这是一个<b>自然段<b></p>
</body>
</html>
```

在上面的网页代码中，<html>是根节点，有<head>和<body>两个子节点，它们存在于同一层次且互不包含，所以它们是兄弟关系。

<head>节点有一个子节点，是<title>。

<body>节点有两个子节点，分别是<h1>和<p>。<p>节点本身也是父节点，包含有一个子节点<b>。DOM 树模型如图 34-1 所示。

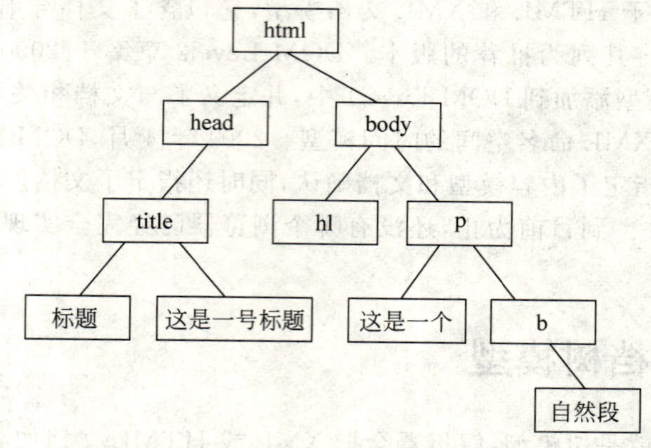

图 34-1

网页范例 student.xml

```
<?xml version = "1.0" encoding = "UTF - 8" ?>
<学生信息表>
  <学生>
    <姓名 学号 = "001">陈红</姓名>
    <性别>女</性别>
    <出生日期> 1980.5.1 </出生日期>
  </学生>
  <学生>
    <姓名 学号 = "002">张兵</姓名>
    <性别>男</性别>
    <出生日期> 1982.6.20 </出生日期>
  </学生>
</学生信息表>
```

在上面的 XML 文档中，<学生信息表>是根节点，包含一个子节点<学生>。其中<学生>节点又包含了<姓名>、<性别>、<出生日期>三个子节点，<姓名>节点中包含一个属性及属性值节点。值得注意的是，标记内容、属性和属性值都是作为单独的节点而存在的。XML 文档的 DOM 树模型如图 34-2 所示。

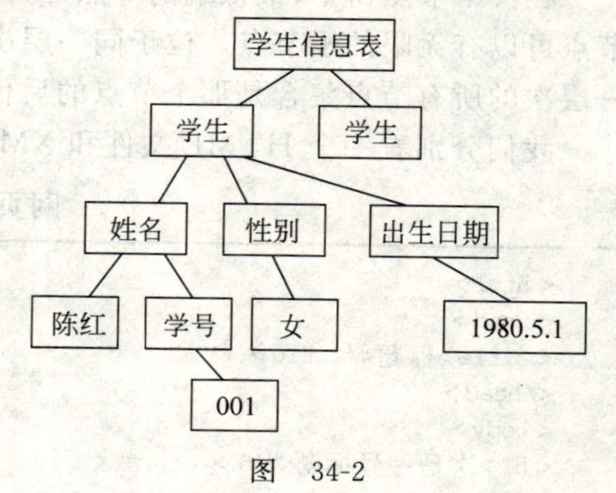

图 34-2

特别提醒

后面的实例均以 XML 文档为例。HTML 文档和

XML 文档都是标记语言，语法规则类似，所以操作 XML 文档的方法也适用于 HTML 文档。

34.3 DOM 对象

DOM 有多个对象，常用的对象有 Node 对象、Document 对象、Element 对象、Text 对象、CDATASection 对象和 Attr 对象等。

34.3.1 Node 对象(节点对象)

DOM 中的 Node 对象(节点对象)是其他大多数对象的父类，在整个 DOM 树模型中具有举足轻重的作用，如 Document(文档对象)、Element(元素对象)、Attribute(属性对象)、Text(文本对象)和 Comment(注释对象)等对象都是从 Node 对象继承过来的。

Node 对象提供了访问 DOM 树模型中元素内容与信息的途径，并给出了对 DOM 树模型中的元素进行遍历的方法。Node 对象(节点对象)代表文档树中的一个单独的节点，节点可以是元素节点、属性节点、文本节点。

Node 对象常用的属性见表 34-1。

表 34-1 Node 对象常用的属性

属　　性	说　　明
childNodes	返回节点到子节点的节点列表
firstChild	返回节点的首个子节点
lastChild	返回节点的最后一个子节点
localName	返回节点的本地名称
nextSibling	返回节点之后紧跟的同级节点
nodeName	返回节点的名称
nodeType	返回节点的类型
nodeValue	设置或返回节点的值
ownerDocument	返回节点的根元素(Document 对象)
parentNode	返回节点的父节点
previousSibling	返回节点之前紧跟的同级节点
textContent	设置或返回节点及其后代的文本内容
text	返回节点及其后代的文本(IE 独有的属性)
xml	返回节点及其后代的 XML(IE 独有的属性)

特别提醒

上述的这些常用属性对于继承自 Node 对象的所有 DOM 对象都是有效的。

Node 对象的常用方法见表 34-2。

表 34-2 Node 对象常用的方法

方　　法	说　　明
appendChild()	向节点的子节点列表的结尾添加新的子节点
cloneNode()	复制节点
compareDocumentPosition()	对比两个节点的文档位置
hasAttributes()	判断当前节点是否拥有属性
hasChildNodes()	判断当前节点是否拥有子节点

续表

方法	说明
insertBefore()	在指定的子节点前插入新的子节点
isEqualNode()	检查两个节点是否相等
isSameNode()	检查两个节点是否相同
normalize()	合并相邻的 Text 节点并删除空的 Text 节点
removeChild()	删除(并返回)当前节点的指定子节点
replaceChild()	用新节点替换一个子节点
selectNodes()	用一个 XPath 表达式查询选择节点
selectSingleNode()	查找和 XPath 查询匹配的一个节点

特别提醒

上述的这些常用方法对于继承自 Node 对象的所有 DOM 对象都是有效的。

我们在后面将通过实例演示一些重要的属性和方法。

34.3.2 Element 对象(元素对象)

Element 对象(元素对象)表示 XML 文档中的元素。元素可包含属性、其他元素或文本。如果元素含有文本,则在文本节点中表示该文本。

Element 对象也是一种节点。Element 对象继承自 Node 对象,所以也继承了 Node 对象的属性和方法,表 34-3 和表 34-4 列出了 Element 对象自身独有的属性和方法。

表 34-3 Element 对象自身常用的属性

属性	说明
attributes	返回元素的属性
schemaTypeInfo	返回与元素相关联的类型信息
tagName	返回元素的名称

表 34-4 Element 对象自身常用的方法

方法	说明
getAttribute()	返回属性的值
getAttributeNode()	返回属性节点
getElementsByTagName()	找到具有指定标签名的子孙元素
removeAttribute()	删除指定的属性
removeAttributeNode()	删除指定的属性节点
setAttribute()	设置属性
setAttributeNode()	添加新的属性节点
setIdAttribute(name,isId)	如果 Attribute 对象 isId 属性为 true,那么此方法会把指定的属性声明为一个用户确定 ID 的属性
setIdAttributeNode(idAttr,isId)	如果 Attribute 对象 isId 属性为 true,那么此方法会把指定的属性声明为一个用户确定 ID 的属性

34.3.3 Document 对象(文档对象)

Document 对象是一棵文档树的根,可为我们提供对文档数据的最初(或最顶层)的访问入口。用于元素节点、文本节点、注释、处理指令等，Document 对象同样提供了创建这些对象的方法。Node 对象提供了一个 ownerDocument 属性，此属性可把它们与在其中创建它们的 Document 关联起来，同时 Document 对象也是一种节点。

Document 对象继承自 Node 对象，所以也继承了 Node 对象的属性和方法。表 34-5 和表 34-6 列出了 Document 对象自身独有的属性和方法。

表 34-5 Document 对象自身常用的属性

属　性	说　明
doctype	返回与文档相关的文档类型声明（DTD）
documentElement	返回文档的根节点
documentURI	设置或返回文档的位置
inputEncoding	返回用于文档的编码方式（在解析时）
strictErrorChecking	设置或返回是否强制进行错误检查
xmlEncoding	返回文档的编码方法
xmlVersion	设置或返回文档的 XML 版本

表 34-6 Document 对象自身常用的方法

方　法	说　明
adoptNode(sourcenode)	从另一个文档向本文档选定一个节点，然后返回被选节点
createAttribute(name)	创建拥有指定名称的属性节点，返回新的 Attr 对象
createCDATASection()	创建 CDATA 区段节点
createComment()	创建注释节点
createElement()	创建元素节点
createEvent()	创建新的 Event 对象
createExpression()	创建一个 XPath 表达式以供稍后计算
createRange()	创建 Range 对象，并返回此对象
evaluate()	计算一个 XPath 表达式
createTextNode()	创建文本节点
getElementById()	查找具有指定的唯一 ID 的元素
getElementsByTagName()	返回所有具有指定名称的元素节点
renameNode()	重命名元素或者属性节点

34.3.4 Text 对象（文本对象）

Text 对象表示 HTML 或 XML 文档中的一系列纯文本，表示 Element 或 Attr 的文本内容。Text 对象也是一种节点，Text 节点通常作为 Element 节点和 Attr 节点的子节点出现。另外，Text 节点没有子节点。表 34-7 和表 34-8 列出了 Text 对象自身常用的属性和方法。

表 34-7 Text 对象自身常用的属性

属　性	说　明
data	设置或返回元素或属性的文本
isElementContentWhitespace	判断文本节点是否包含空白字符内容
length	返回元素或属性的文本长度
wholeText	以文档中的顺序向此节点返回相邻文本节点的所有文本

表 34-8 Text 对象自身常用的方法

方法	说明
appendData()	向节点追加数据
deleteData()	从节点删除数据
insertData()	向节点中插入数据
replaceData()	替换节点中的数据
replaceWholeText()	使用指定文本来替换此节点以及所有相邻的文本节点
splitText()	把一个 Text 节点分割成两个
substringData()	从节点提取数据

34.3.5 Attr 对象(属性对象)

Attr 对象表示 Element 对象的属性。属性的容许值通常定义在 DTD 中。

由于 Attr 对象也是一种节点,因此它继承 Node 对象的属性和方法。不过属性无法拥有父节点,同时属性也不被认为是元素的子节点,对于许多 Node 对象的属性来说都将返回 null。表 34-9 列出了 Attr 对象自身常用的属性。

表 34-9 Attr 对象自身常用的属性

属性	说明
isId	如果属性是 id 类型,则返回 true,否则返回 false
localName	返回属性名称的本地部分
name	返回属性的名称
namespaceURI	返回属性的命名空间 URI
ownerElement	返回属性所附属的元素节点
prefix	设置或返回属性的命名空间前缀
schemaTypeInfo	返回与属性相关联的类型信息
specified	如果属性值被设置在文档中,则返回 true;如果其默认值被设置在 DTD/Schema 中,则返回 false
textContent	设置或返回属性的文本内容
value	设置或返回属性的值

34.4 在 JavaScript 中加载 XML 文档

大多数浏览器都内建了供读取和操作 XML 的 XML 解析器。通过解析器把 XML 转换为 JavaScript 可存取的对象。解析器把 XML 读入内存,并把它转换为可被 JavaScript 访问的 XML DOM 对象。

微软的 XML 解析器与其他浏览器中的解析器是有差异的。微软的解析器支持对 XML 文件和 XML 字符串(文本)的加载,而其他浏览器使用单独的解析器。不过,所有的解析器都含有遍历 XML 树、访问、插入及删除节点的函数。

34.4.1 通过微软的 XML 解析器加载 XML

微软的 XML 解析器内建于 Internet Explorer 5 及更高版本中，示例代码如下：

```
//创建微软 XML 文档对象
xmlDoc = new ActiveXObject("Microsoft.XMLDOM");
//关闭异步加载,这样可确保在文档完整加载之前,解析器不会继续执行脚本
xmlDoc.async = "false";
//加载名为 "abc.xml" 的文档
xmlDoc.load("abc.xml");
```


34.4.2 在 Firefox 及其他浏览器中的 XML 解析器

在 Firefox 及其他浏览器中加载 XML 文档的示例代码如下：

```
//创建空的 XML 文档对象
xmlDoc = document.implementation.createDocument("","",null);
//关闭异步加载,这样可确保在文档完整加载之前,解析器不会继续执行脚本
xmlDoc.async = "false";
//加载名为 "abc.xml" 的文档
xmlDoc.load("abc.xml");
```

在 JavaScript 中可以通过编写代码，实现跨浏览器加载 XML 文档的功能。下面的示例代码可以自动判断客户端的浏览器，根据不同的浏览器调用不同的代码加载 XML 文档，从而实现跨浏览器的功能，示例代码如下：

```
<script type = "text/javascript">
try //适用于微软的 IE
  {
  xmlDoc = new ActiveXObject("Microsoft.XMLDOM");
  }
catch(e)
  {
  try  //适用于其他浏览器如 Firefox、Mozilla、Opera
    {
    xmlDoc = document.implementation.createDocument("","",null);
    }
  catch(e) {alert(e.message)}
  }
  try
    {
    xmlDoc.async = false;
    xmlDoc.load("abc.xml");
    }
catch(e) {alert(e.message)}
</script>
```

把上面的跨浏览器加载 XML 文档保存为 JS 文件，需要的时候从网页中调用。我们保存为 34-100.js 文件。至此，我们可以在任何版本的浏览器中，通过 JavaScript 完美加载 XML 文档了。

网页范例 load.html

```
<script type="text/javascript" src="34-100.js"></script>
</head>
<body>
<script type="text/javascript">
xmlDoc=loadXMLDoc("student.xml"); //导入 XML 文档
document.write("加载 XML 文档完毕!");
</script>
```


34.5 节点

节点这个词来自网络理论，它代表网络中的一个连接点，网络是由节点构成的集合。DOM 也是同样的情况，文档也是由节点构成的集合，只是此时的节点是 DOM 树模型上的树枝和树叶而已。在 DOM 里存在着许多不同类型的节点，其中最重要的要数"Element"、"Text"、"Attr"和"Document"了。

1. Document 节点

Document 节点表示整个文档，它是 DOM 树模型的根节点，也是对 XML 文档进行操作时的入口节点。通过 Document 节点，可以访问到文档中的其他节点，如处理指令、注释、文档类型及 XML 文档的根元素节点等。另外，在一棵 DOM 模型树中，Document 节点可以包含多个处理指令和多个注释节点作为其子节点，而文档类型节点和 XML 文档根元素节点都是唯一的。

Document 节点的两个直接子节点的类型分别是 DocumentType 类型和 Element 类型，其中的 DocumentType 节点对应着 XML 文件所关联的 DTD 文件，通过进一步获取该节点子孙节点来分析 DTDL 文件中的数据；而其中的 Element 类型节点对应着 XML 文件的根节点，通过进一步获取该 Element 类型节点子孙节点来分析 XML 文件中的数据。

2. Element 节点（元素节点）

Element 节点是 Document 节点的最重要的子孙节点。Element 节点对应着 HTML 文档中的各种标签和 XML 文档中的元素，比如 root.html 文件中的<html>、<head>、<title>、<body>、<h1>、<p>等标签，比如 student.xml 文档中的<学生信息表>、<学生>、<姓名>、<性别>、<出生日期>等元素。

3. Text 节点（文本节点）

我们已经知道，规范的 XML 文件的非空标记可以有子标记和文本内容。在 DOM 规范中，解析器使用 Element 节点封装标记，用 Text 节点封装标记的文本内容，即 Element 节点可以有 Element 子节点和 Text 节点。对于应用程序而言，Text 节点是较重要的节点，因为 Text 节点封装着 XML 标记中的文本数据。

Text 节点表示在页面中的所有文本（在元素中），所以如果在页面的段落中有一些文本内容，那么你可以通过 DOM 的节点来访问它。

```
<p>这是一个自然段</p>
<书名>网页制作教程</书名>
```

其中"这是一个自然段"和"网页制作教程"就是文本节点。

4. Attr 节点(属性节点)

Attr 节点表示页面中元素的属性。元素或多或少地都有一些属性,属性的作用是对元素做出更具体的描述,属性节点总是被包含在元素节点当中,如:

```
<姓名 学号 = "001">陈松</姓名>
< div id = "book"></div >
```

"学号="001""和"id="book""就是属性节点。

下面通过实例讲解,利用上一节中各种对象的属性和方法演示访问 DOM 树模型中各种类型的节点,先介绍几个使用频繁的方法。

5. getElementById()方法

DOM 提供了一个名为 getElementById()的方法,这个方法返回一个给定 id 属性值的元素节点相对应的对象。这个方法是与 document 对象相关联的函数,只有一个参数,参数值就是你想要获取的那个元素的 id 属性值。

网页范例 getElementById.html

```
< script type = "text/javascript">
  var node = document.getElementById("y1");
  window.alert(node); //返回 null
  window.alert(typeof node); //返回 object
</script >
</head >
< body >
< p id = "y1"> getElementById()方法</p >
```

代码分析:在上述代码中,<p>标签元素定义了一个 id,id 的属性值为"y1",然后使用 document.getElementById("y1")获得这个属性节点相对应的对象。切记,返回的是对象,所以"window.alert(typeof node)"的返回值是"object"。

实际上,文档中的每一个元素都对应着一个对象,利用 DOM 提供的方法,可以把这些元素相对应的任何一个对象筛选出来。除了通过 id 值来获取节点,还可以通过元素的名字获取节点。

6. getElementsByTagName()方法

getElementsByTagName()方法返回一个对象数组,每个对象分别对应着文档里有着给定标签的一个元素。类似于 getElementById(),这个方法也只有一个参数,参数是 XML 元素或 HTML 标签元素的名字。

特别提醒

注意"Element"后面多个字母"s"。

网页范例 getElementsByTagName.html

```
< script type = "text/javascript" src = "34 - 100.js"></script >
</head >
< body >
< script type = "text/javascript">
  xmlDoc = loadXMLDoc("student.xml"); //导入 XML 文档
  var node = xmlDoc.getElementsByTagName("学生");
  / *
  如果 XML 文档内容是本网页的组成部分,代码的写法是:
```

```
    document.getElementsByTagName("学生")。
    现在因为是把 XML 文档导入到 JavaScript 脚本程序中,程序入口变量是 xmlDoc,
    (这里的 xmlDoc 就相当于 document)
    所以用 xmlDoc.getElementsByTagName("学生")来表示
    */
    window.alert(node); //IE 返回[object]
    window.alert(typeof node); //IE 返回 object
    //获得对象数据的长度,值为 2,表示有两个学生元素
    window.alert(node.length);
</script>
```


代码分析：上述代码中获取“学生”元素，返回一个数组对象。可以使用 length 属性查看对象数组的元素个数。

getElementsByTagName()方法允许把一个通配符作为参数，表示文档里的每个元素都在这个函数所返回的数组里占有一席之地。语法代码如下：

```
var node = document.getElementsByTagName("*");
```

特别提醒

节点分为不同类型：元素节点、属性节点、文本节点等。

getElementById()方法返回一个对象，该对象对应着文档里的一个特定的元素节点。

getElementsByTagName()方法返回一个对象数组，它们分别对应着文档里的一个特定的元素节点。

接下来介绍几种与这些对象相关联的属性和方法。

7. getAttribute()方法

getAttribute()方法只有一个参数，就是查询的属性的名字，这个方法不能通过 document 对象调用它，可以通过一个元素节点对象调用它。我们可以把它与 getElementsByTagName()方法结合起来，查询每个“姓名”节点的“学号”属性。

网页范例 getAttribute.html

```
<script type="text/javascript" src="34-100.js"></script>
</head>
<body>
<script type="text/javascript">
  xmlDoc = loadXMLDoc("student.xml"); //导入 XML 文档
var para = xmlDoc.getElementsByTagName("姓名"); //获取姓名节点
  //循环查找"姓名"节点中的"学号"属性节点,如果找到就弹出对话框,
  //显示属性节点的值
  for(var i = 0; i<para.length; i++)
  {
    //显示"学号"属性节点的值
    window.alert(para[i].getAttribute("学号"));
  }
</script>
```

代码分析：getElementsByTagName()方法的返回值是一个数组对象，数组对象的下标是从 0 开始的，用 length 属性来表示数组对象的长度，所以用 for 循环来显示数组对象中的“姓名”节点，如果找到“姓名”节点中的“学号”属性，就弹出对话框显示“学号”节点的属性值。程序的运行结果分别显示“001”和“002”，因为学生的学号分别就是“001”和“002”。

特别提醒

如果元素节点没有属性节点,程序返回 null。

8. setAttribute()方法

前面介绍的几个方法都是用来查找信息的,setAttribute()方法与它们有本质上的区别:这个方法允许对属性节点的值做出修改。

setAttribute()方法也是一个只能通过元素节点对象调用的函数,调用时需要传递两个参数:element. setAttribute(attribute,value)。

第一个参数是属性节点名称,第二个参数是设置成属性节点的值。如:


```
para.setAttribute("学号","008")
```

功能是把元素的“学号”属性值设置为“008”。

网页范例 setAttribute.html

```
<script type="text/javascript">
  xmlDoc = loadXMLDoc("student.xml");
var para = xmlDoc.getElementsByTagName("姓名"); //获取姓名节点
//显示第一个"姓名"节点中的"班级"属性,因为这个节点不存在,返回 null
  window.alert(para[0].getAttribute("班级"));
  //设置第一个"姓名"节点的"班级"属性值为"高一(2)班"
  para[0].setAttribute("班级","高一(2)班");
  //显示设置后的第一个"姓名"节点中的"班级"属性,显示为"高一(2)班"
  window.alert(para[0].getAttribute("班级"));
</script>
```

代码分析:上述代码弹出两个对话框,第一个对话框出现在 setAttribute()方法被调用之前,它显示单词“null”,因为没有“班级”这个属性。第二个对话框出现在“班级”属性值被设置之后,它显示“高一(2)班”这样的文字。这就很有意思了,我们设置了一个“班级”属性,但这个属性原来并不存在,这意味着 setAttribute()方法实际完成了两项操作,先把“班级”属性创建出来,然后再对其值进行设置。

如果我们把 setAttribute()方法用在“学号”这个已存在的属性上,“学号”属性的原始值就会被覆盖。

还有一个细节:通过 setAttribute()方法对文档做出了修改,使得文档在浏览器窗口里的显示效果发生相应的变化,但是查看源代码时看到的仍将是原来的值,也就是说 student. xml 中,并没有添加“班级”这个属性。

这就是 DOM 的工作模式:先加载文档的静态内容,再以动态方式对它们进行刷新,动态刷新不影响文档的静态内容。这正是 DOM 的威力和诱人之处:对页面内容的刷新不需要最终用户在他们的浏览器里执行页面刷新操作就可以实现。

特别提醒

上面介绍的 4 个方法是编写 DOM 脚本的基础。

34.6 DOM 对文档的访问

通过 DOM 不但可以遍历 XML 文档指定的所有节点,还可以对内存中存在的 DOM 树模型进行操作,如添加、删除、修改节点,添加、删除、修改属性,添加元素内容,等等。先介绍一些常用的属性和方法。

34.6.1 childNodes 属性

childNodes 属性可以从给定文档的节点树里把任何一个元素的所有子元素检索出来。childNodes 属性返回一个数组，这个数组包含给定元素节点的全体子元素。假设我们需要把某个 HTML 文档的＜body＞元素的全体子元素检索出来，首先，使用 getElementsByTagName("body")方法得到＜body＞元素。因为每份文档中只有一个＜body＞元素，所以它将是 getElementsByTagName("body")方法所返回的数组中的第一个(也是唯一一个)元素：

```
var body_ele = document. getElementsByTagName("body")[0];
```

特别提醒

最后的[0]表示数组中的第一个元素，因为数组下标是从 0 开始计算的。

现在，变量 body_ele 已指向那个文档的＜body＞元素，可以用以下语法把＜body＞元素的全体子元素检索出来：

```
body_ele.childNodes
```

当然表示＜body＞元素还有一个更简单的专用记号：

```
document.body
```

现在，已知道如何把＜body＞元素的全体子元素检索出来了。当然，检索其他元素的子元素也是使用上述代码。现在我们来看看这些信息的用途。

首先，可以精确地查出＜body＞元素有多少个子元素。因为 childNodes 属性返回的是一个数组，所以可以用 length 属性查出它所包含的元素的个数。

```
body_ele.childNodes.length
```

网页范例 childNodes.html

```
<script type = "text/javascript">
  xmlDoc = loadXMLDoc("student.xml");
  //获取"学生信息表"节点
  var para  =  xmlDoc.getElementsByTagName("学生信息表");
  //显示"学生信息表"节点的子元素
  window.alert(para[0].childNodes.length);
</script>
```

代码分析：para[0]表示数组中的第一个元素，也就是“学生信息表”节点。

34.6.2 nodeType 属性

childNodes 属性返回的数组中包含着所有类型的节点。除了所有的元素节点，所有的属性节点和文本节点也包含在其中。事实上，文档里几乎每一样东西都是一个节点，甚至空格和换行符都会被解释为节点，而它们也全部包含在 childNodes 属性所返回的数组当中。

我们可以利用 nodeType 属性来区分文档里的各个节点，这个属性可以让我们知道自己正在与哪一种节点打交道,这个属性返回的是一个数字。

nodeType 属性总共有 12 种可取值,参见表 34-10。

表 34-10 noteType 属性表

属性	值	属性	值
1	Element(元素)	7	Processing Instrucion
2	Attribute(属性)	8	Comment(注释)
3	Text(文本)	9	Document(文档)
4	CDATA Section(CDATA 段)	10	Document Type
5	Entity Reference	11	Document Fragment
6	Entity	12	Notation

上表中仅有 3 种具有实用价值：元素节点、属性节点和文本节点的属性值分别是 1、2 和 3。

34.6.3 nodeValue 属性

如果要改变某个文本节点的值,可以使用 nodeValue 属性,它的作用是检索和设置节点的值。对于文本节点,返回值包含文本；对于属性节点,返回值包含属性值。nodeValue 属性对于文档节点和元素节点是不可用的。

语法格式：

```
node.nodeValue
```

34.6.4 nodeName 属性

nodeName 属性可依据节点的类型返回其名称,是只读属性,不能进行设置。元素节点的返回值是元素标签名称,属性节点的返回值是属性名称,文本节点的返回值是＃text,文档节点的返回值是＃document。语法格式：

```
node.nodeName
```

下面以实例显示 nodeType、nodeValue 和 nodeName 三个属性的用法。

网页范例 nodeName.html

```
<script type="text/javascript">
  xmlDoc = loadXMLDoc("student.xml");
  //获取"姓名"元素节点
  var ele = xmlDoc.getElementsByTagName("姓名");
  document.write("对于元素节点：<br>");
  //返回元素节点的类型：1
  document.write("nodeType 值是：" + ele[0].nodeType + "<br>");
  //返回元素节点的名字：姓名
  document.write("nodeName 值是：" + ele[0].nodeName + "<br>");
  //对于元素节点,nodeValue 值不可用,返回 null
  document.write("nodeValue 值是："
    + ele[0].nodeValue + "<br><br>");
  document.write("对于文本节点：<br>");
  var text = ele[0].childNodes[0];              //获取文本节点
```

```
    //返回文本节点的类型：3
    document.write("nodeType 值是：" + text.nodeType + "<br>");
    //对于文本节点,返回 # text
    document.write("nodeName 值是：" + text.nodeName + "<br>");
    //返回文本节点的名字：陈红
    document.write("nodeValue 值是：" + text.nodeValue + "<br><br>");
    document.write("对于属性节点：<br>");
    var attr = ele[0].getAttributeNode("学号");;   //获取属性节点
    //返回属性节点的类型：2
    document.write("nodeType 值是：" + attr.nodeType + "<br>");
    //返回属性节点的名字：学号
    document.write("nodeName 值是：" + attr.nodeName + "<br>");
    //返回属性节点的值：001
document.write("nodeValue 值是：" + attr.nodeValue + "<br>");
</script>
```


网页程序代码运行结果如图 34-3 所示。

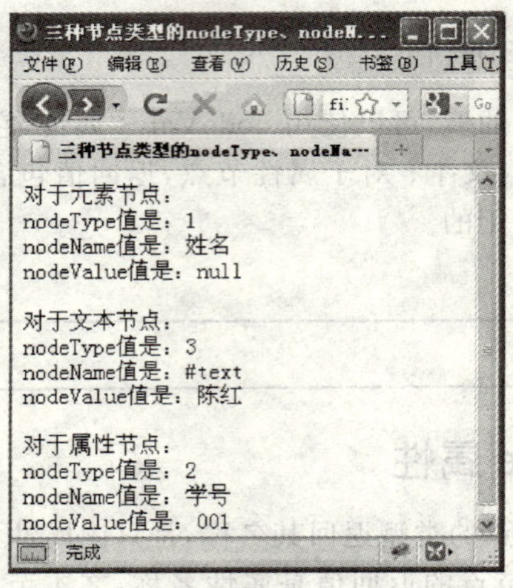

图 34-3

34.6.5 firstChild 和 lastChild 属性

如果只要访问数组 childNodes[]的第一个元素，只要写成 firstChild 就行，等同于 childNodes[0]，另外 lastChild 表示数组的最后一个元素。语法格式：

```
node.firstChild;
node.lastChild;
```

34.6.6 createElement()方法

我们已见识过 setAttribute()方法的神奇之处了：当用这个方法改变了 DOM 节点树上的某个属性时，有关文档在浏览器里的呈现效果就会发生相应的变化。不过，setAttribute()方法并没有改变文档的物理内容，只是浏览器内容发生变化，但原始的文档没有改变。如果要创建新的节点，可以使用 createElement()方法。语法格式如下：

```
document.createElement("节点名称")
```

我们先创建一个节点，把一个<p>元素作为<div>元素的子节点添加到 DOM 节点树上，代码如下：

```
var para = document.createElement("p");
```

现在，这个新创建出来的<p>元素节点还不是任何一棵 DOM 节点树的组成部分，它现在只是一个 DocumentFragment 对象，还无法显示在浏览器的窗口画面里。不过，它已经像任何其他的节点那样有了自己的 DOM 属性，它已有一个 nodeType 和一个 nodeName 值。

34.6.7 appendChild()方法

appendChild()方法可以把新创建的节点插入到文档节点树上，让它成为某个现有节点的一个子节点。可以通过下列代码把刚才创建的<p>元素节点挂到<div>节点上。

```
<div id="name"></div>
//获得<div>元素节点
var d = document.getElementById("name")
//创建一个新的元素节点<p>
var para = document.createElement("p);
//把<p>元素节点添加作为<div>元素节点的子节点
d.appendChild(para);
```

34.6.8 createTextNode()方法

如果要创建文本节点，可以使用 createTextNode()方法。语法格式：

```
var txt = document.createTextNode("文本节点内容")
```

变量 txt 包含一个指向新创建的那个文本节点的引用指针，不属于任何节点，可以用 appendChild()方法把这个文本节点插入到某个元素节点的子节点。

网页范例 appendChild.html

```
<script type="text/javascript" src="100.js"></script>
</head>
<body>
<div id="name"></div>
</body>
```

100.js 代码如下：

网页范例 100.js

```
window.onload = function() {                    //调用 window 的 onload 事件
  var para = document.createElement("p");     //创建<p>元素节点
  //获取 id 属性值为 name 的<div>节点
  var d = document.getElementById("name");
  //把<p>元素节点添加作为<div>节点的子节点
  d.appendChild(para);
  //创建一个文本节点，节点的值是 Java
  var txt = document.createTextNode("Java");
  para.appendChild(txt);                        //把文本节点插入为<p>元素节点的子节点
}
```

代码分析：上述代码为了实现网页结构和内容与 JavaScript 程序代码分开，把 JavaScript 代码单独保存为 100.js 文件，通过网页加载引入。

34.6.9 insertBefore()方法

insertBefore()方法是把一个元素插入到一个现有元素的前面，调用此方法时，必须要先明确三点。

(1) 将要插入的新元素(new-element)。

(2) 想把这个新元素插入到哪个现有元素(tar-element)的前面。

(3) 这两个元素共同的父元素(parent-element)。

语法格式如下：

```
parent - ele.insertBefore(new - element,tar - element)
```

如何获取父元素呢？tar-element 元素的 parentNode 属性值就是它。

34.7 DOM 对节点的操作

我们使用上面已介绍的属性和方法操作 DOM 树中的节点。

34.7.1 创建节点

创建元素节点使用 document.createElement()方法，这个方法的参数就是将被创建的元素的名字，然后使用 appendChild()方法追加节点为其他节点的子节点。

创建文本节点使用 document.createTextNode()方法，这个方法的参数就是文本节点所包含的文本字符串，然后使用 appendChild()方法追加节点为其他节点的子节点。

前面已有实例代码演示，不再重复。

34.7.2 复制节点

cloneNode()方法为给定的节点创建一个副本，只有一个布尔值的参数 true 或 false。如果这个参数值是 true，新节点将包含与被复制节点完全一样的节点；如果这个参数值是 false，新节点将不包含任何子节点(如果被复制节点是一个元素节点，包含在被复制节点里的所有文本将不会被复制，文本节点就是一个子节点)，但是属性节点将会被复制。

特别提醒

新节点有着与被复制节点相同的 nodeType 和 nodeName 属性值。

```
var ele = document.createElement("p")          //创建一个节点
var n - ele = ele.cloneNode(false);            //克隆节点
```

在上例中，先创建了一个新的元素节点 ele，然后通过复制 ele 元素节点又创建了一个新的元素节点 n-ele，这两个节点具有相同的 nodeType 和 nodeName 属性值。

特别提醒

如果被复制元素有一个独一无二的 id 属性值，记得对复制出来的新元素的 id 属性值进行修改，因为在同一文档里，不同元素的 id 属性值必须各不相同。

34.7.3 插入节点

把节点插入文档的方法有两种。第一种是通过 appendChild()方法，第二种是使用 insertBefore()方法。

appendChild()方法通常与用来创建新节点的 createElement()方法和 createNode()方法配合使用，前面已有实例演示。

insertBefore()方法将一个给定节点插入到一个给定元素节点的给定子节点的前面，返回一个指向新增子节点的引用指针，通常与用来创建新节点的 createElement()方法和 createNode()方法配合使用。

我们演示第二种方法来插入节点。

有这样一段 HTML 文档：

```
<div id = "a"> c
  < span id = "one"> one 节点</p >
</div >
```

我们现在插入一个＜span＞节点(id 属性值为“before”)到 id 属性值为 one 的＜span＞节点前面，先获得 id 属性值为 one 的＜span＞节点的父节点，代码如下：

```
//获取父节点
var parent = document.getElementById("a");
//获取子节点
var ele = document.getElementById("one");
//创建一个< span >新节点
var para = document.createElement("span");
//插入新节点到 id 属性值为 one 的节点前面
parent.insertBefore(para,ele);
```

特别提醒

当然如果不知道父节点是哪个，可以使用 parentNode 属性来获取。

insertBefore()方法还可以用来移动文档中的现有节点。有这样一段 HTML 文档：

```
< div id = "a">
  < span id = "one"> one 节点</p >
  < span id = "two"> two 节点</p >
</div >
```

操作代码如下：

```
//获得父节点
var parent = document.getElementById("a");
//获得两个子节点
var ele = document.getElement("one");
var para = document.getElement("two");
//移动节点位置，把 id 属性值为 two 的节点移动到 id 属性值为 one 的节点前面
parent.insertBefore(para,ele)
```

实际上是把 id 属性值为 two 的节点先从文档树上删除，然后再重新插入到新位置。

网页范例 insert.html

```
<script type="text/javascript">
    function ele(){
    //获取父节点
    var parent = document.getElementById("a");
    //获取子节点
    var ele = document.getElementById("one");
    //创建一个<span>新节点
    var para = document.createElement("span");
    //插入新节点到 id 属性值为 one 的节点前面
    parent.insertBefore(para,ele);
    }
</script>
</head>
<body>
<div id="a">
  <span id="one">one 节点</span>
</div>
<input type="button" onclick="ele()" value="插入节点" />
```


34.7.4 删除节点

removeChild()方法用来删除节点。当某个节点被删除后，这个节点所包含的所有子节点将同时被删除。有下列 HTML 代码片段：

```
<div id="a">
  <span id="one">one 节点</p>
  <span id="two">two 节点</p>
</div>
```

如果要删除 id 属性值为 two 的那个节点，可以这样操作：

```
//获取父节点
var parent = document.getElementById("a");
//获取子节点
var ele = document.getElementById("two");
//删除子节点
parent.removeChild(ele);
```

如果想删除某个节点，但不知道它的父节点是哪一个，可以使用 parentNode。

```
//获取子节点
var ele = document.getElementById("two");
//获取父节点
var parent = ele.parentNode;
//删除子节点
parent.removeChild(ele);
```

34.7.5 替换节点

replaceChild()方法是将一个给定元素里的一个子节点替换为另一个节点，语法格式如下：

```
var para = ele.replaceChild(newchild,oldchild)
```

newchild 是新的节点，oldchild 是被替换的节点。如：

```
<div id="a">
  <span id="one">one 节点</p>
  <span id="two">two 节点</p>
</div>
```

在下例中，我们将新创建一个<span>节点，使用 replaceChild()方法替换 id 属性值是 two 的节点：

```
//获取父节点
var parent = document.getElementById("a");
//获取子节点
var oldchild = document.getElementById("two");
//创建一个子节点
var newchild = createElement("span");
//替换子节点
parent.replaceChild(newchild,oldchild);
```

特别提醒

replaceChild()方法也可用 DOM 文档树上的现有节点去替换另一个现有节点。

34.7.6 设置节点属性

使用 setAttribute()方法为节点添加一个新的属性值或改变它的现有属性的值。使用 getAttribute()方法来获得某个节点属性的值。

关于这两个方法的使用，可以参考网页范例 setAttribute.html 和 getAttribute.html。

34.7.7 查找节点

DOM 提供了多种方法用来在文档树上定位节点。

1. getAttribute()方法

这个方法返回一个节点的属性值，属性值将以字符串的形式返回，如果属性值不存在，将返回一个空字符串。可以参考网页范例 getAttribute.html。

2. getElementById()方法

这个方法是查找一个给定 id 属性值的节点，如果不存在这样的节点，返回 null。这个方法只能适用于 document 对象。

这个方法返回的元素节点是一个对象，具有 nodeName、nodeType、parentNode、childNodes 等属性。

3. getElementsByTagName()方法

这个方法是查找给定标签名的所有元素，返回一个节点集合。这个集合可以当作一个数组来处理，其 length 属性等于当前文档里有着给定标签的所有元素的总个数，这个数组里的每个元素都是一个对象，它们都有着 nodeName、nodeType、parentNode、childNodes 等属性。

4. hasChildNodes 方法

hasChildNodes 方法用来检查一个给定元素是否有子节点，语法格式：

```
boolean = ele.hasChildNodes
```

这个方法将返回一个布尔值 true 或 false。如果给定元素有子节点，将返回 true，否则返回 false。

因为文本节点和属性节点不可能包含任何子节点，所以这两类节点的 hasChildNodes 方法将返回 false。

34.7.8 遍历节点树

1. childNodes 属性

childNodes 属性返回一个数组，这个数组由给定元素的子节点构成，语法格式：

```
nodelist = node.childNodes
```

这个属性返回的数组是一个集合，集合里的每个节点都是一个对象，都有着 nodeType、nodeName、nodeValue 等常见的节点属性。

由于文本节点和属性节点不能包含任何子节点，所以它们的 childNodes 属性返回一个空数组，可以使用 length 属性知道有多少个子节点。

childNodes 属性是一个只读属性，如果要添加子节点，可以使用 appendChild()方法。如果要删除某个节点，可以使用 removeChild()方法。使用这些方法的时候，这个元素的 childNodes 属性将自动刷新。

2. firstChild 属性

这个属性返回节点的第一个子节点。

由于文本节点和属性节点不能包含任何子节点，所以它们的 firstChild 属性返回 null。

3. lastChild 属性

这个属性返回节点的最后一个子节点。

由于文本节点和属性节点不能包含任何子节点，所以它们的 lastChild 属性返回 null。

4. nextSibling 属性

nextSibling 属性返回一个给定节点的下一个子节点，语法格式：

```
p = node.nextSibling
```

如果给定节点的后面没有同属一个父节点的子节点，它的 nextSibling 属性将返回 null。

5. parentNode 属性

这个属性返回一个给定节点的父节点，语法格式：

```
p = node.parentNode
```

因为只有元素节点才能包含子节点，所以 parentNode 属性返回的节点是一个元素节点。只有 document 节点是个例外，它没有父节点，document 节点的 parentNode 属性将返回 null。

6. previousSibling 属性

previousSibling 属性返回一个给定节点的上一个子节点，语法格式：

```
p = node.previousSibling
```

如果给定节点的前面没有同属一个父节点的子节点，它的 previousSibling 属性将返回 null。

本章知识体系

知　识　点	重要等级	难度等级
DOM 文档树模型	★★★★	★★
Node 对象	★★★★	★★★
Document 对象	★★★	★★★
Element 对象	★★★	★★★
Text 对象	★★★	★★★
Attr 对象	★★★	★★★
DOM 节点的属性	★★★★	★★★
DOM 节点的方法	★★★★	★★★
JavaScript 中加载 XML 文档	★★★	★★★

第35章

jQuery基础

jQuery 是一个了不起的 JavaScript 库，它可以用很少的几行代码创建出漂亮的网页效果，其宗旨是：Write Less，Do More，写更少的代码，做更多的事情。

本章介绍 jQuery 的基础知识。

本 章 术 语

jQuery 库______

DOM 对象______

jQuery 对象______

35.1 JavaScript 库

由于各大浏览器对 JavaScript 和 DOM 解析的不统一，缺乏便捷的开发和调试工具，给开发人员带来了很多麻烦。正当 JavaScript 逐渐被开发人员弃用时，一种基于 JavaScript 语言的 Ajax 技术横空出世。Google 公司基于 Ajax 技术推出了一系列新型 Web 应用，如 Gmail、Google Suggest 和 Google Map 等，重新唤起了人们对于 JavaScript 开发的热情。越来越多的 C/S 架构程序从桌面系统移植出来，重构成 B/S 架构系统。随之而来的，越来越多的 Web 应用技术诞生，而作为 Web 技术中的 JavaScript，其应用越发广泛。

为了简化 JavaScript 开发，一些 JavaScript 代码库诞生了。这些代码库封装了很多预定义的对象和实用函数，能够简化开发人员的工作，提高代码的执行效率。大大缩减了我们学习和编写 JavaScript 代码的复杂度，同时对于兼容性和稳定性方面，也为我们提供了强大的保障。下面分别介绍几个比较流行的 JavaScript 库。

1. Dojo

Dojo(http://dojotoolkit.org)是一个强大的面向对象的 JavaScript 框架，主要由三大模块组成：Core、Dijit 和 DojoX。Core 提供 Ajax、events、packaging、CSS-based querying、animations 和 JSON 等相关操作 API。Dijit 是一个可更换皮肤，且基于模板的 Web UI 控件库。DojoX 包括一些创新/新颖的代码和控件：DateGrid、charts、离线应用和跨浏览器矢量绘图等。

Dojo 的缺点也是很明显的：学习曲线陡，文档不齐全，API 不稳定，库的体积比较大。

2. Prototype

Prototype(http://www.prototypejs.org)是一个易于使用、面向对象的 JavaScript 框架。Prototype 是最早的底层框架，形成了以 Prototype 为核心的各种各样的 JavaScript 扩展库。

不足：由于 Prototype 成型年代早，从整体上对于面向对象的编程思想把握不是很到位，导致了其结构的松散，功能不够强大。

3. MooTools

MooTools(http://mootools.net)是一个简洁、模块化、面向对象的 JavaScript 框架。它能够更快、更简单地编写可扩展和兼容性强的 JavaScript 代码。MooTools 从 Prototype 中汲取了许多有益的设计理念，其语法与 Prototype 极其类似，但它提供的功能要比 Prototype 多，整体设计也比 Prototype 要相对完善，功能更强大，它增加了动画特效、拖放操作等功能。MooTools 完全彻底的面向对象的编程思想，语法简洁直观，文档完善，是一个很不错的 JavaScript 库。

4. YUI

YUI(http://developer.yahoo.com/yui)是 Yahoo User Interface（YUI）Library 库的简称，它是一组采用 DOM Scripting、Dhtml 和 Ajax 等技术开发出的 Web UI 控件和工具，中文翻译就是 Yahoo 用户界面库。不足是太过复杂，灵活性比较差。

5. ExtJS

ExtJS(http://www.extjs.com)是一个跨浏览器，用于开发 RIA（Rich Internet Application)应用的 JavaScript 框架，它提供高性能、可定制的 Web UI 控件库。该框架具有良好的设计、丰富的文档和可扩展的组件模型。ExtJS 并非完全免费，如果用于商业用途，需要付费获得授权许可。

6. jQuery

jQuery(http://jquery.com)是一个快速、简洁的 JavaScript 框架，可以简化查询 DOM 对象，处理事件，制作动画，处理 Ajax 交互过程。利用 jQuery 将改变 JavaScript 代码的编写方式。

35.2 jQuery 简介

jQuery 是继 Prototype 之后又一个优秀的 JavaScript 库，是由美国人 John Resig 创建于 2006 年 1 月的开源项目。它是轻量级的 js 库(压缩后只有 21KB)，它兼容 CSS3，还兼容各种浏览器（IE 6.0＋，FF 1.5＋，Safari 2.0＋，Opera 9.0＋）。jQuery 使用户能更方便地处理遍历 HTML 文档，操作 DOM，处理事件，实现动画效果，并且方便地为网站提供 AJAX 交互。

jQuery 库的设计秉承了一致性与对称性原则，它的大部分概念都是从 HTML 和 CSS 的结构中借用而来的。由于很多网页设计者对这两种技术比较有经验，所以编程经验不多的设计师也能够快速学会使用该库。

jQuery 的文档说明很全，而且各种应用也说得很详细，同时还有许多成熟的插件可供选择。jQuery 能够使用户的 html 页保持代码和 html 内容分离，也就是说，不用再在 html 里面插入一堆 js 来调用命令了，只需定义 id 即可。

其宗旨是：Write Less，Do More，写更少的代码，做更多的事情。

35.2.1 jQuery 版本历史

jQuery 1.0(2006 年 8 月)：这是第一个稳定版本，已经具有了对 CSS 选择符、事件处理和 AJAX 交互的稳健支持。

jQuery 1.1(2007 年 1 月)：这一版大幅简化了 API。许多较少使用的方法被合并，减少了需要掌握和解释的方法数量。

jQuery 1.1.3(2007 年 7 月)：这次小版本变化包含了对 jQuery 选择符引擎执行速度的显著提升。从这个版本开始，jQuery 的性能达到了 Prototype、MooTools 以及 Dojo 等同类 JavaScript 库的水平。

jQuery 1.2(2007 年 9 月)：这一版去掉了对 XPath 选择符的支持，原因是相对于 CSS 语法它已经变得多余了。这一版能够支持对效果的更灵活定制，而且借助新增的命名空间事件，也使插件开发变得更容易。

jQuery 1.2.6(2008 年 5 月)：这一版主要是将 Brandon Aaron 开发的流行的 Dimensions 插件的功能移植到了核心库中。

jQuery 1.3(2009 年 1 月)：这一版使用了全新的选择符引擎 Sizzle，库的性能也因此有了极大提升。这一版正式支持事件委托特性。

jQuery 1.3.2(2009 年 2 月)：这次小版本升级进一步提升了库的性能，例如改进了:visible/:hidden 选择符、.height()/.width()方法的底层处理机制。另外，也支持查询的元素按文档顺序返回。

jQuery 1.4(2010 年 1 月)代码库进行了内部重写组织，开始建立一些风格规范。老的 core.js 文件被分为 attribute.js、css.js、data.js、manipulation.js、traversing.js 和 queue.js，实现了 CSS 和 attribute 的逻辑分离。

jQuery 1.5(2011 年 1 月) 最大的更新是 AJAX 的完全重写，提供了更强的可扩展性。新增了静态函数 jQuery.parseXML，用于提供浏览器兼容的从字符串转为 XML 文档的功能。原本的 hasClass、addClass、removeClass 函数都需要将元素的 class 属性分隔为数组，在 1.4.4 版本中，通过\n 或\t 进行分隔，在 1.5 版本中增加了一个\r，用于对应 Windows 平台下的换行符(\r\n)。

目前最新的版本是 1.5.1 版。

35.2.2 编写 jQuery 代码

进入 jQuery 官方网站 http://jquery.com，单击菜单栏中的“Download”文字进入下载页面，下载最新的 jQuery 库(目前最新的是 1.5.1 版本)。jQuery 分为 Minified 版本和 Uncompressed 版本。Minified 版本是经过 JSMin 等工具压缩后的版本，主要应用于产品和项目；Uncompressed 版本是完整无压缩版本，主要用于测试、学习和开发。建议使用 Uncompressed 版本。

把下载的 jquery-1.5.js 文件放在网站根目录下的 scripts 目录中，然后在网页代码的 <head>标签内引入 jQuery 库，就可以使用 jQuery 库了。代码如下：

```
  <head>
<script type = "text/javascript" src = "../scripts/jquery-1.5.js"></script>
  </head>
```

接下来开始我们的第一个 jQuery 示例。

网页范例 hello.html

```
<head>
<script type="text/javascript" src="../scripts/jquery-1.5.js"></script>
<script type="text/javascript">
  $(document).ready(
  function(){
      window.alert("Hello World");
    });
</script>
</head>
```

代码分析：在 jQuery 库中，$ 就是 jQuery 的简写形式，如 $("p")和 jQuery("p")是等价的。程序中的 $ 就是 jQuery 的简写形式。本例的核心代码是：

```
$(document).ready(function(){
/*代码*/
});
```

此函数是 window.onload 的替代函数。在 JavaScript 中有一些操作是需要页面加载完成时才可以做的，比如您要隐藏 ID 的内容，那么就需要在页面的所有代码已经下载完毕时或者 JavaScirpt 的 DOM 树建立时再进行隐藏，这样才能保证 JS 的 ID 选择器可以找到那个 ID。window.onload 就是为这种情况而生，把您的函数延迟到页面加载完成才会执行。

另外 window.onload 不能同时编写多个，如果编写了多个，只能运行最后一个代码。$(document).ready()函数可以同时编写多个，所有代码都能运行。

特别提醒

$(document).ready() 可以简写成 $(function(){})。

35.3 jQuery 对象和 DOM 对象

编写任何 JavaScript 程序首先要获得对象，我们先了解 DOM 对象和 jQuery 对象。

35.3.1 DOM 对象和 jQuery 对象

DOM 对象，即是我们用传统的 JavaScript 方法获得的对象，可以参考本书第 34 章的第 3 节关于 DOM 对象的描述。

可以通过 getElementById()或 getElementsByTagName()方法来获取元素节点，从而得到 DOM 对象。

jQuery 对象就是通过 jQuery 包装 DOM 对象后产生的对象，是用 jQuery 类库的选择器获得的对象。它是 jQuery 独有的，可以使用 jQuery 里的方法。

```
var dom = document.getElementById("id");      //DOM 对象
var $obj = $("#id");                          //jQuery 对象
```

特别提醒

注意：在 jQuery 对象中无法使用 DOM 对象的任何方法。同样，DOM 对象也不能使用 jQuery 方法。

先约定好定义变量的风格，如果是 jQuery 对象，在变量前面添加 $ 符号。

35.3.2 DOM 对象和 jQuery 对象的相互转换

由于 jQuery 对象和 DOM 对象不能使用对方的方法，所以如果要调用对方的方法，必须先进行相互转化。

1. jQuery 对象转化为 DOM 对象

因为 jQuery 对象是一个数组对象，可以通过[index]的方法得到相应的 DOM 对象，如：

```
var $obj = $("#id");                    //jQuery 对象 c
var dom = $obj[0];                      //把 jQuery 对象转化为 DOM 对象
```


另一种方法是通过 jQuery 对象本身的 get(index)方法得到相应的 DOM 对象，代码如下：

```
var $obj = $("#id");                    //jQuery 对象
var dom = $obj.get(0);                  //把 jQuery 对象转化为 DOM 对象
```

2. DOM 对象转化为 jQuery 对象

用$()把 DOM 对象包装起来，就可以获得一个 jQuery 对象，代码如下：

```
var dom = document.getElementById("p");   //DOM 对象
var $dom = $(dom)                         //把 DOM 对象转化为 jQuery 对象
```

35.4 jQuery 开发工具

35.4.1 Dreamweaver CS4

DW 软件是本书的首选工具。在本书第一篇 HTML 篇中介绍了 DW 的使用方法，如果让 DW 软件实现支持 jQuery 自动提示代码功能，只要下载一个插件。

在 http://code.google.com/p/jquery-api-zh-cn/downloads/list 网址中下载 DW CS4 的插件，然后在 DW 中执行“命令”→“扩展管理”→“安装扩展”－“jQuery_api_for_dw4.mxp”命令，就会自动安装好插件。扩展成功后，编写 jQuery 代码时，发现已经具有自动提示的功能了，如图 35-1 所示。

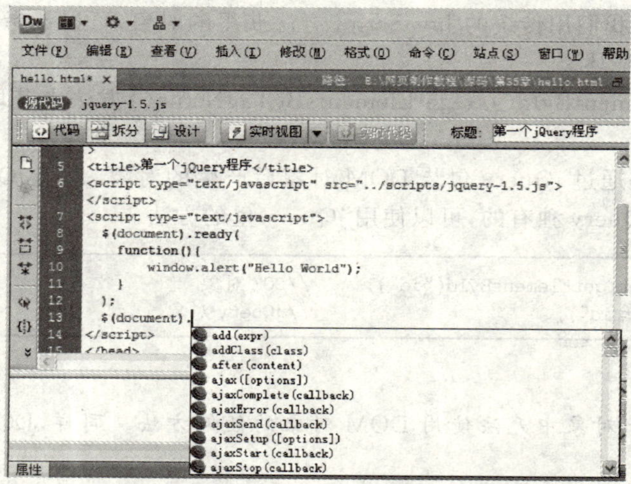

图 35-1

特别提醒

如果用户的 DW CS4 软件没有扩展管理功能，可以在 http://www.adobe.com/cn/exchange/em_download/em20_download.html 网页下载扩展管理器，先下载 Extension Manager CS4 2.0 安装程序并将它保存到计算机上，然后安装 Extension Manager CS4 2.1 修补程序将 Extension Manager CS4 2.0 安装升级到 Extension Manager CS4 2.1。

35.4.2 EditPlus

由于 jQuery 本质上是 JavaScript，所以可以用文本编辑器进行开发。可以使用本书第一章介绍的文本编辑软件 EditPlus 来编辑和开发。

本章知识体系

知 识 点	重要等级	难度等级
JavaScript 库	★★	★
jQuery 库	★★	★
DOM 对象	★★	★
jQuery 对象	★★★	★
jQuery 对象和 DOM 对象转换	★★★	★
jQuery 开发工具	★★	★

第36章

jQuery选择器

利用 jQuery 的选择器几乎可以获取 HTML 或 XML 页面上任意的一个或一组对象，让我们在 DOM 中快捷而轻松地获取元素或元素集合。

本章介绍 jQuery 最重要的选择器部分的知识。

本 章 术 语

jQuery 选择器
基本选择器
层次选择器
过滤选择器
表单选择器

36.1 jQuery 选择器

本书第 11 章中介绍了 CSS 的各种选择器，包括标签选择器、类选择器、ID 选择器、群选择器、通配符选择器等，这些基本概念对于学习 jQuery 选择器有莫大的好处。可以把这些知识点迁移过来学习 jQuery，因为 jQuery 的选择器和这些已有知识非常相似。

jQuery 选择器完全继承了 CSS 的风格。jQuery 最强大的特性之一就是它能够简化在 DOM 中选择元素。在 DOM 编程中我们只能使用有限的函数根据 id 或者 TagName 获取 DOM 对象。在 jQuery 中则完全不同，jQuery 提供了异常强大的选择器用来帮助我们获取页面上的对象，并且将对象以 jQuery 对象的形式返回，然后为它们添加相应的行为，而无须担心浏览器是否支持这一选择器。

jQuery 选择器允许您通过标签名、属性名或内容对 HTML(XML) 元素进行选择。

jQuery 选择器按照功能主要分为“选择”和“过滤”，并且是配合使用的，可以同时使用组合成一个选择器字符串。

jQuery 选择器主要分为基本选择器、层次选择器、过滤选择器和表单选择器。

36.2 基本选择器

套用 CSS 选择器类型的分类法，基本选择器可以分为标签选择器、id 选择器、类选择器等几种类型。

特别提醒

CSS 的选择器概念可以复习本书第 11 章的知识。

1. 标签选择器

标签选择器是根据 HTML 中的标签（或 XML 中的元素）名称来匹配，如：

```
<body>
<h1>这是一号标题</h1>
<p>这是一个<b>自然段<b></p>
</body>
```

在上述的 HTML 代码片段中，如果要选择<p>标签和<h1>标签，可以使用这样的语句来获取：

```
$("p")                                  //表示获取<p>标签
$("h1")                                 //表示获取<h1>标签
```

2. id 选择器

id 选择器根据 HTML 中的标签（或 XML 中的元素）在 CSS 中用相关的 id 属性名称来匹配，如：

```
<body>
<h1 id="one">这是一号标题</h1>
<p id="two">这是一个<b>自然段<b></p>
</body>
```

在上述的 HTML 代码片段中，可以根据 CSS 的 id 名称来选择，可以通过这样的代码来获取：

```
$("#one")                               //表示获取 id 为"one"的标签
$("#two")                               //表示获取 id 为"two"的标签
```

3. 类选择器

类选择器根据 HTML 中的标签（或 XML 中的元素）在 CSS 中用相关的类名称来匹配，如：

```
<body>
<h1 class="bt">这是一号标题</h1>
<p class="dw">这是一个<b>自然段<b></p>
</body>
```

在上述的 HTML 代码片段中，可以根据 CSS 的类名称来选择，可以通过这样的代码来获取：

```
$(".bt")        //表示获取类名为"bt"的标签
$(".dw")        //表示获取类名为"dw"的标签
```

4. 通配符选择器

通配符选择器比较简单，使用“ * ”表示所有的标签和元素，代码如下：

```
$("*")          //表示选取所有的元素
```

5. 群选择器

jQuery 的群选择器完全类似于 CSS 中的群选择器，代码如下：

```
$("p,#two,span")
```

表示同时选取所有的<p>标签、id 名为 two 的标签和<span>标签。

36.3 层次选择器

可以通过层次选择器来获取特定的元素，如后代元素、子元素、相邻元素和兄弟元素等。其实 jQuery 的层次选择器就只有两种用法，另两种可以用更简单的方法代替。

36.3.1 后代选择器

后代选择器的语法格式如下：

```
$("ancestor descendant")
```

功能就是选取父元素的所有子元素，其中“ancestor”的中文意思是“祖先”，“descendant”的中文意思是“后代”。

36.3.2 子选择器

子选择器的语法格式如下：

```
$("parent > child")
```

功能就是选取父元素的直接子元素，不包括孙元素。

特别提醒

后代选择器与子选择器的区别如下。

后代选择器包括所有的子元素、孙元素等，只要是从这个节点分支出去的节点都是被获取的对象。

子选择器就是只选择直接的儿子节点，孙子节点不算。

有这样一段 HTML 代码：

```
<body>
    <div id="parent">
        <div class="one" id="one">
            我是 class 为 one、id 为 one 的 div
```

```
            <div class = "mini" id = "two">
                    我是 class 为 two、id 为 one 的 div
            </div>
        </div>
    </div>
</body>
```

共有三个<div>标签，id 值分别为"parent"、"one"和"two"。执行后代选择器代码的结果：

```
$("body div")
```


返回的结果是选择<body>标签内的所有三个<div>标签。

执行子选择器代码的结果：

```
$("div#parent > div")
```

返回的结果是 id 值为"parent"的<div>标签的直接子节点，就是选中 id 值为"one"的<div>标签。id 值为"two"的<div>标签不被选中。

后代选择器举例：

```
  $("body div")      选取 body 标签下所有的 div 标签
  $("ul li")         选取 ul 标签下所有的 li 标签
  $("#one div")      选取 id 为"one"的标签所包含的所有的 div 子标签
  $("div#one div")   选取 id 为"one"的 div 所包含的所有的 div 子标签
  $(".one div")      选取 class 为"one"的标签所包含的所有的 div 子标签
  $("div.one span")  选取 class 为"one"的 div 所包含的所有的 span 子标签
$(".one .two")       选取 class 为"one"的标签所包含的所有的 class 为 two 的标签
```

子选择器举例：

```
$("body > div")         选取 body 标签下所有的第一级 div 子标签
$("ul > li")            选取 ul 标签下所有的第一级 li 子标签
$("#one > div")         选取 id 为"one"的标签所包含的第一级 div 子标签
$("div#one > div")      选取 id 为"one"的 div 所包含的所有的第一级 div 子标签
$(".one > div")         选取 class 为"one"的标签所包含的所有的第一级 div 子标签
$("div.one > span")     选取 class 为"one"的 div 所包含的所有的第一级 span 子标签
$("span.one > .two")    选取 class 为"one"的 span 所包含的所有的第一级 class 为 two 的标签
```

另外还有两个层次选择器，分别用符号"＋"和"～"来表示。

我们先介绍"＋"的用法，语法格式如下：

```
$("prev + next")
```

上述代码表示选取紧接在"prev"标签后的"next"标签，其中"prev"和"next"是两个同级别的标签，如：

```
$(".one + div") //表示选取 class 为 one 的下一个<div>标签
```

可以使用 next()方法来代替"＋"选择器，等价代码如下：

```
$(".one + div")              //表示选取 class 为 one 的下一个<div>标签
$(".one").next("div")        ////表示选取 class 为 one 的下一个<div>标签
```

另外一个层次选择器是"～",它的语法格式如下:

```
$("prev ～ siblings")
```

上述代码表示选取"prev"标签之后的所有兄弟标签,如:

```
$(".one ～ div")             //表示选取 class 为 one 的标签后面所有<div>兄弟标签
```


可以使用 nextAll()方法来代替"～"选择器,等价代码如下:

```
$(".one ～ div")             //表示选取 class 为 one 的标签后面所有<div>兄弟标签
$(".one").nextAll("div")     ////表示选取 class 为 one 的下一个<div>标签
```

另外还要注意 siblings()方法与 nextAll()方法的区别:nextAll()方法只能向后选择所有的兄弟标签;siblings()方法与前后位置无关,只要是同辈节点都能匹配。

36.4 过滤选择器

过滤选择器主要是通过一些指定的过滤规则来筛选出所需的标签,选择器都以一个冒号(:)开头。

根据不同的过滤规则,过滤选择器可以分为基本过滤、内容过滤、可见性过滤、属性过滤、子元素过滤和表单对象属性过滤选择器。

36.4.1 基本过滤选择器

常见的基本过滤选择器如表 36-1 所示。

表 36-1 基本过滤选择器

名称	说明	举例
:first	匹配找到的第一个元素	$("div:first")选取所有 div 元素中的第一个 div 元素
:last	匹配找到的最后一个元素	$("div:last")选取 class 不是 myclass 的 input 元素
:even	匹配所有索引值为偶数的元素,从 0 开始计数	$("tr:even")选取索引是偶数的表格行
:odd	匹配所有索引值为奇数的元素,从 0 开始计数	$("tr:odd")选取索引是奇数的表格行
:eq(in)	匹配索引等于 in 的元素,索引是从 0 开始计算的	$("tr:eq(1)")匹配表格的第二行
:gt(in)	匹配索引大于 in 的元素,索引是从 0 开始计算的	$("tr:gt(0)")选取索引大于 0 的表格,也就是第一行以后的行
:lt(in)	匹配索引小于 in 的元素,索引是从 0 开始计算的	$("tr:lt(2)")匹配比 2 的小索引值,也就是表格的第一行和第二行
:header	选取所有的 h1、h2、h3 一类的标签	$(":header")选取网页中所有的 h1,h2,h3…
:animated	匹配所有正在执行动画效果的所有元素	$("div:animated")选取正在执行动画的 div 元素

36.4.2 内容过滤选择器

内容过滤选择器主要用来过滤所包含的子元素或文本内容，常用的内容过滤选择器如表 36-2 所示。

表 36-2 内容过滤选择器

名称	说　明	举　例
:contains(text)	匹配包含给定文本的元素	查找所有包含"jarry"文本的 p 标签：$("p:contains('jarry')")
:empty	匹配所有不包含子元素或者文本的空元素	查找所有不包含子元素或者文本的<div>空标签：$("div:empty")
:has(selector)	匹配含有选择器所匹配的元素的元素	给<div>标签中所有包含<li>标签的元素添加一个 wap 类：$("div:has(li)").addClass("wap")
:parent	匹配含有子元素或者文本的元素	查找拥有子元素或者文本的 td 标签：$("td:parent")

36.4.3 可见性过滤选择器

根据标签或元素的可见性来选择标签或元素，标签的可见性用 hidden(隐藏)或 visible(可见)来表示，可见性过滤选择器如表 36-3 所示。

表 36-3 可见性过滤选择器

名称	说　明	举　例
:hidden	匹配所有不可见的标签或元素	查找不可见的<input>标签：$("input:hidden")
:visible	匹配所有可见的标签或元素	查找所有可见的<div>标签：$("div:visible")

36.4.4 属性过滤选择器

属性过滤选择器通过标签或元素的属性来选取标签或元素，常用的属性过滤选择器如表 36-4 所示。

表 36-4 属性过滤选择器

名　称	说　明	举　例
[attribute]	匹配包含给定属性的元素	查找所有含有 id 属性的 p 标签：$("p[id]")
[attribute=value]	匹配给定的属性是 value 值的元素	查找所有 id 属性值 abc 的 p 标签：$("p[id='abc']")
[attribute!=value]	匹配给定的属性不等于 value 值的元素	查找所有 id 属性值不等于 abc 的 p 标签：$("p[id!='abc']")
[attribute^=value]	匹配给定的属性是以 value 值开始的元素	查找所有 id 属性值以 abc 开始的 p 标签：$("p[id^='abc']")
[attribute$=value]	匹配给定的属性是以 value 值结尾的元素	查找所有 id 属性值以 abc 结束的 p 标签：$("p[id$='abc']")
[attribute*=value]	匹配给定的属性含有 value 值的元素	查找所有 id 属性值包含 abc 的 p 标签：$("p[id*='abc']")
[attr1][attr2] [attrN]	复合属性选择器，需要同时满足多个条件时使用	查找拥有 id 属性，并且属性 name 中以 abc 开始的所有<div>标签：$("div[id][id^='abc']")

36.4.5 子元素过滤选择器

子元素过滤选择器主要针对父元素和子元素之间作出选择，如表 36-5 所示。

表 36-5 子元素过滤选择器

名　称	说　明	举　例
:nth-child(index/even/odd/equation)	匹配其父元素下的第 index 个子或奇偶元素(从 1 开始计算)	:eq(index)只匹配一个元素，而 n:th-child 将为每一个父元素匹配子元素。:nth-child 是从 1 开始的，而 :eq()是从 0 算起的！ 在每个<ul>标签中查找第 2 个<li>标签：$("ul li:nth-child(2)")
:first-child	匹配每个父元素的第一个子元素	:first 只匹配一个元素，而此选择符将为每个父元素匹配一个子元素。 在每个 ul 中查找第一个 li：$("ul li:first-child")
:last-child	匹配每个父元素的最后一个子元素	:last 只匹配一个元素，而此选择符将为每个父元素匹配一个子元素。在每个<ul>中查找最后一个<li>：$("ul li:last-child")
:only-child	如果某个元素是父元素中唯一的子元素，那将会被匹配；如果父元素中含有其他元素，那将不会被匹配	在<ul>标签中查找是唯一子元素的<li>标签：$("ul li:only-child")

36.4.6 表单对象属性过滤选择器

表单对象属性过滤选择器主要对所选择的表单元素进行过滤，如可用或不可用、选择或被选择等，如表 36-6 所示。

表 36-6 表单对象属性过滤选择器

名　称	说　明	举　例
:enabled	选取所有可用的表单对象	$("#name:enabled")选取所有 id 值为 name 的表单内所有可用表单对象
:disabled	选取所有不可用的表单对象	$("#name:disabled")选取所有 id 值为 name 的表单内所有不可用表单对象
:checked	选取所有被选中的表单对象(主要是单选按钮和复选框)	$("input:checked")选取所有被选中的<input>表单对象
:selected	选取所有被选中的选项(主要是下拉列表)	$("select:selected")选取所有被选中的选项

36.5 表单选择器

jQuery 中的表单选择器，可以让我们能极其方便地获取到一个表单中的某个或某类型的元素(可以在本书第 7 章复习有关表单的概念)，如果表单的相关知识很熟悉，表单过滤选择器是很容易理解的。常用的表单选择器如表 36-7 所示。

表 36-7 表单过滤选择器

名称	说明	举例
:input	选取所有<input>元素	$(":input")
:text	选取所有单行文框	$(":text")
:password	选取所有密码框	$(":password")
:radio	选取所有单选框	$(":radio")
:checkbox	选取所有复选框	$(":checkbox")
:submit	选取所有提交按钮	$(":submit")
:image	选取所有的图像按钮	$(":image")
:reset	选取所有重置按钮	$(":reset")
:button	选取所有按钮	$(":button")
:file	选取所有的上传域	$(":file")
:hidden	选取所有不可见元素	$(":hidden")

如果想要得到表单元素的个数，可以使用 length 方法，代码如下：

```
$("#myform :input").length          //获得表单元素个数
$("#myform :button").length         //获得表单内按钮元素的个数
```

问答

问：如果 jQuery 选择器选中的元素不存在程序会出错吗？

答：不会出错。如果页面上不存在 id 为 test 的 DOM 元素，$("#test")不会产生任何异常，而 document.getElementById("test")就会产生未找到对象的异常。虽然 jQuery 这样操作不会产生异常，但是我们在开发 jQuery 插件的时候，是有必要判断 jQuery 选择器有没有获取到元素的，这样可以在插件未正常获取到元素的时候，可以立即停止插件的运行，可以提高性能而且减少意外情况的发生。可以这样：

```
if($("test").length>0){ //说明取得了元素  }
else{  //说明没有取得元素  }
```

问答

问：如果给网页多个相同的标签或元素添加属性，需要遍历所有标签吗？

答：不需要。因为 jQuery 使用的是隐式迭代，如：

```
$("input").text("jQuery")
```

上面的代码可以把网页中所有<input>标签的文本内容替换成“jQuery”，jQuery 会自动迭代每个元素，这就免去了我们编写代码遍历每个元素对象的操作。

特别提醒

选择器中的空格是不容忽视的，写代码的时候要小心应对，多一个空格少一个空格有时候表示的意思不一样，如下列代码表示的意义不一样：

```
$(".name  :hidden") //带空格，表示选取 class 为 name 元素里的隐藏元素
$(".name :hidden")  //不带空格，表示选取隐藏的 class 为 name 的元素
```

本章知识体系

知 识 点	重 要 等 级	难 度 等 级
jQuery 选择器	★★	★
标签选择器	★★★★	★★★
id 选择器	★★★★	★★★
类选择器	★★★★	★★★
通配符选择器	★★★★	★★★
群选择器	★★★★	★★★
后代选择器	★★★★	★★★
子选择器	★★★★	★★★
基本过滤选择器	★★★★	★★★
内容过滤选择器	★★★★	★★★
可见性过滤选择器	★★★★	★★★
属性过滤选择器	★★★★	★★★
子元素过滤选择器	★★★★	★★★
表单对象属性过滤选择器	★★★★	★★★
表单选择器	★★★★	★★★

第37章

jQuery中的DOM

jQuery 为我们提供了丰富的 DOM 操作方法，使复杂的 DOM 操作变得很简单。

本章介绍 jQuery 操作 DOM 的有关知识。

本 章 术 语

查找 DOM 节点________________

创建 DOM 节点________________

插入 DOM 节点________________

删除 DOM 节点________________

复制 DOM 节点________________

替换 DOM 节点________________

DOM 节点属性和样式________________

遍历 DOM 节点________________

关于 DOM 节点的相关知识可以复习本书第 34 章，使用 jQuery 操作 DOM 非常方便。先创建一个简单的网页，后面的教程以这个网页展开。

网页范例 demo.html

```
<body>
<h2>您最感兴趣的网页制作技术是什么?</h2>
  <ul id="one">
    <li title="php">PHP</li>
    <li title="css">CSS</li>
    <li title="jquery">jQuery</li>
    <li title="javascript">JavaScript</li>
  </ul>
</body>
```

37.1 查找 DOM 节点

可以通过 jQuery 选择器来查找节点，主要是查找元素节点和属性节点。

37.1.1 查找元素节点

查找包含在<ul>标签中的<li>元素节点，可以使用后代选择器，如：

```
var $li = $("ul li");
```

上述代码可以获取所有<ul>标签中的所有<li>元素节点。

如果要查找指定的节点，可以结合过滤选择器，如：

```
var $li = $("ul li:eq(1)");
```

上述代码是获取<ul>标签中的第 2 个<li>节点。

找到了节点后，如果要显示节点的文本内容，可以使用 text()方法。


```
var $li = $("ul li:eq(1)");         //取得<ul>中的第 2 个<li>元素节点
var text = $li.text();              //取得第 2 个<li>元素节点的文本内容
```

结合上面的代码，给出第一个使用 jQuery 操作 DOM 的实例，你会发现使用 jQuery 操作 DOM 比使用 JavaScript 简便多了。

网页范例 element.html

```
<script type="text/javascript" src="../scripts/jquery-1.5.js"></script>
  <script type="text/javascript">
    $().ready(function(){
    var $li = $("ul li:eq(1)");          //取得<ul>中的第 2 个<li>元素节点
    var text = $li.text();               //取得第 2 个<li>元素节点的文本内容
    window.alert(text);                  //输出元素节点的文本内容
    })
</script>
//html 代码省略,使用 demo.html 的内容
```

在 jQuery 中，无论使用哪种类型的选择符，都要从一个 $ 符号和一对圆括号开始：$()，这个就是工厂函数。前面已提过，$ 就是 jQuery 的别名。$().ready()函数相当于 window.onload 方法。$().ready()结构，实际是在基于 document 这个 DOM 元素构建而成的 jQuery 对象上，调用了 ready()方法。当这个函数不传递参数时，默认就是传递了 document 参数。也就是说，对于：

```
$(document).ready(function(){
//代码
}
```

也可以简写成：

```
$().ready(function(){
//代码
}
```

本例代码运行结果如图 37-1 所示。

37.1.2 查找属性节点

找到元素节点之后，可以使用 attr()方法来获取这个节点的各种属性。attr()方法的参数可以有一个，也可以有两个，语法格式：

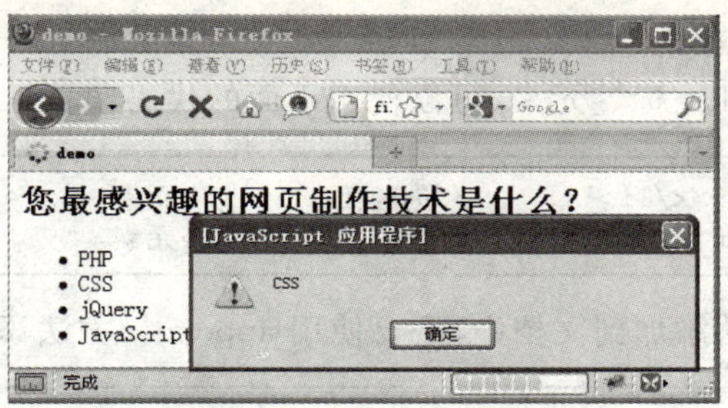

图 37-1


```
attr("字符串")
attr("属性名称","属性值")
```

只有一个参数的情况：通过这个方法可以方便地从匹配元素中获取一个属性的值。如果元素没有相应属性，则返回 undefined。

两个参数的情况：为所有匹配的元素设置一个属性值，注意这个返回值是一个对象，可以使用 attr()方法显示设置后最新的属性值。

网页范例 attr.html

```
  <script type="text/javascript">
$().ready(function(){
var $li =  $("ul li:eq(0)");          //获取<ul>元素的第 1 个<li>元素节点
var li_attr =  $li.attr("title");     //获取<li>元素节点的 title 属性节点的值
window.alert(li_attr);                //显示 title 属性节点的值
//将 title 属性节点的值修改为 this is php
var li_set_attr =  $li.attr("title","this is php");
//显示修改后的 title 属性节点的值
window.alert(li_set_attr.attr("title"));
  })
</script>
```

网页代码运行效果如图 37-2 所示。

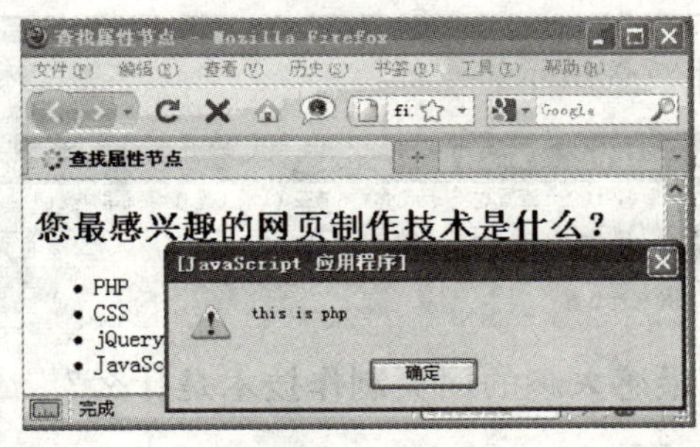

图 37-2

37.2 创建 DOM 节点

jQuery 中创建节点方法比较简单，我们介绍创建元素节点、属性节点和文本节点的方法。

1. 创建元素节点

创建元素节点使用 jQuery 的工厂函数 $()来完成，$()中的参数是创建的节点 html 标签名称，返回的是 jQuery 对象。

比如需要创建两个<li>标签元素，可以使用下面的代码：

```
var $li_one = $("<li></li>");     //创建第 1 个<li>元素
var $li_two = $("<li></li>");     //创建第 2 个<li>元素
```

节点创建后，不会自动添加到文档中，需要使用 append()方法添加，如：

```
$("ul").append($li_one);          //添加到<ul>节点中
$("ul").append($li_two);          //添加到<ul>节点中
```


2. 创建文本节点

创建文本节点就是在创建元素节点时，直接把文本内容写出来，然后使用 append()方法添加。代码如下：

```
//创建第 1 个<li>元素，文本节点是"asp"
var $li_one = $("<li>asp</li>");
//创建第 2 个<li>元素，文本节点是"jsp"
var $li_two = $("<li>jsp</li>");
$("ul").append($li_one);          //添加到<ul>节点中
$("ul").append($li_two);          //添加到<ul>节点中
```

3. 创建属性节点

创建属性节点的方法与创建文本节点的方法类似，直接把属性节点的内容写在代码中就行了，代码如下：

网页范例 create_attr.html

```
//创建第 1 个<li>元素，文本节点是"asp"，属性节点是 title='asp'
var $li_one = $("<li title='asp'>asp</li>");
//创建第 2 个<li>元素，文本节点是"jsp"，属性节点是 title='jsp'
var $li_two = $("<li title='jsp'>jsp</li>");
$("ul").append($li_one);          //添加到<ul>节点中
$("ul").append($li_two);          //添加到<ul>节点中
```

网页代码运行效果如图 37-3 所示。

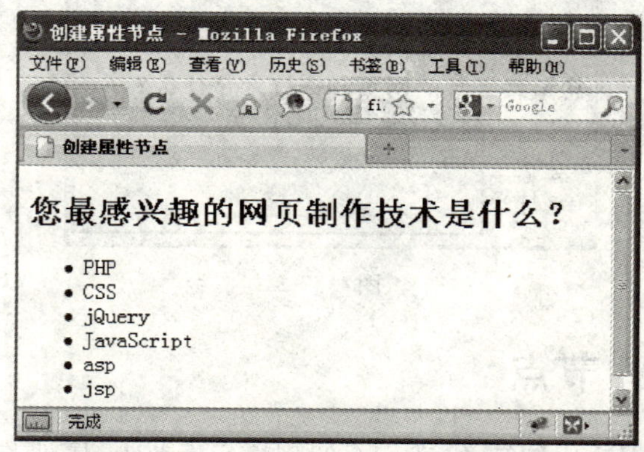

图 37-3

37.3 插入 DOM 节点

插入 DOM 节点除了上一小节介绍的 append()方法，还有其他几种方法。

37.3.1 append()方法

这个方法已演示过，作用是向每个匹配的元素内部追加内容。代码如下：

```
append(content)
```


参数 content 可以是包含 HTML 源代码的字符串，DOM 元素节点和 jQuery 对象，执行这个方法后，把 content 的内容添加到每个匹配的元素内部后面。如：

```
<ul>
  <li class="inner">Hello</li>
  <li class="inner">jQuery</li>
</ul>
```

我们先添加 HTML 源代码的字符串：

```
$(".inner").append("<p>DOM</p>");
```

上述代码为所有 class 为“inner”的元素添加子节点，jQuery 代码运行后的结果是：

```
<ul>
  <li class="inner">Hello<p>DOM</p></li>
  <li class="inner">jQuery<p>DOM</p></li>
</ul>
```

网页范例 html_append.html

```
<script type="text/javascript">
  $().ready(function(){
  $('.inner').append('<p>DOM</p>');
  })
</script>
…
<ul>
  <li class="inner">Hello</li>
  <li class="inner">jQuery</li>
</ul>
```

网页代码运行结果如图 37-4 所示。

append()方法中的参数除了使用 HTML 源代码的方式，也可以使用 DOM 元素节点的方式。接上例，修改代码如下：

```
var $li = $("<p>DOM</p>");
$('.inner").append($li);
```

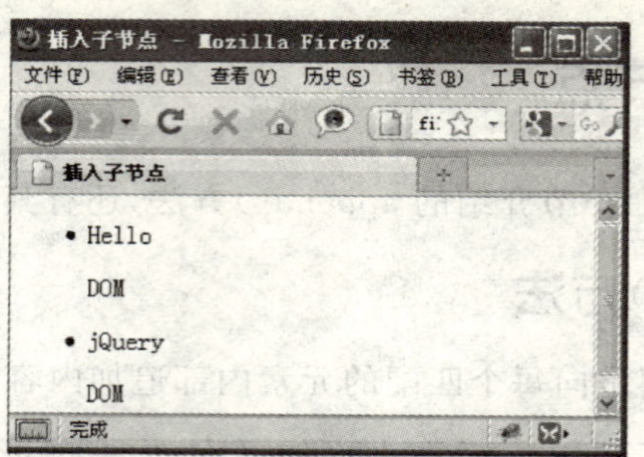

图 37-4

网页范例 html_append_1.html

```
<script type="text/javascript">
  $().ready(function(){
  var $li = $("<p>DOM</p>");
  $(".inner").append($li);
  })
</script>
…
<ul>
  <li class="inner">Hello</li>
  <li class="inner">jQuery</li>
</ul>
```

网页程序代码运行结果和图 37-1 完全相同。

37.3.2 appendTo()方法

appendTo()方法和 append()方法的使用规则完全相同,只是 append()是在元素节点的后面添加,appendTo()方法相反。使用这个方法是颠倒了常规的 $(A).append(B)的操作,即不是把 B 追加到 A 中,而是把 A 追加到 B 中。如:

```
$(".inner").append("<p>DOM</p>"); //append()方法
$("<p>DOM</p>").append(".inner"); //appendTo()方法
```

上述两种代码的运行效果完全相同。

37.3.3 prepend()方法

prepend()方法向每个匹配的元素内部前置内容。这是向所有匹配元素内部的开始处插入内容的最佳方式。语法格式如下:

```
prepend(content)
```

参数 content 可以是包含 HTML 源代码的字符串,DOM 元素节点和 jQuery 对象,执行这个方法后,把 content 的内容添加到每个匹配的元素内部前面。如:

```
<ul>
  <li class="inner">Hello</li>
  <li class="inner">jQuery</li>
```

```
</ul>
$(".inner").prepend("<p>DOM</p>");
```

jQuery 代码运行后的结果如下：

```
<ul>
  <li class="inner"><p>DOM</p>Hello</li>
  <li class="inner"><p>DOM</p>jQuery</li>
</ul>
```

可以参考网页范例 html_prepend.html。

37.3.4 prependTo()方法

prependTo()方法和 prepend()方法的使用规则完全相同，只是 prepend()是在元素节点的前面添加，prependTo()方法相反。使用这个方法是颠倒了常规的 $(A).prepend(B)的操作，即不是把 B 前置到 A 中，而是把 A 前置到 B 中。如：

```
$(".inner").prepend("<p>DOM</p>");      //prepend()方法
$("<p>DOM</p>").prependTo(".inner");    //prependTo()方法
```

上述两种代码的运行效果完全相同。

37.3.5 after()方法

after()方法在每个匹配的元素节点之后插入内容，语法格式如下：

```
after(content)
```

参数 content 可以是包含 HTML 源代码的字符串，DOM 元素节点和 jQuery 对象，执行这个方法后，把 content 的内容添加到每个匹配的元素节点后面。如：

```
<ul>
  <li class="inner">Hello</li>
  <li class="inner">jQuery</li>
</ul>
$(".inner").after("<p>DOM</p>");
```

jQuery 代码运行后的结果是：

```
<ul>
  <li class="inner">Hello</li><p>DOM</p>
  <li class="inner">jQuery</li><p>DOM</p>
</ul>
```

特别提醒

注意对比 append()和 after()方法的区别，前者是在元素内部后面添加，后者是在元素节点后面添加。

37.3.6 insertAfter()方法

insertAfter()方法在每个匹配的元素节点之后插入内容。使用这个方法是颠倒了常规的

$(A).after(B)的操作，即不是把B插入到A后面，而是把A插入到B后面。类似于前面几个appendTo()方法，读者朋友应该很熟悉了。如：

```
$(".inner").after("<p>DOM</p>");
$("<p>DOM</p>").insertAfter(".inner"); //效果与上一行代码相同
```

37.3.7 before()方法

before()方法在每个匹配的元素节点之前插入内容。语法格式如下：

```
before(content)
```

参数content可以是包含HTML源代码的字符串，DOM元素节点和jQuery对象，执行这个方法后，把content的内容添加到每个匹配的元素节点前面。如：

```
<ul>
  <li class="inner">Hello</li>
  <li class="inner">jQuery</li>
</ul>
$(".inner").before("<p>DOM</p>");
```

jQuery代码运行后的结果是：

```
<ul>
  <p>DOM</p><li class="inner">Hello</li>
  <p>DOM</p><li class="inner">jQuery</li>
</ul>
```

37.3.8 insertBefore()方法

insertBefore()方法在每个匹配的元素节点之前插入内容。使用这个方法是颠倒了常规的$(A).before(B)的操作，即不是把B插入到A前面，而是把A插入到B前面。如：

```
$(".inner").before("<p>DOM</p>");
$("<p>DOM</p>").insertBefore(".inner"); //效果与上一行代码相同
```

37.4 删除DOM节点

可以通过remove()和empty()两种方法来删除节点。

37.4.1 remove()方法

从DOM中删除所有匹配的元素。这个方法不会把匹配的元素从jQuery对象中删除，因而可以在将来再使用这些匹配的元素。但除了这个元素本身得以保留之外，其他的比如绑定的事件、附加的数据等都会被移除。语法格式如下：

```
remove([字符串表达式])
```

jQuery 字符串表达式是可选项，用于筛选元素。如：

```
<ul>
   <li class="hello">Hello</li>
   <li class="inner">jQuery</li>
</ul>
$(".hello").remove(); //删除class为hello的元素,不带参数
```

jQuery 代码运行结果是：

```
<ul>
   <li class="inner">jQuery</li>
</ul>
```

remove()方法也可以带参数，如：

```
<ul>
   <li class="hello">Hello</li>
   <li class="inner">jQuery</li>
</ul>
$("li").remove(".inner"); //删除class为hello的li元素
```

jQuery 代码运行结果是：

```
<ul>
   <li class="hello">Hello</li>
</ul>
```

37.4.2 empty()方法

empty()方法并不是删除节点，而是清空节点，可以清空匹配元素中的所有后代节点。如：

```
<ul>
  <li class="hello">Hello</li>
  <li class="inner">jQuery</li>
</ul>
$(".hello").empty(); //清空class为hello的元素节点
```

jQuery 代码运行结果是：

```
<ul>
  <li class="hello"></li>          //节点内容被清空
  <li class="inner">jQuery</li>
</ul>
```

37.5 复制 DOM 节点

使用 clone()方法复制元素节点，如果想把 DOM 文档中元素的副本添加到其他位置这个函数非常有用。代码如下：

```
<ul>
  <li class="hello">Hello</li>
  <li class="inner">jQuery</li>
</ul>
 $(".hello").clone().appendTo(".inner");
```

上面的jQuery代码,把class为hello的节点复制,然后添加到class为inner的节点后面。jQuery代码运行结果如下:


```
<ul>
  <li class="hello">Hello</li>
  <li class="inner">
    jQuery
    <li class="hello">Hello</li>
  </li>
</ul>
```

源代码可以参看网页范例 html_clone.html。

特别提醒

复制节点后,被复制的新节点并不具有任何行为。在复制原节点的同时,需要把原节点的行为也同时复制,clone()方法中参数为 true,即:clone(true)。

37.6 替换 DOM 节点

在jQuery中使用replaceWith()和replaceAll()方法替换节点。replaceWith()方法将所有匹配的元素替换成指定的HTML或DOM元素。语法格式:

```
replaceWith(content)
```

content参数可以是字符串、元素、jQuery对象和函数,用于将匹配元素替换掉的内容。如果这里传递一个函数进来的话,函数返回值必须是HTML字符串。

网页范例 html_replacewith.html

```
<script type="text/javascript">
  $().ready(function(){
  //替换class为hello的元素节点
  $(".hello").replaceWith("<li>replacewith</li>");
  })
</script>
…
<ul>
  <li class="hello">Hello</li>
  <li class="inner">jQuery</li>
</ul>
```

jQuery代码运行后,结果如下:

```
<ul>
  <li>replacewith</li>
```

```
  <li class="inner">jQuery</li>
</ul>
```

如果用当前 DOM 树中的节点替换其他节点，相当于剪切功能，而不是复制一份来替换。

网页范例 html_replace_1.html

```
<script type="text/javascript">
  $().ready(function(){
  //用第一个节点替换第三个节点,第一个节点被剪切
  $(".three").replaceWith($(".one"));
  })
</script>
…
<ul>
  <li class="one">Hello</li>
  <li class="two">jQuery</li>
  <li class="three">CSS</li>
</ul>
```

jQuery 代码运行后的结果：

```
<ul>
  <li class="two">jQuery</li>
  <li class="one">Hello</li>
</ul>
```

37.7 包装 DOM 节点

37.7.1 wrap()方法

可以使用 wrap()方法把所有匹配的元素用其他元素的结构化标记包装起来。

网页范例 html_wrap.html

```
<script type="text/javascript">
  $().ready(function(){
  $("li").wrap("<b></b>");
  })
</script>
……
<ul>
  <li class="one">Hello</li>
  <li class="two">jQuery</li>
  <li class="three">CSS</li>
</ul>
```

jQuery 代码运行后得到这样的结果：

```
<ul>
  <b><li class="one">Hello</li></b>
  <b><li class="two">jQuery</li></b>
  <b><li class="three">CSS</li></b>
</ul>
```

每个<li>元素节点都加上了<b>标签。

37.7.2 wrapAll()方法

如果想要将所有匹配的元素用单个元素包装起来，可以使用 wrapAll()方法。

网页范例 html_warpAll.html

```
<script type="text/javascript">
  $().ready(function(){
  $("li").wrapAll("<b></b>");
  })
</script>
……
<ul>
  <li class="one">Hello</li>
  <li class="two">jQuery</li>
  <li class="three">CSS</li>
</ul>
```


jQuery 代码运行后得到这样的结果：

```
<ul>
<b>
<li class="one">Hello</li>
<li class="two">jQuery</li>
<li class="three">CSS</li>
</b>
</ul>
```

把所有的<li>元素节点只加上了一次<b>标签。

特别提醒

要注意 wrap()方法和 wrapAll()方法的区别。

37.7.3 wrapInner()方法

将每一个匹配的元素的子内容(包括文本节点)用 DOM 元素包裹起来。

网页范例 html_wrapinner.html

```
<script type="text/javascript">
  $().ready(function(){
  $("li").wrapInner("<b></b>"); //把节点的文本内容用<b>标签包装
  })
</script>
</head>
<body>
<ul>
  <li class="one">Hello</li>
  <li class="two">jQuery</li>
  <li class="three">CSS</li>
</ul>
```

jQuery 代码运行效果如下：

```
<ul>
  <li class="one"><b>Hello</b></li>
  <li class="two"><b>jQuery</b></li>
  <li class="three"><b>CSS</b></li>
</ul>
```

37.8 DOM 节点属性操作

1. attr()方法

关于 attr()方法本章第 1 节已介绍过了。使用 attr()方法可以实现获取和设置元素的属性，在 jQuery 中既能设置元素的属性的值，又能获取元素属性的值，类似的还有 html()、text()、height()、width()、val()、css()等方法。

2. removeAttr()方法

如果要删除某个元素的属性，可以使用 removeAttr()方法，如：

```
<ul>
  <li class="one">Hello</li>
  <li class="two">jQuery</li>
  <li class="three">CSS</li>
</ul>
$("li").removeAttr("class"); //删除<li>节点的 class 属性
```

jQuery 代码运行效果如下：

```
<ul>
  <li>Hello</li>
  <li>jQuery</li>
  <li>CSS</li>
</ul>
```

37.9 DOM 节点 CSS 属性

37.9.1 addClass()方法

jQuery 中提供了 addClass()方法来追加 CSS 的样式，如：

```
<ul class="one">
  <li>Hello</li>
  <li>jQuery</li>
  <li>CSS</li>
</ul>
$("ul").addClass("two"); //给<ul>节点添加一个新的 class 属性
```

jQuery 代码运行结果如下：

```
<ul class="one two">
  <li>Hello</li>
  <li>jQuery</li>
```

```
  <li>CSS</li>
</ul>
```

这样<ul>标签同时拥有两个class值，即one和two。根据本书中CSS的有关知识可以知道，如果一个标签元素添加了多个class值，相当于合并了它们的样式。如果样式中设置了同一个样式属性，根据就近原则，后者覆盖前者。

特别提醒

要注意attr()方法和addClass()方法的区别。使用attr()方法也可以添加样式，如$("ul").attr("class","two")，相当于把原来的class替换为新的class，而不是在原来的基础上追加新的class。而addClass()方法是在原来的基础上追加新的class。

37.9.2 removeClass()方法

使用removeClass()方法可以删除class，如：

```
<ul class = "one two">
  <li>Hello</li>
  <li>jQuery</li>
  <li>CSS</li>
</ul>
//删除值为one的class
$("ul").removeClass("one");
//删除两个class,用空格分隔
$("ul").removeClass("one two");
//不带参数时,表示删除全部class
$("ul").removeClass();
```

37.9.3 toggleClass()方法

toggleClass()方法用来控制样式的重复切换，如果样式中的类名存在（不存在）就删除（添加）一个类。如：

```
<ul>
  <li class = "one">Hello</li>
  <li>CSS</li>
</ul>
$("li").toggleClass("one");
```

jQuery代码运行后结果如下：

```
<ul>
  <li>Hello</li>
  <li class = "one">CSS</li>
</ul>
```

37.9.4 hasClass()方法

hasClass()方法可以用来判断元素中是否含有某个class。如果有，返回true，否则返回false。如：

```
$("li").hasClass("one");
```

这个方法也可以使用is()方法来替代，如：

```
$("li").is(".one");
```

37.10 DOM节点文本的值

37.10.1 html()方法

html()方法可以读取和设置元素中的HTML内容，这个函数不能用于XML文档，但可以用于XHTML文档。

网页范例 html_html.html

```
<script type="text/javascript">
  $().ready(function(){
  var html = $("ul").html(); //调用html()方法,显示html内容
  window.alert(html);
  })
……
<ul class="one">
  <li class="one">Hello</li>
  <li class="two">jQuery</li>
  <li class="three">CSS</li>
</ul>
```

网页程序代码运行效果如图37-5所示。

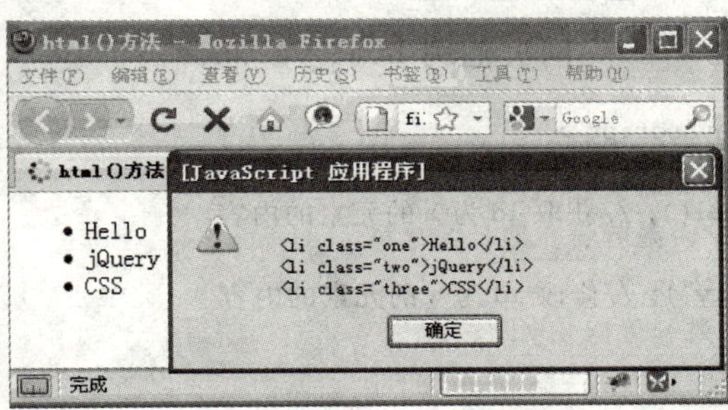

图 37-5

37.10.2 text()方法

text()方法可以读取或设置元素节点的文本内容，返回值是由所有匹配元素包含的文本内容组合起来的文本。这个方法对HTML和XML文档都有效。

网页范例 html_text.html

```
<script type="text/javascript">
  $().ready(function(){
```

```
  var txt = $("li:eq(0)").text();            //获得第一个 li 元素的文本内容
$("li:eq(1)").text("这是修改后的值 jQuery"); //修改第二个元素的文本内容
  window.alert(txt);
  })
</script>
</head>
<body>
<ul class="one">
  <li class="one">Hello</li>
  <li class="two">jQuery</li>
  <li class="three">CSS</li>
</ul>
```


网页程序代码运行结果如图 37-6 所示。

图 37-6

37.10.3 val()方法

val()方法可以设置和获取元素的值，check、select、radio 等表单元素都能使用为之赋值，如果多选，将返回一个数组，其包含所选的值。

网页范例 html_val.html

```
<script type="text/javascript">
  $().ready(function(){
  var s = $("#h").val(); //获取 id 为 h 的元素的内容
  window.alert(s);
  $("#w").val("jquery"); //修改 id 为 w 的元素的内容
  })
</script>
……
<input id="h" value="Hello" />
<input id="w" value="World" />
```

jQuery 代码运行后如下：

```
<input id="h" value="Hello" />
<input id="w" value="jquery" />
```

网页代码运行结果如图 37-7 所示。

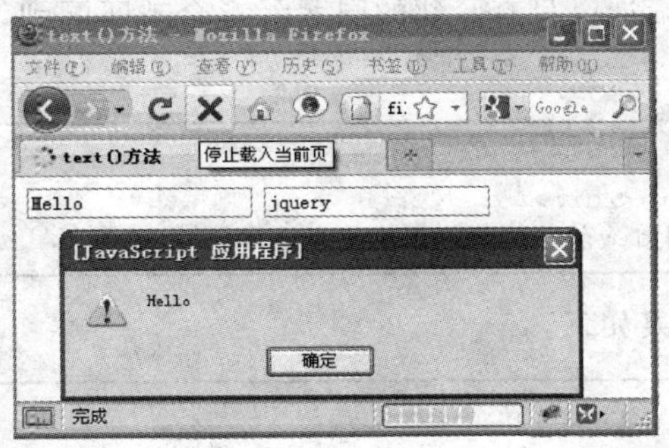

图　37-7

37.11　遍历 DOM 节点

1. children()方法

children()方法取得一个包含匹配的元素的所有子元素的集合，返回值是 jQuery 对象。

可以通过可选的表达式来过滤所匹配的子元素。注意：parents()将查找所有祖辈元素，而 children()只考虑子元素而不考虑所有后代元素。参考第 34 章图 34-1：

```
$("head").children()                    //获取 title 子元素
$("body").children()                    //获取 h1 和 p 子元素
```

2. next()方法

next()方法取得一个包含匹配的元素集合中每一个元素紧邻的后面同辈元素的集合。这个函数只返回后面那个紧邻的同辈元素，而不是后面所有的同辈元素(可以使用 nextAll)。如：

```
<p>Hello</p>
<div><span>CSS</span></div>
$("p").next() //jQuery 代码
```

jQuery 代码运行后，获得如下结果：

```
<div><span>CSS</span></div>
```

next()方法也可以使用过滤表达式，如：

```
<p>Hello</p>
<p class="selected">jQuery</p>
<div><span>CSS</span></div>
//找到每个段落的后面紧邻的同辈元素中类名为 selected 的元素
$("p").next(".selected")
```

jQuery 代码运行后结果如下：

```
<p class="selected">jQuery</p>
```

3. prev()方法

与 next()方法相反，prev()方法取得一个包含匹配的元素前一个同辈元素的集合。可以用一个可选的表达式进行筛选。只有紧邻的同辈元素会被匹配到，而不是前面所有的同辈元素。如：

```
<p>Hello</p>
<div><span>CSS</span></div>
$("div").prev() //获得 div 前面的元素节点
```

jQuery 代码运行后结果如下：

```
<p>Hello</p>
```


4. siblings()方法

siblings()方法可以匹配元素前后所有的同辈元素。如：

```
<p>Hello</p>
<div><span>CSS</span></div>
<ul>jQuery</ul>
$("div").siblings()                //获得 div 前后的所有同辈元素节点
```

jQuery 代码运行后的结果如下：

```
<p>Hello</p>
<ul>jQuery</ul>
```

37.12 DOM 中的 style

在 jQuery 中可以通过对 style 对象的操作，读取和设置 style 对象的各种属性。

可以通过 css()方法读取和设置元素的样式属性，如：

```
$("span").css("color");
$("p").css("height");
```

上述代码可以获取 span 元素的样式颜色，可以获得 p 元素的样式高度值。如果要设置样式颜色和高度，可以这样写：

```
$("span").css("color","red");          //设置 span 元素的样式颜色为红色
$("p").css("height","20");             //设置 p 元素的样式高度为 20 像素
```

本章知识体系

知　识　点	重 要 等 级	难 度 等 级
attr()	★★★	★★
append()	★★★	★★
appendTo()	★★★	★★
prepend()	★★★	★★

续表

知　识　点	重 要 等 级	难 度 等 级
prependTo()	★★★	★★
after()	★★★	★★
insertAfter()	★★★	★★
before()	★★★	★★
insertBefore()	★★★	★★
remove()	★★★	★★
empty()	★★★	★★
clone()	★★★	★★
replaceWith()	★★★	★★
wrap()	★★★	★★
wrapAll()	★★★	★★
wrapInner()	★★★	★★
removeAttr()	★★★	★★
toggleClass()	★★★	★★
hasClass()	★★★	★★
addClass()	★★★	★★
removeClass()	★★★	★★
is()	★★★	★★
html()	★★★	★★
text()	★★★	★★
children()	★★★	★★
next()	★★★	★★
prev()	★★★	★★
val()	★★★	★★
siblings()	★★★	★★
css()	★★★	★★

jQuery的事件和动画

jQuery 增强并扩展了 JavaScript 中基本的事件处理机制，提供了更加优雅的事件处理语法。

本章介绍 jQuery 的事件和动画。

本 章 术 语

事件绑定______

事件冒泡______

jQuery 动画______

所谓事件处理，就是指在某一时刻页面上的元素对某一种操作的响应处理。jQuery 不但提供了十分优雅的事件处理语法，而且也对事件处理机制本身作了很大的改进。

38.1 页面载入函数 ready()

用户浏览一个网站，需要从服务器端请求数据，并载入到本地进行显示。对于一个页面而言，其组织方式可以看做一个 DOM 树，在树还没有成形之前，对其操作是没有任何意义的。因此，需要等待页面加载完毕之后才能对其上的元素进行各种操作。

所谓页面载入完毕，即是指 DOM 元素载入就绪能够供读取和操纵的时刻。在 JavaScript 是通过 window. onload()事件，用户可以设定一些特定的操作，让其在页面的 DOM 树加载完毕之后执行。在 jQuery 中，与此函数功能类似的函数是 ready()函数。

ready()是当 DOM 载入就绪可以查询及操纵时绑定一个要执行的函数。这是事件模块中最重要的一个函数，因为它可以极大地提高 Web 应用程序的响应速度。通过使用这个方法，可以在 DOM 载入就绪能够读取并操纵时立即调用你所绑定的函数。

可以在同一个页面中无限次地使用 $(document). ready()事件。其中注册的函数会按照(代码中的)先后顺序依次执行。语法格式：

```
$(document).ready(function(){
    // 在这里写你的代码...
});
或者:
$().ready(function(){
```

```
        // 在这里写你的代码...
    });
```

现在我们知道了 $().ready()是 jQuery 中响应 JavaScript 内置的 onload 事件并执行任务的一种典型方式。除了页面加载之外,常用的如鼠标单击事件、表单修改事件及窗口大小变化等事件,jQuery 也为处理这些事件提供了一种改进的方式。

38.2 事件绑定与反绑定

一个事件的响应本身可能实现为一个函数,但是真正要使其得到执行,还需要将其与相应的元素动作绑定到一起。

所谓绑定,其实就是将页面元素的事件类型与其在收到该事件之后期望进行的操作联系到一起。例如经常提到的"当我们单击这个按钮的时候,就会执行某些动作",让这里的"单击"动作与"执行某些动作"连接到一起的操作就是绑定了。

jQuery 中提供了强大的 API 来执行事件的绑定操作,不但可以单纯地绑定事件类型和处理函数,甚至还可以为处理函数传递参数数据。jQuery 还可以对事件进行多次绑定或者一次性绑定,甚至可以设置反绑定。

38.2.1 事件绑定 bind()

可以使用 bind()来对匹配的元素进行特定事件的绑定。语法格式如下:

```
bind(type, [data], fn)
```

第一个参数 type 是事件类型,常用的类型有以下这些: blur, focus, focusin, focusout, load, resize, scroll, unload, click, dblclick, mousedown, mouseup, mousemove, mouseover, mouseout, mouseenter, mouseleave, change, select, submit, keydown, keypress, keyup, error。

第二个参数为可选参数,作为 event.data 属性值传递给事件对象的额外数据对象,可选的第二个参数 data 通常用得很少。

第三个参数是绑定到每个匹配元素的事件上面的处理函数。

第一和第三个参数是必选参数。示例:

```
$("#panel").bind("click", function() {
  window.alert("您点击了元素 panel");
});
```

这个代码能使 id 为 panel 的元素响应 click 事件。当用户单击元素内部之后,就会弹出一个警告框。

也可以同时绑定多个事件类型,每个事件类型用空格分隔:

```
$("#panel").bind("mouseenter mouseleave", function() {
   $(this).toggleClass("one");
});
```

这个代码让一个<div id="panel">元素(初始情况下 class 没有设置成 one),当鼠标移进去的时候,在 class 中加上 one,而当鼠标移出这个 div 的时候,则去除这个 class 值。

特别提醒

mouseenter 是当鼠标指针进入(穿过)元素时触发的事件,mouseleave 是当鼠标指针离开元素时触发的事件。

在 jQuery 1.4 以后,我们也可以通过传入一个映射对来一次绑定多个事件处理函数:

```
$("#panel").bind({
  mouseenter: function() {
    //代码
  },
  mouseleave: function() {
    //代码
  }
});
```

现在谈谈第三个参数:事件处理函数。在这个事件处理函数内部,this 指向这个函数绑定的 DOM 元素。如果要让这个元素变成 jQuery 对象来使用 jQuery 的方法,可以把这个对象传入 $() 重新封装。比如说:

```
$("#panel").bind("click", function() {
  window.alert( $(this).text());
});
```

这个代码执行之后,当用户单击了 id 为 panel 的元素内部之后,他的文本内容就会出现在一个警告框中。

unbind()方法是 bind()的反向操作,从每一个匹配的元素中删除绑定的事件。

如果没有参数,则删除所有绑定的事件。如果提供了事件类型作为参数,则只删除该类型的绑定事件。如果把在绑定时传递的处理函数作为第二个参数,则只有这个特定的事件处理函数会被删除。如:

```
$("p").unbind();                      //把所有<p>元素的所有事件取消绑定
$("p").unbind( "click" );             //将<p>元素的 click 事件取消绑定
$("p").unbind("click", fn);           //再也不会被触发 fn 函数
```

38.2.2 hover()

hover()是一个模仿悬停事件(鼠标移动到一个对象上面及移出这个对象)的方法。语法如下:

```
hover(enter,leave);
```

当鼠标移动到一个匹配的元素上面时,会触发指定的第一个函数。当鼠标移出这个元素时,会触发指定的第二个函数。而且,会伴随着对鼠标是否仍然处在特定元素中的检测(例如,处在 div 中的图像)。如果是,则会继续保持“悬停”状态,而不触发移出事件(修正了使用 mouseout 事件的一个常见错误)。

特别提醒

hover()方法可以替代 jQuery 中的 bind("mouseenter")和 bind("mouseleave")。

代码示例:

```
$("td").hover(
  function () {
    $(this).addClass("one");
  },
  function () {
    $(this).removeClass("one");
  }
);
```

上述代码表示鼠标悬停的表格加上名称为 one 的类。

38.2.3 toggle()

toggle()切换元素的可见状态。如果元素是可见的,切换为隐藏的;如果元素是隐藏的,切换为可见的。

网页范例 html_toggle.html

```
<script type="text/javascript">
  $().ready(function(){
  $("li").toggle(
      function () {
      //设置文字颜色绿色
       $(this).css({"list-style-type":"disc", "color":"blue"});
      },
      function () {
        //设置文字颜色红色
        $(this).css({"list-style-type":"disc", "color":"red"});
      },
      function () {
        //不设置文字颜色
       $(this).css({"list-style-type":"", "color":""});
      }
    );
  })
</script>
</head>
<body>
<ul>
  <li class="one">Hello</li>
  <li class="two">jQuery</li>
  <li class="three">CSS</li>
</ul>
```

上述代码第一次单击文字,文字颜色为绿色;再次单击文字时,文字颜色为红色;第三次单击文字,文字颜色为默认颜色。通过 toggle()方法轮流调用不同的样式表。

38.3 事件冒泡

38.3.1 什么是事件冒泡

页面上有好多事件,也可以多个元素响应一个事件。有下列网页代码:

网页范例 html_propagation.html

```
<body onclick="alert('最外层');">最外层
<div onclick="alert('中间层');">中间层
```

```
<a href = "http://www.jquery.com" id = "three" title = "超链接"
    onclick = "alert('最里层')";>最里层</a>
</div>
```

<a>嵌套在<div>中，<div>嵌套在<body>中，它们都有各自的 click 事件。在页面中当单击<a>标签会连续弹出 3 个提示框，这就是事件冒泡引起的现象。事件冒泡的过程是：a→div→body，事件会按照 DOM 的层次结构像水泡一样不断向上直到顶端，所以叫做事件冒泡。

网页程序代码运行效果如图 38-1 所示。

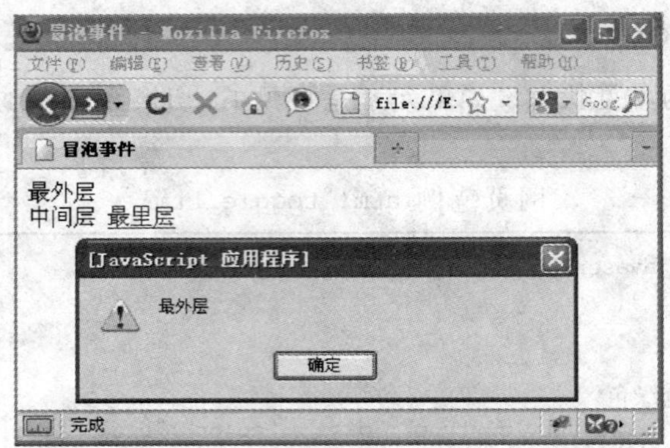

图 38-1

38.3.2 事件冒泡解决办法

本来在上面的代码中只想触发<a>元素的 onclick 事件，然而<div>和<body>事件也同时触发了。因此我们必须要对事件的作用范围进行限制。当单击<a>元素的 onclick 事件时只触发<a>本身的事件。由于 IE-DOM 和标准 DOM 实现事件对象的方法各不相同，导致在不同浏览器中获取事件的对象变得比较困难。为了阻止事件的传递，针对这个问题，jQuery 进行了必要的扩展和封装，从而使得在任何浏览器中都能轻松地获取事件对象以及事件对象的一些属性。

事件对象只要为函数添加一个参数，jQuery 代码如下：

```
$("element").bind("click",function(enent){    //enent 是事件对象
  //代码
})
```

当单击了 element 元素时，事件对象就被创建了，这个事件对象只有事件处理函数才能访问到。事件处理函数执行完毕后，事件对象就被销毁。

停止事件冒泡可以阻止事件中其他对象的事件处理函数被执行。可以用 stopPropagation() 方法阻止事件冒泡。

网页范例 html_propagation_1.html

```
<script type = "text/javascript">
  $().ready(function(){
    $("#three").click(function(event) {
        event.stopPropagation();                //阻止事件冒泡
```

```
    });
  });
</script>
html 代码同上
```

再次运行网页，再次单击“最里层”超级链接，会弹出对话框，显示“最里层”提示文字信息，然后链接跳转到jQuery官方网站。这样只触发<a>元素上的click事件，不会触发<div>和<body>元素的click事件，这样就解决了冒泡问题。

网页中的元素有自己的默认行为，如上例中单击超级链接后，会跳转到jQuery官方网站。如果想要阻止元素的默认行为，可以使用jQuery中的preventDefault()方法。

网页范例 html_propagation_2.html

```
<script type="text/javascript">
  $().ready(function(){
    $("#three").click(function(event) {
         //阻止元素的默认行为，但不阻止事件冒泡
         event.preventDefault();
    });
  });
</script>
html 代码同上
```

再次运行网页，再次单击“最里层”超级链接，不会跳转到jQuery官方网站，但不会阻止事件冒泡的发生。

如果想同时阻止事件冒泡和元素的默认行为，可以同时调用上述两种方法。当然更简便的方法是使用“return false”。

网页范例 html_propagation_3.html

```
<script type="text/javascript">
  $().ready(function(){
    $("#three").click(function(event) {
         //阻止元素的默认行为，同时也阻止事件冒泡
         return false;
    });
  });
</script>
html 代码同上
```

38.4 jQuery 中的动画

通过jQuery，我们不仅能够轻松地为页面操作添加简单的视觉效果，甚至能创建更精致的动画。当一个元素逐渐滑入视野而不是突然出现时，带给人的美感是不言而喻的。

jQuery的动画函数分为三类。

基本动画函数：既有透明度渐变，又有滑动渐变。

滑动动画函数：仅使用滑动渐变效果。

淡入淡出动画函数：仅使用透明度渐变效果。

38.4.1 show()和 hide()方法

show()和 hide()方法是 jQuery 中最基本的动画函数。

show()方法是显示隐藏的匹配元素，如果选择的元素是可见的，这个方法将不会改变任何东西。无论这个元素是通过 hide()方法隐藏的或者在 CSS 里设置了“display:none;”，这个方法都将有效。如：

```
<p style="display: none">Hello</p>
$("p").show();
```

如果希望在调用 show()方法时，元素慢慢地显示出来，可以为 show()方法指定一个速度参数——三种预定速度之一的字符串("slow", "normal", or "fast")或表示动画时长的毫秒数值(如：1000)，并在显示完成后可选地触发一个回调函数(只执行一次)。如：

```
$("p").show("200",function(){
    window.alert("动画效果");
});
```

上述代码的功能是用 200 毫秒将段落迅速显示，之后弹出一个对话框。

hide()方法是隐藏匹配的元素，如果选择的元素是隐藏的，这个方法将不会改变任何东西。hide()方法如果带参数，可以使元素慢慢地隐藏起来，使用方法和 show()完全相同。

网页范例 html_show.html

```
<script type="text/javascript">
   $().ready(function(){
     $("#hide").click(function () {
         $("#h").hide("fast", function () {
           $(this).hide("slow");             //隐藏元素
         });
     });
     $("#show").click(function () {
         $("#h").show(2000);                 //显示元素
     });
   });
</script>
</head>
<body>
<button id="hide">隐藏</button>
<button id="show">显示</button>
<div>
<li id="h">这是显示和隐藏动画效果</li>
</div>
```

上述代码可以实现文本的显示和隐藏的动画效果，非常震撼。show()和 hide()方法可以同时改变元素的宽度、高度和透明度。

38.4.2 fadeIn()和 fadeOut()方法

fadeIn()和 fadeOut()方法只是改变元素的透明度。fadeOut()方法在指定的一段时间内降低元素的不透明度，直到元素完全消失，fadeIn()方法则相反。它们的参数用法和 show()相同。

网页范例 html_fadeIn.html

```
<script type="text/javascript">
  $().ready(function(){
    $("#hide").click(function () {
        $("#h").hide("fast", function () {
          $(this).fadeOut(6000);              //减少元素透明度
        });
    });
    $("#show").click(function () {
      $("#h").fadeIn(2000);                  /增加元素透明度
    });
  });
</script>
</head>
<body>
<button id="hide">隐藏</button>
<button id="show">显示</button>
<div>
<li id="h">这是显示和隐藏动画效果</li>
</div>
```

上述代码实现文本的透明度效果。

38.4.3 slideUp()和 slideDown()方法

slideUp()和 slideDown()方法只能改变元素的高度。slideUp()方法可以使匹配的元素以“滑动”的方式隐藏起来,slideDown()方法则相反。它们参数的用法和 show()相同。

网页范例 html_slideUp.html

```
<script type="text/javascript">
  $().ready(function(){
    $("#hide").click(function () {
        $("#h").hide("fast", function () {
          $(this).slideUp(6000);              //减少元素高度
        });
    });
    $("#show").click(function () {
        $("#h").slideDown(2000);              //增加元素高度
    });
  });
</script>
</head>
<body>
<button id="hide">隐藏</button>
<button id="show">显示</button>
<div>
<li id="h">这是显示和隐藏动画效果</li>
</div>
```

38.4.4 自定义动画 animate()

animate()方法用于创建自定义动画,使用它可以代替其他所有的动画方法。以上各种动画方法实质内部都调用了 animate()方法,另外,直接使用 animate()还能自定义其他的样式属性，如"left"、"marginLeft"、"scrollTop"等。语法如下：

```
animate(params, [duration], [easing], [callback])
```

params 参数：一组包含作为动画属性和终值的样式属性及其值的集合。

duration 参数(可选)：三种预定速度之一的字符串("slow"，"normal"，or "fast")或表示动画时长的毫秒数值(如：1000)。

easing 参数(可选)：要使用的擦除效果的名称(需要插件支持)，默认 jQuery 提供"linear"和 "swing"。

callback 参数(可选)：在动画完成时执行的函数。

网页范例 html_animate.html

```
<script type="text/javascript">
  $().ready(function(){
  $("#go").click(function(){
    $("#block").animate({
    width: "70%",                                //宽度为 70%
    opacity: 0.4,                                //透明度 40%
    marginLeft: "20px",                          //左边距 20 像素
    fontSize: "3em",                             //正常字体大小 3 倍
    borderWidth: "10px"                          //边框宽度 10 像素
    }, 1500 );
  });
});
</script>
</head>
<body>
<button id="go">开始动画</button>
<div id="block">这是自定义动画</div>
```

上述代码动态改变<div>的样式文件，达到动画效果。

38.4.5 停止动画 stop()

stop()方法用来停止所有在指定元素上正在运行的动画，语法格式：

```
stop([clearQueue], [gotoEnd]);
```

如果队列中有等待执行的动画(并且 clearQueue 没有设为 true)，它们将被马上执行。

clearQueue 参数(可选)：是个布尔值，如果设置成 true，则清空队列，立即结束动画。

gotoEnd 参数(可选)：是个布尔值，让当前正在执行的动画立即完成，并且重设 show 和 hide 的原始样式，调用回调函数等。如：

```
// 当单击按钮后停止动画
$("#stop").click(function(){
  $(".block").stop();
});
```

38.4.6 fadeTo()

fadeTo()方法把所有匹配元素的不透明度以渐进方式调整到指定的不透明度，并在动画

完成后可选地触发一个回调函数。这个动画只调整元素的不透明度，所有匹配的元素的高度和宽度不会发生变化。语法格式：

```
fadeTo(speed, opacity, [callback])
```

speed 参数：三种预定速度之一的字符串("slow"，"normal"，or "fast")或表示动画时长的毫秒数值(如：1000)。

opacity 参数：要调整到的不透明度值(0～1 之间的数字)。

callback 参数(可选)：在动画完成时执行的函数。

本章知识体系

知　识　点	重 要 等 级	难 度 等 级
ready()	★★★★	★★
事件绑定 bind()	★★★★	★★
hover()	★★★	★★
toggle()	★★★	★★
stopPropagation()	★★★	★★
preventDefault	★★★	★★
show()	★★★	★★
hide()	★★★	★★
fadeIn()	★★★	★★
fadeOut()	★★★	★★
slideUp()	★★★	★★
slideDown()	★★★	★★
animate()	★★★★	★★★
stop()	★★★	★★
fadeTo()	★★★	★★

附录A

HTML 4.01/XHTML 1.0参考手册

表 A-1 HTML 4.01/XHTML 1.0 参考手册(按字母排序)

标　签	描　述
<!--……-->	定义 HTML 文档的注释
<!DOCTYPE>	定义 HTML 文档类型
<a>	定义超级链接
<abbr>	定义缩写
<acronym>	定义只取首字母的缩写
<address>	定义文档作者的联系信息
<applet>	定义在网页中嵌入 applet,不赞成使用
<area>	定义图像的热点区域
<b>	定义粗体字
<base>	定义页面中所有链接的默认地址或默认目标
<bdo>	定义文字方向
<big>	定义大号文本
<blockquote>	定义长的引用
<body>	定义 HTML 文档的主体,此部分在浏览器中显示
 	在网页中实现换行功能
<button>	定义表单中的按钮
<caption>	定义表格的标题
<center>	居中显示文本,不赞成使用
<cite>	定义引用
<code>	定义计算机代码文本
<col>	定义表格中一个或多个列的属性值
<colgroup>	定义表格中供格式化的列组
<dd>	定义定义列表中项目的描述
<del>	定义被删除文本
<dir>	定义目录列表
<div>	定义文档中的层,这是页面布局中使用最多的标签
<dl>	定义定义列表
<dt>	定义定义列表中的项目
<em>	定义强调文本
<fieldset>	定义围绕表单中元素的边框
<font>	定义文字的字体、尺寸和颜色,不赞成使用,可用 CSS 代替

续表

标签	描述
<form>	HTML 表单
<frame>	定义框架集的窗口或框架
<frameset>	定义框架集
<h1> 至 <h6>	定义 HTML 标题，分别是一号标题至六号标题
<head>	定义关于 HTML 文档的头部信息
<hr>	定义水平线
<html>	定义 HTML 文档
<i>	定义斜体字
<iframe>	定义内联框架
<img>	定义图像
<input>	定义输入控件
<ins>	定义被插入文本
<isindex>	定义与文档相关的可搜索索引，不赞成使用
<kbd>	定义键盘文本
<label>	定义 input 元素的标注
<legend>	定义 fieldset 元素的标题
<li>	定义列表的项目，与<dl>或<ol>配合使用
<link>	定义文档与外部资源的关系
<map>	定义图像映射
<menu>	定义菜单列表，不赞成使用
<meta>	定义关于 HTML 文档的元信息
<noframes>	定义针对不支持框架的用户的替代内容
<noscript>	定义针对不支持客户端脚本的用户的替代内容
<object>	定义内嵌对象
<ol>	定义有序列表
<optgroup>	定义选择列表中相关选项的组合
<option>	定义选择列表中的选项
<p>	定义段落
<param>	定义对象的参数
<pre>	定义预格式文本
<q>	定义短的引用
<s>	定义加删除线的文本，不赞成使用
<samp>	定义计算机代码样本
<script>	定义客户端脚本
<select>	定义下拉列表
<small>	定义小号文本
<span>	定义文档中的节
<strike>	不赞成使用。定义加删除线文本
<strong>	定义强调文本
<style>	定义文档的样式信息
<sub>	定义下标文本
<sup>	定义上标文本
<table>	定义表格

续表

标　　签	描　　述
<tbody>	定义表格中的主体内容
<td>	定义表格中的列
<textarea>	定义多行的文本输入控件
<tfoot>	定义表格中的表注内容(脚注)
<th>	定义表格中的表头单元格
<thead>	定义表格中的表头内容
<title>	定义文档的标题
<tr>	定义表格中的行
<tt>	定义打字机文本
<u>	定义下划线文本,不赞成使用
<ul>	定义无序列表
<var>	定义文本的变量部分
<xmp>	定义预格式文本,不赞成使用

CSS语法概述

表 B-1 CSS 背景和颜色属性(background)

属　性	描　述
background	设置网页的背景属性
background-attachment	设置背景图像是否固定或者随着页面的其余部分滚动
background-color	设置背景颜色
background-image	设置背景图像
background-position	设置背景图像的位置
background-repeat	设置是否及如何重复背景图像,有 *X* 方向及 *Y* 方向

表 B-2 CSS 文本属性(text)

属　性	描　述
color	设置文本的颜色
direction	规定文本的方向
letter-spacing	设置字符间距
line-height	设置行高
text-align	设置文本的水平对齐方式,有左中右方式
text-decoration	设置添加到文本的装饰效果
text-indent	设置文本块首行的缩进的位置
text-shadow	设置文本的阴影效果
text-transform	设置文本的大小写
unicode-bidi	设置文本方向
white-space	定义如何处理元素中的空白
word-spacing	设置单词间距

表 B-3 CSS 边框属性(border)

属　性	描　述
border	设置边框属性
border-bottom	设置下边框属性
border-bottom-color	设置下边框的颜色
border-bottom-style	设置下边框的样式
border-bottom-width	设置下边框的宽度
border-color	设置四条边框的颜色

续表

属　　性	描　　述
border-left	设置左边框属性
border-left-color	设置左边框的颜色
border-left-style	设置左边框的样式
border-left-width	设置左边框的宽度
border-right	设置右边框属性
border-right-color	设置右边框的颜色
border-right-style	设置右边框的样式
border-right-width	设置右边框的宽度
border-style	设置四条边框的样式
border-top	设置上边框属性
border-top-color	设置上边框的颜色
border-top-style	设置上边框的样式
border-top-width	设置上边框的宽度
border-width	设置四条边框的宽度
outline	设置轮廓属性
outline-color	设置轮廓的颜色
outline-style	设置轮廓的样式
outline-width	设置轮廓的宽度

表 B-4　CSS 内边距属性(padding)

属　　性	描　　述
padding	设置内边距属性
padding-bottom	设置元素的下内边距
padding-left	设置元素的左内边距
padding-right	设置元素的右内边距
padding-top	设置元素的上内边距

表 B-5　CSS 外边距属性(margin)

属　　性	描　　述
margin	设置外边距属性
margin-bottom	设置元素的下外边距
margin-left	设置元素的左外边距
margin-right	设置元素的右外边距
margin-top	设置元素的上外边距

表 B-6　CSS 列表属性(list)

属　　性	描　　述
list-style	设置列表属性
list-style-image	将图像设置为列表项标记
list-style-position	设置列表项标记的放置位置
list-style-type	设置列表项标记的类型

表 B-7　CSS 宽度和高度属性(width&height)

属　　性	描　　述
height	设置元素高度
max-height	设置元素的最大高度
max-width	设置元素的最大宽度
min-height	设置元素的最小高度
min-width	设置元素的最小宽度
width	设置元素的宽度

表 B-8　CSS 定位属性(positioning)

属　　性	描　　述
bottom	设置定位元素下外边距边界
clear	规定元素的左侧或右侧不允许其他浮动元素
clip	剪裁绝对定位元素
cursor	设置要显示的光标的类型
display	设置元素应该生成的框的类型
float	设置浮动
left	设置定位元素左外边距边界
overflow	溢出
position	规定元素的定位类型,有绝对定位和相对定位
right	设置定位元素右外边距边界
top	设置定位元素的上外边距边界
vertical-align	设置元素的垂直对齐方式
visibility	规定元素是否可见
z-index	设置元素的堆叠顺序

表 B-9　CSS 的伪类

伪　　类	描　　述
:active	给被激活的元素添加样式
:focus	给键盘输入焦点的元素添加样式
:hover	当鼠标悬浮在元素上方时,向元素添加样式
:link	给未被访问的链接添加样式
:visited	给已被访问的链接添加样式
:first-child	给元素的第一个子元素添加样式
:lang	给带有指定 lang 属性的元素添加样式
:first-letter	给文本的第一个字母添加特殊样式
:first-line	给文本的首行添加特殊样式
:before	在元素之前添加内容
:after	在元素之后添加内容

附录C

JavaScript参考手册

表 C-1　JavaScript 的事件

事　件	描　述
onabort	图像加载被中断
onblur	失去焦点
onchange	用户改变内容
onclick	鼠标单击某个对象
ondblclick	鼠标双击某个对象
onerror	当加载文档或图像时发生某个错误
onfocus	获得焦点
onkeydown	键盘的键被按下
onkeypress	键盘的键被按下或按住
onkeyup	键盘的键被松开
onload	页面或图像被完成加载
onmousedown	鼠标按键被按下
onmousemove	鼠标被移动
onmouseout	鼠标从元素上移开
onmouseover	鼠标被移到某元素之上
onmouseup	鼠标按键被松开
onreset	重置按钮
onresize	窗口或框架被调整尺寸
onselect	选中文本
onsubmit	提交表单
onunload	用户退出页面

表 C-2　JavaScript 的全局函数

函　数	描　述
decodeURI()	解码某个编码的 URI
decodeURIComponent()	解码一个编码的 URI 组件
encodeURI()	把字符串编码为 URI
encodeURIComponent()	把字符串编码为 URI 组件
escape()	对字符串进行编码
eval()	计算字符串

续表

函　　数	描　　述
getClass()	返回一个对象的 JavaClass
isFinite()	检查某个值是否为有穷大的数
isNaN()	检查某个值是否是数字
Number()	转换为数字
parseFloat()	转换一个字符串并返回一个浮点数
parseInt()	转换一个字符串并返回一个整数
String()	转换为字符串
unescape()	对由 escape() 编码的字符串进行解码

表 C-3　JavaScript 的 String 对象方法

方　　法	描　　述
anchor()	创建 HTML 锚
big()	用大号字体显示字符串
blink()	显示闪烁字符串
bold()	使用粗体显示字符串
charAt()	返回指定位置的字符
charCodeAt()	返回在指定的位置的字符的 Unicode 编码
concat()	连接字符串
fixed()	以打字机文本显示字符串
fontcolor()	使用指定的颜色来显示字符串
fontsize()	使用指定的尺寸来显示字符串
fromCharCode()	从字符编码创建一个字符串
indexOf()	检索字符串
italics()	使用斜体显示字符串
lastIndexOf()	从后向前搜索字符串
link()	将字符串显示为链接
localeCompare()	用本地特定的顺序来比较两个字符串
match()	找到一个或多个正则表达式的匹配
replace()	替换与正则表达式匹配的子串
search()	检索与正则表达式相匹配的值
slice()	提取字符串的片断
small()	使用小字号来显示字符串
split()	把字符串分割为字符串数组
strike()	使用删除线来显示字符串
sub()	把字符串显示为下标
substr()	从起始索引号提取字符串中指定数目的字符
substring()	提取字符串中两个指定的索引号之间的字符
sup()	把字符串显示为上标
toLocaleLowerCase()	把字符串转换为小写
toLocaleUpperCase()	把字符串转换为大写
toLowerCase()	把字符串转换为小写
toUpperCase()	把字符串转换为大写
toSource()	代表对象的源代码
toString()	返回字符串
valueOf()	返回某个字符串对象的原始值

表 C-4　JavaScript 的 Number 对象方法

方　法	描　述
toString()	把数字转换为字符串
toLocaleString()	把数字转换为字符串,使用本地数字格式
toFixed()	把数字转换为字符串,结果的小数点后有指定位数的数字
toExponential()	把对象的值转换为指数计数法
toPrecision()	把数字格式化为指定的长度
valueOf()	返回一个 Number 对象的基本数字值

表 C-5　JavaScript 的 Math 对象方法

方　法	描　述
abs(x)	返回 x 的绝对值
acos(x)	返回 x 的反余弦值
asin(x)	返回 x 的反正弦值
atan(x)	返回 x 的反正切值
atan2(y,x)	返回从 x 轴到点 (x,y) 的角度
ceil(x)	对 x 进行向上舍入
cos(x)	返回 x 的余弦
exp(x)	返回 x 的 e 的指数
floor(x)	对 x 进行向下舍入
log(x)	返回 x 的自然对数(底为 e)
max(x,y)	返回 x 和 y 中的最高值
min(x,y)	返回 x 和 y 中的最低值
pow(x,y)	返回 x 的 y 次幂
random()	返回 0～1 之间的随机数
round(x)	把数四舍五入为最接近的整数
sin(x)	返回 x 的正弦
sqrt(x)	返回 x 的平方根
tan(x)	返回 x 角的正切
toSource()	返回该对象的源代码
valueOf()	返回 Math 对象的原始值

表 C-6　JavaScript 的 Date 对象方法

方　法	描　述
Date()	返回当前计算机的日期和时间
getDate()	从 Date 对象返回一个月中的某一天 (1～31)
getDay()	从 Date 对象返回一周中的某一天 (0～6)
getMonth()	从 Date 对象返回月份 (0～11)
getFullYear()	从 Date 对象以四位数字返回年份
getYear()	不赞成使用,可以用 getFullYear() 方法代替
getHours()	返回 Date 对象的小时 (0～23)
getMinutes()	返回 Date 对象的分钟 (0～59)
getSeconds()	返回 Date 对象的秒数 (0～59)
getMilliseconds()	返回 Date 对象的毫秒(0～999)

续表

方　法	描　述
getTime()	返回 1970 年 1 月 1 日至今的毫秒数
getTimezoneOffset()	返回本地时间与格林威治标准时间（GMT）的分钟差
getUTCDate()	根据世界时间从 Date 对象返回月中的一天（1～31）
getUTCDay()	根据世界时间从 Date 对象返回周中的一天（0～6）
getUTCMonth()	根据世界时间从 Date 对象返回月份（0～11）
getUTCFullYear()	根据世界时间从 Date 对象返回四位数的年份
getUTCHours()	根据世界时间返回 Date 对象的小时（0～23）
getUTCMinutes()	根据世界时间返回 Date 对象的分钟（0～59）
getUTCSeconds()	根据世界时间返回 Date 对象的秒钟（0～59）
getUTCMilliseconds()	根据世界时间返回 Date 对象的毫秒(0～999)
parse()	返回 1970 年 1 月 1 日午夜到指定日期的毫秒数
setDate()	设置 Date 对象中月的某一天（1～31）
setMonth()	设置 Date 对象中的月份（0～11）
setFullYear()	设置 Date 对象中的年份(四位数字)
setYear()	请使用 setFullYear() 方法代替
setHours()	设置 Date 对象中的小时（0～23）
setMinutes()	设置 Date 对象中的分钟（0～59）
setSeconds()	设置 Date 对象中的秒钟（0～59）
setMilliseconds()	设置 Date 对象中的毫秒（0～999）
setTime()	以毫秒设置 Date 对象
setUTCDate()	根据世界时间设置 Date 对象中月份的一天（1～31）
setUTCMonth()	根据世界时间设置 Date 对象中的月份（0～11）
setUTCFullYear()	根据世界时间设置 Date 对象中的年份(四位数字)
setUTCHours()	根据世界时间设置 Date 对象中的小时（0～23）
setUTCMinutes()	根据世界时间设置 Date 对象中的分钟（0～59）
setUTCSeconds()	根据世界时间设置 Date 对象中的秒钟（0～59）
setUTCMilliseconds()	根据世界时间设置 Date 对象中的毫秒（0～999）
toSource()	返回该对象的源代码
toString()	把 Date 对象转换为字符串
toTimeString()	把 Date 对象的时间部分转换为字符串
toDateString()	把 Date 对象的日期部分转换为字符串
toGMTString()	请使用 toUTCString() 方法代替
toUTCString()	根据世界时间,把 Date 对象转换为字符串
toLocaleString()	根据本地时间格式,把 Date 对象转换为字符串
toLocaleTimeString()	根据本地时间,把 Date 对象的时间部分转换为字符串
toLocaleDateString()	根据本地时间,把 Date 对象的日期部分转换为字符串
UTC()	根据世界时间返回 1997 年 1 月 1 日到指定日期的毫秒数
valueOf()	返回 Date 对象的原始值

表 C-7　JavaScript 的 Boolean 对象方法

方　法	描　述
toSource()	返回该对象的源代码
toString()	把逻辑值转换为字符串,并返回结果
valueOf()	返回 Boolean 对象的原始值

表 C-8 JavaScript 的 Array 对象方法

方法	描述
concat()	连接两个或更多的数组,并返回结果
join()	把数组的所有元素放入一个字符串。元素通过指定的分隔符进行分隔
pop()	删除并返回数组的最后一个元素
push()	向数组的末尾添加一个或更多元素,并返回新的长度
reverse()	颠倒数组中元素的顺序
shift()	删除并返回数组的第一个元素
slice()	从某个已有的数组返回选定的元素
sort()	对数组的元素进行排序
splice()	删除元素,并向数组添加新元素
toSource()	返回该对象的源代码
toString()	把数组转换为字符串,并返回结果
toLocaleString()	把数组转换为本地数组,并返回结果
unshift()	向数组的开头添加一个或更多元素,并返回新的长度
valueOf()	返回数组对象的原始值

网页颜色代码表

颜色名称	中文名称	十六进制 RGB	十进制 RGB
aliceblue	艾利斯蓝	#f0f8ff	240,248,255
antiquewhite	古董白	#faebd7	250,235,215
aqua	浅绿色	#00ffff	0,255,255
aquamarine	碧绿色	#7fffd4	127,255,212
azure	天蓝色	#f0ffff	240,255,255
beige	米色	#f5f5dc	245,245,220
bisque	桔黄色	#ffe4c4	255,228,196
black	黑色	#000000	0,0,0
blanchedalmond	白杏色	#ffebcd	255,235,205
blue	蓝色	#0000ff	0,0,255
blueviolet	紫罗兰色	#8a2be2	138,43,226
brown	褐色	#a52a2a	165,42,42
burlywood	实木色	#deb887	222,184,135
cadetblue	军蓝色	#5f9ea0	95,158,160
chartreuse	黄绿色	#7fff00	127,255,0
chocolate	巧克力色	#d2691e	210,105,30
coral	珊瑚色	#ff7f50	255,127,80
cornflowerblue	菊蓝色	#6495ed	100,149,237
cornsilk	米绸色	#fff8dc	255,248,220
crimson	暗深红色	#dc143c	220,20,60
cyan	青色	#00ffff	0,255,255
darkblue	暗蓝色	#00008b	0,0,139
darkcyan	暗青色	#008b8b	0,139,139
darkgoldenrod	暗金黄色	#b8860b	184,134,11
darkgray	暗灰色	#a9a9a9	169,169,169
darkgreen	暗绿色	#006400	0,100,0
darkgrey	暗灰色	#a9a9a9	169,169,169
darkkhaki	暗黄褐色	#bdb76b	189,183,107
darkmagenta	暗洋红	#8b008b	139,0,139
darkolivegreen	暗橄榄绿	#556b2f	85,107,47
darkorange	暗桔黄色	#ff8c00	255,140,0
darkorchid	暗紫色	#9932cc	153,50,204

续表

颜色名称	中文名称	十六进制 RGB	十进制 RGB
darkred	暗红色	#8b0000	139,0,0
darksalmon	暗肉色	#e9967a	233,150,122
darkseagreen	暗海蓝色	#8fbc8f	143,188,143
darkslateblue	暗灰蓝色	#483d8b	72,61,139
darkslategray (darkslategrey)	暗瓦灰色	#2f4f4f	47,79,79
darkturquoise	暗宝石绿	#00ced1	0,206,209
darkviolet	暗紫罗兰色	#9400d3	148,0,211
deeppink	深粉红色	#ff1493	255,20,147
deepskyblue	深天蓝色	#00bfff	0,191,255
dimgray	暗灰色	#696969	105,105,105
dimgrey	暗灰色	#696969	105,105,105
dodgerblue	闪蓝色	#1e90ff	30,144,255
firebrick	火砖色	#b22222	178,34,34
floralwhite	花白色	#fffaf0	255,250,240
forestgreen	森林绿	#228b22	34,139,34
fuchsia	紫红色	#ff00ff	255,0,255
gainsboro	淡灰色	#dcdcdc	220,220,220
ghostwhite	幽灵白	#f8f8ff	248,248,255
gold	金色	#ffd700	255,215,0
goldenrod	金麒麟色	#daa520	218,165,32
gray(grey)	灰色	#808080	128,128,128
green	绿色	#008000	0,128,0
greenyellow	黄绿色	#adff2f	173,255,47
honeydew	蜜色	#f0fff0	240,255,240
hotpink	热粉红色	#ff69b4	255,105,180
indianred	印第安红	#cd5c5c	205,92,92
indigo	靛青色	#4b0082	75,0,130
ivory	象牙色	#fffff0	255,255,240
khaki	黄褐色	#f0e68c	240,230,140
lavender	淡紫色	#e6e6fa	230,230,250
lavenderblush	淡紫红	#fff0f5	255,240,245
lawngreen	草绿色	#7cfc00	124,252,0
lemonchiffon	柠檬绸色	#fffacd	255,250,205
lightblue	亮蓝色	#add8e6	173,216,230
lightcoral	亮珊瑚色	#f08080	240,128,128
lightcyan	亮青色	#e0ffff	224,255,255
lightgoldenrodyellow	亮金黄色	#fafad2	250,250,210
lightgray	亮灰色	#d3d3d3	211,211,211
lightgreen	亮绿色	#90ee90	144,238,144
lightgrey	亮灰色	#d3d3d3	211,211,211
lightpink	亮粉红色	#ffb6c1	255,182,193

续表

颜色名称	中文名称	十六进制 RGB	十进制 RGB
lightsalmon	亮肉色	＃ffa07a	255,160,122
lightseagreen	亮海蓝色	＃20b2aa	32,178,170
lightskyblue	亮天蓝色	＃87cefa	135,206,250
lightslategray	亮蓝灰	＃778899	119,136,153
lightslategrey	亮蓝灰	＃778899	119,136,153
lightsteelblue	亮钢蓝色	＃b0c4de	176,196,222
lightyellow	亮黄色	＃ffffe0	255,255,224
lime	酸橙色	＃00ff00	0,255,0
limegreen	橙绿色	＃32cd32	50,205,50
linen	亚麻色	＃faf0e6	250,240,230
magenta	红紫色	＃ff00ff	255,0,255
maroon	栗色	＃800000	128,0,0
mediumaquamarine	中绿色	＃66cdaa	102,205,170
mediumblue	中蓝色	＃0000cd	0,0,205
mediumorchid	中粉紫色	＃ba55d3	186,85,211
mediumpurple	中紫色	＃9370db	147,112,219
mediumseagreen	中海蓝	＃3cb371	60,179,113
mediumslateblue	中暗蓝色	＃7b68ee	123,104,238
mediumspringgreen	中春绿色	＃00fa9a	0,250,154
mediumturquoise	中绿宝石	＃48d1cc	72,209,204
mediumvioletred	中紫罗兰色	＃c71585	199,21,133
midnightblue	中灰蓝色	＃191970	25,25,112
mintcream	薄荷色	＃f5fffa	245,255,250
mistyrose	浅玫瑰色	＃ffe4e1	255,228,225
moccasin	鹿皮色	＃ffe4b5	255,228,181
navajowhite	纳瓦白	＃ffdead	255,222,173
navy	海军色	＃000080	0,0,128
oldlace	老花色	＃fdf5e6	253,245,230
olive	橄榄色	＃808000	128,128,0
olivedrab	深绿褐色	＃6b8e23	107,142,35
orange	橙色	＃ffa500	255,165,0
orangered	红橙色	＃ff4500	255,69,0
orchid	淡紫色	＃da70d6	218,112,214
palegoldenrod	苍麒麟色	＃eee8aa	238,232,170
palegreen	苍绿色	＃98fb98	152,251,152
paleturquoise	苍宝石绿	＃afeeee	175,238,238
palevioletred	苍紫罗兰色	＃db7093	219,112,147
papayawhip	番木色	＃ffefd5	255,239,213
peachpuff	桃色	＃ffdab9	255,218,185
peru	秘鲁色	＃cd853f	205,133,63
pink	粉红色	＃ffc0cb	255,192,203
plum	洋李色	＃dda0dd	221,160,221
powderblue	粉蓝色	＃b0e0e6	176,224,230

续表

颜色名称	中文名称	十六进制 RGB	十进制 RGB
purple	紫色	#800080	128,0,128
red	红色	#ff0000	255,0,0
rosybrown	褐玫瑰红	#bc8f8f	188,143,143
royalblue	皇家蓝	#4169e1	65,105,225
saddlebrown	重褐色	#8b4513	139,69,19
salmon	鲜肉色	#fa8072	250,128,114
sandybrown	沙褐色	#f4a460	244,164,96
seagreen	海绿色	#2e8b57	46,139,87
seashell	海贝色	#fff5ee	255,245,238
sienna	赭色	#a0522d	160,82,45
silver	银色	#c0c0c0	192,192,192
skyblue	天蓝色	#87ceeb	135,206,235
slateblue	石蓝色	#6a5acd	106,90,205
slategray	灰石色	#708090	112,128,144
slategrey	灰石色	#708090	112,128,144
snow	雪白色	#fffafa	255,250,250
springgreen	春绿色	#00ff7f	0,255,127
steelblue	钢蓝色	#4682b4	70,130,180
tan	茶色	#d2b48c	210,180,140
teal	水鸭色	#008080	0,128,128
thistle	蓟色	#d8bfd8	216,191,216
tomato	西红柿色	#ff6347	255,99,71
turquoise	青绿色	#40e0d0	64,224,208
violet	紫罗兰色	#ee82ee	238,130,238
wheat	浅黄色	#f5deb3	245,222,179
white	白色	#ffffff	255,255,255
whitesmoke	烟白色	#f5f5f5	245,245,245
yellow	黄色	#ffff00	255,255,0

附录E

Firebug介绍

Firebug 是 Joe Hewitt 开发的一套与 Firefox 集成在一起的功能强大的 Web 开发工具，可以实时编辑、调试和监测任何页面的 CSS、HTML 和 JavaScript。

一、安装

Firebug 是与 Firefox 集成的，所以我们首先要安装 Firefox 浏览器。读者可以访问 www.mozilla.com 下载并安装 Firefox 浏览器。安装完 Firefox 浏览器之后，用它访问 https://addons.mozilla.org/zh-CN/firefox/addon/firebug/，打开如图 E-1 所示的界面。

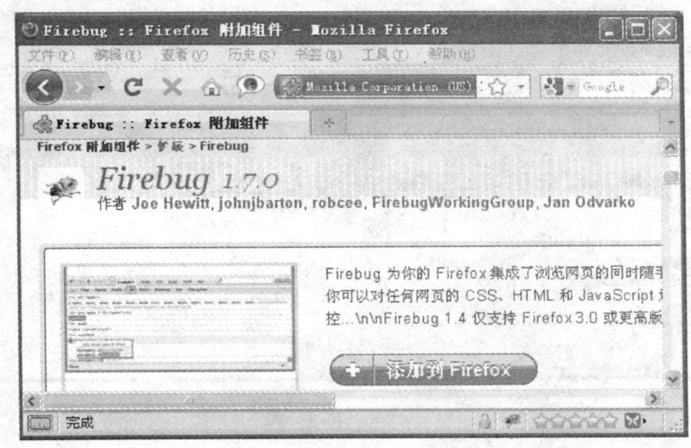

图　E-1

单击图 E-1 所示窗口中的"添加到 Firefox"的绿色按钮，按提示操作，完成安装。

安装完成后，在 Firefox 浏览器任务栏右下角就会有一个小虫子的图标，单击这个图标或者按 F12 键你会发现页面窗口被分成了两部分，上半部分是浏览的页面，下半部分则是 Firebug 的控制窗口，如图 E-2 和图 E-3 所示。

二、面板介绍

从图 E-3 中可以看出，Firebug 总共有 6 个面板，分别是控制台、HTML、CSS、脚本、DOM 和网络。

1. 控制台面板

主要用于记录日志、错误、警告、消息和高度信息等。

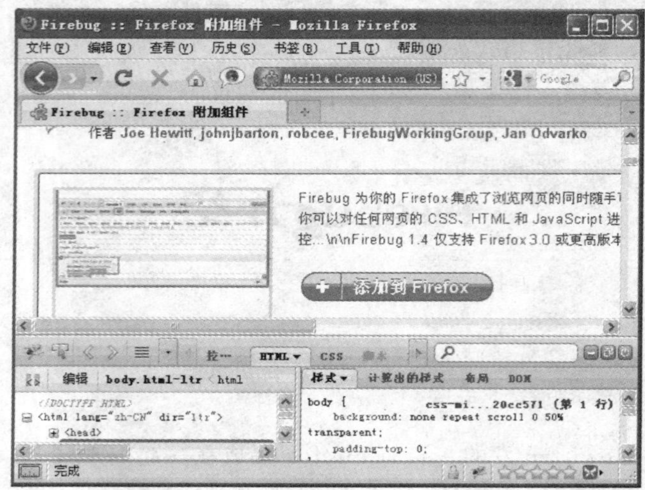

图 E-2

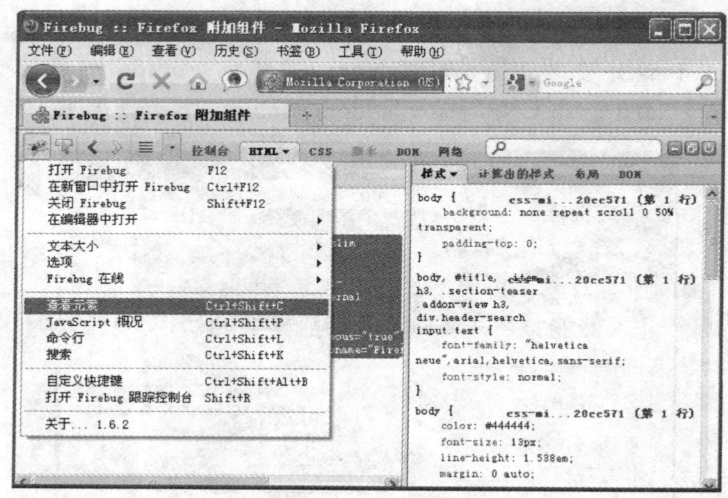

图 E-3

控制台能够显示当前页面中的 JavaScript 错误以及警告，并提示出错的文件和行号，方便调试，这些错误提示比起浏览器本身提供的错误提示更加详细且具有参考价值。而且在调试 Ajax 应用的时候也是特别有用，你能够在控制台里看到每一个 XMLHttpRequests 请求 post 出去的参数、URL、http 头以及回馈的内容，原本似乎在幕后黑匣子里运作的程序被清清楚楚地展示在你面前。

你还能在控制台中查看变量内容，直接运行 JavaScript 语句，就算是大段的 JavaScript 程序也能够正确运行并拿到运行期的信息。

控制台还有个重要的作用就是查看脚本的 log。

Firebug 的日志输出有多种可选的格式以及语法，甚至可以定制彩色输出，比起单调的 window. alert()，显然更加方便。

2. HTML 面板

用于查看网页的 HTML 源代码，右侧有四个子面板，分别是样式、计算出的样式、布局、DOM。

首先你看到的是已经经过格式化的 HTML 代码，它有清晰的层次，你能够方便地分辨出每一个标签之间的从属关系，标签的折叠功能够帮助你集中精力分析代码。可以通过单击“+”来展开，当单击相应的元素时，右侧面板中就会显示当前元素的样式、布局以及 DOM 信息。当鼠标移动到 HTML 树中的相应元素上时，网页中相应的元素将会被高亮显示。

在右侧的样式面板中，展示了当前元素的所有样式，所有的样式都可以实时地禁用以及修改。配合 Firebug 自带的 CSS 查看器使用，会给 DIV+CSS 页面分析编写带来很大的好处。你还可以在 HTML 查看器中直接修改 HTML 源代码，并在浏览器中第一时间看到修改后的效果。有时候页面中的 JavaScript 会根据用户的动作如鼠标的 onmouseover 来动态改变一些 HTML 元素的样式表或背景色，HTML 查看器会将页面上改变的内容也抓下来，并以黄色高亮标记，让网页的暗箱操作彻底成为历史。

切换到“布局”面板可以看到元素具体的布局属性，可以很容易地看到元素的外边框、边框、内边框和元素的高度、宽度等信息。

3. CSS 面板

Firebug 的 CSS 调试器是专为网页设计师们量身定做的。

Firebug 的 CSS 查看器不仅自下向上列出每一个 CSS 样式表的从属继承关系，还列出了每一个样式在哪个样式文件中定义。你可以在这个查看器中直接添加、修改、删除一些 CSS 样式表属性，并在当前页面中直接看到修改后的结果。

4. 脚本面板

用于查看 JavaScript 文件，右侧有三个子面板，分别是监控、堆栈和断点。

脚本面板有强大的调试功能。

5. DOM 面板

可以显示网页中的所有对象。可以看到网页元素的详细的 DOM 信息以及函数和事件。使用 Firebug 的 DOM 查看器能方便地浏览 DOM 的内部结构，帮助你快速定位 DOM 对象。双击一个 DOM 对象，就能够编辑它的变量或值。编辑的同时，你可能会发现它还有自动完成功能。当你输入 document.get 之后，按下 Tab 键就能补齐为 document.getElementById，非常方便。如果你认为补齐得不够理想，按下 Shift+Tab 组合键又会恢复原状。

6. 网络面板

可以监视网络活动情况，查看一个网页的载入情况，包括文件下载占用的时间和文件下载出错等信息。它能将页面中的 CSS、JavaScript 以及网页中引用的图片载入所消耗的时间以矩状图呈现出来。

网络监视器还有一些其他细节功能，比如预览图片，查看每一个外部文件甚至是 xmlHttpRequests 请求的 http 头，等等。

默认情况下，控制台、脚本和网络 3 个面板出于性能考虑是被禁用的，单击相应面板中的“启用”按钮可激活相应的面板。

附录F

Web Developer介绍

Web Developer 是运行在 Firefox 浏览器环境中的插件，是目前公认为最为优秀的网页调试工具。

主要功能表现在几个重要的方面：对页面中的文本、图像、媒体文件进行控制，对网页所应用的 CSS 文件的 id 与 class 辅助查看，表格辅助查看，可以实现修改 CSS 文件实时显示出得到的页面效果，等等。

Web Developer 插件能够帮助我们对 CSS 网站进行分析。当我们使用 Firefox 对网页进行浏览时，运用 Web Developer 插件不仅仅只是能看到对方的源代码，还能方便地分析出页面的布局结构、CSS 书写方式、鼠标所在位置的 id 或 class 是什么等等，使我们能迅速地理解、学习别人的成功经验，进而更加方便快捷地掌握 CSS 布局技术。

在本书配套素材中，有详细的如何运用 Firebug、Web Developer 这两种工具调试网页的视频教程。